BADEN-WÜRTTEMBERG

NATUR UND TECHNIK

Biologie, Naturphänomene und Technik

Cornelsen

NATUR UND TECHNIK

Biologie, Naturphänomene und Technik

Autorinnen und Autoren:
Volker Abegg (Heidelberg), Ulrike Austenfeld (Ahlen), Barbara Barheine (Bruchsal), Siegfried Bresler (Bielefeld), Markus Gaus (Empfingen), Anita Gutmann (Zell im Wiesental), Dr. Hanna Hellrung (Stuttgart), Michael Jütte (Oelde), Dr. Erich Kretzschmar (Dortmund), Carsten Kuck (Rheinfelden), Michael Lippold (Pfedelbach), Martin Löffelhardt (Tübingen), Franz Mangold (Schwäbisch Hall), Cornelia Pätzelt (Harsewinkel), Verena Rau (Neubulach), Reinhard Sinterhauf (Hof), Claudia Täubner (Ammerbuch), Ralf Weinert (Esslingen)

Mit Beiträgen von:
Bernd Heepmann (Herford), Dr. Jochim Lichtenberger (Fahren), Wilhelm Schröder (Herford)

Unter beratender Mitarbeit von:
Holger Hellendrung (Dietenheim-Illerrieden), Harald Leber (Mannheim), Georgios Mpouras (Onstmetten)

Redaktion:
Christine Amling, Thomas Gattermann, Aljoscha Metz, Stephan Möhrle, Michael Rieke, Ulrich Strunk

Grafik und Illustration:
diGraph, Rainer Götze, Tom Menzel, Matthias Pflügner, Detlef Seidensticker

Umschlaggestaltung:
SOFAROBOTNIK GbR, Augsburg & München

Layout und technische Umsetzung:
Jesse Konzept & Text GmbH, Hannover

www.cornelsen.de

Dieses Werk enthält Vorschläge und Anleitungen für Untersuchungen und Experimente. Vor jedem Experiment sind mögliche Gefahrenquellen zu besprechen. Beim Experimentieren sind die Richtlinien zur Sicherheit im naturwissenschaftlichen Unterricht einzuhalten.

1. Auflage, 2. Druck 2016

Alle Drucke dieser Auflage sind inhaltlich unverändert und können im Unterricht nebeneinander verwendet werden.

Druck: Mohn Media Mohndruck, Gütersloh

ISBN 978-3-06-015368-8

PEFC
PEFC/04-31-1033

PEFC zertifiziert
Dieses Produkt stammt aus nachhaltig bewirtschafteten Wäldern und kontrollierten Quellen.

www.pefc.de

Inhaltsverzeichnis

Haustiere 10

Wirbeltiere 54

Wirbellose 94

Blütenpflanzen 118

Lebensräume 164

Materialien trennen – Umwelt schützen 188

Wasser zum Leben 210

Energie clever nutzen! 254

Erwachsen werden 312

Ein Produkt entsteht 332

Anhang 350

Rundgang durch den Nawi-Raum

1 Ein erster Blick in den Nawi-Raum

Unterricht im Fachraum ist besonders interessant – man muss sich aber in dem Raum gut auskennen!

Not-Aus-Schalter • Der rote, auffällige Schalter ist in jedem Fachraum zu finden und im Notfall zu drücken: Er stoppt sofort die Strom- und Gasversorgung.

Augendusche • Falls Chemikalien ins Auge kommen, muss man das Auge in den meisten Fällen schnellstens gründlich mit Wasser ausspülen. Dazu gibt es die Augendusche, die oft am Waschbecken zu finden ist.

Erste-Hilfe-Box • Hier findet man Verbandsmaterial und verschiedene Hilfsmittel, falls es zu einer Verletzung gekommen ist.

Feuerlöscher • Lehrkräfte können versuchen, kleinere Brände mit dem Feuerlöscher zu bekämpfen. Die Schülerinnen und Schüler sollten aber im Brandfall sofort den Raum verlassen. Den Löscher nie auf Personen richten!

Löschdecke • Wenn Personen brennen oder deren Kleidung, sollte man sie schnell mit der Löschdecke einhüllen und zu Boden legen.

der Not-Aus-Schalter
die Augendusche
die Erste-Hilfe-Box
der Feuerlöscher
die Löschdecke

Material A

Hier läuft einiges falsch!

1 ▢ Wer verhält sich im Quadrat B 2 nicht richtig?

2 ◪ Gib der Schülerin in C 3 einen Tipp.

3 ■ Übernimm die Tabelle in dein Heft und fülle sie aus.

Quadrat	Fehlverhalten	Sicherheitstipp
A 2, A 3	Wildes Herumrennen	Langsam gehen und auf die Mitschüler achten
C 1	...	...
...	...	...
...	...	...
...	...	...

Haustiere

Wir leben gerne mit Tieren zusammen. Wie kommt es, dass der Hund der beste Freund des Menschen ist?

Milch bekommen wir im Supermarkt. Doch wo kommt die Milch eigentlich her? Und wie entstehen Joghurt und Käse?

Oft halten Menschen nicht nur ein Tier, sondern sehr viele. Warum gibt es ganze Hallen voll mit Hühnern?

Kennzeichen des Lebens

1 Robbi – ein echter Hund?

Robbi gibt auf Befehl Pfötchen, er bellt und bewegt sich. Lebt Robbi? Woran erkennst du ein Lebewesen?

Lebewesen bewegen sich aktiv • Tiere kriechen, laufen, springen, fliegen oder schwimmen. → 2 Auch Pflanzen bewegen sich aktiv. Sie richten ihre Blätter und Blüten zum Licht.

2 Lebewesen reagieren und bewegen sich.

Lebewesen nehmen Reize auf • Der Hund sieht die Schafe und treibt sie an. Die Schafe nehmen den Hund wahr und fangen an zu rennen. → 2 Die Reizbarkeit ist ein wichtiges Kennzeichen für Lebewesen. Menschen sehen, hören, riechen, schmecken und fühlen. Pflanzen reagieren zum Beispiel auf Licht.

Lebewesen nehmen Stoffe auf • Pflanzen nehmen über ihre Wurzeln Wasser und Mineralstoffe auf. Die Blätter nehmen Kohlenstoffdioxid auf und geben Sauerstoff ab. → 3 Auch Tiere und Menschen nehmen Flüssigkeit, Nahrung und Sauerstoff auf und scheiden nicht verwertbare Stoffe aus. Die aufgenommenen Stoffe werden verarbeitet. Dies nennt man Stoffwechsel.

die Bewegung
die Reizbarkeit
der Stoffwechsel
das Wachstum
die Fortpflanzung

Lebewesen wachsen • Der Buchenkeimling wächst bei günstigen Umweltbedingungen zu einem hohen, breiten Baum heran. → 3 Manche Tiere besitzen schon nach wenigen Wochen ein Fell und sind bald so groß wie ihre Eltern. Babys wachsen zu Kindern heran, sie entwickeln sich zu jungen Erwachsenen. → 4
Pflanzen, Tiere und Menschen zeigen Wachstum.

3 Die Buche betreibt Stoffwechsel und zeigt Wachstum.

Lebewesen pflanzen sich fort • Kinder werden erwachsen. Sie gründen eine Familie und bekommen eigene Kinder. → 4 Auch Jungtiere werden fortpflanzungsfähig und zeugen eigene Nachkommen. Pflanzen bilden Samen. Aus den Samen entwickeln sich neue Pflanzen, die wiederum Samen für die nächste Generation hervorbringen. Lebewesen pflanzen sich fort. Sie können neues Leben hervorbringen.

4 Eltern und Kinder

Lebewesen – ja oder nein? • Biologen unterscheiden zwischen belebter Natur (Lebewesen) und unbelebter Natur (z. B. Steine, Flüssigkeiten). Lebewesen besitzen immer alle fünf Kennzeichen des Lebens. Die unbelebte Natur und technisch hergestellte Dinge zeigen manchmal einzelne dieser Kennzeichen.

Lebewesen zeigen alle Kennzeichen des Lebens: aktive Bewegung, Reizbarkeit, Stoffwechsel, Wachstum und Fortpflanzung.

Aufgaben

1 Ist Robbi ein Lebewesen? → 1
Erkläre deine Antwort.

2 Ein Staubsaugerroboter bewegt sich aktiv, nimmt Hindernisse wahr und ändert die Richtung. → 5
Ist der Staubsaugerroboter ein Lebewesen? Erkläre deine Aussage.

5 Der Staubsaugerroboter

Kennzeichen des Lebens

Material A

Lebewesen – ja oder nein?

1 Erläutere die Kennzeichen des Lebens mithilfe der Bilder.

2 Begründe, dass die abgebildeten Lebewesen alle fünf Kennzeichen des Lebens besitzen.

1

2

3

4

5

Material B

Lebt der Käfer?

Der VW Käfer bewegt sich. Er braucht Treibstoff zum Fahren. Der Treibstoff wird verbrannt, Abgase werden ausgestoßen.
Der Marienkäfer krabbelt auf Nahrungssuche über die Blätter. Als Reaktion auf Gefahr gibt er eine gelbe Flüssigkeit ab. Die Weibchen legen etwa 800 Eier, aus denen Larven schlüpfen.

6 VW Käfer und Marienkäfer

1 Beschreibe die Kennzeichen des Lebens für die „Käfer". Ergänze die Tabelle. → 6 7

2 Begründe, welcher „Käfer" ein Lebewesen ist.

Bewegung	passiv (wird gesteuert)	aktiv (krabbeln, fliegen)
Reizbarkeit	...	...
Stoffwechsel	...	...
Wachstum/Entwicklung	...	...
Fortpflanzung	...	...

7 Vergleich von VW Käfer und Marienkäfer

Material C

Ist die Kerze ein Lebewesen?

Jeder von euch hat schon einmal eine Kerze beobachtet. Die Flamme der Kerze brennt, sie flackert im Wind. → 8 Die Flamme verbrennt das Wachs und gibt Ruß ab. → 9 Ohne den Sauerstoff der Luft erlischt sie. → 10 Sobald das Wachs aufgebraucht ist, erlischt die Flamme ebenfalls. Die Kerze ist abgebrannt.

Materialliste: Kerze, Feuerzeug, Becherglas (500 mL)

1 Führt die Versuche durch.

a ○ Überprüft die Kennzeichen des Lebens an der Kerze. → 8 – 10

b ◐ Erläutert die Versuchsergebnisse: Lebt die Kerze? → 8 – 10

8 Die Kerze flackert.

9 Die Kerze rußt.

10 Die Kerze erlischt.

Material D

Die belebte Natur

Die Sonnenblume richtet ihre Blüte aktiv zur Sonne aus. → 12 Die Blüte folgt dem Lauf der Sonne. Die Sonnenblume nimmt Wasser und Mineralstoffe aus dem Boden auf. Sie wächst bis zu 2 Meter hoch. In der Blüten entwickeln sich Sonnenblumenkerne. Aus diesen Samen entstehen neue Pflanzen.

11 Die Sonnenblume

12 Der Sonne entgegen

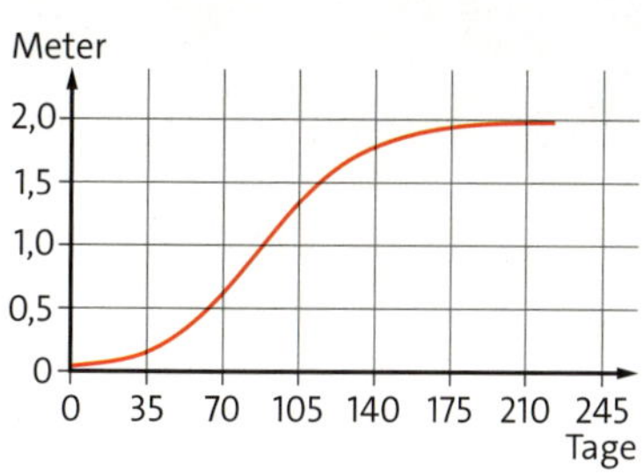

13 Wachstumskurve

1 ◐ Überprüfe die fünf Kennzeichen des Lebens für die Sonnenblume mithilfe des Texts und des Bilds. → 11 12

2 ◐ Beschreibe die Wachstumskurve einer Sonnenblume. → 13

3 ● Stelle die Größe der Sonnenblume in einem Säulendiagramm dar.

Der Mensch lebt mit Tieren

1 Tiere als Familienmitglieder

Tiere sind verlässliche Familienmitglieder. Sie leben mit den Menschen in der Wohnung, dem Haus oder auf dem Hof zusammen. Wie kam es zu diesem Zusammenleben? Welche Tiere bindet der Mensch so fest an sich?

2 Ein Schaf wird geschoren.

Menschen und Tiere • Die meisten unserer Haustiere waren ursprünglich Beutetiere des Menschen. Er jagte sie wegen ihres Fleischs und Fells. Später setzte der Mensch Pferde und Ochsen ein, denn Feldarbeit ohne Hilfsmittel oder Maschinen ist Schwerstarbeit. Heute leben wir mit unseren Tieren oft in der Wohnung zusammen.

Nutztiere • In der Steinzeit wurde der Mensch sesshaft. Er bearbeitete das Land und erntete die Früchte. Indem er seine wilden Beutetiere jetzt in Gehegen hielt, deckte er so auch seinen Fleischbedarf, ohne weite Jagdzüge zurückzulegen. Aus den wilden Beutetieren wurden die Nutztiere, die Fleisch, Milch, Wolle und Fell, Eier oder Honig lieferten. → 2

das Haustier
das Nutztier
das Heimtier

Haustiere • Auf einem Bauernhof leben Menschen mit Rindern, Hühnern, Schafen, Schweinen und Ziegen zusammen. → 3 Wir nutzen diese Tiere als Nahrungslieferanten. Auf Bauernhöfen leben auch Hofhunde und Hofkatzen. Hunde und Katzen leben häufig, wie auch viele andere Tiere, mit uns in unseren Wohnungen. Alle diese Tiere nennt man Haustiere.

Heimtiere • Manche Tiere sind wie Familienmitglieder. Tiere, mit denen wir so eng zusammenleben, heißen Heimtiere. → 4 Sie binden sich eng an den Menschen und geben ihm Nähe, Wärme und Trost. Deshalb kuscheln Kinder besonders gern mit ihnen.

Ein Heimtier zieht ein • Viele Menschen wünschen sich ein Heimtier. Kinder und Jugendliche erfreuen sich am Miteinander. Alleinstehende oder alte Menschen fühlen sich mit lebenden Hausgenossen weniger einsam. Wir übernehmen die lebenslange Verantwortung für dieses Tier, da es sich nicht selbst versorgen kann. Vor der Anschaffung eines Heimtiers solltest du dich genau über die Bedürfnisse und Ansprüche deines ausgewählten Tiers informieren. Heimtiere, die wir unter falschen Bedingungen halten, werden krank und sterben.

Der Mensch hält Haustiere. Nutztiere dienen vor allem der Gewinnung von Lebensmitteln. Heimtiere werden zur Freude gehalten.

3 Fütterung von Milchkühen

4 Verschiedene Heimtiere

Aufgaben

1 ○ Erkläre die Begriffe Haustier, Nutztier und Heimtier.

2 ◐ Begründe jeweils, ob folgende Haustiere zu den Nutztieren oder Heimtieren gehören: Wellensittich, Hamster, Pferd, Schaf, Schwein, Huhn, Kanarienvogel und Ziege.

3 ◐ Beschreibe an einem Beispiel, was es genau bedeutet, „lebenslange Verantwortung" für ein Heimtier zu übernehmen.

Der Mensch lebt mit Tieren

Material A

Ich wünsche mir ein Tier

Dir geht es sicher wie so vielen deiner Freunde: Du wünschst dir ein eigenes Heimtier. Bedenke bei deinem Wunsch, dass du damit Verantwortung über mehrere Jahre für ein Tier übernimmst.
Vor der Anschaffung eines Heimtiers ist es am besten, sich zunächst ausführlich zu informieren.

1 ▢ Bildet Vierergruppen. Sucht euch ein Heimtier aus. Erarbeitet seine Ansprüche möglichst genau. Informiert euch dafür in Büchern oder im Internet. Notiert anschließend, was euer Tier beim Einzug in eure Wohnung alles benötigt.

2 ◪ Schätzt den Zeitaufwand für die Pflege und Beschäftigung des Heimtiers in einer Woche.

3 ◪ Erstellt je Gruppe ein Plakat. Haltet darauf die Ansprüche eures Heimtiers an Unterbringung und Zeit für Pflege und Beschäftigung fest.

4 ■ Befragt Mitarbeiter des Tierheims, warum so viele Heimtiere ausgesetzt und im Tierheim aufgenommen werden müssen.

1 Welches Tier passt zu mir?

Material B

Beliebte Heimtiere

Befragt die Mitschüler eurer Jahrgangsstufe, welche Heimtiere sie halten.

1 ▢ Zeichnet die Tabelle ab. Tragt die Ergebnisse eurer Umfrage ein. → 2

2 ◪ Wertet eure Umfrage aus, indem ihr mit den Ergebnissen der Strichliste ein Säulendiagramm anfertigt (Hochachse: Anzahl, Längsachse: Tiere).

3 ▢ Stellt Vermutungen auf, warum manchmal keine Tiere gehalten werden.

4 ■ Bereitet eine Ausstellung zur Heimtierhaltung vor. Das Umfrageergebnis könnt ihr vergrößert auf einem Plakat festhalten.

	Hund	Katze	Vogel	Reptil	Fisch	andere Tiere	keine Tiere
Strichliste	卌 卌	...	...	...	...	...	...
Anzahl	10	...	...	...	...	...	...

2 Sammlung der Umfrageergebnisse

Material C

Der Dschungel zu Hause?

Außergewöhnliche Heimtiere erobern die Wohnungen. Exotische Tiere sind andersartig: Niedlich wie nachtaktive Säugetiere mit großen Augen, gefährlich wie Kaimane und Schlangen oder erschreckend wie Spinnen. Exotische Tiere sind keine Kuscheltiere. Es sind reine Beobachtungstiere, die sich oft nicht anfassen lassen und gefährlich sein können. Viele exotische Tiere wie zum Beispiel Brillenkaimane dürfen nur mit besonderen Berechtigungen gehalten werden.

Ein frisch geschlüpfter Brillenkaiman ist etwa 19 Zentimeter lang. Mit 15 Jahren misst er 2,00 bis 2,50 Meter. Ausgewachsene Kaimane können dem Menschen gefährlich werden. Die Lebenserwartung liegt bei über 50 Jahren. In ihrer Heimat Südamerika leben sie in Flüssen und Sumpfgebieten. Sie ernähren sich von Muscheln, Fischen, Vögeln und auch kleinen Säugetieren. Junge Kaimane werden häufig in Terrarien gehalten.

3 Der Brillenkaiman

1 ▢ Betrachte Bild 4 und beschreibe, wie ein Terrarium für Kaimane ausgestattet sein muss.

2 ◪ Zähle auf, was gegen die Haltung von Kaimanen spricht, und begründe deine Aussagen.

3 ◪ Finde Argumente für und gegen die Haltung von exotischen Tieren in Deutschland. Notiere deine Argumente in einer Tabelle.

4 Ein geeignetes Terrarium für Kaimane

Der Hund – ein treuer Begleiter

1 Der Hund – ein Freund, der vieles mitmacht

Dein Hund ist ein guter Freund beim Spielen oder wenn du Kummer hast. Er besitzt noch weitere erstaunliche Fähigkeiten, die der Mensch für sich nutzt. Der Hund ist das älteste und treueste Haustier des Menschen.

2 Höhlenmalerei einer Jagdszene mit Wölfen

Wolf und Mensch • Vor etwa 15 000 Jahren schlossen sich Wölfe erstmalig dem Menschen an. Vermutlich fraßen sie die essbaren Abfälle im Umfeld des Menschen. Der Mensch erkannte, dass Wölfe Fähigkeiten besitzen, die ihm fehlen. Wölfe sind erfolgreiche Jäger. → 2 Sie spüren mit ihrer Nase auch weit entfernte Beute auf. Mit den empfindlichen Ohren nehmen Wölfe Gefahren früh wahr.

Zahme Wölfe? • Der Mensch begann junge Wölfe an sich zu gewöhnen. Er zog sie in seiner Höhle auf und nahm ihnen so die Angst vor dem Menschen. Aufgrund dieser Zähmung konnte er diese Wölfe zum Jagen, Hüten und Bewachen nutzen. Aus den zahmen Wölfen wurden im Laufe der Jahrtausende treue Gefährten des Menschen.

die Zähmung
die Züchtung

Auch heute leben die scheuen wilden Wölfe weit entfernt vom Menschen in Rudeln in den Wäldern.

Züchtung • Im engen Zusammenleben mit gezähmten Wölfen erkannte der Mensch, dass die Nachkommen unterschiedliche Fähigkeiten und Merkmale besaßen. Der Mensch wählte gezielt nur die Elterntiere für eine weitere Vermehrung aus, die für ihn nützliche Fähigkeiten und Merkmale aufwiesen. Durch diese Züchtung entstanden unsere Hunderassen. → 3

3 Verschiedene Hunderassen

Der Hund – ein Nasentier • Du hast sicher schon beobachtet, dass Hunde immerzu herumschnüffeln. → 4 Hunde nehmen mit ihrer Nase Gerüche viel besser wahr als wir. Die Riechschleimhaut in der Nase des Hunds besitzt etwa 230 Millionen Riechzellen. In unserer Nase befinden sich nur 25 Millionen. Der Hund orientiert sich als Nasentier in seiner Umwelt. Auch sein Gehör ist sehr viel empfindlicher als unseres.

4 Die feine Nase eines Spürhunds

Jagen und Hetzen • Das Jagen haben unsere Hunde vom Wolf geerbt. Hunde jagen nicht, um Beute zu machen. Sie folgen dem Jagdtrieb. Das Jagen und Hetzen wird durch schnelle Bewegungen der möglichen Beute ausgelöst.

Durch Zähmung nutzte der Mensch schon früh die Wölfe. Durch Züchtung entstanden verschiedene Hunderassen. Hunde folgen dem Jagdtrieb.

Aufgaben

1 ○ Beschreibe ausführlich, wie der Hund zum Menschen kam.

2 ○ Nenne die nützlichen Fähigkeiten, die der Hund dem Menschen bietet.

3 ◑ Beschreibe, wie sich der Hund in seiner Umwelt orientiert.

4 ● Erkläre, warum Hunde im Wald angeleint sein müssen.

Der Hund – ein treuer Begleiter

Material A

Viele Hunderassen

Durch Züchtung gibt es heute etwa 330 verschiedene Hunderassen. Sie unterscheiden sich im Aussehen, im Wesen und in der Verwendung.

1 Vergleiche die Hunderassen miteinander. → 1 – 3

a ▢ Nenne die Hunderasse, die am größten ist.

b ▢ Nenne die Hunderasse, die am wenigsten wiegt.

c Erkläre, warum der Rauhaardackel als Jagdhund eingesetzt wird.

2 Erstelle für eine weitere Hunderasse einen Steckbrief.

Größe: etwa 60 Zentimeter
Gewicht: etwa 30 Kilogramm
Wesen: aufmerksam
Verwendung: Spürhund

1 Der Deutsche Schäferhund

Größe: etwa 70 Zentimeter
Gewicht: etwa 80 Kilogramm
Wesen: ruhig, gutmütig
Verwendung: Rettungshund

2 Der Bernhardiner

Größe: etwa 30 Zentimeter
Gewicht: etwa 7 Kilogramm
Wesen: mutig
Verwendung: Jagdhund

3 Der Rauhaardackel

Material B

Hunde haben Berufe

1 ▢ Nenne die Berufe der Hunde und die Eigenschaften, die sie dafür benötigen. → 4 – 8

4

5

6

7

8

Material C

Der Hund – ein Hetzjäger

9

10

Beim Verfolgen fliehender Beute erreicht der Hund eine enorme Schnelligkeit. → 9 10 Dabei graben sich die Krallen der Pfoten in den Untergrund und geben Halt.

1 ◐ Betrachte und beschreibe die Hundepfote. → 11

2 ◐ Erkläre die Aufgabe der Krallen beim schnellen Laufen.

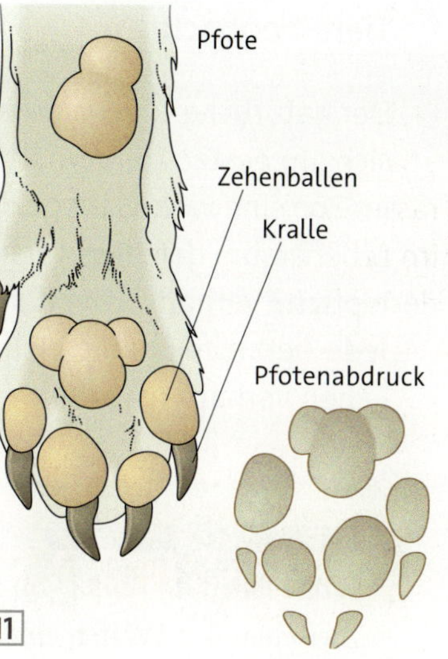

11

Material D

Nasenvergleich

Nasen sind innen mit einer Schleimhaut, die Riechzellen enthält, überzogen. → 12 Beim Hund beträgt die Oberfläche dieser Schleimhaut 85 cm^2 (Größe eines Handys, 230 Millionen Riechzellen), beim Menschen nur 4 cm^2 (Größe einer Briefmarke, 25 Millionen Riechzellen).

1 ● Zeichne für die Größen der Riechschleimhaut ein Säulendiagramm (Hochachse: Fläche in cm^2, Längsachse: Hund, Mensch).

2 ● Werte das Diagramm aus. Erkläre nun, wieso der Hund besser riechen kann als der Mensch.

3 ● Erkläre, wie die 85 cm^2 in der Nase des Hunds Platz finden. → 12

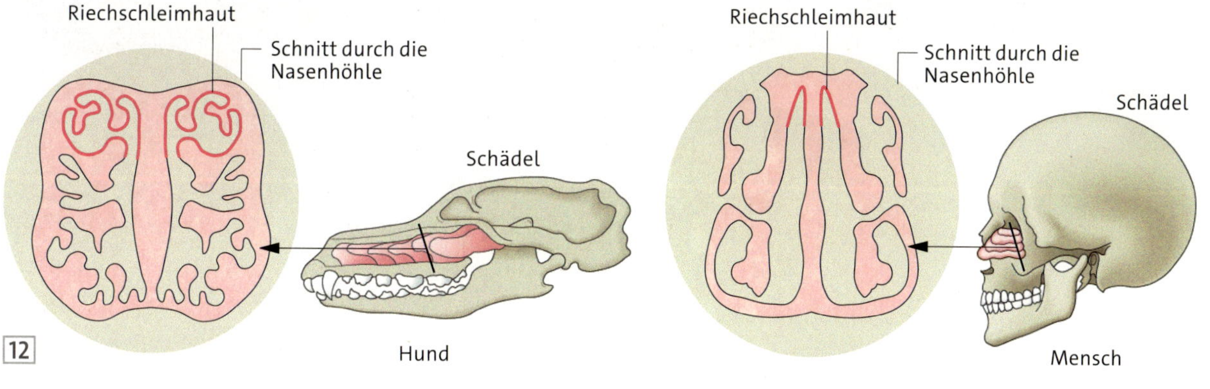

12

Der Hund – ein treuer Begleiter

Methode

Tiere beobachten

Der natürliche Lebensraum von Tieren eignet sich am besten für Verhaltensbeobachtungen. Im Zoo sind viele Gehege dem natürlichen Lebensraum der Tiere nachgebaut. So können typische Verhaltensweisen beobachtet werden. Jede Tierart zeigt eine Vielfalt von unterschiedlichen Verhaltensweisen.

Lebensweise des Wolfs
Wölfe leben im Rudel von 5 bis 15 Tieren. Zwischen den Wölfen eines Rudels finden nur selten Kämpfe statt, da die Mitglieder des Rudels die Rangordnung beachten. Durch typische Körperhaltungen und Gesichtsausdrücke werden Kämpfe verhindert. → 2

1 Information zum Wolf

1. Beobachten Überlege dir, was du beobachten möchtest. Zum Beobachten brauchst du Zeit und musst genau hinsehen.
Beispiel: Beobachtung des Aufeinandertreffens von Odin und Taruk

2. Beobachtungen festhalten Die Beobachtungen können in Tabellen oder Zeichnungen festgehalten werden.
Bei einer Beschreibung gibst du die Beobachtungen mit eigenen Worten wieder. Vermeide dabei „Vermenschlichungen".
Beispiel: Notiere über 10 Minuten das Verhalten der Tiere in einer Tabelle.
Odin zeigt die Zähne und knurrt.

2 Körperhaltung und Gesichtsausdruck von Wölfen

3. Auswerten Mithilfe von Informationen zur Lebensweise des Tiers kannst du deine Beobachtungen auswerten. Die Ergebnisse hältst du in einem Beobachtungsprotokoll fest. Beispiel: Odin ist der Oberste in der Rangordnung. Er frisst als Erster. Den anderen Wölfen gegenüber zeigt er Imponier- und Drohverhalten. Taruk ist der Unterste in der Rangordnung. Er unterwirft sich und frisst als Letzter.

Aufgaben

1 ● Beobachtet im Zoo weitere Tiere (zum Beispiel Erdmännchen) in ihrem Gehege. Beschreibt eure Vorgehensweise.

2 ● Beobachtet das Verhalten einer Pferdeherde auf der Weide. Beschreibt eure Vorgehensweise.

Beobachtungsprotokoll

Ort: Tripsdrill in Cleebronn
Datum: 11.07.2014
Besonderes: Fütterung im Wolfsgehege

Minuten	Odin	Taruk
1. Min.	nähert sich mit erhobenem Schwanz, gespitzten, nach vorn gerichteten Ohren dem Fressen → 2A	liegt zusammengerollt mit angelegten Ohren weit entfernt, lässt das Futter nicht aus den Augen
2. Min.	reißt am Fleisch	keine Verhaltensänderung
3. Min.	frisst	keine Verhaltensänderung
4. Min. 5. Min.	hebt den Kopf, zeigt die Eckzähne, sobald sich Wölfe nähern, knurrt → 2B	keine Verhaltensänderung
6. Min.	leckt sich die Schnauze, entfernt sich, Schwanz gestreckt, erhobener Kopf und gespitzte Ohren	keine Verhaltensänderung
7. Min.	sichert abseits, gestreckter Schwanz, aufgerichteter Kopf, gespitzte Ohren	nähert sich geduckt dem Fressen, Ohren angelegt, Schwanz eingeklemmt → 2C
8. Min. 9. Min.	steht weiterhin abseits	frisst nach den Seiten blickend mit angelegten Ohren
10. Min.	befindet sich weiterhin abseits	entfernt sich schleichend, geduckt

Auswertung
Odin ist der Oberste in der Rangordnung. Er frisst als Erster.
Den anderen Wölfen gegenüber zeigt er Imponier- und Drohverhalten.
Taruk ist der Unterste in der Rangordnung. Er unterwirft sich und frisst als Letzter.

3 Beispiel für ein Beobachtungsprotokoll

Die Katze – ein Schleichjäger

1 Katzen auf dem Heuboden

So friedlich und verträumt die Katze erscheint – sie hält einen Bauernhof frei von Mäusen. Wie schafft es die Katze, flinke Tiere wie Mäuse zu fangen?

2 Die Falbkatze

„Stubentiger“ aus Afrika • Mit der beginnenden Landwirtschaft lagerten die Bauern Vorräte in Kornspeichern. Mäuse und Ratten fanden dort leicht Nahrung. Die Falbkatze, eine nordafrikanische Wildkatze, ernährte sich von diesen Nagern und gewöhnte sich so an die Nähe des Menschen. → 2 Von der Falbkatze stammen unsere heutigen zahmen Hauskatzen ab. Aus den Hauskatzen züchtete der Mensch viele verschiedene Katzenrassen. Sowohl die Hauskatzen als auch die anderen Katzenrassen haben sich ihre Wildheit bewahrt. Katzen jagen im Gegensatz zu Hunden als Einzelgänger.

der Schleichjäger

3 Das Jagdverhalten der Katze

Im Katzensprung auf Beutefang • Manchmal kannst du beobachten, wie sich eine Katze langsam schleichend, in geduckter Haltung an ihre Beute heranpirscht. → 3 Dabei tritt sie nur mit den Zehen auf. Sie ist ein Zehengänger. Auf weichen Fußballen mit eingezogenen Krallen nähert sich die Katze langsam und lautlos der Maus. Katzen sind Schleichjäger. In Sprungnähe lauert die Katze der Maus auf, ohne diese aus den Augen zu lassen. Sie springt auf die Maus und schiebt dabei die scharfen Krallen aus den Zehenballen. Mit den Krallen packt sie die Maus und tötet sie mit einem Biss in den Nacken.

Katzen jagen in der Dämmerung • Katzenaugen besitzen eine besondere Farbschicht im hinteren Teil des Auges, die wie ein Spiegel wirkt. → 4 Dadurch wird das wenige Licht doppelt genutzt. Die Augen sind so besonders lichtempfindlich. Tagsüber sind die Pupillen zu einem Schlitz verkleinert, um die Augen zu schützen. Bei wenig Licht sind die Pupillen kreisrund.
In völliger Dunkelheit sehen auch Katzen nichts. Sie orientieren sich dann mithilfe der Schnurrhaare und des Gehörs. Die Ohren sind unabhängig voneinander in alle Richtungen drehbar. So orten Katzen ihre Beute.

4 Augen des Nachtjägers

Katzen sind Schleichjäger. Sie greifen ihre Beute mit den Krallen. Im Dunkeln orientieren sie sich mithilfe ihrer empfindlichen Sinnesorgane.

Aufgaben

1 ○ Beschreibe mit eigenen Worten die Abstammung unserer Katzen.

2 ◐ Beschreibe das Jagdverhalten eines Schleichjägers.

3 ● Erkläre, wie Katzen in der Dämmerung erfolgreich jagen.

Die Katze – ein Schleichjäger

Material A

Ein Körper für die Jagd

Katzen zeigen ein typisches Jagdverhalten. Geräuschlos schleichen sie sich in der Dämmerung oder beginnenden Nacht an ihre Beute an.

1 ◐ Betrachte die Bilder. Beschreibe die für das Jagdverhalten spezialisierten Körperteile.

3

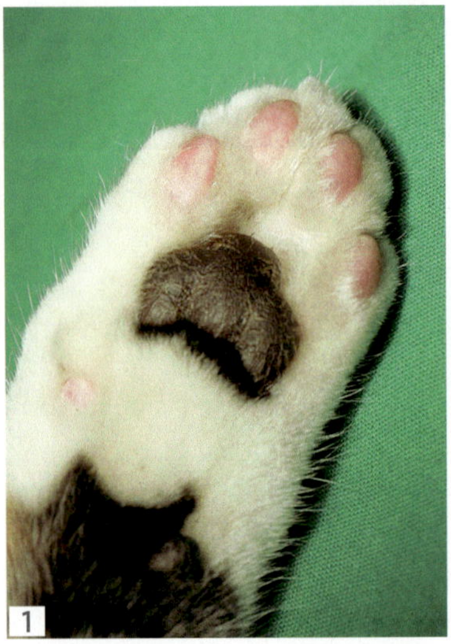
1

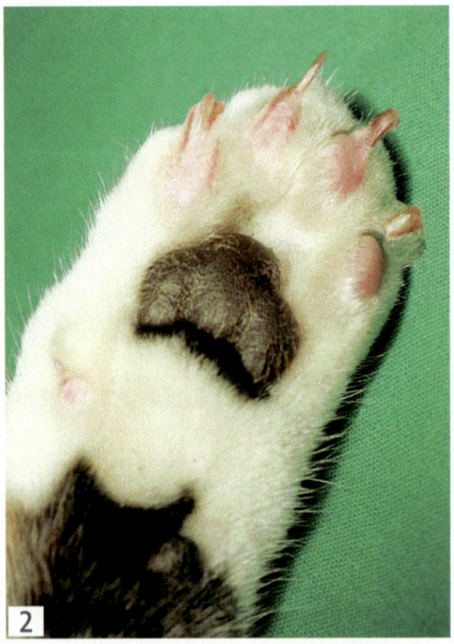
2

4

Material B

Menschenaugen – Katzenaugen

1 Betrachte die Augen deines Sitznachbarn im Hellen.
○ Beschreibe die Pupillen in den Augen deines Partners.

2 Dein Partner schließt ein Auge, gleichzeitig sieht er für eine Minute ins Helle. Nach einer Minute öffnet er das Auge und sieht dich an.
○ Beschreibe nun die Pupillen beider Augen.

3 ◐ Beschreibe die Augen der Katzen. → 5 6 Triff Aussagen zur Helligkeit.

4 ● Vergleiche die Pupillen von Mensch und Katze bei Helligkeit und Dunkelheit.

5

6

Material C

7

8

Überall Katzenaugen?

1 ◐ Betrachte Bild 7. Erkläre, warum die Augen der Katze leuchten.

2 ◐ Beschreibe die Gemeinsamkeit von Katzenaugen und Reflektoren. → 7 8

3 ○ Achte auf deinem Schulweg auf alle Reflektoren, die dir im Straßenverkehr begegnen. Notiere in einer Tabelle, wo und wie die Reflektoren im Straßenverkehr eingesetzt werden. Erkläre ihre jeweilige Aufgabe.

Material D

Verständigung bei Katzen

1 ○ Ordne den Gesichtern der Katzen A–C Begriffe wie „ängstlich", „angriffslustig", oder „freundlich" zu. → 9 10

2 ◐ Ordne den Katzen 1–3 jeweils den passenden Gesichtsausdruck A–C zu. → 10 11

3 ○ Stelle Vermutungen an, bei welchem Gesichtsausdruck die Katze schnurren oder fauchen wird.

Katzen verständigen sich durch ihre Körperhaltung und ihren Gesichtsausdruck. Eine Katze, die Kontakt aufnehmen will, streicht mit aufrecht wedelndem Schwanz, nach vorn gerichteten Ohren und großen Augen herum. Hat sie Angst, drückt sie sich an den Boden, legt den Schwanz an und die Ohren zurück. Wenn die Katze angreifen will, sträubt sie das Fell, macht einen Buckel und zeigt ihren buschig aufgestellten Schwanz.

9 Verständigung bei Katzen

10

11

Die Katze – ein Schleichjäger

Methode

Vergleichen

Hunde und Katzen verstehen sich meistens nicht. → 1 Um herauszubekommen, warum sich Hunde und Katzen oft nicht mögen, musst du das Verhalten vergleichen.
Für den Vergleich des Verhaltens von Hund und Katze betrachtest du beide Tiere genau. Das Verhalten, die Beutetiere, die Ansprüche an den Lebensraum und der Körperbau geben Auskunft über Gemeinsamkeiten und Unterschiede.

1. Was vergleichen? Überlege, welche Gesichtspunkte du vergleichen möchtest.
Beispiel: Körperhaltung und Verhaltensweise von Hund und Katze

2. Suche Gemeinsamkeiten
Beispiel: Hund und Katze richten manchmal Ohren und Schwanz auf. → 2

3. Suche Unterschiede
Beispiel: Der Hund ist angespannt, die Nackenhaare sind aufgestellt, er zeigt die Zähne und knurrt. Die Katze ist entspannt, sie wedelt mit dem Schwanz und schnurrt. → 2

4. Auswerten
Beispiel: Der Hund droht und steht kurz vor dem Angriff. Die Katze begrüßt ihr Gegenüber freundlich. → 2 Eine ähnliche Körperhaltung sendet gegensätzliche Botschaften aus.

1 Hund und Katze

2 Verhaltensweise von Hund und Katze

Hunde und Katzen haben eine ähnliche Lebensweise. Beide sind Jäger, die sich von Beutetieren ernähren. Hunde sind Hetzjäger, sie jagen im Rudel. Katzen sind Schleichjäger, die sich in der Dämmerung als Einzelgänger an ihre Beute anschleichen.
Katzen und Hunde markieren ihren Lebensraum mithilfe von Duftmarken und verteidigen ihn gegen Artgenossen. Der Hund verspritzt seinen Urin. Katzen verspritzen ebenfalls ihren Urin. Zusätzlich reiben sie mit ihren Duftdrüsen am Kopf an Gegenständen.
Hund und Katze besitzen ein typisches Fleischfressergebiss. Die Eckzähne dienen dem Ergreifen und Festhalten der Beute. Man nennt sie deshalb Fangzähne. Die Beute wird mit den Backenzähnen zerkleinert. Die hinteren Backenzähne in Ober- und Unterkiefer sind größer und kräftiger. Mit diesen Reißzähnen wird die größte Kraft beim Zerlegen der Beute aufgewendet.

3 Vergleich von Hund und Katze

4 Pfotenabdruck eines Hunds

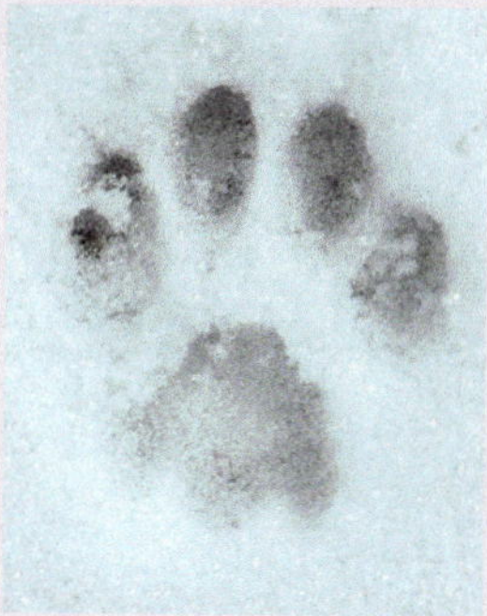

5 Pfotenabdruck einer Katze

Aufgaben

1 ◔ Vergleiche das Jagdverhalten von Hund und Katze. → 3 Beschreibe deine Vorgehensweise.

2 ● Vergleiche Hund und Katze in diesen Punkten: Verhalten im Lebensraum, Pfotenabdruck und Gebiss. → 3 – 7 Liste Gemeinsamkeiten und Unterschiede in einer Tabelle auf.

3 ◔ Erläutere, warum sich Hund und Katze nicht verstehen.

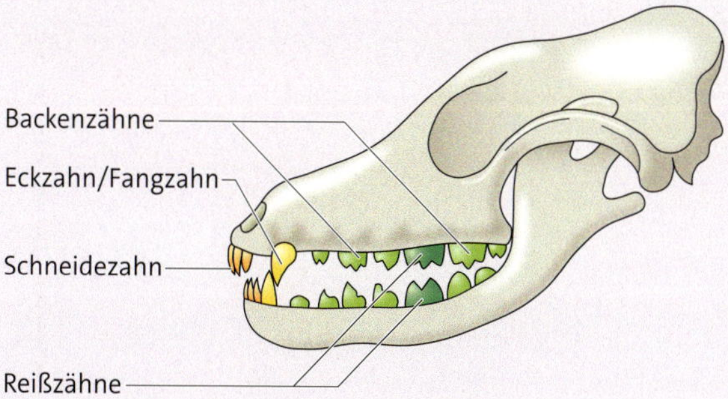

6 Das Fleischfressergebiss des Hunds

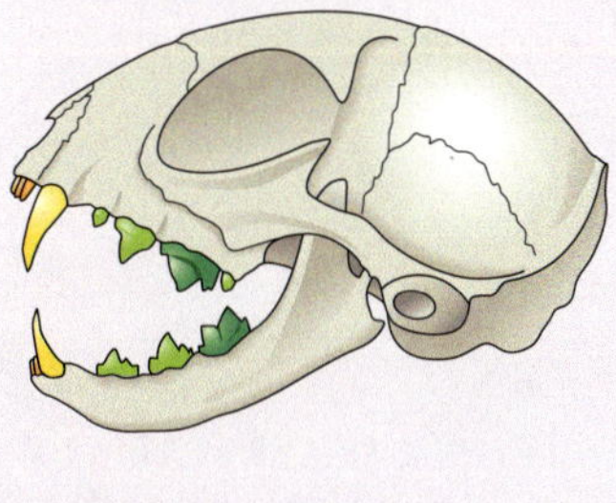

7 Das Fleischfressergebiss der Katze

Die Fortpflanzung der Katze

1 Zwei Kater kämpfen.

Im Garten sind laute Geräusche zu hören. Zwei Kater kämpfen miteinander. In der Nähe liegt eine Katze und gibt ein lautes Miauen von sich. Warum verhalten sich die Katzen so?

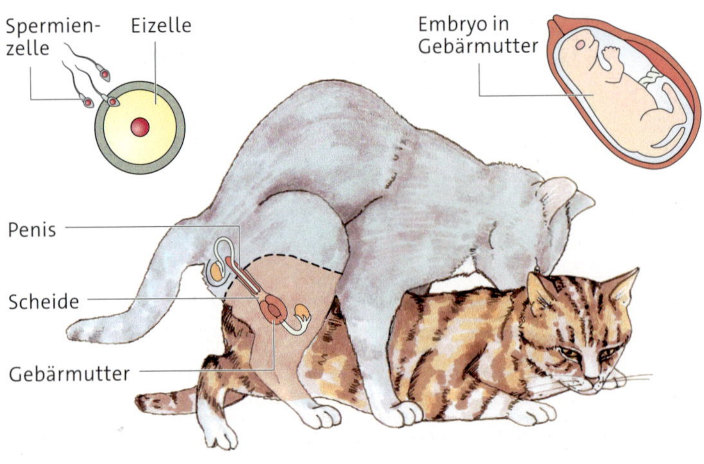

2 Die Paarung

Der Stärkere gewinnt • Wenn das Katzenweibchen bereit ist, Junge zu bekommen, miaut sie laut und rollt sich auf dem Boden. Sie ist rollig. Das lockt oft mehrere Kater an. Dabei kann es zu heftigen Kämpfen um das Weibchen kommen. → 1

Paarung und Tragzeit • Wenn es zur Paarung kommt, dringt der Kater mit seinem Penis in die Scheide der Katze ein. → 2 Weil die Spermienzellen direkt in den Körper der Katze übertragen werden, spricht man von innerer Besamung. Dabei dringt die Spermienzelle in die Eizelle ein. Anschließend verschmelzen die Zellkerne der Eizelle und der Spermienzelle. Das nennt man Befruchtung. Die befruchtete Eizelle teilt sich und wandert in die Gebärmutter. Hier wachsen die Embryonen heran. Im Bauch der Katze können drei bis acht Jungtiere heranwachsen. Nach etwa acht Wochen Tragzeit erfolgt die Geburt. Katzen können bis zu dreimal im Jahr Jungtiere bekommen.

Wenn die Katze rollig ist, kommt es zur Paarung. Durch innere Besamung wird die Eizelle befruchtet. Embryonen wachsen im Körper der Katze bis zur Geburt heran.

Aufgaben

1 ▢ Erkläre den Begriff „rollig“.

2 ◔ Erkläre, wie Katzen sich fortpflanzen. → 2

die innere Besamung
die Befruchtung
der Embryo

Material A

Die Fortpflanzung von Wildkatze und Hauskatze im Vergleich

3 Die Wildkatze

Die Wildkatze lebt in Wäldern. In Baden-Württemberg ist sie im Schwarzwald zu finden. Sie ist größer und kräftiger als die Hauskatze. → 3 Die Wildkatze jagt nach Mäusen oder Vögeln. Aufgrund ihres seltenen Vorkommens steht sie unter Naturschutz. Etwa neun Wochen nach der Paarung werden zwei bis vier Jungtiere geboren. Wildkatzen bekommen einmal im Jahr, oft im Frühjahr, Nachwuchs.

4 Fortpflanzung der Wildkatze

1 Vergleiche die Fortpflanzung von Hauskatze und Wildkatze. Liste in einer Tabelle Gemeinsamkeiten und Unterschiede auf. → 5

	Wildkatze	Hauskatze
Dauer der Tragzeit	...	...
Anzahl der Jungtiere im Jahr	...	...
Anzahl der Geburten im Jahr	...	...

5 Vergleich von Wildkatze und Hauskatze

Material B

Viele Katzenrassen

Im Gegensatz zu den Hunden werden Katzenrassen vor allem der Schönheit wegen gezüchtet. Es gibt etwa 40 verschiedene Rassen.

1 Nenne die Katzenrasse, die weniger Pflege benötigt.

2 Erstelle für eine weitere Katzenrasse einen Steckbrief. → 6 7

Größe: etwa 50 Zentimeter
Gewicht: etwa 6 Kilogramm
Wesen: ruhig, ausgeglichen, anhänglich
Pflege: gelegentlich das Fell bürsten

6 Die Britisch-Kurzhaar-Katze

Größe: etwa 55 Zentimeter
Gewicht: etwa 6 Kilogramm
Wesen: sanft, freundlich
Pflege: gelegentlich die Haut waschen und eincremen, regelmäßig die Ohren säubern, besonders häufig füttern

7 Die Sphinx-Katze

Merkmale der Säugetiere

1 Säugende Katze mit Jungtieren

Nur wenn sich die Katzenmutter ganz sicher fühlt, kann man ihr beim Säugen der Jungen zusehen. Bei Gefahr packt sie die Jungtiere am Nackenfell und bringt sie in ein Versteck. Die hungrigen jungen Katzen suchen mithilfe ihres Tast- und Geruchssinns die Zitzen der Mutter.

2 Frisch geborenes Kätzchen

Die Geburt • Acht Wochen nach der Paarung bringt die Katze drei bis acht Jungtiere zur Welt. Die Katze zieht sich dafür an einen Ort zurück, an dem sie sich sicher fühlt. Die Geburt dauert zwischen zwei und sechs Stunden. Die Katze benötigt dabei keine Hilfe. Sobald ein Kätzchen das Licht der Welt erblickt, leckt die Katze ihm die Nase ab, damit es leichter atmen kann. Die Kleinen sind etwa 10 Zentimeter groß und 100 Gramm schwer. Noch haben sie ihre Augen geschlossen und können nicht hören. → 2 Nur mithilfe ihres Geruchssinns orientieren sie sich.

Die Entwicklung • Nach zehn Tagen öffnen die Kätzchen ihre Augen und richten ihre Ohren auf. → 3 Erst nach zwei Wochen erkunden sie ihre nähere

der Nesthocker
das Säugetier

Umgebung. Da Katzen nach der Geburt noch längere Zeit versorgt werden, gehören sie zu den Nesthockern.
Sie werden von ihrer Mutter gesäugt. Innerhalb der ersten Lebenswoche verdoppeln die Kätzchen ihr Gewicht von 100 Gramm auf 200 Gramm.
Nach acht bis zehn Wochen nehmen sie auch schon feste Nahrung auf und werden nur noch selten gesäugt.
Wenn die Kätzchen zwei Monate alt sind, lernen sie das Jagdverhalten. → [4] Leben auf Dauer mehrere Katzen zusammen, lässt sich unter ihnen eine Rangordnung beobachten. Die Tiere sind aber eher Einzelgänger.

[3] Zehn Tage altes Kätzchen

[4] Spielende Jungkatze

Die Katze ist ein Säugetier • Die Katze hat mit den anderen Säugetieren viele gemeinsame Merkmale.
Die Weibchen bringen lebende Jungtiere zur Welt und säugen sie mit Milch aus ihren Milchdrüsen.
Säugetiere haben fast immer die gleiche Körpertemperatur. Ihre Haut ist behaart. Dadurch wird der Wärmeverlust verringert.
Säugetiere atmen mithilfe von Lungen.
Einige dieser Merkmale finden wir auch bei anderen Tieren. Allerdings haben nur Säugetiere eine behaarte Haut und säugen ihre Jungtiere mit Milch.

Säugetiere haben gemeinsame Merkmale. Sie besitzen behaarte Haut und säugen ihre Jungtiere mit Milch.

Aufgaben

1 ○ Beschreibe die Entwicklung der jungen Kätzchen nach der Geburt.

2 ○ Erkläre den Begriff „Säugetier".

3 ◐ Nenne weitere Säugetiere. Begründe, wieso es sich um Säugetiere handelt.

Merkmale der Säugetiere

Material A

Säugetier – ja oder nein?

1 ▢ Nenne jeweils mindestens drei Merkmale von Skorpion und Guppy. → [1] [2]

2 ◔ Begründe, ob es sich bei Skorpion und Guppy um Säugetiere handelt. Argumentiere mithilfe der Merkmale.

3 ◔ Überprüfe anhand der bekannten Merkmale, ob der Mensch zu den Säugetieren gehört.

Der Skorpion „brütet" seine befruchteten Eier im Körper aus und bringt dann lebende Junge zur Welt. → [1] Die Jungtiere bleiben bis zur ersten Häutung auf dem Rücken der Mutter. Sie ernähren sich in dieser Zeit von körpereigenen Reserven.
Das Guppyweibchen bekommt bei jeder Geburt ungefähr 20 lebende Jungtiere. → [2] Nach der Geburt kümmern sich Guppys nicht mehr um ihre Jungtiere.

[1] Der Skorpion

[2] Der Guppy

Material B

Das Rote Riesenkänguru

1 ▢ Erstelle einen Spickzettel mit den wichtigsten Informationen zum Roten Riesenkänguru. → [3]

2 ◔ Halte mithilfe des Spickzettels einen Kurzvortrag über das Rote Riesenkänguru.

3 ● Erkläre, aufgrund welcher Merkmale das Rote Riesenkänguru ein Säugetier ist.

Das Rote Riesenkänguru hat ein kurzes, raues Fell. Es kann bis zu 1,80 Meter groß und 90 Kilogramm schwer werden. Aber selbst bei dieser größten Känguruart der Welt ist das frisch geborene Jungtier nur so groß wie ein Gummibärchen. Das Jungtier wird 20 bis 40 Tage nach der Paarung sehr wenig entwickelt geboren. Innerhalb weniger Minuten krabbelt es selbstständig von der Geburtsöffnung in den Beutel der Mutter. Dort saugt es sich an einer der vier Zitzen fest. Nach einem halben Jahr verlässt das Jungtier zum ersten Mal den Beutel. Bis es acht Monate alt ist, kriecht es aber immer wieder zurück. Danach ist es zu groß und steckt nur noch den Kopf zum Saugen in den Beutel. Oft ist zu diesem Zeitpunkt schon das nächste Jungtier im Beutel. Kängurus gehören wie die Koalas zu den Beuteltieren.

[3] Das Rote Riesenkänguru

der Nestflüchter

Erweitern und Vertiefen

Nesthocker und Nestflüchter

4 Das Wildkaninchen

5 Der Feldhase

Das Wildkaninchen • Das Wildkaninchen gräbt einen unterirdischen Erdbau mit einem Wohnkessel und einem verzweigten Gangsystem. Bei Gefahr findet es hier Schutz. Für die Geburt der Jungtiere legt das Weibchen im Bau ein Nest an. Dieses polstert es mit Gras und ausgerupften Haaren aus seinem Fell aus. Nach einer Tragzeit von ungefähr 32 Tagen bringt das Weibchen hier bis zu siebenmal im Jahr fünf bis neun Jungtiere zur Welt. Bei der Geburt wiegen sie 40 bis 50 Gramm. Sie sind noch nackt und blind. Erst nach 10 Tagen öffnen sie die Augen. Mit drei Wochen verlassen sie das erste Mal den Bau. Die jungen Kaninchen werden vier Wochen lang von dem Muttertier gesäugt. Alle Wirbeltiere, die wie die Kaninchen noch lange Zeit nach der Geburt von den Eltern versorgt werden, nennt man Nesthocker.

Der Feldhase • Der Feldhase scharrt sich eine flache Mulde. Bei Gefahr duckt er sich hier reglos hinein. Er kann aber im Notfall auch mit einer Höchstgeschwindigkeit von 70 Kilometer pro Stunde flüchten. In der Mulde bringt die Häsin nach 42 Tagen Tragzeit bis zu viermal im Jahr ein bis fünf Jungtiere zur Welt. Die Junghasen wiegen 100 bis 150 Gramm. Sie haben bereits ein Fell und ihre Augen sind geöffnet. Die Junghasen leben allein, aber zweimal am Tag kommt die Häsin zu ihnen und säugt sie. Feldhasen sind Nestflüchter.

Nesthocker kommen oft nackt und blind zur Welt und werden von den Eltern noch lange versorgt. Nestflüchter kommen sehr weit entwickelt zur Welt und finden sich sofort in ihrer Umwelt zurecht.

Aufgabe

1 Lege eine Tabelle zum Vergleich von Wildkaninchen und Feldhase an. Entscheide zuerst, in welchen Punkten du die Tiere vergleichen willst.

Das Rind – ein Nutztier

1 Kühe werden gemolken.

Die Milch kommt von der Kuh, dem weiblichen Rind. Kühe fressen Gras. Wie wird aus Gras Milch?

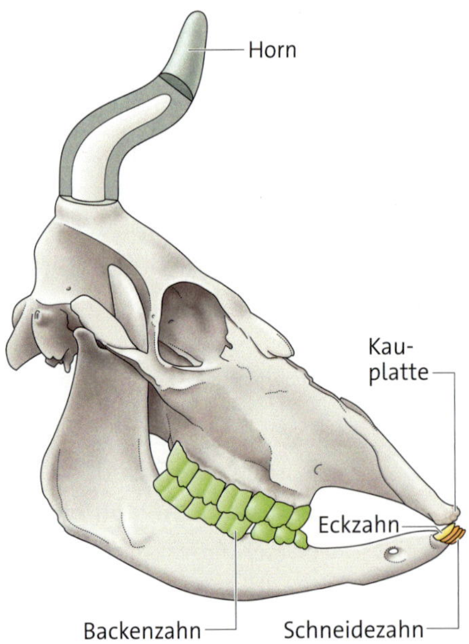

2 Das Pflanzenfressergebiss des Rinds

Rinder sind Pflanzenfresser • Rinder ernähren sich von schwer verdaulichen Gräsern, Kräutern und Klee. Sie umschlingen die Grasbüschel mit der rauen Zunge. Die Schneidezähne des Unterkiefers pressen das Gras gegen die Kauplatte im Oberkiefer. → 2 Dann werden die Grasbüschel durch Heben des Kopfs abgerissen. Die Nahrung wird unzerkaut hinuntergeschluckt. So nehmen Rinder in kurzer Zeit viel Nahrung auf.

Kauen, kauen, kauen • Das Gras gelangt direkt über die Speiseröhre in einen Vorratsmagen, den Pansen. → 3 Erst wenn der Pansen gefüllt ist, stellt das Rind das Fressen ein und legt sich nieder. Im Pansen wird das Gras eingeweicht und vorverdaut. Kleinste Lebewesen unterstützen das

das Pflanzenfressergebiss der Wiederkäuer

Zersetzen der schwer verdaulichen pflanzlichen Nahrung. Portionsweise werden die vorverdauten Grasballen vom Pansen in den Netzmagen gedrückt. → 3 Von dort werden die Nahrungsportionen durch Aufstoßen wieder in das Maul zurückbefördert. Während des Ruhens werden sie im Maul zwischen den dicken, flachen Backenzähnen des Pflanzenfressergebisses zerrieben. → 2 Rinder kauen die hochgewürgten Nahrungsportionen mehrmals. Sie werden deshalb Wiederkäuer genannt. Das wiedergekäute Gras rutscht erneut über den Pansen in den Netzmagen. Jetzt gelangt das zerkaute Futter weiter in den Blättermagen. Hier wird dem Nahrungsbrei überschüssiges Wasser entzogen. Im anschließenden Labmagen findet die weitere Verdauung statt. → 3 Der Labmagen befördert den Nahrungsbrei in den Darm.

Die Milch entsteht • Die Nährstoffe aus der Nahrung werden über die Darmwände an das Blut abgegeben und im ganzen Körper verteilt. Im Euter befinden sich Milchdrüsen, die die Nährstoffe aus dem Blut in Milch umwandeln.

Nutzung des Rinds • Kühe liefern Milch, nachdem sie das erste Mal ein Kalb zur Welt gebracht haben. Das Melken erfolgt heute mit Maschinen. → 1 Rinderrassen, die wenig Milch geben, liefern als Schlachttiere Fleisch. Der Mensch nutzt das Rind vielfältig. Er verarbeitet nahezu jedes Körperteil des Rinds. → 4

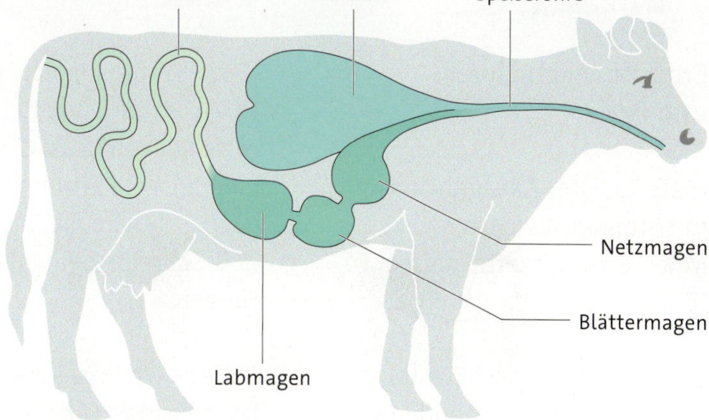

3 Der Weg der Nahrung

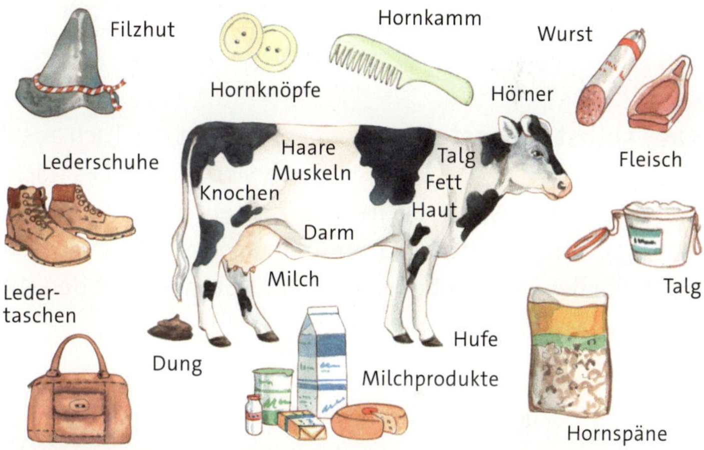

4 Nutzen des Rindes

Rinder sind Wiederkäuer mit Pflanzenfressergebiss. Sie werden in vielfältiger Form vom Menschen genutzt.

Aufgaben

1 ◔ Beschreibe den Weg der Nahrung und die Aufgabe der Mägen.

2 ○ Erkläre den vielfältigen Nutzen des Rinds für den Menschen.

Das Rind – ein Nutztier

Achtung • Herstellung und Verzehr von Lebensmitteln darf nicht im Fachraum erfolgen!

Material A

Enthält Milch Eiweiß und Fett?

Materialliste: 2 Reagenzgläser mit Stopfen, 4 Pipetten, Ei, Milch, Zitronensaft, Speiseöl, Löschblatt

1 Zitronensaft lässt Eiweiß ausflocken. Führe folgenden Versuch durch. Trenne das Eiklar (Eiweiß) vom Eigelb. Fülle etwas Eiklar (Eiweiß) in das erste Reagenzglas. Gib mit einer Pipette Zitronensaft dazu. Schüttle die Mischung.
○ Beschreibe deine Beobachtungen.

2 Fülle Milch in das zweite Reagenzglas. Gib Zitronensaft dazu und schüttle.
◐ Beschreibe und erkläre deine Beobachtungen.

3 Tropfe jeweils mit einer sauberen Pipette Öl, Wasser und Milch nebeneinander auf das Löschblatt. Umrande und beschrifte die Tropfen. Trockne das Löschblatt.
◐ Beschreibe und erkläre deine Beobachtungen.

Material B

Käse selbst hergestellt

Materialliste: 2 L Milch, Becherglas (2 L), Zitronensaft, Heizrührgerät, flaches Sieb, sauberes Tuch, 2 Glasschalen, Gewichte, 50 g Salz, Kochtopf, Messer, 500 mL Wasser

1 Schüttet die Milch in das Becherglas und erwärmt sie auf dem Heizrührgerät auf 30 Grad Celsius. Gebt so viel Zitronensaft hinzu, dass die Milch flockig wird. → 1

2 Legt nun das Sieb mit dem Tuch aus und stellt es auf die Glasschale. Schüttet die Milch aus dem Becherglas in das Sieb und lasst die Flüssigkeit einen Tag abtropfen. → 1

3 Nehmt das Tuch aus dem Sieb und legt es flach aus. Stellt dann die zweite Glasschale mit Gewichten etwa 3 Stunden auf den Käse. → 1

4 Kocht 50 Gramm Salz in einem halben Liter Wasser auf. Lasst die Salzlösung danach abkühlen.

5 Schneidet den gepressten Käse in große Würfel. Legt diese für 30 Minuten in die Salzlösung. → 1

6 Nach dem Abspülen ist der Käse fertig. Ihr könnt ihn (nicht im Fachraum!) wie Mozzarella mit Tomaten verzehren.

1 Herstellung von Käse

Material C

Herstellung von Joghurt

Materialliste: 3 Marmeladengläser mit Deckel, 1 L H-Milch (3,5 % Fett), 150 g Naturjoghurt (nicht wärmebehandelt), 2 Schüsseln (eine mit Deckel), Schneebesen, 1 L Wasser (siedend), 1 dickes Handtuch

Achtung • Siedendes Wasser: Verbrennungsgefahr!

1 Beachtet, dass eure Zutaten Zimmertemperatur haben. Gießt die Milch und den Joghurt in eine Schüssel. Verrührt beides gut mit dem Schneebesen. → 2

2 Füllt die Mischung in die Marmeladengläser. → 2 Verschließt die Gläser und stellt sie in die zweite Schüssel.

3 Gießt das siedende Wasser in die Schüssel. Beachtet, dass das Wasser so hoch steht wie der Joghurt in den Gläsern. → 2

4 Schließt den Deckel der Schüssel und schlagt sie in das Handtuch ein. → 2

5 Nach 12 Stunden stellt ihr die Gläser kühl. Der Joghurt ist fünf Tage haltbar.

2 Herstellung von Joghurt

Material D

Milchprodukte erkennen

Materialliste: frische Vollmilch, Naturjoghurt, Quark, Käse, saubere Glasschälchen, Augenbinde, Teelöffel, Faserstift

1 Bildet Vierergruppen. Wählt je Gruppe eine Versuchsperson, die zunächst den Raum verlässt. Verteilt die Milchprodukte auf nummerierte Glasschälchen. Verbindet der Versuchsperson die Augen.

a ○ Stellt der Versuchsperson diese Aufgaben: Bestimme Geruch, Geschmack und Festigkeit der Produkte. Benenne sie.

b ○ Haltet die Ergebnisse in einer Tabelle fest. → 3

	Milch	Joghurt	Quark	Käse
Geruch	...	...	...	...
Geschmack	...	...	...	...
Festigkeit	...	...	...	...
Name	...	...	...	...

3 Tabelle zur Verkostung von Milchprodukten (nicht im Fachraum durchzuführen!)

Haltung von Nutztieren

1 Das Hausschwein

Hausschweine sehen oft dreckig aus. Warum wälzen sie sich im Schlamm?

So ein Schwein? • Schweine, die im Freien gehalten werden, wühlen im Boden nach Nahrung und wälzen sich im Schlamm. → 1 Das Schlammbad dient der Hygiene. Es bietet Schutz gegen Krankheiten, zudem kühlt es im Sommer.

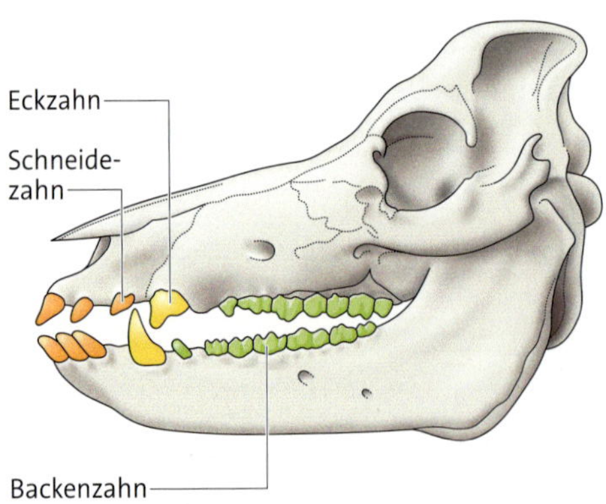

2 Das Allesfressergebiss des Schweins

Das Schwein – ein Allesfresser • Schweine haben ein Gebiss, das sowohl Merkmale der Pflanzenfresser als auch der Fleischfresser aufweist. Sie besitzen ein Allesfressergebiss. → 2 In der Haltung werden Hausschweine vor allem mit Getreide, Mais und Kartoffeln gefüttert.

Nutzen des Hausschweins • Schweine werden gehalten, um die hohe Nachfrage nach Schweinefleisch zu decken. Die Haltung erfolgt oft in Mastbetrieben, in denen Schweine schon nach acht bis zehn Monaten schlachtreif sind. Neben dem Fleisch wird vom Schwein fast alles verwertet: Borsten für Pinsel und Bürsten, die Haut als Leder und der Kot als Dünger. Schweine besitzen mit ihrem Rüssel einen guten Geruchssinn. Deshalb werden sie zur Suche von Trüffeln, einer besonders seltenen Pilzart, eingesetzt. Schweine können sogar Drogen aufspüren. Aufgrund ihrer guten Lernfähigkeit sind sie auch im Zirkus weit verbreitet.

Schweine haben ein Allesfressergebiss. Der Mensch hält sie vorwiegend, um ihr Fleisch zu nutzen.

Aufgaben

1 Nenne die Besonderheiten eines Allesfressergebisses. → 2

2 Nenne die besonderen Fähigkeiten von Schweinen.

Material A

Die wild lebenden Verwandten

1 Vergleiche Hausschweine und Wildschweine im Hinblick auf Lebensweise, Körperbehaarung und Nahrung. → 1 3

2 Erkläre den Nutzen des Borstenfells für Wildschweine. → 3

Wildschweine leben im Familienverband, der Rotte. Sie wühlen im Waldboden nach Nahrung wie Wurzeln, Eicheln oder Würmern. Schlammtümpel werden zum Wälzen genutzt.
Wildschweine besitzen ein Fell mit sichtbaren Borsten und kurzer, wollartiger Behaarung. Das Fell dient der Tarnung. Zudem bietet es Schutz vor Kälte und vor Verletzung im Unterholz.

3 Wildschweine

Material B

Intensivtierhaltung

1 Beschreibe die Lebensbedingungen für das Hausschwein bei Intensivtierhaltung und Freilandhaltung. → 4 – 6

In der Intensivtierhaltung leben viele Schweine auf einem Gitterboden in einer engen Schweinebox. Sie können sich weder im Freien bewegen noch wälzen.
Bei der artgerechten Tierhaltung von Nutztieren ist die Haltung den typischen Lebensbedingungen der Tierart ähnlich. Die Freilandhaltung ist eine Form der artgerechten Tierhaltung, weil die Tiere ins Freie können und einen Stall mit Stroh haben.

4 Tierhaltungsformen

5 Intensivtierhaltung

6 Freilandhaltung

Haltung von Nutztieren

Erweitern und Vertiefen

Haltung des Haushuhns

1 Das Bankivahuhn

2 Die Kleingruppenhaltung

Bankivahuhn • Das Huhn wird seit etwa 5000 Jahren vom Menschen als Nutztier gehalten. Alle heutigen Hühnerrassen stammen vom Bankivahuhn ab. → 1 Es lebt immer noch wild in den Wäldern Indiens und Südostasiens. Bankivahühner erreichen ein Körpergewicht von etwa einem Kilogramm. Sie sind damit erheblich kleiner als die meisten Haushühner. Die Tiere leben in Gruppen aus mehreren Hennen und einem Hahn. Sie ernähren sich von den Knospen und Samen der Waldkräuter. Außerdem scharren sie im Waldboden nach Würmern und Larven. Sie baden im Sand, um ihr Gefieder zu pflegen. Zum Übernachten fliegen sie auf Schlafbäume. Einmal im Jahr brütet die Henne vier bis sechs Eier aus.

Hühnerrassen • Aus dem Bankivahuhn sind alle Haushuhnrassen gezüchtet worden. Dabei entstanden Hühner, die besonders viele Eier legen können. Leistungsfähige Legehühner legen etwa 300 Eier pro Jahr. In Deutschland isst jeder Mensch etwa 220 Eier im Jahr. Das sind insgesamt etwa 18 Milliarden Eier. Der große Bedarf an Eiern kann nicht gedeckt werden, wenn die Hühner frei auf einem Bauernhof laufen. Deshalb werden Hühner in verschiedenen Formen gehalten.

Kleingruppenhaltung • In einem Käfig leben Kleingruppen von bis zu fünf Tieren. Jedem Huhn stehen dabei gesetzlich 800 Quadratzentimeter an Fläche zu. Das ist etwas mehr als diese Buchseite. Die Käfige werden übereinandergestapelt. → 2 Kleine Käfigbereiche besitzen einen festen Untergrund zum Scharren. Die Hühner stehen auf Drahtgittern. Kot und Futterreste fallen hindurch. Die Tiere bekommen keinen Auslauf. Aufgrund der Enge verletzen sich die Hühner oft gegenseitig.
Tierschützer sind der Auffassung, dass die Tiere durch diese Haltung gequält werden. Sie berufen sich auf das Tierschutzgesetz. Danach muss ein Tier entsprechend seinen Bedürfnissen gehalten, ernährt und gepflegt werden. Dies wird artgerechte Tierhaltung genannt.

3 Die Bodenhaltung

4 Die Freilandhaltung

Bodenhaltung • Die Hühner können sich in einem Stall frei bewegen. Sie können scharren und picken. Futter und Wasser werden durch Automaten bereitgestellt. → 3 An den Stallseiten befinden sich Legenester. Auf einem Quadratmeter Boden dürfen nicht mehr als sieben Tiere gehalten werden.

Freilandhaltung • Die Hühner leben ähnlich wie bei der Bodenhaltung. Sie haben aber zusätzlich tagsüber Auslauf im Freien. → 4 Die Auslauffläche beträgt pro Huhn vier Quadratmeter. Für die Freilandhaltung von Hühnern ist viel Personal nötig, um die versteckten Nester und Eier im Freien zu finden. Von ökologischer Haltung spricht man, wenn zusätzlich Futter aus ökologischer Produktion verwendet wird.

Bei der Haltung von Hühnern unterscheidet man Kleingruppenhaltung, Bodenhaltung und Freilandhaltung. Die ökologische Haltung ist besonders artgerecht.

Aufgaben

1 Beschreibe die verschiedenen Formen der Hühnerhaltung.

2 Vergleiche die verschiedenen Haltungsformen mit der Lebensweise des Bankivahuhns.

3 Trage in einer Tabelle für jede Haltungsform Argumente zusammen, die für oder gegen sie sprechen.

4 Nimm Stellung zu den verschiedenen Haltungsformen.

5 In einem Supermarkt werden gleich große Eier zu 15 Cent pro Stück und zu 30 Cent pro Stück angeboten. Erkläre, warum das so ist.

6 Deutsche Eier stammen zum größten Teil aus der Bodenhaltung. Stelle Vermutungen über die Gründe dafür an.

Das Pferd – aus der Steppe in den Reitstall

1 Wild lebende Pferde

Der ursprüngliche Lebensraum der Pferde sind weitläufige Steppen. Bei uns leben sie meistens in Reitställen. Was kennzeichnet Pferde?

Fluchttiere • Wild lebende Pferde leben in Herden zusammen. Die Herde bietet Schutz. Die Tiere warnen sich bei Gefahr gegenseitig und stürmen gemeinsam in wilder Flucht davon. Sie sind Fluchttiere. Auch auf der Weide stehen unsere Pferde in kleinen Gruppen wie in einer Herde zusammen.

Auf Zehenspitzen • Pferde besitzen lange, schlanke Laufbeine. Nur mit der Zehenspitze, dem Huf, berühren sie den Boden. Pferde sind Zehenspitzengänger. → 2

Pferde sind Pflanzenfresser • Sie rupfen harte, faserige Gräser mit den Schneidezähnen ab und zerreiben sie zwischen den Backenzähnen. → 3

Pferde leben als Fluchttiere in Herden. Sie sind Zehenspitzengänger und Pflanzenfresser.

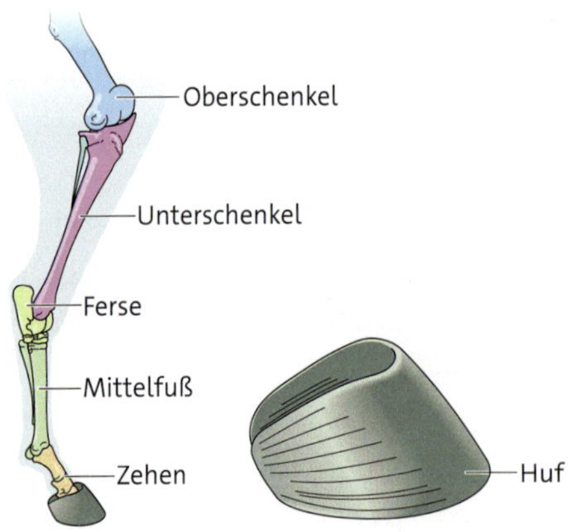

2 Das Pferdebein

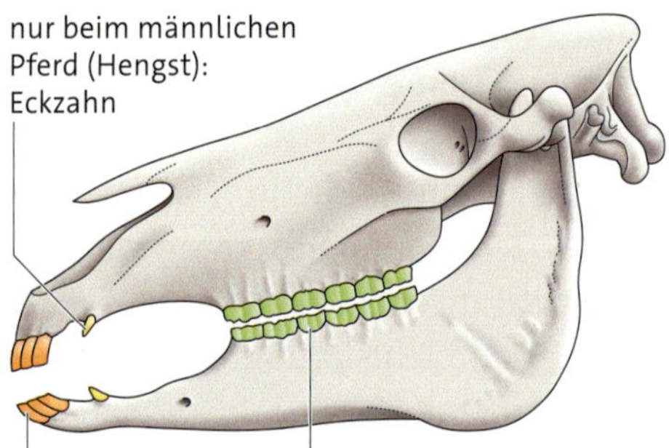

3 Das Pflanzenfressergebiss des Pferds

Aufgaben

1 ○ Beschreibe die natürlichen Verhaltensweisen von Pferden.

2 ◐ Erkläre den Begriff „Zehenspitzengänger". → 2

der Huf
der Zehenspitzengänger

Material A

Die Pferdesprache

Pferde in einer Herde verständigen sich. Sie nutzen zur Verständigung vor allem die Körpersprache und den Gesichtsausdruck.

1 ○ Beschreibe den Gesichtsausdruck der Pferdeköpfe A – C möglichst genau.

2 ◐ Erkläre, welchem Pferd du dich nähern kannst und welchem nicht.

3 ● Stelle Vermutungen an, wieso die Verständigung über den Gesichtsausdruck und die Körpersprache für das Leben in der Herde sinnvoll ist.

4 A aufmerksam B drohend C ängstlich

Material B

Pferdearbeit heute

Die Nutzung des Pferds hat sich im Laufe der Jahrhunderte stark verändert. Pferde waren früher Arbeitstiere. Sie leisteten Feldarbeit, zogen Kutschen und trugen Lasten. Heute nutzen wir Pferde fast ausschließlich in unserer Freizeit.

1 ◐ Beschreibe, zu welchem Zweck die Pferde eingesetzt werden. → 5 – 7

2 ● Erkläre, welche Eigenschaften das Pferd besitzen muss, um in den jeweiligen „Berufen“ zu arbeiten. → 5 – 7

5

6

7

Vielfalt der Haustiere

1

Der Rottweiler • Dieser große Hund ist stark und kann gefährlich sein. Er wird aber auch als Familienhund gehalten, weil er ein kinderliebes Wesen hat. Seine ruhige Art und die imposante Gestalt machen ihn zum beliebten Polizei- und Wachhund. Er wurde nach der Stadt Rottweil benannt.

2

Die Perserkatze • Sie zählt zu den ältesten und bekanntesten Rassekatzen. Die Perserkatze ist sehr ruhig, zurückhaltend und hat einen schwach ausgeprägten Freiheitsdrang. Somit lässt sie sich gut im Haus halten. Ihr dichtes, langes Fell muss regelmäßig gebürstet werden.

3

Der Wellensittich • Er ist die am häufigsten bei uns gehaltene Papageienart. In Australien lebt er in großen Schwärmen. Er wird bis zu 10 Jahre alt. Der Wellensittich benötigt immer Beschäftigung. In der Natur hat er sein Leben lang einen Partner. Daher ist es sinnvoll, zwei Tiere zu halten.

4

Der Dsungarische Zwerghamster • Dieser Zwerghamster lebt in den Halbwüsten Zentralasiens. Das nur 7–10 cm große Tier ist zutraulich und daher auch ein beliebtes Heimtier. Der Dsungarische Zwerghamster lebt in der Natur meist allein. Er mag es, zu rennen und zu klettern.

5

Die Mongolische Wüstenrennmaus • Die Heimat der Rennmäuse liegt in der mongolischen Steppe. Sie können gut klettern und bis zu 50 cm weit springen. Sie sollten immer nur zu zweit gehalten werden, weil sie von Natur aus in Familien leben und sehr gesellig sind.

6

Der Große Tag-Gecko • Dieser Gecko stammt aus dem Norden Madagaskars, wo er in Bananenstauden lebt. Er ernährt sich von Insekten. Große Tag-Geckos werden bis zu 30 cm lang und 20 Jahre alt. Sie können bei Gefahr ihre Farbe der Umgebung anpassen und ihren Schwanz abwerfen.

7

Das Limpurger Rind • Die älteste Rinderrasse Württembergs geht auf die Grafschaft Limpurg zurück (südlich von Schwäbisch Hall). Das Limpurger Rind diente früher als Arbeitstier. Heute nutzen wir Fleisch und Milch. Die Rasse zählt zu den gefährdeten Nutztierrassen.

8

Das Schwäbisch-Hällische Landschwein • Diese alte Hausschweinrasse ist insbesondere in der Gegend von Schwäbisch Hall verbreitet. Die Fleischqualität ist so gut, dass der Begriff „Schwäbisch-Hällisches Qualitätsschweinefleisch“ unter Schutz gestellt wurde.

9

Das Schwarzwälder Kaltblut • Diese Pferderasse wurde für die schwere Arbeit im Schwarzwald gezüchtet. Heute ist das Kaltblut als Freizeitpferd beliebt. Kaltblüter haben ein hohes Körpergewicht und ein ruhiges Temperament.
Die Rasse zählt zu den gefährdeten Nutztierrassen.

10

Das Sundheimer Huhn • Diese Hühnerrasse wurde zum ersten Mal in Sundheim bei Kehl gezüchtet. Es ist die älteste deutsche Zwiehuhnrasse. Zwiehühner werden von uns zweifach genutzt: für Fleisch und Eier.
Die Rasse zählt zu den gefährdeten Nutztierrassen.

11

Das Merinolandschaf • Es ist das am häufigsten gezüchtete Nutzschaf Deutschlands. Es hat feine, schnell wachsende Wolle. Jedes Jahr liefert ein Schaf bis zu 7 kg Wolle. Das Merinolandschaf nimmt schnell an Gewicht zu. Daher wird neben der Wolle auch sein Fleisch genutzt.

12

Die Schwarzwaldziege • Sie gehört zu den Milchziegen und kann gut klettern. Schwarzwaldziegen können sehr gut in der Landschaftspflege eingesetzt werden, weil sie robust sind und fast alles fressen.
Die Rasse zählt zu den gefährdeten Nutztierrassen.

Zusammenfassung

1

Kennzeichen des Lebens • Pflanzen, Tiere und Menschen zeigen alle fünf Kennzeichen des Lebens. Lebewesen bewegen sich aktiv. Sie reagieren auf Umweltreize, nehmen Stoffe auf, verarbeiten diese und scheiden für sie nicht weiter verwertbare Stoffe aus. Lebewesen wachsen und pflanzen sich fort.
Unbelebte Gegenstände, wie der fußballspielende Roboter, zeigen nie alle fünf Kennzeichen gemeinsam. → 1

2

Vom Wildtier zum Haustier • In der Steinzeit wurde der Mensch sesshaft. Er hielt seine wilden Beutetiere in Gehegen und zähmte sie. → 2 Fortan nutzte er neben dem Fleisch auch Milch, Eier und Wolle der Tiere oder deren Wachsamkeit.
Durch Züchtung vermehrte der Mensch immer nur die Tiere über Generationen als Haustiere weiter, die die für ihn vorteilhaften Merkmale besaßen.

3

Heimtiere • Der Mensch lebt oft eng mit Tieren zusammen. Heimtiere sind Familienmitglieder. Sie geben Sicherheit und Geborgenheit und fördern ein Verständnis für Toleranz und Mitgefühl. Unsere häufigsten Heimtiere sind Hunde, Katzen, Kaninchen, aber auch Fische und Vögel. → 3 Einige Menschen lieben exotische Tiere wie Reptilien und Spinnen. Exotische Tiere sind keine Kuscheltiere wie die typischen Heimtiere. Wer Heimtiere hält, trägt eine hohe Verantwortung für die Tiere.

4

Merkmale von Säugetieren • Viele unserer Haustiere sind Säugetiere. Nach der Paarung verschmelzen Spermienzelle und Eizelle miteinander. Die befruchtete Eizelle wandert in die Gebärmutter. Hier entwickeln sich die Embryonen. Nach der Tragzeit kommen lebende Jungtiere zur Welt. Sie sind Nesthocker oder Nestflüchter. In den ersten Lebenswochen werden sie mit Milch aus den Milchdrüsen gesäugt. → 4 Alle Säugetiere besitzen ein Fell und sind gleichwarm. Sie atmen mithilfe von Lungen.

5

Nutztiere • Nutztiere sind die Tiere, die der Mensch zu seinem Nutzen aus Wildtieren gezüchtet hat. Sie werden wirtschaftlich genutzt. Nutztiere liefern uns vor allem Nahrung, wie Fleisch, Milch und Eier, aber auch Kleidung oder ihre Arbeitskraft. → 5
Das Pferd wurde ursprünglich wegen seiner Kraft und Schnelligkeit als Nutztier gezüchtet. Heute ist es eher ein Sportpartner.
Häufige Nutztiere sind Rinder, Schweine, Pferde und Hühner.

6

Haltung von Nutztieren • Es gibt verschiedene Formen der Tierhaltung. Die artgerechte Tierhaltung orientiert sich an dem natürlichen Lebensraum der Tierart und nimmt Rücksicht auf die angeborenen Verhaltensweisen. → 6
Um den hohen Bedarf an Fleisch und Eiern zu decken, werden Tiere aber auch weiterhin in großer Anzahl in Ställen in der Intensivtierhaltung gehalten. Bei Hühnern spricht man dann auch von Kleingruppenhaltung oder Bodenhaltung.

Teste dich! (Lösungen auf Seite 352)

Heimtiere

1 ▢ Nenne Gründe, weshalb Menschen Tiere halten.

2 ▢ Nenne typische Heimtiere und erkläre deren Bedeutung für ihre Besitzer.

3 ◐ Erkläre, wie der Mensch aus dem Wildtier Wolf so viele verschiedene Hunderassen züchten konnte. Nenne vier bekannte Hunderassen und erkläre wofür sie eingesetzt werden.

4 ◐ Nenne Übereinstimmungen im Verhalten von Wolf und Hund.

5 ◐ Erläutere die Begriffe „Schmusekatze“ und „Stubentiger“ im Hinblick auf die natürliche Lebensweise und die Verhaltensweisen der Katzen.

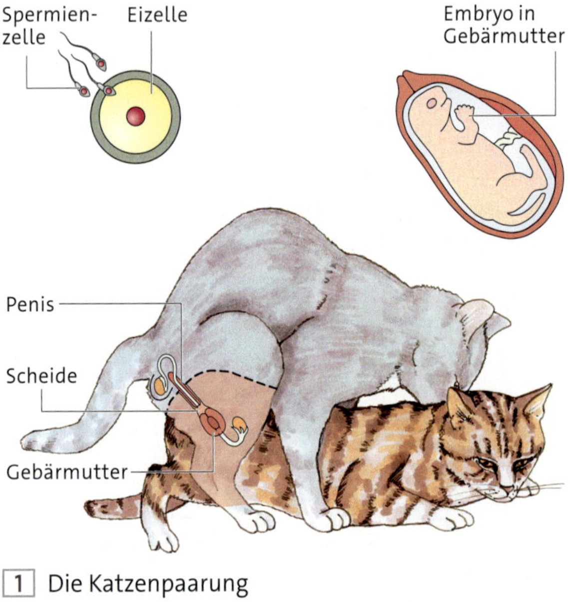

1 Die Katzenpaarung

6 ◐ Erkläre, wie Katzen in der Dämmerung jagen.

7 ◐ Beschreibe die Verständigung der Katzen untereinander.

8 ◐ Erkläre, wieso sich Hund und Katze oft nicht verstehen.

9 ● Erkläre den Begriff „innere Besamung“ am Beispiel der Katze. → 1

Merkmale von Säugetieren

10 ◐ Nenne sechs Haustiere, die zu den Säugetieren gehören. Erkläre ihre Bedeutung für den Menschen.

11 ◐ Nenne drei Merkmale der Säugtiere.

12 ◐ Erkläre, warum Schweine zu den Säugetieren zählen. → 2

13 ◐ Erkläre die Begriffe „Nesthocker“ und „Nestflüchter“.

2 Das „nackte“ Schwein?

Nutztiere

14 ▢ Beschreibe den Unterschied zwischen Milchrindern und Fleischrindern.

15 ◔ Erkläre, warum das Kalben einer Kuh wichtig ist.

16 ● Durch Zuchterfolge ist die Milchleistung von Kühen gestiegen. → 3
Stelle die Milchmenge in einem Säulendiagramm dar (Hochachse: Milchleistung, Längsachse: Jahreszahl). Wähle für die Breite der Säulen 1 cm, für jeweils 1000 L ebenso 1 cm.

Jahreszahl	Milchleistung in Litern pro Jahr
Altertum	500
1850	1000
1950	2500
1970	4000
2010	8000
2014	bis zu 20000

3 Milchleistung früher und heute

Haltung von Nutztieren

17 ◔ Beschreibe die natürlichen Lebensräume von Schweinen sowie das angeborene Verhalten dieser Tiere.

18 ◔ Erkläre die Unterschiede zwischen Kleingruppenhaltung und Bodenhaltung.

19 ◔ Erkläre den Begriff „artgerechte Tierhaltung“ für Nutztiere.

20 ◔ Ordne die Begriffe Allesfressergebiss, Pflanzenfressergebiss und Fleischfressergebiss den Bildern zu. → 4 – 6
Begründe deine Zuordnung.

21 ◔ Beschreibe die Unterschiede der Gebisstypen. → 4 – 6

22 ▢ Nenne jeweils ein Tier für die Gebisstypen.

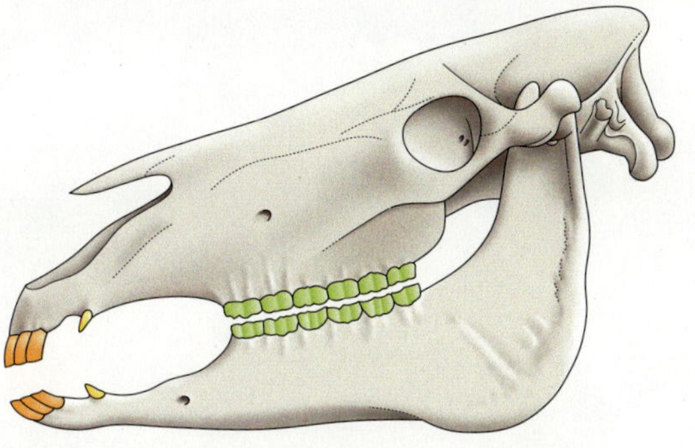

4

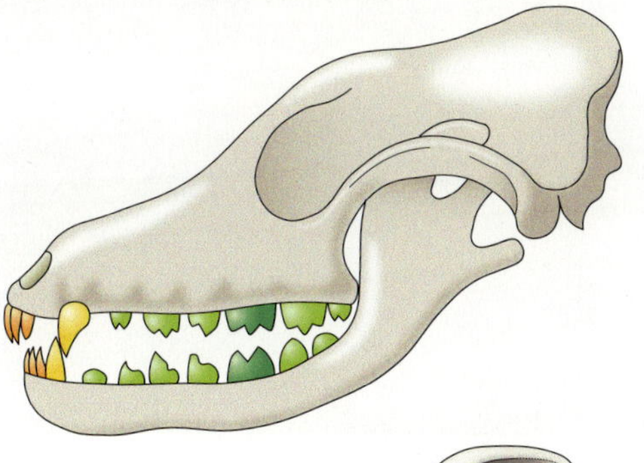

5

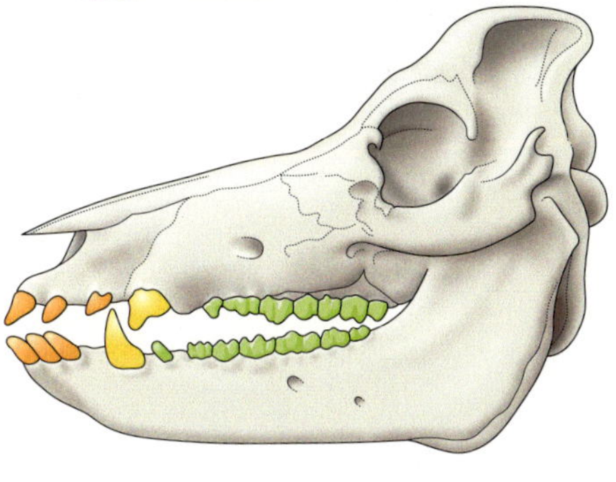

6

Wirbeltiere

Aufgrund seiner versteckten Lebensweise ist der Feuersalamander nur selten zu beobachten. Er gehört zu den Amphibien. Was zeichnet diese Tierklasse aus?

Bei Schlangen denken wir oft an exotische Tiere. Gibt es in Deutschland eigentlich auch Schlangen? Und sind sie gefährlich?

Säugetiere haben alle Lebensräume erobert. Wie kann der Maulwurf in der Erde leben? Wie findet er sich zurecht?

Merkmale der Wirbeltiere

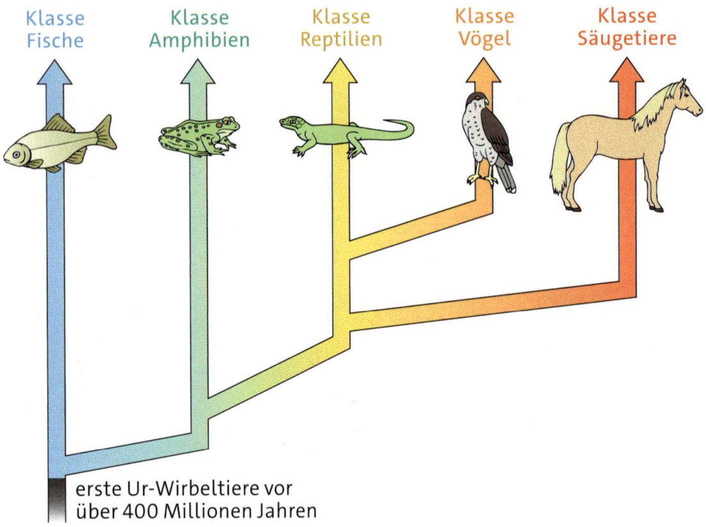

1 Stammbaum der Wirbeltiere

Im Zoo kann man viele Tiere sehen. Haie, Rochen, Frösche, Schlangen, Papageien, Antilopen und Löwen sind miteinander verwandt. Woran erkennt man das?

Wirbelsäule • Alle diese Tiere haben eine Gemeinsamkeit: ein Innenskelett mit Wirbelsäule. Auch der Mensch besitzt eine Wirbelsäule. → 2 Sie besteht aus vielen Wirbelknochen, die durch Gelenke miteinander verbunden sind. So verleiht sie dem Körper eine große Stabilität und eine hohe Beweglichkeit. Die Anzahl der Wirbelknochen ist bei den verschiedenen Wirbeltieren unterschiedlich. Eine Ringelnatter besitzt 230 Wirbelknochen, ein Frosch nur neun. Die Wirbeltiere werden in fünf verschiedene Gruppen, die Klassen, eingeteilt. Alle Wirbeltiere zusammen bilden einen Stamm.

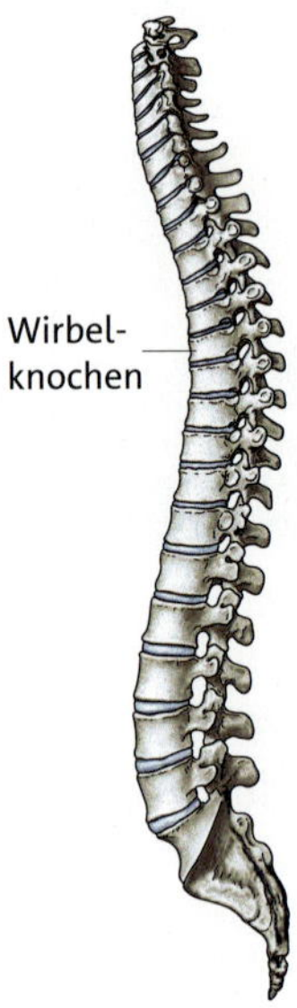

2 Wirbelsäule des Menschen

Stammbaum der Wirbeltiere • Wie die Wirbeltiere entstanden sind, kann man mithilfe von Versteinerungen untersuchen. Sie zeigen, dass alle Wirbeltiere einen gemeinsamen Vorfahren haben.
Fische sind die ältesten Wirbeltiere. Sie leben im Wasser und atmen mit Kiemen. Ihre Haut ist schleimig und mit Knochenschuppen bedeckt.
Nach den Fischen entwickelten sich die Amphibien. Zu ihnen gehören Frösche, Kröten und Molche. Amphibien besitzen eine feuchte Haut. Sie leben zeitweise im Wasser und auch auf dem Land.
Reptilien sind an das Leben an Land angepasst. Ihre schuppige Haut verhindert ein Austrocknen. Zu den Reptilien gehören Echsen, Schlangen, Krokodile und Schildkröten. Auch die ausgestorbenen Dinosaurier waren Reptilien.
Alle Vögel besitzen Federn. Sie stammen von den Dinosauriern ab.
Säugetiere säugen ihre Jungtiere. Ihre Haut ist mit Fell bedeckt.

Wirbeltiere besitzen ein Innenskelett mit Wirbelsäule. Sie sind miteinander verwandt. Wirbeltiere werden in die fünf Klassen Fische, Amphibien, Reptilien, Vögel und Säugetiere eingeteilt.

Aufgabe

1 Beschreibe die Merkmale der fünf Wirbeltierklassen.

Material A

Die Wirbeltiere

1 ▢ Vervollständige den Bestimmungsschlüssel. → 3 Schreibe dazu die Zahlen 1 bis 5 zusammen mit den Namen der Wirbeltierklassen in dein Heft.

2 ◐ Gib für jede Wirbeltierklasse zwei Tiere als Beispiel an. Benutze dazu dieses Buch.

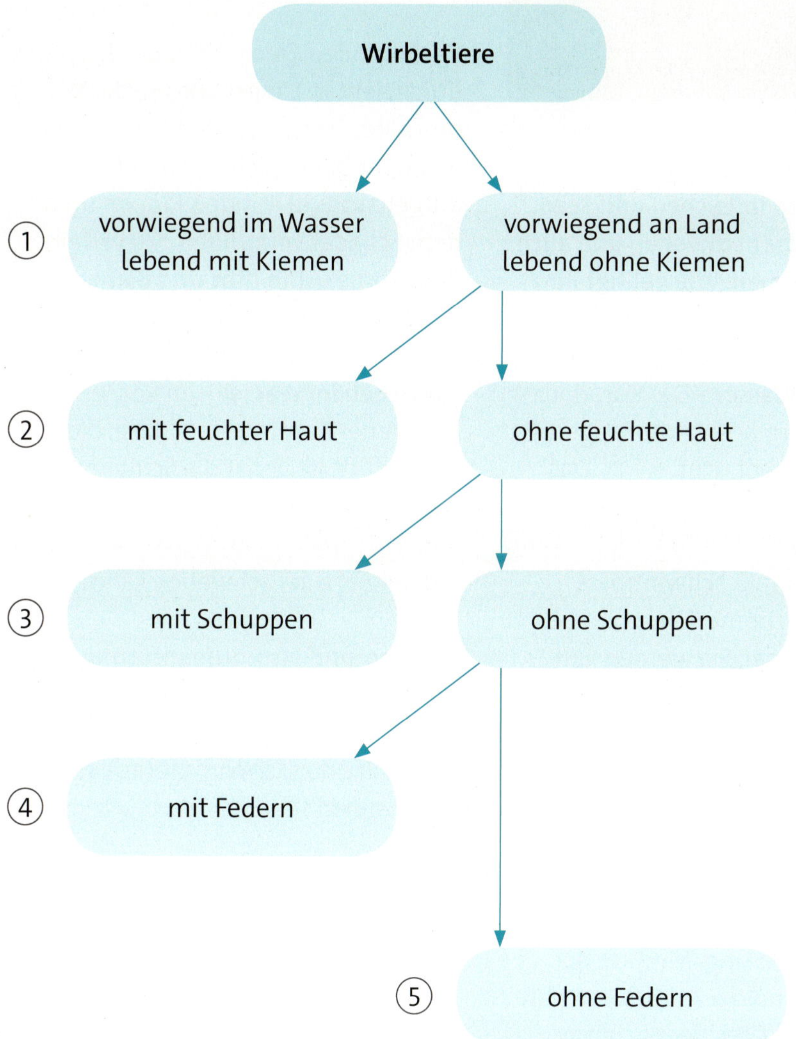

3 Bestimmungsschlüssel für Wirbeltiere

Material B

Das Schnabeltier

Das Schnabeltier lebt in Australien im Wasser und an Land. Es atmet mit Lungen und wird bis 40 Zentimeter lang. Es besitzt einen Hornschnabel. Zur Fortpflanzung legt das Weibchen in einer Höhle große Eier. Die geschlüpften Jungtiere ernähren sich von Milch. Die Milchdrüsen enden beim Weibchen in einem Drüsenfeld im Brustbereich.
Die Jungtiere lecken die austretende Milch auf. Das Schnabeltier besitzt wasserabweisende Haare.

4 Das Schnabeltier

1 ▢ Beschreibe die Merkmale des Schnabeltiers.

2 ● Entscheide, zu welcher Wirbeltierklasse das Schnabeltier gehört. Begründe deine Entscheidung.

Körperbau der Fische

1 Der Karpfen

Der Karpfen lebt in Teichen und Seen. Er kann im Wasser schweben und auch schnell schwimmen. Wie gelingt ihm das?

Bewegung im Wasser • Der Körper des Karpfens ist vorn und hinten zugespitzt und seitlich abgeplattet. → 1 Das Wasser strömt leicht am Körper vorbei. Aufgrund dieser Stromlinienform kann der Karpfen schnell schwimmen. Zahlreiche knöcherne Schuppen bedecken den Körper. Sie werden von einer schleimigen Haut überzogen, die die Bewegung im Wasser erleichtert.

Aufgaben der Flossen • Wenn die muskulöse Schwanzflosse schlägt, bewegt sich der Karpfen schnell vorwärts. Brustflossen und Bauchflossen dienen der Steuerung. Mithilfe der Rückenflosse und der Afterflosse hält der Karpfen das Gleichgewicht im Wasser.

Atmung mit Kiemen • Hinter dem Kopf des Karpfens liegen die Kiemendeckel. Sie bedecken die Atmungsorgane des Karpfens, die Kiemen. Der Karpfen nimmt Wasser in sein Maul auf und leitet es an den Kiemen entlang wieder nach außen. Dabei wird Sauerstoff aus dem Wasser an den Kiemenblättchen ins Blut aufgenommen. Gleichzeitig wird Kohlenstoffdioxid aus dem Blut an das Wasser abgegeben.

Wirbelsäule • Den Körper des Karpfens durchzieht in Längsrichtung die Wirbelsäule. Sie ist aus einzelnen gegeneinander beweglichen Wirbelkörpern aufgebaut und mit den Rippen und dem Schädel verbunden. Sie verleiht dem Körper Stabilität und dient als Ansatzpunkt von Muskeln.

Schweben im Wasser • Im Körperinnern besitzt der Karpfen eine Blase, die mit Gas gefüllt ist. Es ist die Schwimmblase. Der Karpfen kann die Gasfüllmenge verändern, sodass er im Wasser absinken, aufsteigen oder schweben kann.

Fische sind stromlinienförmig gebaut. Sie bewegen sich mit ihren Flossen und atmen mit Kiemen. Mithilfe der Schwimmblase schweben sie im Wasser.

Aufgabe

1 Beschreibe die Merkmale, die es dem Karpfen ermöglichen, im Wasser zu leben.

die Stromlinienform
die Flosse
die Kiemen
die Schwimmblase

Material A

Körperbau des Fischs

1 ◐ Schreibe die Zahlen 1 bis 10 in dein Heft und beschrifte sie mit den richtigen Fachbegriffen: Kopf, Rückenflosse, Schwanzflosse, Afterflosse, Wirbelsäule, Kiemen mit Kiemenblättchen, Brustflosse, Schwimmblase, Maul, Bauchflosse.

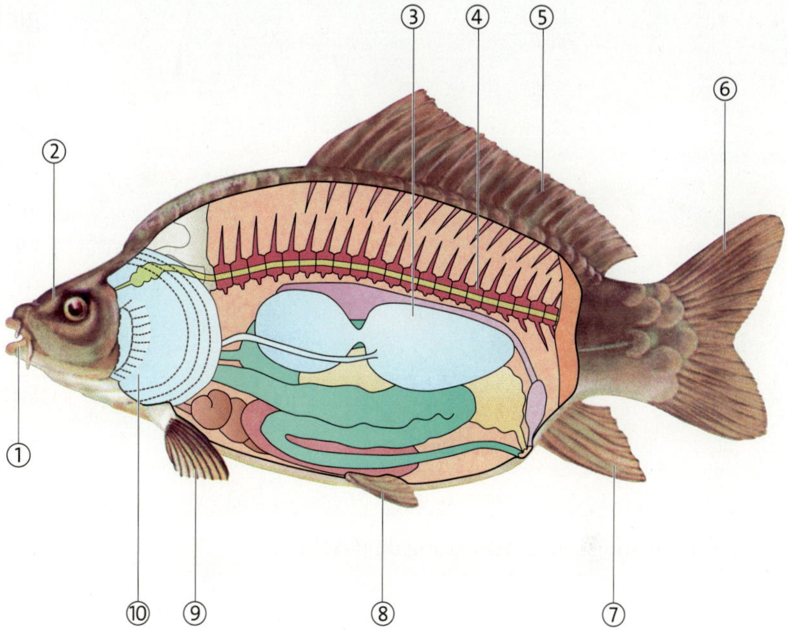

2 Körperbau des Fischs

Material B

Wo liegt der Fehler?

Auf jedem Zettel hat sich der Fehlerteufel einmal eingeschlichen.

1 ○ Suche den Fehler. Schreibe den verbesserten Text in dein Heft.

Der Körper des Karpfens ist vorn und hinten rund und seitlich abgeplattet.

Mit der Schwanzflosse bewegt sich der Karpfen vorwärts. Brustflossen und Bauchflossen dienen der Steuerung. Mithilfe der Rückenflosse und der Afterflosse kann der Karpfen absinken und aufsteigen.

Der Karpfen nimmt Wasser in sein Maul auf und leitet es an den Kiemen entlang wieder nach außen. Dabei wird Kohlenstoffdioxid aus dem Wasser an den Kiemenblättchen ins Blut aufgenommen.

Die Wirbelsäule ist aus unbeweglichen Wirbelkörpern aufgebaut und mit den Rippen und dem Schädel verbunden. Sie verleiht dem Körper Stabilität und dient als Ansatzpunkt von Muskeln.

Die Schwimmblase des Karpfens ist mit Wasser gefüllt. Er kann die Füllmenge verändern, sodass er im Wasser absinken, aufsteigen oder schweben kann.

Fortpflanzung der Fische

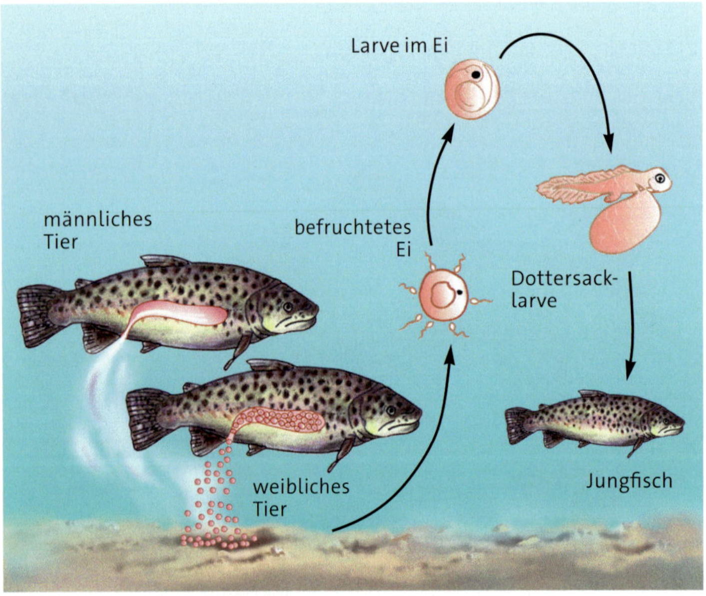

1 Fortpflanzung und Entwicklung der Fische

Im Frühjahr kann man im Oberlauf eines Bachs interessante Tiere finden. Es sind Forellenlarven. Wie entwickeln sich diese zu Fischen?

Laich • Im Herbst wandern die Bachforellen zum Oberlauf des Baches. Das Weibchen schlägt mit kräftigen Schwanzbewegungen eine Grube in den Untergrund. Dort legt es bis zu 2000 Eizellen ab. Jede Eizelle ist etwa so groß wie ein Stecknadelkopf. Sie enthält viele Reservestoffe, den Dotter. Dieser ist für die spätere Entwicklung des Embryos wichtig. Die abgegebenen Eizellen bezeichnet man als Laich.

2 Die Forellenlarve

Befruchtung • Anschließend schwimmt das Männchen zur Laichgrube. Dort gibt es eine milchige Flüssigkeit ab, die viele Spermienzellen enthält. In eine Eizelle dringt immer nur eine Spermienzelle ein. Dieser Vorgang findet im freien Wasser statt. Deshalb spricht man von äußerer Besamung. Die Zellkerne der Spermienzelle und der Eizelle verschmelzen. Dieser Vorgang ist die Befruchtung. → 1

Entwicklung • In der befruchteten Eizelle entwickelt sich ein Embryo. Während dieser Entwicklung ernährt er sich vom Dottervorrat der Eizelle. Nach etwa drei Monaten schlüpft eine Forellenlarve aus der Eihülle. Sie trägt am Bauch in einem Dottersack die Reste des Dotters. → 1 2 Nach etwa sechs Monaten ernährt sich die junge Forelle von Kleintieren. Erst im Alter von vier Jahren ist die Bachforelle geschlechtsreif und kann sich fortpflanzen. Sie kehrt zur Fortpflanzung immer wieder an den Ort im Bach zurück, an dem sie selbst als Larve aus der Eihülle geschlüpft ist.

Bei Fischen findet eine äußere Besamung statt. Der Laich entwickelt sich nach der Befruchtung zu Fischlarven und anschließend zu Jungfischen.

Aufgabe

1 Beschreibe Fortpflanzung und Entwicklung bei der Bachforelle. → 1

der Laich
die äußere Besamung

Material A

Bau und Beobachtung eines Aquariums

Ein Aquarium ist nicht nur ein schönes Dekorationsstück in der Wohnung. Man kann die Fische im Aquarium lange und ungestört beobachten. Die Einrichtung des Aquariums und die Auswahl der Bewohner müssen sehr sorgfältig geschehen. Ein Aquarium muss täglich gepflegt werden. Es ist kein Spielzeug, sondern ein künstlicher Lebensraum, der vom Menschen betreut werden muss. In Zoofachgeschäften bekommt man fachkundige Hilfe. Auch Aquarienbücher kann man zu Rate ziehen.

3 Das Aquarium

1 ◔ Richtet ein Aquarium in eurer Klasse ein. → 3 4

2 ○ Beobachtet, in welchen Bereichen des Aquariums die Fische sich bevorzugt aufhalten.

3 ● Beobachtet die Fortpflanzung und Entwicklung der Fische. Messt die Dauer der verschiedenen Entwicklungsstadien.

Einrichten:
- Becken nicht in die Sonne oder an die Heizung stellen
- zuerst größere, schöne Steine, dann gewaschenen Kies und Sand etwa 6 Zentimeter hoch schräg nach vorne abfallend einfüllen

- Wasser zunächst 15 Zentimeter hoch einfüllen
- Wasserpflanzen in den Kies stecken: hinten große, in der Mitte kleine Pflanzen
- Versteckmöglichkeiten schaffen
- Wasser vorsichtig mit Schlauch auffüllen
- Filter und Heizung anschließen
- 2 Wochen stehen lassen
- Fische einsetzen (dazu Beratung einholen!)

Jeden Tag:
- Fische füttern
- Temperatur prüfen
- Filter prüfen
- Sind die Fische gesund?
- Läuft Wasser aus?

Pflege bei Bedarf:
- Wasser auffüllen
- Algen entfernen
- Abfall absaugen
- Filter reinigen

4 Einrichten eines Aquariums

Amphibien – im Wasser und an Land

1 Quakendes Teichfroschmännchen mit Schallblasen

Im Mai und Juni locken die männlichen Teichfrösche mit lautem Quaken Weibchen an. Zur Verstärkung pusten sie Schallblasen auf. Ihr Konzert kann man an Teichen den ganzen Sommer über hören. Teichfrösche leben aber nicht nur im Wasser, sondern auch an Land. Wie gelingt ihnen das?

Fortbewegung • Der Frosch kann so gut springen, weil er kräftige und sehr lange Hinterbeine hat. Mit ihnen stößt er sich vom Boden ab. Mit den Vorderbeinen landet er wieder. → 2 Trotz seiner Größe von nur 10 Zentimetern kann er bis zu einen Meter weit springen. Im Wasser ist er ein guter Schwimmer und Taucher.

2 Springender Frosch

die Amphibien
die Hautatmung

Skelett • Das Skelett des Teichfroschs besteht aus dem Schädel, der Wirbelsäule und den Vorder- und Hinterbeinen. → 3 Beckengürtel und Schultergürtel verbinden die Beine mit der Wirbelsäule. Der erwachsene Frosch besitzt keine Schwanzwirbelsäule und hat einen kräftigeren Knochenbau als Fische. Das stabile Innenskelett trägt den Körper des Froschs an Land.

Haut und Atmung • Frösche atmen mit der Lunge und auch durch die Haut. → 4 So können sie Sauerstoff sowohl an der Luft als auch unter Wasser aufnehmen. Schleimdrüsen halten die Haut mit einer Schleimschicht feucht und ermöglichen so die Hautatmung auch an der Luft. Der Sauerstoff dringt durch die dünne Haut und wird vom Blut weitertransportiert. Giftdrüsen schützen vor Fressfeinden und vor Krankheiten. Frösche leben in feuchter Umgebung, sodass ihre Haut nicht austrocknet.

Amphibien • Frösche können sowohl an Land als auch im Wasser leben. Sie gehören zu den Amphibien oder Lurchen. Frösche und Kröten besitzen keinen Schwanz, sie heißen Froschlurche. Daneben gibt es auch Amphibien mit Schwanz, die Molche und Salamander. Sie heißen Schwanzlurche.

Teichfrösche gehören zu den Amphibien. Sie besitzen ein kräftigeres Skelett als Fische. Amphibien lassen sich in Froschlurche und Schwanzlurche einteilen.

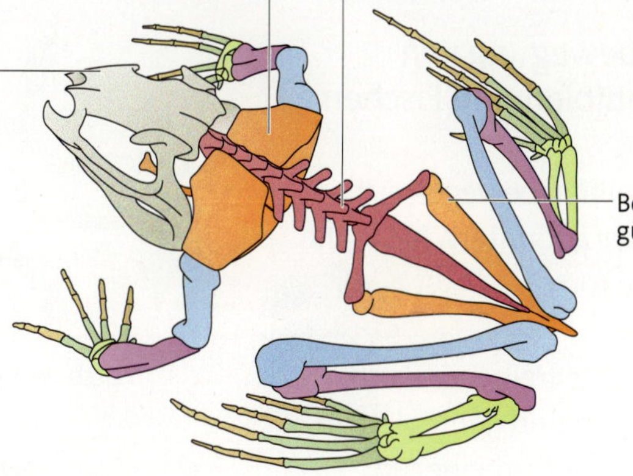

3 Skelett eines Froschs

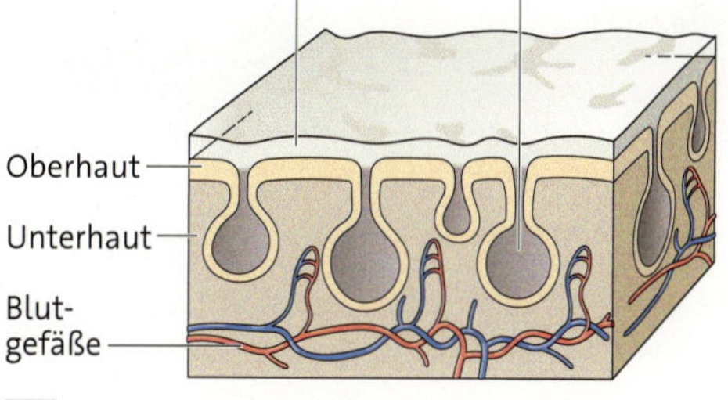

4 Aufbau der Froschhaut

Aufgaben

1 Beschreibe das Skelett des erwachsenen Teichfroschs. → 3

2 Vergleiche Fortbewegung und Atmung bei Fischen und Amphibien. Erstelle dazu eine Tabelle mit zwei Spalten.

3 Aus dem Griechischem bedeutet „amphi“ doppelt, verschieden und „bios“ Leben. Erkläre den Begriff Amphibien.

Amphibien – im Wasser und an Land

Material A

Fortbewegung von Amphibien und Fischen

Amphibien bewegen sich im Wasser auf unterschiedliche Weise fort.

1 Beschreibe, wie sich der Frosch und der Molch im Wasser fortbewegen. → 1 2

2 Vergleiche die Fortbewegung des Molchs und des Froschs mit der des Fischs. → 1 – 3

1 Fortbewegung des Froschs

2 Fortbewegung des Molchs

3 Fortbewegung des Fischs

Material B

Fangtechniken

Viele Amphibien haben ganz besondere Fangtechniken entwickelt. Froschlurche haben eine klebrige Zunge. Während der Teichfrosch seiner Beute entgegenspringt, fängt die Erdkröte ihre Beute meist aus der Nähe vom Boden.

1 Beschreibe die Fangtechniken des Teichfroschs und der Erdkröte. → 4 5

4 Frosch beim Beutefang

5 Kröte beim Beutefang

Material C

Vergleich von Schwanzlurchen und Fischen

Schwanzlurche und Fische sind an das Leben im Wasser angepasst. Beide besitzen eine lange, bewegliche Wirbelsäule und einen knöchernen Schädel.

1 ○ Beschreibe den Bau des Schwanzlurchs und des Fischs. → 6 7

2 ◐ Liste die Gemeinsamkeiten und Unterschiede im Bau auf.

3 ● Erkläre die Unterschiede und die Gemeinsamkeiten.

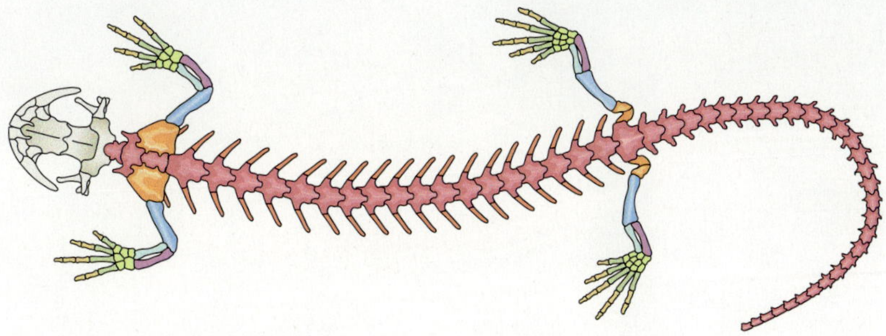

6 Skelett eines Schwanzlurchs

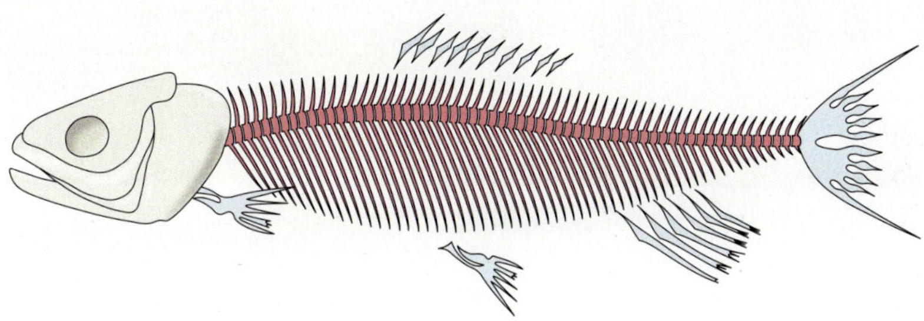

7 Skelett eines Fischs

Material D

Überwintern

Teichfrösche und Erdkröten überwintern unterschiedlich.

1 ◐ Vergleiche die Atmung von Teichfrosch und Erdkröte im Winter. → 8

2 ● Ordne Teichfrosch und Erdkröte den Winterquartieren zu und begründe deine Entscheidung. → 9

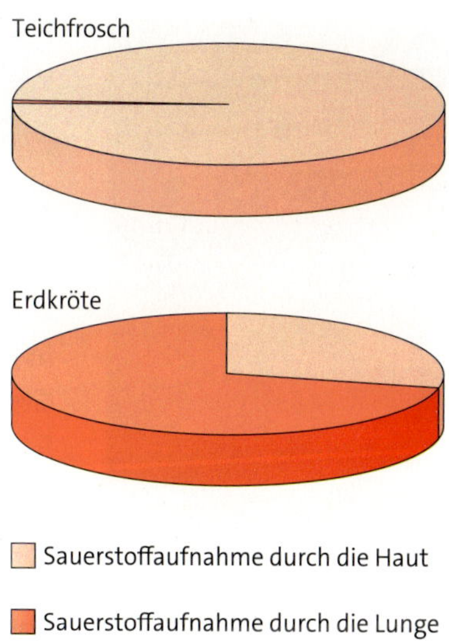

8 Atmung im Winter

9 Winterquartiere

Die Erdkröte

1 Erdkrötenpaar bei der Wanderung

Erdkröten leben versteckt in Wäldern und Wiesen. Jahr für Jahr kehren sie zur Eiablage zum Wasser zurück. Weshalb ist das Wasser für die Eiablage und die folgende Entwicklung so wichtig?

2 Erdkrötenpaar bei der Paarung

Krötenwanderung • Im Frühjahr unternehmen Erdkröten lange Wanderungen zum Laichgewässer. Mildes, regnerisches Wetter gibt dabei das Startsignal. Die Männchen sind kleiner als die Weibchen. Sie besitzen keine Schallblasen. Sie lauern unterwegs den Weibchen auf und lassen sich dann Huckepack zum Tümpel tragen.

Am Laichgewässer • Am Tümpel angekommen, gibt das Weibchen Tausende von schwarzen Eizellen – den Laich – in Form von Schnüren ins Wasser ab. Gleichzeitig stößt das Männchen Spermienzellen aus. → 2 Es erfolgt also eine äußere Besamung. Dabei dringen Spermienzellen in die Eizellen ein und befruchten sie. Sonnenlicht erwärmt die Eizellen und regt so deren Entwicklung an.

die Kaulquappe
die Metamorphose

Vom Laich zur Kaulquappe • Aus den Eizellen schlüpfen nach zwei bis vier Wochen junge Larven – die Kaulquappen. Sie besitzen einen langen Ruderschwanz, mit dessen Hilfe sie sich fortbewegen können. → 3 Zu Beginn atmen sie mithilfe von äußeren Kiemen. Nach kurzer Zeit schon werden diese Kiemen von einer Hautfalte überwachsen. Von außen sind sie nicht mehr zu sehen. Die Hinterbeine beginnen ebenfalls zu wachsen. Die Vorderbeine entwickeln sich in einer Hauttasche und kommen erst später zum Vorschein. Mit ihrem Maul raspeln die Kaulquappen Algen ab. Sie fressen noch kein Fleisch.

Von der Kaulquappe zur Kröte • Bei der Umwandlung zur Kröte bildet sich nach mehreren Wochen der Ruderschwanz zurück. → 3 4 Der Körper nimmt dessen Nährstoffe wieder auf. Deshalb kann gleichzeitig auch der Mund umgebaut werden, ohne dass das Tier verhungert. Die Lunge wächst und die Vorderbeine erscheinen. Dieser Vorgang heißt Metamorphose. Mit dem Abschluss dieser Umwandlung kann die Kröte an Land. Die gesamte Entwicklung von der Eizelle bis zur Jungkröte hat drei bis vier Monate gedauert. → 5

Erdkröten legen ihren Laich im Wasser ab. Es erfolgt eine äußere Besamung. Aus den Eiern schlüpfen die Kaulquappen. Während der Metamorphose wandeln sie sich zu Jungkröten um.

3 Die Kaulquappe

4 Junge Erdkröte

5 Die Entwicklung der Erdkröte

Aufgaben

1 Beschreibe die Entwicklung der Erdkröte. → 5

2 Vergleiche den Körperbau einer Kaulquappe mit dem einer Jungkröte.

3 Aus dem Griechischen bedeutet „metamorphosis“ Umgestaltung, Verwandlung. Erkläre den Begriff Metamorphose.

Die Erdkröte

Material A

Amphibien bestimmen

Amphibien lassen sich nach äußeren Merkmalen den einzelnen Arten zuordnen. Die Bilder 1–4 zeigen Amphibien, die im Frühjahr oft beobachtet werden können.

1 ▢ Beschreibe die beiden Froschlurche in je mehreren Sätzen. → [1] [4]

2 ◔ Bestimme die Amphibien mithilfe des Bestimmungsschlüssels. → [1] – [5]

1

2

3

4

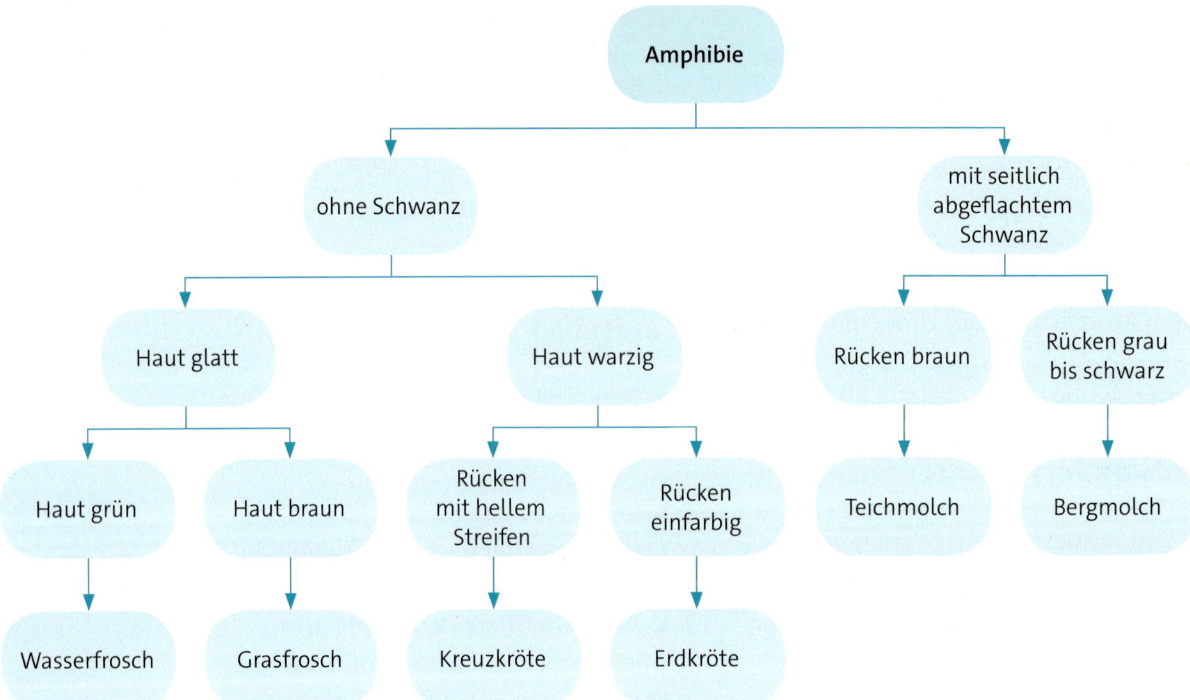

[5] Bestimmungschlüssel für einige Amphibien

der Amphibienschutz

Erweitern und Vertiefen

Schutz von Amphibien

Gefährdung • Erdkröten wechseln im Lauf eines Jahrs zwischen drei Quartieren: dem Winterquartier, dem Laichgewässer und dem Sommerquartier. Die meisten Weibchen nehmen diese gefährliche Wanderung nur einmal in ihrem Leben auf sich.

Schutzmaßnahmen • Im Frühjahr werden an Straßen Verkehrszeichen aufgestellt. Zudem werden Zäune aufgebaut, an denen oftmals auch Eimer eingegraben werden. Den Amphibien wird somit der Weg über die Straße blockiert. Sie wandern an den Zäunen entlang und werden entweder direkt eingesammelt oder fallen in die Eimer. Helfer können die Tiere dann sicher über die Straße bringen. → 6 An manchen Stellen werden auch dauerhafte Tunnel gebaut, sodass die Amphibien sicher unter der Straße entlangwandern können. Der abgelegte Laich und die geschlüpften Kaulquappen stehen unter Schutz und dürfen nicht gefangen werden.

6 Eine Schülerin hilft einer Erdkröte.

Amphibien sind auf dem Weg zu ihren Laichgewässern gefährdet. Durch Schutzmaßnahmen kann der Mensch helfen.

Aufgaben

1 ◐ Beschreibe die Wanderung der Erdkröte im Jahresverlauf. → 7

2 ○ Erstelle eine Liste der Möglichkeiten, wie den Amphibien auf ihrer Wanderung geholfen werden kann.

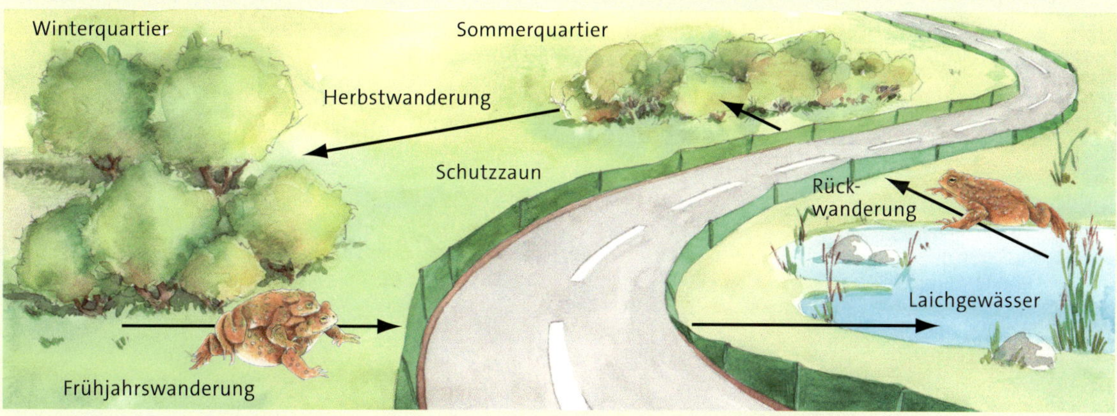

7 Wanderung der Erdkröte

Körperbau der Reptilien

1 Eine Smaragdeidechse wärmt sich in der Sonne.

Grün leuchtet der Körper der Smaragdeidechse in der Morgensonne. Die bis zu 40 Zentimeter langen Tiere sind zwischen grünen Pflanzen kaum zu entdecken. Warum leben sie bei uns nur in warmen Gegenden Deutschlands?

Schlängelnde Fortbewegung • Eidechsen sind Landtiere mit vier kurzen Beinen. Sie bewegen sich durch schlängelndes Kriechen fort. Dabei werden gleichzeitig das linke Vorderbein und rechte Hinterbein und dann das rechte Vorderbein und linke Hinterbein bewegt. → 2 Die kurzen Beine stehen seitlich am Körper ab. Sie werden kaum vom Boden abgehoben. Von dieser Art der Fortbewegung leitet sich auch die Bezeichnung Kriechtiere für die Reptilien ab. Der Körper ist gestreckt und hat einen langen, spitz zulaufenden Schwanz.

2 Fortbewegung der Smaragdeidechse

das Reptil
die Hornschuppen

Der Kopf trägt ein großes Maul mit vielen Zähnen. Neben Echsen gehören auch Schlangen, Krokodile und Schildkröten zu den Reptilien.

Schuppige Haut • Die Haut der Reptilien besteht aus Hornschuppen. Sie ist trocken und starr. Sie schützt die Tiere vor Austrocknung und Verletzungen. Eidechsen und Schlangen müssen ihre Haut immer wieder erneuern, da sie nicht mitwächst. Dieser Vorgang wird als Häutung bezeichnet. → 4 Trockene Hautfetzen bleiben zurück. Die Schuppenhaut ist eine wichtige Voraussetzung für das Landleben, da sie wasserundurchlässig ist. Reptilien atmen mit Lungen. Die Lungen ermöglichen eine hohe Sauerstoffaufnahme an Land.

Körpertemperatur • Die Körpertemperatur und damit der Stoffwechsel und die Aktivität der Reptilien wechselt mit der Umgebungstemperatur. Daher bezeichnet man sie auch als wechselwarme Tiere. Die meisten Reptilien leben deshalb in den wärmsten Gegenden der Erde. In Deutschland kommen nur wenige Arten vor. Die kälteempfindlichen Arten wie die Smaragdeidechse leben nur in den wärmsten Gegenden Deutschlands.

Eidechsen gehören zu den Reptilien. Sie bewegen sich kriechend-schlängelnd fort. Ihre trockene Haut besteht aus Hornschuppen. Sie müssen sich häuten. Reptilien sind wechselwarme Tiere.

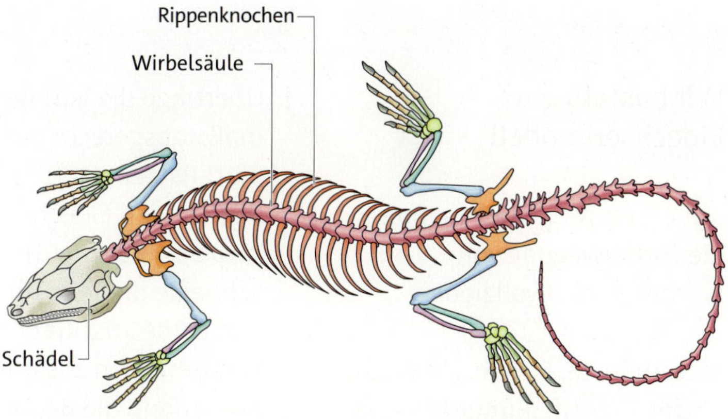

3 Skelett einer Eidechse

4 Häutung einer Mauereidechse

Aufgaben

1 ○ Beschreibe die Fortbewegung einer Smaragdeidechse. → 2

2 ◐ Vergleiche die Haut von Reptilien und Amphibien.

3 ◐ Begründe das Vorkommen von Reptilien vor allem in sehr warmen Regionen der Erde.

Körperbau der Reptilien

Material A

Wir basteln ein Eidechsenmodell

Mit einem Modell kann man die Fortbewegung von Eidechsen nachvollziehen.

Materialliste: Schere, kariertes Papier, Bleistift, Buntstifte, Klebstoff

1 Übertrage die Vorlage maßstabsgerecht auf ein Blatt Papier. → 1
Bemale den Eidechsenkörper mit Buntstiften. Schneide die Teile für Körper und Beine aus. Klebe die Körperhälften zusammen. Klebe dann die Beine auf die Markierungen am Körper.

a ○ Bewege abwechselnd das linke Vorderbein und das rechte Hinterbein und dann das rechte Vorderbein und das linke Hinterbein nach vorne.

b ○ Beschreibe die Fortbewegung einer Eidechse anhand deines Modells.

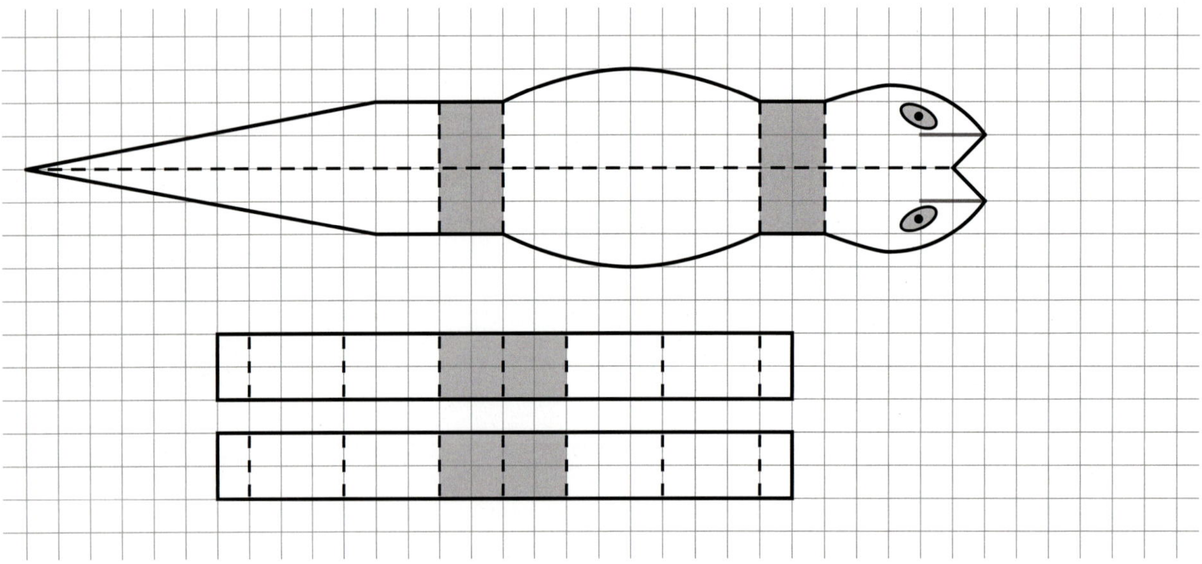

1 Bastelvorlage für ein Eidechsenmodell

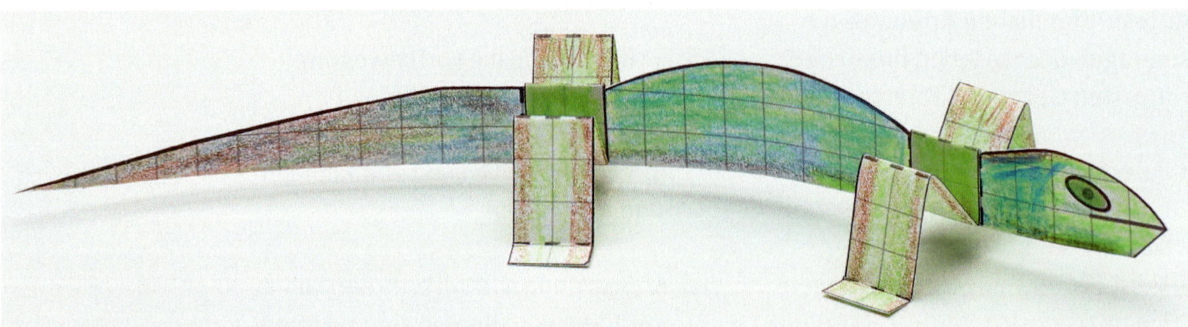

2 So kann das Eidechsenmodell aussehen.

Erweitern und Vertiefen

Saurier

Reptilien vergangener Zeiten • Reptilien gab es als Saurier schon vor mehr als 300 Millionen Jahren auf der Erde. Sie lebten in der Luft, im Wasser und an Land. Am bekanntesten sind die Dinosaurier. Zu ihnen gehören Fleischfresser wie der Tyrannosaurus Rex, aber auch friedliche Pflanzenfresser wie der Stegosaurus. → 3 4

3 So könnte ein Tyrannosaurus Rex ausgesehen haben.

Das Aussterben der Saurier • Vor etwa 65 Millionen Jahren verschwanden die Saurier plötzlich von der Erde. Als Grund dafür vermuten Wissenschaftler den Einschlag eines großen Meteoriten. Dies hatte Folgen auf das Klima, sodass es zu einer Abkühlung kam.
Heute lassen sich immer noch Spuren von Sauriern in Form von Fußabdrücken, Knochen und Eierschalen finden.

4 So könnte ein Stegosaurus ausgesehen haben.

Reptilien aus aller Welt • In den warmen Gebieten der Erde leben heute die meisten Reptilien. Alligatoren, Kaimane und ihre Verwandten besiedeln die Gewässer in Amerika, Afrika, Asien und Australien. Die größte Art ist das Leistenkrokodil mit über sechs Metern Länge. → 5 Meeresschildkröten leben in Ozeanen und legen ihre Eier im Sand ab.

5 Das Leistenkrokodil

Aufgaben

1 ◐ Sammle Informationen über zwei Dinosaurier, einen Fleischfresser und einen Fischsaurier. Stelle sie der Klasse vor.

2 ◐ Erkläre, wie es zum Aussterben der Saurier kam.

3 ● Stelle Vermutungen an, warum man Saurierknochen heute auch in kalten Gebieten findet.

Lebensweise der Schlangen

1 Ringelnattern bei der Paarung

Mehrere Ringelnattermännchen umwerben in der Fortpflanzungszeit ein Weibchen. Doch nur einem gelingt es schließlich, das Weibchen zu umschlingen und sich mit ihm zu paaren.

Fortpflanzung an Land • Die Weibchen legen meist 20 bis 25 Eier. Die Eier sind von einer Schale umgeben, die vor Austrocknung schützt. Die meisten Reptilien legen ihre Eier im Boden an Land ab. Ringelnattern nutzen dazu oft Komposthaufen. Durch Verrottung von Pflanzen wird dort Wärme freigesetzt. Die Embryonen entwickeln sich bei Wärme schneller. Nach acht bis zehn Wochen sind die Embryonen fertig entwickelt. Aus den Eiern schlüpfen nun die kleinen Jungschlangen. → 2

Ringelnattern kümmern sich nicht • Die Eltern kümmern sich weder um die Eier noch um die Jungtiere. Diese sind beim Schlupf vollständig entwickelt und sofort selbstständig.

2 Eine Ringelnatter schlüpft.

das Züngeln

Die Jungtiere können wie die Erwachsenen gut schwimmen. Sie jagen kleine Fische oder Kaulquappen. Bald häuten sie sich zum ersten Mal.

Fortbewegung ohne Beine • Schlangen besitzen einen sehr lang gestreckten Körper ohne Beine. Ihr Skelett besteht nach dem Schädel fast nur aus Wirbeln und Rippen. Dass sie von Vorfahren mit Beinen abstammen, ist am Skelett nicht mehr zu erkennen. Mithilfe von besonderen Muskeln richten sie ihre Bauchschuppen auf. Mit diesen stoßen sie sich vom Boden ab. Auf diese Weise können sich Schlangen auf ihren Rippen auch ohne Beine schnell fortbewegen. → [3]

Züngeln • Die meisten Schlangen sehen relativ schlecht. Außerdem sind sie taub. Ihr Geruchssinn in der Zunge ist dagegen sehr gut. Mit ihrer gespaltenen Zunge prüfen sie die Luft und nehmen Gerüche auf. → [4] Diese werden dann auf das eigentliche Riechorgan im Gaumen übertragen. Durch dieses Züngeln finden Schlangen ihre Beute. Auch können sie leichteste Erschütterungen des Bodens wahrnehmen und fliehen schnell. Deshalb sieht man Schlangen auch in Gebieten, wo sie häufig sind, nur selten.

Die Schlangen legen Eier mit Kalkschale im Boden ab. Ihr Körper hat keine Beine. Sie kriechen mithilfe der Bauchschuppen auf ihren Rippen. Schlangen orientieren sich mit ihrem Geruchssinn.

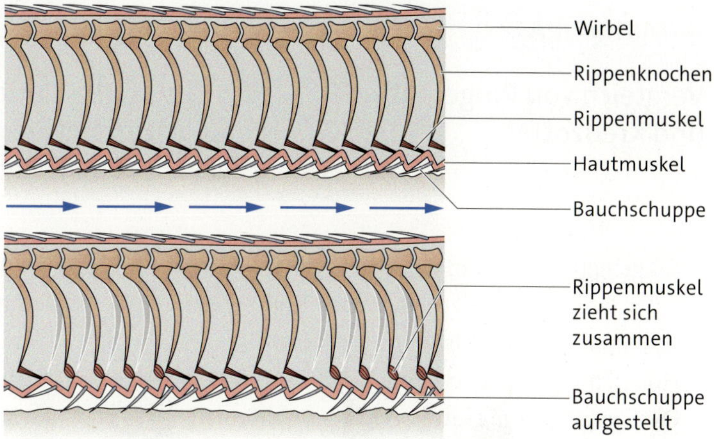

[3] Fortbewegung einer Schlange

[4] Züngelnde Ringelnatter

Aufgaben

1 Beschreibe die Fortbewegung der Schlangen. → [3]

2 Erkläre das Züngeln der Schlangen. → [4]

3 Vergleiche die Eier von Reptilien und Amphibien.

Lebensweise der Schlangen

Material A

Vergleich von Ringelnatter und Kreuzotter

1 Stelle in einer Tabelle Ringelnatter und Kreuzotter gegenüber. Beschreibe dabei Kopfzeichnung, Kopfbeschuppung, Pupille, Lebensraum und Bezahnung. → 1 2

Ringelnattern kann man an den gelben Flecken mit schwarzen Rändern an beiden Kopfseiten erkennen. Der Kopf ist mit wenigen großen Hornschuppen bedeckt. Die Pupille ist rund. Die Tiere leben in Gewässernähe und können auch gut schwimmen. Ringelnattern haben keine Giftzähne. Sie legen ihre Eier im Boden ab.

1 Die Ringelnatter

Kreuzottern haben eine kreuzförmige Zeichnung auf dem Kopf. Dort befinden sich viele kleine Hornschuppen. Die Pupille ist schlitzförmig. Sie leben in Mooren und Heiden und meiden Wasser. Sie besitzen Giftzähne. Kreuzottern bringen lebende Junge zur Welt. So sind sie viel weiter im Norden verbreitet als andere europäische Schlangenarten.

2 Die Kreuzotter

Material B

Die Giftzähne der Kreuzotter

Kreuzottern sind giftig. Das Gift befindet sich in einer Giftdrüse im Kopf der Schlange. Beim Biss gelangt es durch die Zähne in die Beute.

1 Beschreibe den Mechanismus der Giftzähne. → 3

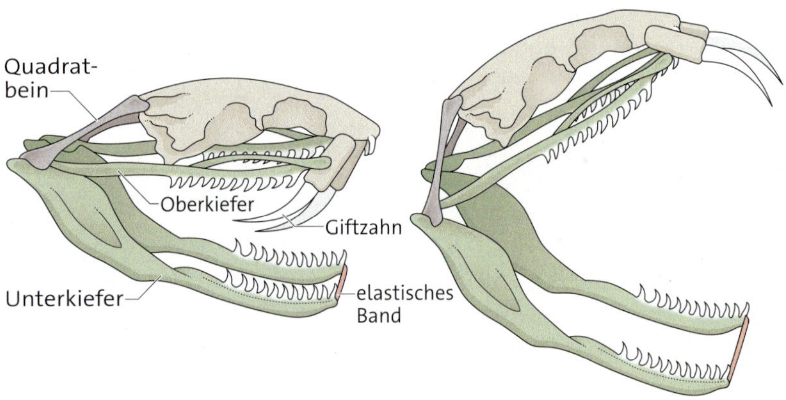

3 Mechanismus der Giftzähne

Material C

Sind Blindschleichen Schlangen?

Blindschleichen sind beinlose Reptilien, die in Laubwäldern leben. Mit ihrem schlangenähnlichen Körper bewegen sie sich schlängelnd fort. → 4

1 Vergleiche die Skelette von Blindschleiche und Ringelnatter. → 5 6

2 Begründe, ob es sich bei der Blindschleiche um eine Schlange oder eine Echse handelt.

4 Die Blindschleiche

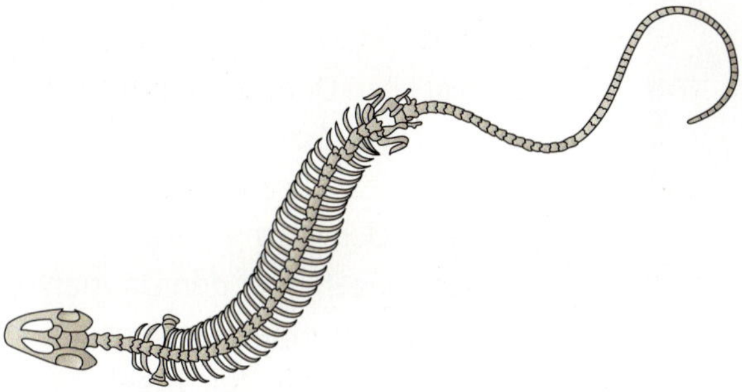

5 Skelett einer Blindschleiche

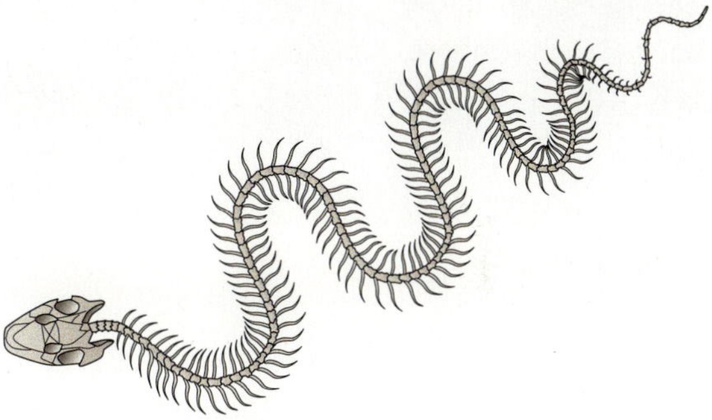

6 Skelett einer Schlange

Material D

Schlangenbiss – was tun?

1 Begründe die Wichtigkeit, nach einem Schlangenbiss Ruhe zu bewahren.

7 Die Kreuzotter

Nach einem Schlangenbiss sollte der betroffene Körperteil ruhiggestellt werden, damit das Gift nicht schnell über die Blutbahnen im Körper verteilt wird. Dann muss das Bissopfer unbedingt in ärztliche Behandlung. Das Gift der Kreuzotter kann starke Schmerzen verursachen und vor allem für Kinder und alte Menschen gefährlich werden. In Deutschland können Kreuzotterbisse erfolgreich behandelt werden. Dazu muss der Arzt möglichst sofort ein Gegengift spritzen. Dieses hebt dann die Wirkung des Schlangengifts auf.

8 Die Giftzähne der Kreuzotter

Vögel können fliegen

1 Die Stadttaube

Tauben leben in großer Anzahl in unseren Städten. Sie fliegen auf Kirchtürme und Hausdächer. Sie sitzen auf dem Boden, picken nach Nahrung und fliegen im nächsten Moment wieder davon. Wie können Tauben fliegen?

Leichte Vögel • Eine Taube wiegt etwa 450 Gramm, ein gleich großer Igel ist fast doppelt so schwer. Vögel sind also leicht gebaut. Ihre Knochen besitzen eine dünne Wand und viele sind hohl. Der Hornschnabel ist zahnlos. Auch die Federn bestehen aus Horn und ihre Bestandteile sind hohl. Diesen Körperbau bezeichnet man als Leichtbauweise. Sie erleichtert den Vogelflug.

Starres Skelett • Die Wirbelkörper der Wirbelsäule sind fest miteinander verwachsen. Nur die Halswirbelsäule ist frei beweglich. Die Rippenknochen sind im Brustbereich starr mit der Wirbelsäule und mit dem großen Brustbein verbunden. Diese Verbindungen sorgen dafür, dass der Vogel beim Fliegen eine Stromlinienform einnimmt. Das große Brustbein und ein zusätzlicher Knochen an der Wirbelsäule, das Gabelbein, halten die starke Flugmuskulatur.

Federn • Der Körper der Taube ist wie bei allen Vögeln fast vollständig von Federn bedeckt. Direkt am Körper eines Vogels wachsen Daunenfedern. Sie halten ein Luftpolster fest, das die Wärmeabgabe nach außen verringert. Vögel sind gleichwarme Tiere. Deckfedern liegen über den Daunenfedern. Sie bilden eine geschlossene Schicht und schützen den Vogel. Am Schwanz befinden sich lange Federn, die der Steuerung beim Flug dienen. Die Schwungfedern sind ebenfalls besonders lang. Sie bilden beim Flug eine geschlossene Fläche, die den Vogel in der Luft trägt.

Vögel sind leicht gebaut. Das starre Skelett bietet breite Ansatzpunkte für die kräftige Flugmuskulatur. Beim Fliegen entsteht eine Stromlinienform. Federn ermöglichen den Vogelflug. Außerdem halten sie den Vogel warm und schützen ihn.

Aufgabe

1 Beschreibe die Merkmale, die es dem Vogel ermöglichen zu fliegen.

die Leichtbauweise
die Federn

Material A

Skelett des Vogels

1 ◩ Schreibe die Zahlen 1 bis 5 in dein Heft und beschrifte sie mit den richtigen Fachbegriffen: Brustbein, Rippenknochen, Hornschnabel, Gabelbein, Halswirbelsäule.

2 ● Erkläre die Bedeutung eines starren Skeletts für den Vogelflug.

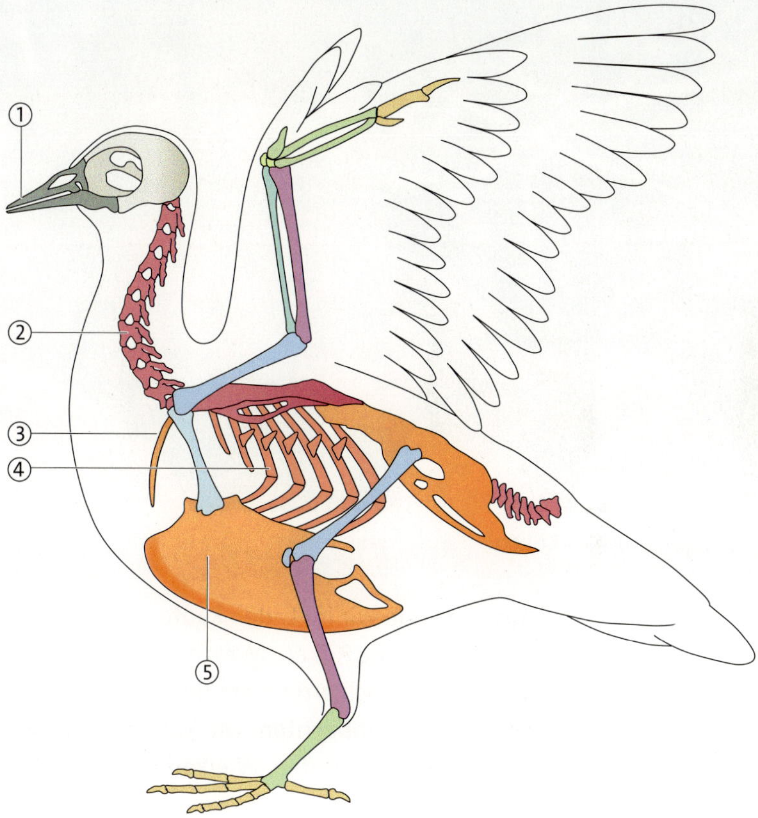

2 Skelett des Vogels

Material B

Knochenvergleich

1 ◩ Erkläre die Leichtbauweise von Vögeln. → 3

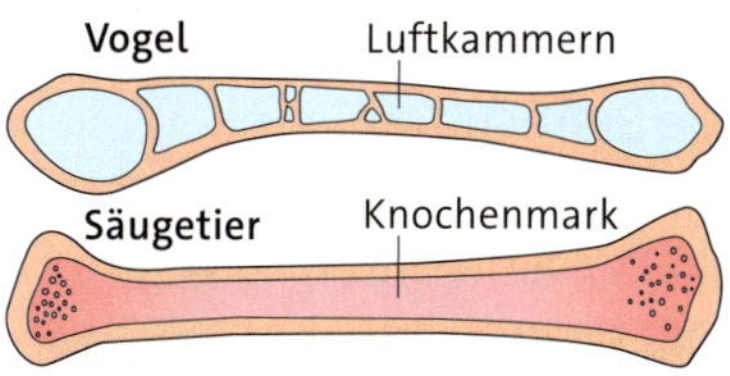

3 Knochenvergleich

Material C

Wo liegt der Fehler?

Auf jedem Zettel hat sich der Fehlerteufel einmal eingeschlichen.

1 ○ Suche den Fehler. Schreibe den verbesserten Text in dein Heft.

Direkt am Körper wachsen Daunenfedern. Sie sorgen für die Kühlung. Vögel sind gleichwarme Tiere.

Die größeren Deckfedern liegen unter den Daunenfedern. Sie bilden eine geschlossene Schicht und schützen den Vogel.

Vögel entwickeln sich in Eiern

1 Ein geschlüpftes Küken

Aus Eiern, die wir im Laden kaufen, schlüpfen keine Küken. Manchmal kann man jedoch auf einem Bauernhof oder im Zoo beobachten, wie Küken aus einem Ei schlüpfen. Wie kommt das Küken in das Ei?

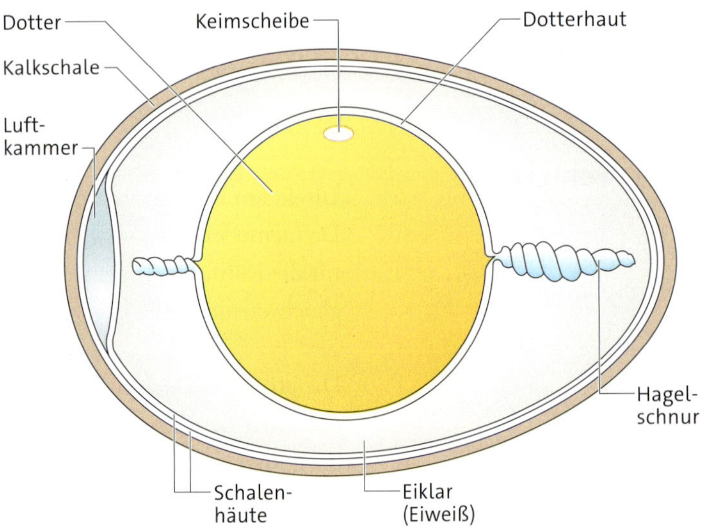

2 Aufbau eines Eies

Entwicklung eines Eies • Sie beginnt im Eierstock der Henne. Dort reifen einige winzige Eizellen zu großen Dotterkugeln heran. An der Dotterkugel teilt sich die befruchtete Eizelle. Die Keimscheibe entsteht. Daraus entwickelt sich der Embryo. Einzeln lösen sich die reifen Dotterkugeln vom Eierstock und wandern durch den Eileiter. → 3

Befruchtung • Bei der Paarung gibt der Hahn Spermienzellen in den Eileiter der Henne ab. Diese schwimmen bis zum Dotter. Eine Spermienzelle dringt ein und die Zellkerne der Spermienzelle und der Eizelle verschmelzen. Dies ist die Befruchtung.

Hühnerei • Die befruchtete Eizelle wandert im Eileiter weiter zur Kloakenöffnung. Dabei werden die fehlenden

der Dotter
die Keimscheibe

Eibestandteile ergänzt: das Eiklar, die wasserabweisenden Schalenhäute, die Hagelschnüre und schließlich die Kalkschale. Sie entsteht in der Schalendrüse. → 3

Kükenentwicklung • Etwa 24 Stunden nach der Befruchtung legt die Henne das Ei durch die Kloake nach außen ab. Sie legt auch Eier, die nicht befruchtet wurden. Solche Eier können wir im Laden kaufen. Nach der Befruchtung beginnt die Entwicklung des Kükens im Ei. Zunächst entwickeln sich Blutgefäße, die den Dotter umziehen. → 4 Für seine Entwicklung benötigt der Embryo Nährstoffe, die durch den Abbau des Dotters und des Eiklars bereitgestellt werden. Sauerstoff gelangt durch die Kalkschale in das Ei. Bald sind der Kopf, Beine und Flügel beim Embryo erkennbar. → 5 Nach 21 Tagen ist die Entwicklung abgeschlossen und das Küken schlüpft. → 6

Vögel legen Eier mit Dotter ab. Die Befruchtung erfolgt im Innern des weiblichen Körpers. Das Ei enthält alle für die Entwicklung des Embryos notwendigen Stoffe.

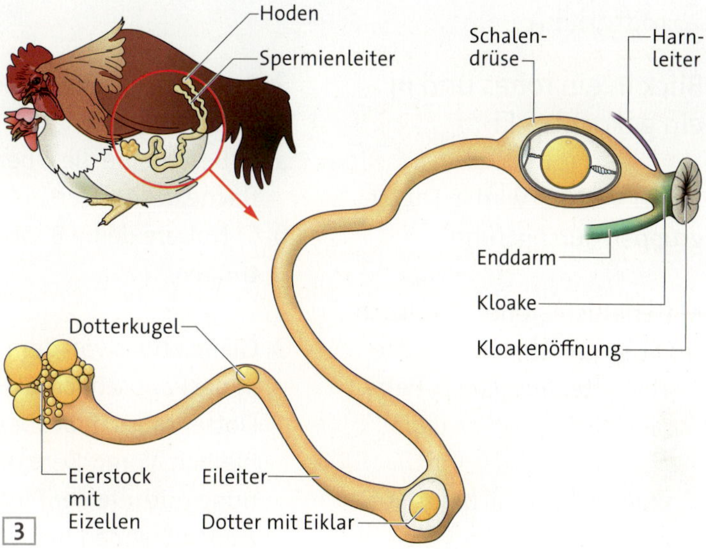

3

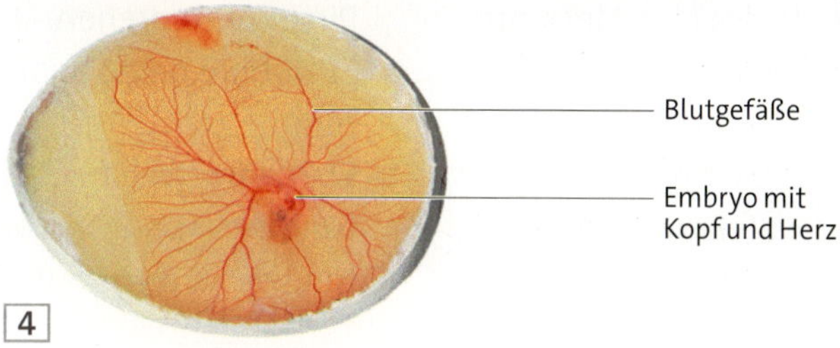

4

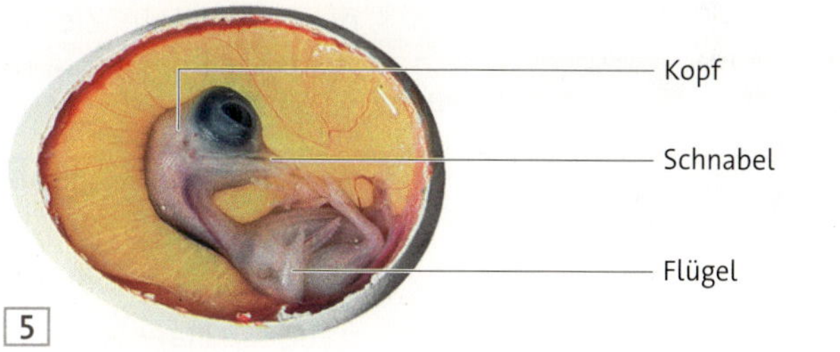

5

6

Aufgaben

1 ◐ Beschreibe die Entwicklung des Kükens im Ei. → 4 – 6

2 ○ Nenne weitere Wirbeltierklassen, bei denen die Befruchtung im Innern des weiblichen Körpers erfolgt.

Vögel entwickeln sich in Eiern

Material A

Blick in ein rohes und in ein gekochtes Ei

Dieser Versuch wird in Dreiergruppen durchgeführt.

Materialliste: rohes Ei, gekochtes Ei, spitze Schere, Pinzette, Eierbehälter aus Pappe, Petrischale, Küchenpapier, Lupe

1 Lege ein rohes Ei längs auf die Vertiefung eines Eierbehälters. Kratze vorsichtig mit der Schere eine Kerbe in die Schale des Eies. Hebe nun mit der Pinzette die Eierschale stückchenweise ab, sodass eine Öffnung entsteht, die etwa so groß wie ein Zwei-Euro-Stück ist.
▢ Notiere die Bestandteile des Eies, die erkennbar sind. → 1

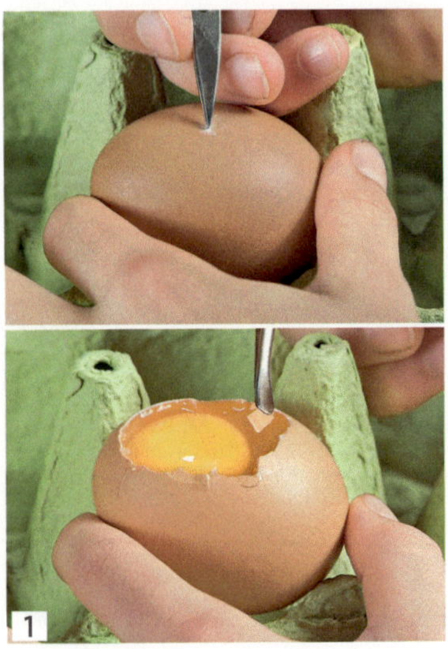

1

2 Betrachte das Innere des Eies mit der Lupe.
a ▢ Beschreibe die Oberfläche des Dotters.
b ▢ Notiere deine Beobachtungen.

3 Gieße etwas von dem Eiklar in die Pappschachtel – der Dotter muss dabei bedeckt bleiben. Vergrößere die Öffnung mithilfe der Pinzette zu den Eienden hin. Versuche sehr vorsichtig, den Dotter mit dem Griff der Pinzette zu drehen.
a ▢ Notiere deine Beobachtung.
b ◐ Erkläre, welche Bedeutung dies für die Entwicklung des Kükens hat.

4 Gieße den Inhalt des Eies in die Petrischale. Ziehe mit der Pinzette an den Hagelschnüren.
a ▢ Notiere deine Beobachtung.
b ◐ Beschreibe, welche Aufgabe die Hagelschnüre im intakten Ei haben.

5 Stich mit der Schere in den Dotter.
◐ Notiere deine Beobachtung. Erkläre sie.

6 Untersuche nun ein gekochtes Ei. Hebe mithilfe der Pinzette auf einer Längsseite des Eies die Schale bis zu den Polen ab. Eine Eihälfte hat nun keine Schale mehr.

7 Untersuche die Haut auf der freigelegten Eihälfte. Ziehe sie ab. Achte auf die Haut am stumpfen Pol.
a ▢ Notiere deine Beobachtungen.
b ◐ Nenne den Namen und die Aufgaben der Haut.

8 Schneide mit dem Messer das Ei halb durch und löse die Dotterkugel aus der Eihälfte ohne Schale. Betrachte die Mulde und die darin enthaltene Haut.
a ▢ Nenne ihren Namen und ihre Aufgabe.
b ◐ Zeichne einen Längsschnitt des Eies mit allen Bestandteilen.
c ◐ Liste in einer Tabelle die Aufgaben der Bestandteile auf.

9 Nach der Untersuchung: Sammelt die Eier für den Kompost. Räumt auf und reinigt Scheren, Pinzetten und die Tische. Wascht euch die Hände.

Material B

Frischetest

2 Frischetest für Eier

Materialliste: rohe Eier, ein Becherglas mit Wasser

1 Lege ein Ei in ein Becherglas voll Wasser. → 2

a ○ Führe den Versuch mit mehreren Eiern durch und notiere, ob sie schwimmen oder untergehen.

b ◐ Erkläre das Ergebnis des Versuchs. → 3

> Ein frisch gelegtes Ei enthält im Dotter viel Wasser. Mit der Zeit verdunstet dieses Wasser durch die Eierschale. Der Platz wird durch Luft ersetzt. Je älter ein Ei ist, desto mehr Luft enthält es. Und je mehr Luft ein Ei enthält, desto besser schwimmt es. Die Luftkammer wird größer.

3 Wann ist ein Ei frisch?

Material C

Wie stabil sind Eierschalen?

Materialliste: 2 hartgekochte Eier, Klebeband, Schnittbrett, scharfes Messer, Löffel, mehrere Bücher

Achtung • Beim Schneiden besteht Verletzungsgefahr. Gehe langsam und vorsichtig vor.

1 Klebe je einen Klebestreifen einmal längs um die Eier (über die stumpfen und spitzen Enden der Eier). → 4

2 Lege die Eier auf das Schnittbrett. Schneide nun mit dem Messer die Eier durch das Klebeband in je zwei gleich große Hälften.

3 Löffle das Eiweiß und das Eigelb vorsichtig aus den Eihälften.

4 Lege die vier halben Eierschalen wie die vier Ecken eines Rechtecks auf den Tisch.

5 Stapel nun vorsichtig nach und nach die Bücher auf den vier Eierschalen.
○ Beschreibe, wie viele Bücher du auf den Schalen stapeln kannst, bevor diese brechen.

6 ◐ Erkläre die Bedeutung deines Versuchsergebnisses für das heranwachsende Küken.

4 Versuch zur Eistabilität

Säugetiere in allen Lebensräumen

1 Das Große Mausohr

Fledermäuse jagen fliegend in der Luft. Der Maulwurf führt ein verborgenes Leben unter der Erde. Wale sind in den großen Weltmeeren zu Hause. Woran liegt es, dass Säugetiere in allen Lebensräumen leben können? Welche Angepasstheiten zeigen sie an ihren Lebensraum?

Fledermäuse fliegen mit den Händen • Fledermäuse sind die einzigen Säugetiere, die aktiv fliegen können. Sie haben aber keine Federn, sondern ein dichtes, oft seidiges Fell. Die Flügel werden von einer zarten, doch strapazierfähigen Flughaut gebildet. Sie wird zwischen den stark verlängerten Fingern, den Beinen und dem Schwanz aufgespannt. → 1

In Ruhephasen halten sich die Fledermäuse mit den Hinterbeinen an Höhlendecken fest. Der Kopf hängt dabei nach unten. Da sie dafür keine Kraft aufwenden müssen, bleiben sie dort auch im Winter hängen. Die bei uns in Europa lebenden Fledermäuse sind recht klein und ernähren sich von Insekten. Sie gehen überwiegend in der Nacht auf die Jagd nach Mücken und Nachtfaltern. Dabei orientieren sie sich mithilfe von Ultraschall: Sie stoßen hohe Töne aus, die Menschen nicht hören können. Die Töne werden von Gegenständen und Beutetieren als Echo zurückgeworfen. Anhand des Echos erkennt die Fledermaus Hindernisse und ihre Beute.

die Angepasstheit

Der Maulwurf lebt unter der Erde • Hier sucht er nach Regenwürmern sowie Insekten und deren Larven. Die findet er entweder beim Graben oder beim Durchstreifen seiner Gänge. Dabei hilft ihm sein Rüssel, mit dem er gut riechen und tasten kann. Obwohl er keine Ohrmuscheln hat, kann er auch gut hören. Der Maulwurf hat ein dichtes Fell und kleine Augen, die teilweise von Fell bedeckt sind. Seine Gliedmaßen sind kurz. Die Handflächen sind nach außen gedreht. → 2 Ein zusätzlicher Knochen, das Sichelbein, verbreitert die Hand zur Grabhand. Damit zeigt er eine gute Angepasstheit an das Leben unter der Erde.

Das größte Tier der Welt • Mit 30 Metern Länge und einem Gewicht von 180 Tonnen ist der Blauwal das größte Tier der Erde. → 3 Er ernährt sich ausschließlich von Krill. Das sind winzige Krebse. Davon benötigt der Blauwal jeden Tag eine Tonne. Er filtert seine Nahrung aus dem Meereswasser heraus. Der Blauwal atmet mithilfe von Lungen. Deshalb müssen die Jungtiere sofort nach der Geburt an die Wasseroberfläche gebracht werden. Die Jungtiere werden mit Milch gesäugt. Das Fell ist nur noch in Form von Sinneshaaren am Maul erkennbar.

Säugetiere haben alle Lebensräume erobert. Sie sind vom Körperbau und mit ihrer Lebensweise an ihren Lebensraum angepasst.

2 Der Maulwurf

3 Der Blauwal

Aufgaben

1 Beschreibe die Angepasstheiten der Fledermaus an das Leben in der Luft.

2 Beschreibe die Angepasstheiten des Maulwurfs an das Leben unter der Erde.

3 Nenne die Säugetiermerkmale des Wals.

Säugetiere in allen Lebensräumen

Material A

Fledermäuse „sehen“ mit den Ohren

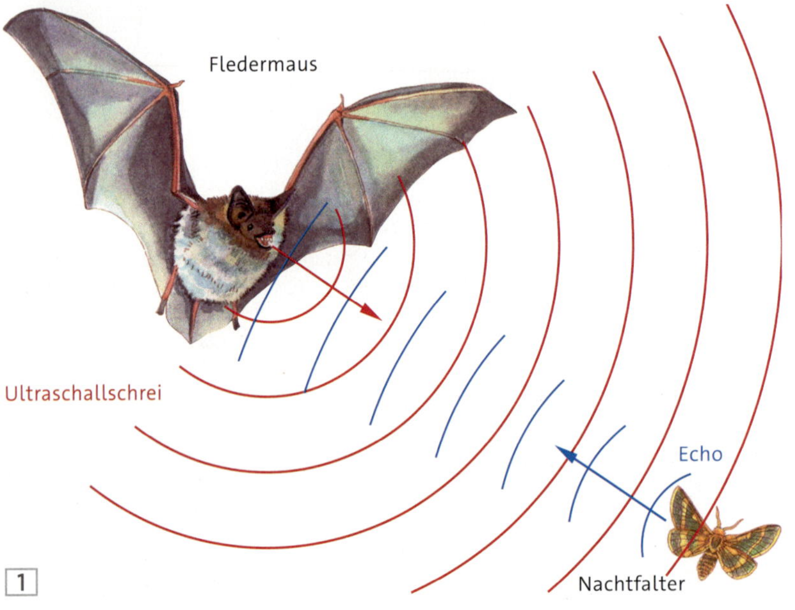

1

1 Erkläre, wie die Fledermaus ihre Beute erkennt. → 1

2 Erkläre die Überschrift: Fledermäuse „sehen“ mit den Ohren.

3 Erkläre, warum diese Beuteerkennung eine Angepasstheit an das Jagen im Dunkeln darstellt.

Material B

Armskelette von zwei Säugetieren

1 Beschreibe das Armskelett des Maulwurfs.

2 Vergleiche die Armskelette von Maulwurf und Mensch.

3 Beschreibe die Angepasstheit des Armskeletts des Maulwurfs an das Leben unter der Erde.

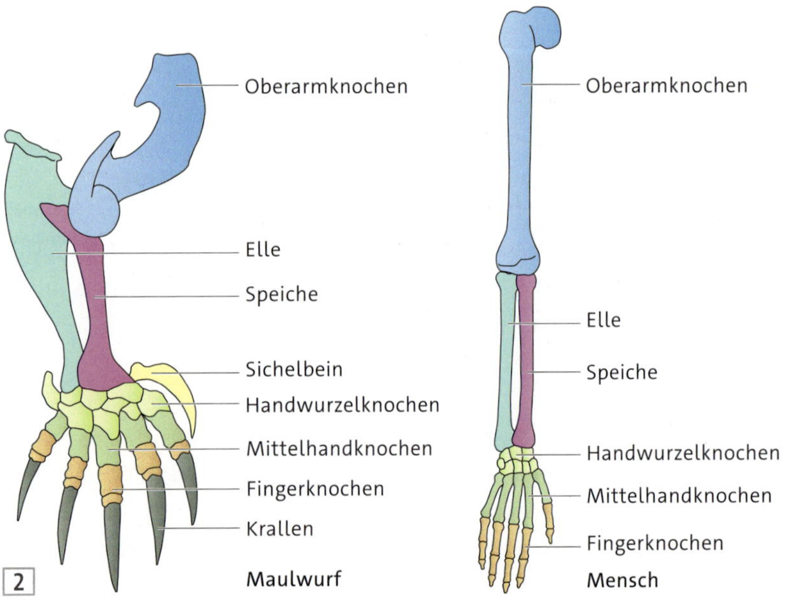

2

der Kulturfolger

Erweitern und Vertiefen

Kulturfolger

3 Das Eichhörnchen

4 Der Igel

Das Eichhörnchen – ein Baumartist • Das Eichhörnchen läuft den Baumstamm in Spiralen hoch und herunter. Lange Krallen und Haftballen unter den Füßen sorgen für sicheren Halt. In der Baumkrone springt das Eichhörnchen von Ast zu Ast. Sein buschiger Schwanz dient der Steuerung und bremst den Fall. Die Nahrung des Eichhörnchens ändert sich je nach Jahreszeit. Es ernährt sich überwiegend von Beeren, Nüssen und anderen Früchten. Aber auch Kleintiere wie Würmer und Schnecken sowie Vogeleier werden verspeist. Für den Winter sammelt es Nüsse, Eicheln und Kastanien und vergräbt sie im Waldboden. Das Eichhörnchen scharrt ein Loch, legt die Nuss hinein, scharrt das Loch zu, drückt die Erde fest und stößt mit der Schnauze nach. Das passiert immer nach demselben Handlungsablauf. Oft kannst du viele Eichhörnchen im Stadtpark oder auch in Gärten beobachten. Tiere, die in vom Menschen gestalteten Lebensräumen leben, nennt man Kulturfolger.

Der Igel ist ein Fleischfresser • Der Igel schnauft und niest leise, wenn er seine Umgebung erkundet. Er geht in der Dämmerung und nachts auf Jagd. Er frisst überwiegend Insekten, Larven und Regenwürmer, aber auch kleine Mäuse, Jungvögel und Frösche. Der Igel hat scharfe, spitze Zähne. Damit ist er gut an seine Ernährungsweise angepasst. Bei Gefahr rollt sich der Igel zusammen. Dann sind nur noch seine spitzen Stacheln zu sehen. Der Igel lebt heute überwiegend in naturnahen Gärten, Parks und auf Friedhöfen. Auch er ist ein Kulturfolger.

Wildtiere, die dem Menschen in seine Lebensräume gefolgt sind und dort ständig leben, sind Kulturfolger.

Aufgabe

1 ◐ Erstelle einen Spickzettel mit jeweils zehn Wörtern zu Eichhörnchen und Igel.

Vielfalt der Wirbeltiere

1

Der Bachsaibling • Dieser Süßwasserfisch gehört zu der Familie der Lachsfische. Als Speisefisch wird er auch in Baden-Württemberg gezüchtet. Er kann bis zu 40 cm lang werden. 1884 wurde er zusammen mit der Regenbogenforelle aus Nordamerika in Europa eingeführt.

2

Der Zander • Dieser Raubfisch besitzt ein Maul mit spitzen Fangzähnen. Er schmückt sich mit vielen Namen: Schill, Hechtbarsch, Sandbarsch, Sander. Unter den Barschfischen ist er der größte Süßwasserfisch in Europa. Im Schluchsee wurde ein Tier von fast 12 kg gefangen.

3

Der Europäische Aal • Um zu ihren Laichgebieten im Atlantik zu gelangen, legen Aale bis zu 5000 km zurück. Sie werden im Atlantik geboren und laichen dort auch wieder. Am Ende ihrer Reise stellen sie die Nahrungsaufnahme völlig ein und sterben, nachdem sie abgelaicht haben.

4

Die Gelbbauchunke • Bei Bedrohung zeigen Gelbbauchunken Feinden ihre leuchtend gelb gefärbte Unterseite. Sie besitzen herzförmige Pupillen. Für sie gibt es immer weniger natürliche Lebensräume wie Flussauen und Kleinstgewässer. Daher ist diese Art streng geschützt.

5

Die Wechselkröte • Wechselkröten können die Helligkeit ihrer Hautfarbe der Umgebung anpassen. Auf der Suche nach geeigneten Laichgewässern besiedeln sie neue Tümpel. Durch die Zerstörung ihrer Lebensräume ist sie gefährdet. Daher ist diese Art streng geschützt.

6

Die Schlingnatter • Diese kleine, nicht giftige Schlangenart trägt ihren Namen, weil sie ihre Beute zunächst umschlingt und dann erdrosselt. Wegen ihrer glatten Schuppen wird sie auch Glattnatter genannt. Sie ist gefährdet und gehört daher zu den streng geschützten Arten.

7

Die Zauneidechse • Das Weibchen ist braun, das Männchen grün. Zauneidechsen leben in den warmen Gebieten Baden-Württembergs wie der Oberrheinebene oder an den Hängen des Südschwarzwalds. Ihr Schwanz dient als Fettspeicher und kann bei Gefahr abgeworfen werden.

8

Der Haussperling • Er wird auch Spatz genannt und ist ein sehr weit verbreiteter einheimischer Singvogel. Der Haussperling badet gerne im Sand, um sich von Parasiten zu befreien. Er bleibt das ganze Jahr an seinem Standort, auch im Winter. Der Sperling ist ein Standvogel.

9

Die Kohlmeise • Diese einheimische Vogelart verdankt ihren Namen der tiefschwarzen Kopffärbung. Sie kommt in der Stadt und auf dem Land sehr häufig vor. Ihr Gesang ist abwechslungsreich und kann sogar andere Meisenstimmen nachahmen. Die Kohlmeise überwintert in Deutschland.

10

Der Gartenrotschwanz • Männchen und Weibchen tragen ein unterschiedliches Federkleid. Typisch ist der ständig zitternde, rot gefärbte Schwanz. Ihre Anzahl ist in den letzten 30 Jahren stark gesunken. Daher ist es wichtig, ihren Lebensraum, die Streuobstwiesen, zu schützen.

11

Der Europäische Biber • Mit seinen harten Zähnen kann er Baumstämme durchnagen, die er für den Bau von Staudämmen oder seiner Burg nutzt. Er hat Schwimmhäute und kann bis zu 15 Minuten tauchen. Der Biber ist streng geschützt. In Baden-Württemberg gibt es heute wieder 1500 Tiere.

12

Der Feldhamster • Er lebt am Rand von Feldern. Für den Winter sammelt er 2 bis 4 kg Körner. Durch die Intensivierung der Landwirtschaft ist sein Lebensraum gefährdet. In manchen Gebieten Baden-Württembergs ist der Feldhamster sogar ausgestorben.

Wirbeltiere

Zusammenfassung

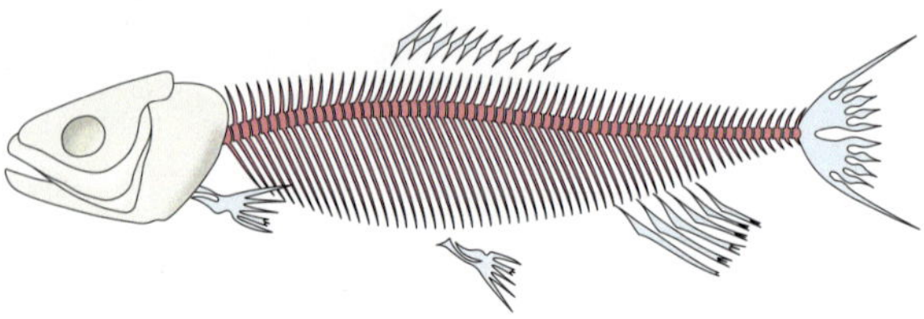

1

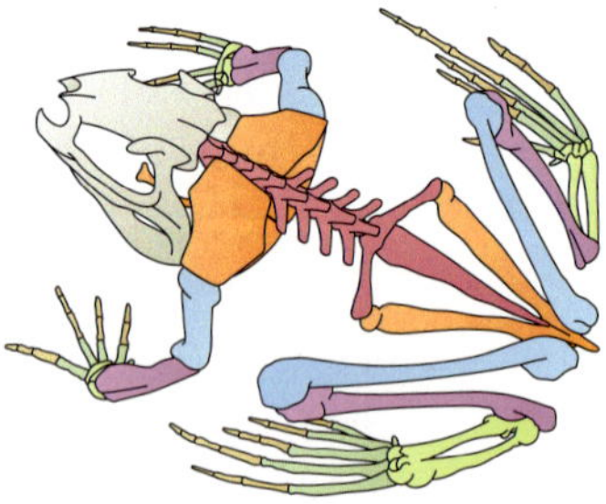

2

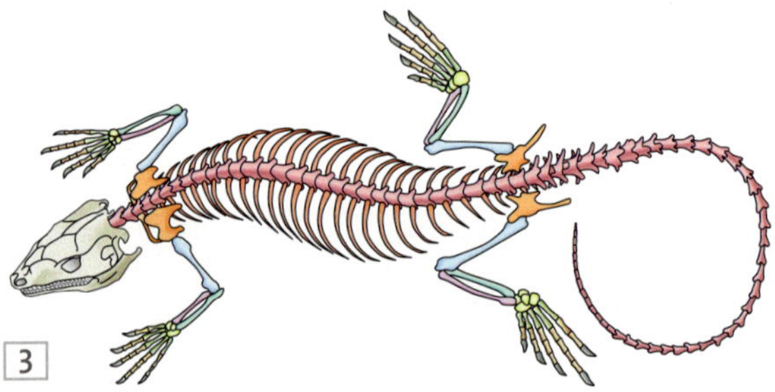

3

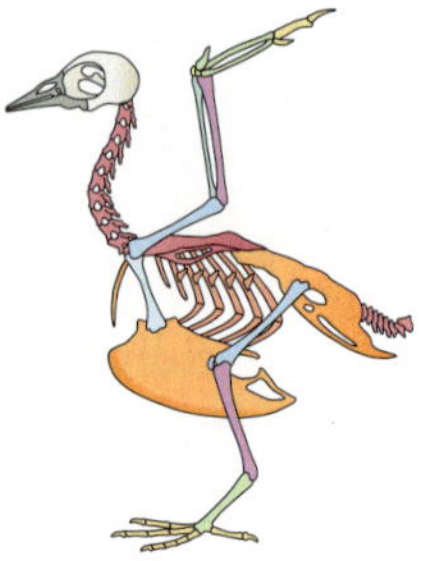

4

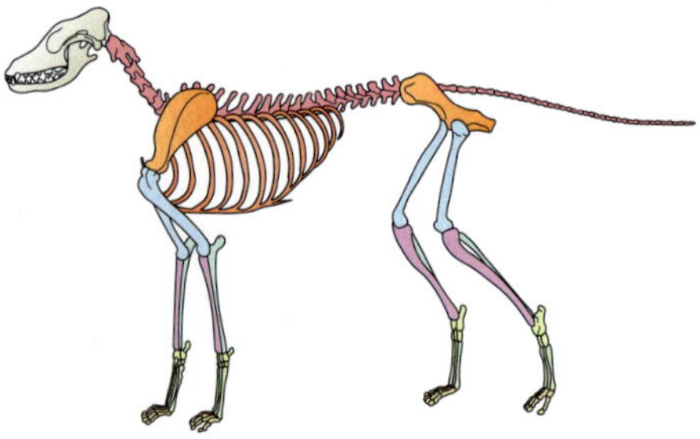

5

Wirbeltiere • Alle Wirbeltiere besitzen als gemeinsames Merkmal ein Innenskelett mit einer Wirbelsäule. Sie stammen von einem gemeinsamen Vorfahren ab und sind deshalb miteinander verwandt. Wirbeltiere werden in fünf Klassen eingeteilt.

Fische • Sie leben im Wasser und atmen durch Kiemen. Ihre Haut weist Knochenschuppen auf und ist schleimig. Fische bewegen sich mithilfe von Flossen fort. Sie sind die ältesten Wirbeltiere. → 1

Amphibien • Amphibien leben im Wasser und an Land. Sie atmen mithilfe von Lungen und ihrer Haut. Die Haut ist feucht und enthält Schleimdrüsen. → 2

Reptilien • Die Haut der Reptilien ist schuppig und trocken. Sie verhindert, dass der Körper an Land austrocknet. Die Lebensweise und Fortpflanzung der Reptilien ist deshalb vom Wasser unabhängig. → 3

Vögel • Sie können fliegen und sind besonders leicht gebaut. An dem starren Brustskelett setzt die Flugmuskulatur an. Federn schützen den Vogelkörper und sind für den Vogelflug wichtig. → 4

Säugetiere • Der Körper der Säugetiere ist von einem Fell bedeckt. Säugetiere säugen ihre Jungtiere. Sie haben alle Lebensräume der Welt erobert. → 5

Entwicklung bei Wirbeltieren • Die Fortpflanzung und Entwicklung der verschiedenen Wirbeltierklassen ist der Lebensweise angepasst. Bei den Fischen und Amphibien findet eine äußere Besamung statt. Vögel, Reptilien und Säugetiere zeigen eine innere Besamung.

- Fische legen ihre Eier im Wasser ab. Aus den befruchteten Eiern schlüpfen Fischlarven, die zunächst noch einen Dottersack tragen. → 6 Aus ihnen entsteht der ausgewachsene Fisch.
- Die Entwicklung der Amphibien verläuft ebenfalls im Wasser. Aus den befruchteten Eiern schlüpfen Larven, die sich in einer Metamorphose zum erwachsenen Tier entwickeln. → 7
- Vögel und Reptilien legen Eier an Land, die durch ihre Schalen vor der Austrocknung geschützt sind. Aus den Eiern schlüpfen Jungtiere, die zu den erwachsenen Tieren heranwachsen. → 8 9
- Säugetiere entwickeln sich im Mutterleib. Die Jungtiere werden während des Heranwachsens gesäugt. → 10

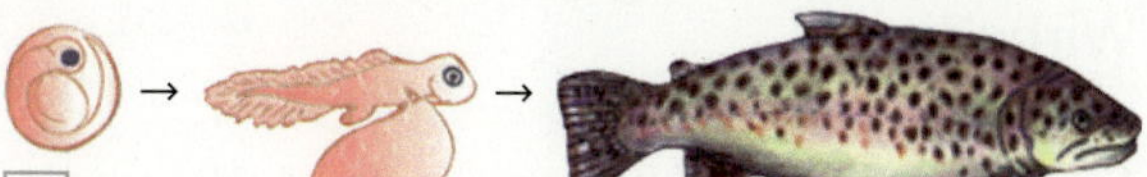

6

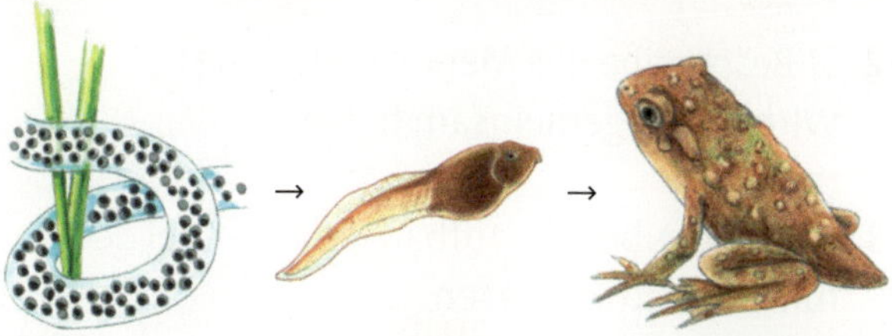

7

8

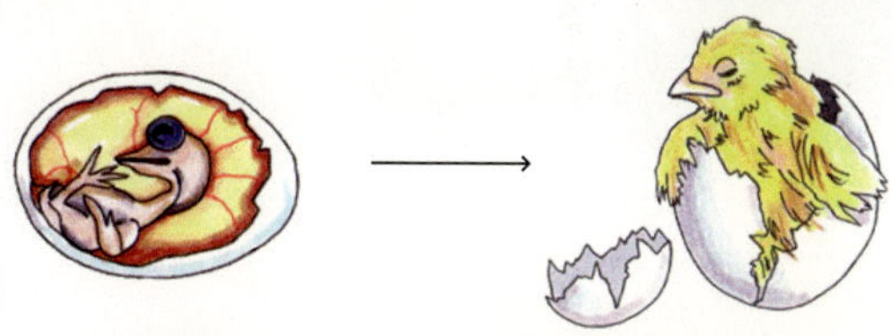

9

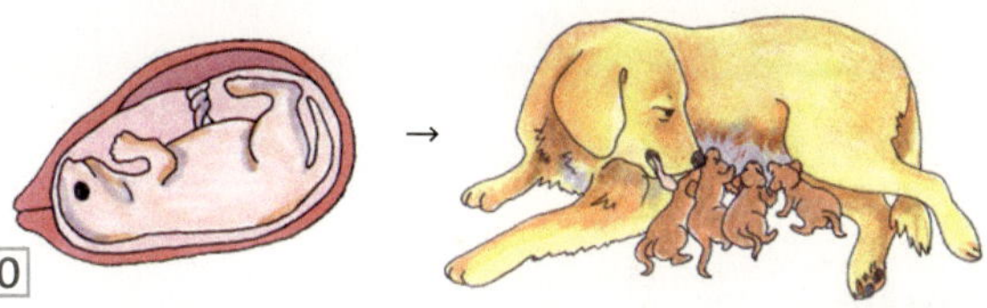

10

Gefährdung und Schutz von Amphibien • Sie sind auf ihrer Wanderung zum Laichgewässer gefährdet, weil Straßen ihre Wanderwege durchschneiden. Den Tieren kann durch den Bau von Tunneln und Zäunen geholfen werden.

Kulturfolger • Tiere und Pflanzen, die in vom Menschen gestalteten Lebensräumen überleben können, werden Kulturfolger genannt. Zu ihnen gehören das Eichhörnchen und der Igel. Sie leben in Gärten, Parks und auf Friedhöfen.

Säugetiere in allen Lebensräumen • Säugetiere sind durch ihren Körperbau und ihre Lebensweise an ihren Lebensraum angepasst. Fledermäuse besitzen zum Fliegen ungestaltete Arme. Sie sind nachtaktiv und orientieren sich mit sehr hohen Tönen. So finden sie auch ihre Beute. Der Maulwurf gräbt Gänge unter der Erde. Mit seinem Rüssel kann er gut riechen und tasten. Die Arme sind zu Grabhänden umgestaltet. Wale leben im Meer und atmen mithilfe von Lungen. Nach der Geburt säugen sie ihre Jungtiere.

Teste dich! (Lösungen auf Seite 353)

Wirbeltiere

1 ▢ Nenne die fünf Klassen der Wirbeltiere.

2 ▢ Beschreibe das Merkmal, das alle Wirbeltiere gemeinsam haben.

3 ◐ Beschreibe den Aufbau der Haut bei den fünf Wirbeltierklassen.

4 ▢ Erkläre, welcher Wirbeltierklasse Bild 1 zugeordnet werden kann.

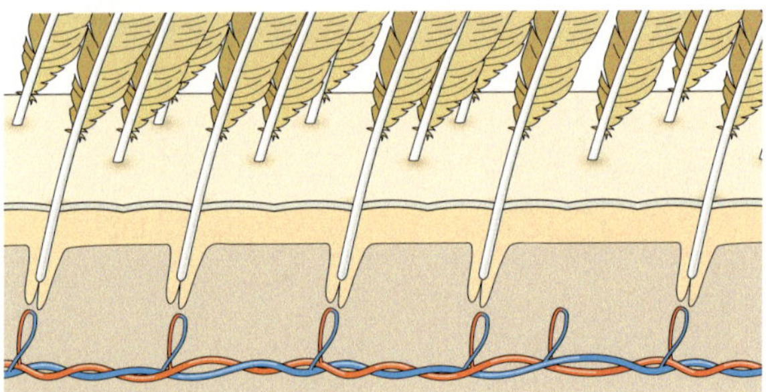

1 Welche Wirbeltierklasse?

Fische

5 ◐ Notiere in deinem Heft die richtigen und korrigiere die falschen Aussagen:
a Fische atmen mit Kiemen.
b Das Maul der Fische dient nur der Nahrungsaufnahme.
c Die Schwimmblase der meisten Fische ist mit Fett gefüllt.
d Bei der Fortbewegung der Fische sorgt die Schwanzflosse für den Antrieb.
e Bei der Entwicklung der Fische tritt keine Larve auf.
f Die meisten Fische haben eine innere Besamung.

Amphibien

6 ▢ Nenne die Namen der beiden großen Amphibiengruppen. Erkläre die Unterschiede zwischen den Gruppen.

7 ◐ Nenne die Gründe, weshalb Amphibien nicht in Wüsten leben.

8 ● Erkläre den Begriff Metamorphose bei Amphibien. → 2

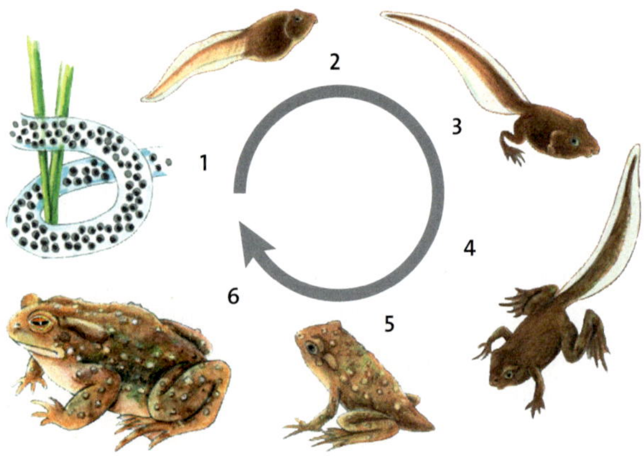

2 Die Metamorphose

9 ◐ Erkläre, weshalb Amphibien gefährdet sind.

Reptilien

10 ▢ Erkläre, weshalb Reptilien auch als Kriechtiere bezeichnet werden.

11 ◐ Erkläre, dass Reptilien häufig in warmen Regionen der Erde vorkommen.

12 ◐ Beschreibe die Fortbewegung von Schlangen.

Vögel

13 ◐ Erkläre die Leichtbauweise von Vögeln.

14 ◐ Beschreibe die Lage und erkläre die Aufgabe der vier Federtypen.

15 ● Beschreibe die Aufgaben aller Bestandteile des Eies in einer Tabelle. → 3

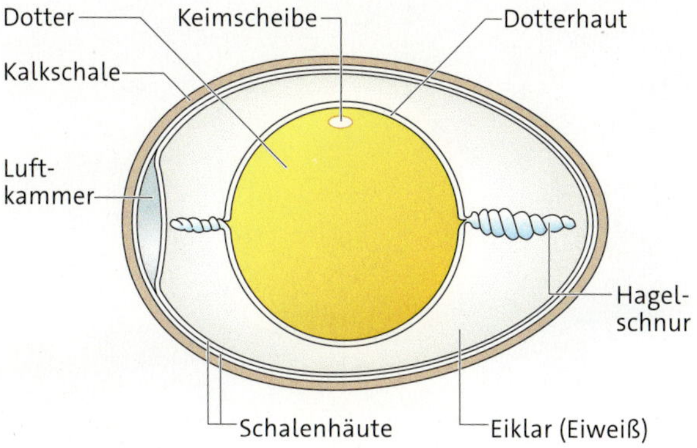

3 Das Hühnerei

16 ● Schreibe folgende Tabelle in dein Heft und vervollständige sie. → 4

	Besamung/ Befruchtung	Ort der Eiablage	Entwicklung der Jungtiere
Fische	...	...	...
Amphibien	...	...	...
Reptilien	...	...	...
Vögel	...	...	...
Säugetiere	...	...	...

4 Vergleich von Wirbeltieren

17 ● Begründe, weshalb es bei Vögeln keine äußere Besamung gibt.

Säugetiere

18 ○ Säugetiere leben in allen Lebensräumen. Erkläre diese Aussage.

19 ◐ Beschreibe, wie Fledermäuse fliegen können. → 5

5 Der Fledermausflügel

20 ◐ „Blind wie ein Maulwurf!" Erkläre diese Redensart aus Sicht eines Biologen.

21 ◐ Notiere in deinem Heft die richtigen und korrigiere die falschen Aussagen:
- a Es gibt keine fliegenden Säugetiere.
- b Alle Säugetiere säugen ihre Jungtiere.
- c Wale atmen mit Kiemen.
- d Eichhörnchen fressen auch tierische Nahrung.
- e Kulturfolger leben in der Nähe des Menschen.
- f Igel suchen tagsüber nach Nahrung.

22 ◐ Erläutere, weshalb das Eichhörnchen und der Igel zu den Kulturfolgern gezählt werden.

Wirbellose

Ein fremder Besucher aus dem All? Nein, diese Libelle gehört zu den Insekten, der artenreichsten Klasse der Wirbellosen. Welche Tiere gehören noch dazu?

Schnecken haben keine Wirbel und damit auch keine Wirbelsäule. Wie ist ihr Körper dann aufgebaut? Und wie findet er Halt?

Wirbellose spielen in der Natur eine entscheidende Rolle. Auch der Mensch ist auf sie angewiesen. Warum sind Wirbellose so wichtig?

Körperbau der Insekten

1 Blüten locken Insekten an.

Eine Hummel und ein Schmetterling wurden durch die Farbe und den Duft einer Blüte angelockt. Trotz ihres unterschiedlichen Aussehens gehören beide zur Klasse der Insekten. Welche Gemeinsamkeiten haben Insekten?

WIRBELLOSE

- Weichtiere
  - Schnecken
- Ringelwürmer
  - Gürtelwürmer
    Wenigborster
    z. B. Regenwurm
- Gliederfüßer
  - Insekten
    Schmetterling
    Käfer
    Heuschrecken
    Hautflügler
    z. B. Hummel, Biene, Ameise
  - Krebstiere
    Krebse
    Asseln
  - Spinnentiere
    Spinnen
    Weberknechte

2 Übersicht über die Wirbellosen

Insekten sind Wirbellose • Die Mehrzahl aller bekannten Tierarten gehört zu den Wirbellosen. Sie besitzen keine Wirbelsäule und kein Innenskelett aus Knochen. Unter den Wirbellosen herrscht eine große Artenvielfalt. → 2 Zu ihnen zählen neben den Insekten die Krebstiere, Würmer, Spinnentiere und Weichtiere. Insekten sind die artenreichste Klasse des gesamten Tierreichs.

Körperbau der Insekten • Am Beispiel der Honigbiene kannst du den typischen Bauplan eines Insekts gut erkennen. Der Körper der Biene ist in drei Abschnitte gegliedert: Kopf, Brust und Hinterleib. → 3 Am Kopf erkennst du zwei Augen, zwei Fühler und die Mundwerkzeuge. Mit den Fühlern kann die Biene tasten und riechen. Mit den

das Außenskelett
das Chitin
das Netzauge
die Röhrenatmung

Mundwerkzeugen leckt und saugt sie Nahrung auf. An der Brust sitzen sechs gegliederte Beine und die beiden Flügelpaare. Am Hinterleib lassen sich mehrere bewegliche Ringe unterscheiden. Sie schützen den Körper der Insekten wie ein Panzer. Dieses Außenskelett der Insekten besteht nicht aus Knochen, sondern aus Chitin – einer harten, aber elastischen Substanz.

Netzaugen • Den größten Teil des Bienenkopfs nehmen die Augen ein. Sie sind unbeweglich und ähneln von außen einem Netz. Jedes dieser Netzaugen ist aus sehr vielen Einzelaugen zusammengesetzt. → 4

Röhrenatmung • Insekten haben weder Lungen noch Kiemen. Stattdessen nehmen die Insekten die Luft durch kleine Atemöffnungen an den Seiten von Brust und Hinterleib ins Körperinnere auf. Feine Röhren leiten die Luft direkt zu den Organen.

Vielfalt der Insekten • Ähnliche Insektenarten fasst man in Ordnungen zusammen. Zu den artenreichsten Ordnungen gehören Käfer, Schmetterlinge, Hautflügler wie Bienen, Wespen und Ameisen sowie die Zweiflügler wie Mücken und Fliegen.

Typische gemeinsame Merkmale aller Insekten sind die Gliederung in Kopf, Brust und Hinterleib, ein Außenskelett und Netzaugen. Insekten haben sechs Beine und oft zwei oder vier Flügel.

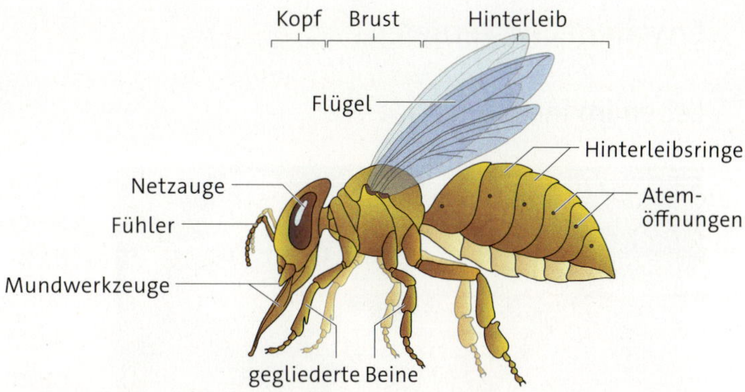

3 Körperbau der Honigbiene

4 Das Netzauge

Aufgaben

1 ○ Beschreibe den Körperbau der Insekten.

2 ○ Beschreibe den Aufbau eines Netzauges.

3 ○ Nenne und beschreibe drei Merkmale, die die Insekten von den Wirbeltieren unterscheiden.

Erweitern und Vertiefen

Leben im Insektenstaat

1 Imker bei der Wabenentnahme

2 Bienenwabe mit Honigzellen

3 Unterschiedliche Bienenwesen

Bienenvolk • Imker halten Bienen in Bienenstöcken. Darin hängen mehrere Holzrahmen dicht nebeneinander, in denen die Bienen Waben aus Wachs gebaut haben. → 1 Diese bestehen aus Tausenden sechseckigen Hohlräumen, den Zellen. → 2 In den Zellen entwickeln sich die Bienenlarven. Auf den ersten Blick herrscht ein dichtes Gedränge von Bienen. Aber es gibt doch Unterschiede. Jeder Bienenstock beherbergt ein Bienenvolk mit Arbeiterinnen, Drohnen und einer Bienenkönigin. → 3 Die meisten Tiere sind die unfruchtbaren weiblichen Arbeiterinnen. Die männlichen Drohnen erkennt man an ihren großen Augen und ihrem plumpen Körper. Ihre einzige Aufgabe ist es, sich mit der Königin zu paaren. Im Herbst werden sie aus dem Bienenstock vertrieben und sterben. Die etwas größere Königin ist das einzige fruchtbare Weibchen. Alle Tiere eines Bienenvolks stammen von ihr ab. Sie kann pro Tag bis zu 1500 Eier legen, aus denen die Arbeiterinnen schlüpfen. Ab einer bestimmten Anzahl an Arbeiterinnen beginnt die Königin unbefruchtete Eier zu legen, aus denen Drohnen entstehen.

Königinnen • Sie entwickeln sich in großen Brutzellen am Rand der Waben. Eine Larve entwickelt sich nur zur Königin, wenn sie mit einem besonderen Futtersaft, dem „Gelée Royale", gefüttert wird. Die Königin, die als Erste schlüpft, tötet ihre Konkurrentinnen mit ihrem Giftstachel und gründet mit dem halben Volk ihren eigenen Staat. Die alte Königin verlässt mit dem Restvolk den Stock auf der Suche nach einem geeigneten Ort für einen neuen Staat.

Die Arbeit im Bienenstock • Die ersten drei Wochen nach dem Schlüpfen arbeitet die junge Biene als Stockbiene. In dieser Zeit erfüllt sie verschiedene Aufgaben. Zunächst reinigt sie leere Zellen und füttert die Larven mit Honig und Pollen. Ab der zweiten Woche wird sie zur Baubiene. An ihrem Hinterleib erzeugen Wachsdrüsen das Wachs für den Wabenbau. Danach verarbeitet die Biene in ihrem Honigmagen Blütennektar zu Honig, der in Vorratswaben gespeichert wird. → 2 Am Ende des Stockdienstes bewacht sie als Wehrbiene das Flugloch. Fremde Tiere wehrt sie mit dem Giftstachel ab.

Bienen sammeln Nektar • Ab der vierten Woche bis zum Ende ihres etwa fünfwöchigen Lebens arbeitet die Biene als Sammlerin. Beim Besuch einer Blüte saugt die Biene mit ihrem Saugrüssel den Nektar in ihren Honigmagen. Der darin gebildete Honig dient in der kalten und blütenlosen Zeit als Nahrung. Im Spätsommer entnimmt der Imker einen großen Teil des Honigs. Als Ersatz erhalten die Bienen Zuckerwasser. Bienen sammeln nicht nur Nektar, sondern auch Pollen. Dieser bleibt beim Besuch der Biene in ihrem dichten Haarkleid hängen. Im Flug bürstet sie mit den Hinterbeinen den Pollen aus den Haaren und sammelt ihn an der Außenseite der Sammelbeine. Mit der Zeit bilden sich kleine gelbe Klümpchen, die als Pollenhöschen bezeichnet werden. → 4

Insektenstaat • Der Insektenstaat ist eine Gemeinschaft von Insekten, in der Arbeitsteilung herrscht. Dies setzt eine intensive Verständigung unter den Tieren voraus. Honigbienen können zum Beispiel ihren Artgenossen die Lage und die Entfernung einer Futterquelle mitteilen. Auch Waldameisen bilden Staaten. Sie verständigen sich hauptsächlich mit Duftstoffen, die von den Ameisen aus Drüsen ausgeschieden werden.

4 Honigbiene beim Sammelflug

In einem Bienenstock leben verschiedene Bienenwesen. Von der Königin stammen alle Bienen des Volkes ab. Die Arbeiterinnen arbeiten zunächst als Stockbienen. Später sammeln sie Nektar und Pollen. Die männlichen Drohnen haben die Aufgabe, sich mit der Königin zu paaren. Die Gemeinschaft der Bienen nennt man auch Insektenstaat.

Aufgaben

1 ○ Beschreibe die verschiedenen Bienenwesen in einem Stock und nenne ihre Aufgaben im Bienenvolk.

2 ◐ Waldameisen und Honigbienen zählen zu den Staaten bildenden Insekten. Erläutere diese Bezeichnung.

Körperbau der Insekten

Material A

Untersuchung von Honigbienen

Materialliste: tote Bienen von einem Imker, feine Schere, spitze Pinzette, Präpariernadeln, Lupe (bis zu 10-fache Vergrößerung), Binokular (bis zu 20-fache Vergrößerung), Zeichenpapier, Millimeterpapier, Bleistift

1 Lege eine Biene auf das Zeichenpapier, indem du sie mit den Fingerspitzen am Hinterleib anfasst. Drücke den Hinterleib vorsichtig leicht zusammen und lass wieder los.
▢ Beschreibe deinen Eindruck vom Körper der Biene.

2 Betrachte eine Biene seitlich, von oben und von unten mit der Lupe. Vergleiche den Aufbau des Bienenkörpers mit Bild 3 auf Seite 97.

a ▢ Zähle die Ringe am Hinterleib.

1 Zerlegte Honigbiene

b ◪ Zeichne einen Körperumriss und beschrifte die einzelnen Teile des Bienenkörpers.

3 Trenne mit der Pinzette vorsichtig die Bein- und Flügelpaare ab. Trenne anschließend mit der Schere Kopf, Brust und Hinterleib. Lege alle Teile wie in Bild 1 geordnet auf dein Zeichenpapier.

4 Lege ein Vorderbein auf ein Stück Millimeterpapier und betrachte es unter dem Binokular. Durch das Millimeterpapier bekommst du eine Vorstellung von der tatsächlichen Größe.
◪ Betrachte die einzelnen Beinglieder genau. Fertige eine Skizze eines Vorderbeins an.

5 Betrachte einen Flügel unter dem Binokular.

a ▢ Erkläre, warum Bienen zur Insektenordnung der Hautflügler gehören.

b ◪ Zeichne einen Flügel.

6 Betrachte den Kopf der Biene unter dem Binokular.

a ▢ Beschreibe den Aufbau eines Fühlers.

b ◪ Betrachte die Augen und beschreibe deine Beobachtungen.

c ▢ Bestimme die Anzahl der kleinen Punktaugen auf der Stirn. Bienen erkennen damit Unterschiede in der Helligkeit.

7 ▢ Benenne die Teile des Bienenkörpers. → 2 – 4

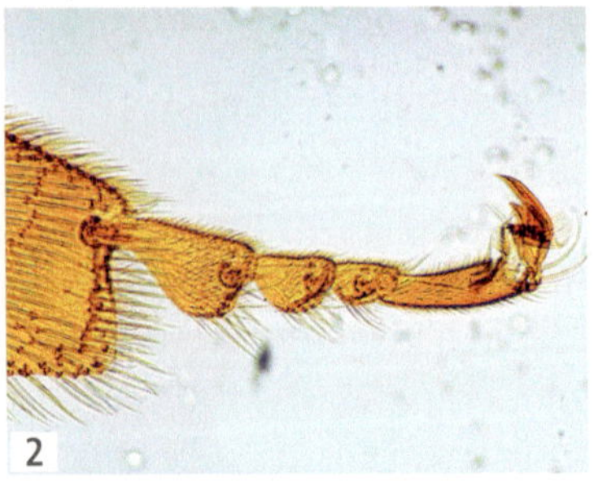

2

3

4

Material B

Mundwerkzeuge

Materialliste: Siehe Material A.

1 Trenne mit der Schere den Kopf vorsichtig ab und lege ihn mit dem Gesicht nach oben unter das Binokular.

2 Spreize mit der Präpariernadel die Mundwerkzeuge etwas auseinander.

a ◔ Zeichne die Mundwerkzeuge der Honigbiene.

b ● Beschrifte in deiner Zeichnung die Oberkiefer, den Saugrüssel und die Zunge. → 5

Die Honigbiene ernährt sich von flüssigem Nektar, den sie aus Blüten leckt und saugt. → 6 Ihre Mundwerkzeuge kann sie zu einem röhrenartigen Leck- und Saugrüssel zusammenlegen. In dieser Röhre kann sich die Zunge auf und ab bewegen. → 7 Die Oberkiefer dienen zum Öffnen der Waben, Füttern, Kneten von Wachs und Pollen und zum Putzen.

5 Mundwerkzeuge der Biene

6 Biene bei Nahrungsaufnahme

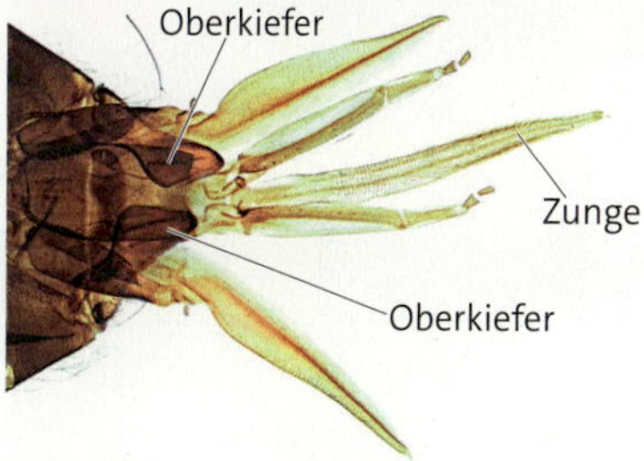

7 Die Mundwerkzeuge

Material C

Sammelbeine

Materialliste:
Siehe Material A.

1 Trenne mit der Schere beide Hinterbeine ab. Betrachte die Innen- und die Außenseite unter dem Binokular.

a ◔ Fertige eine beschriftete Skizze der Innenseite eines Sammelbeins an.

b ● Vergleiche den Bau eines Hinterbeins mit dem eines Vorderbeins.

Die beiden Hinterbeine der Biene sind in besonderer Weise an die Sammeltätigkeit angepasst. Mithilfe kleiner Bürsten an den Sammelbeinen wird der am Körper der Biene haftende Pollen abgestreift. Danach entfernt die Biene mit dem Pollenkamm des einen Hinterbeins den Pollen aus der Bürste des anderen Beins. Dann drückt sie ihn mit dem Pollenschieber in das jeweils auf der Außenseite liegende Körbchen.

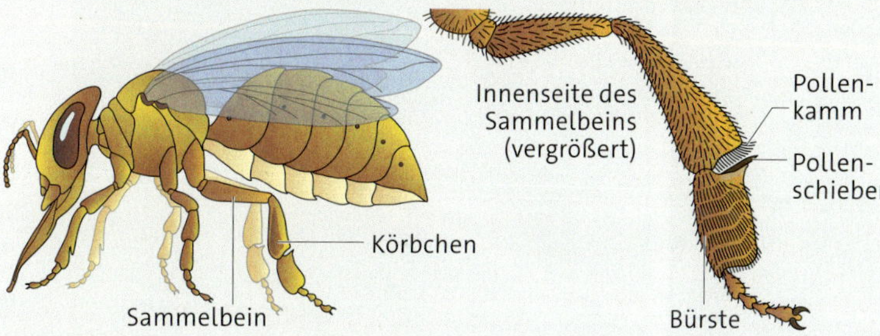

8 Sammelbeine der Honigbiene

Entwicklung der Insekten

1 Tagpfauenauge auf einer Brennnessel

Wildpflanzen wie Brennnesseln oder Disteln sind häufig nicht gerne gesehen und werden deshalb aus den Gärten entfernt. Dadurch ist das Überleben vieler Schmetterlinge und anderer Insekten gefährdet. Warum ist das so?

2 Eier und Raupe des Tagpfauenauges

Vollkommene Verwandlung • Wie das Tagpfauenauge entwickeln sich alle Insektenarten in mehreren Entwicklungsstadien.

Nach der Paarung klebt das Weibchen bis zu 200 Eier an die Unterseite geeigneter Futterpflanzen, meistens Brennnesseln. Dort sind sie geschützt. Nach etwa zwei Wochen schlüpfen aus den Eiern kleine, behaarte schwarze Raupen, die Larven. Die Raupen ernähren sich von Brennnesselblättern und wachsen schnell. Die feste Außenhaut kann nicht mitwachsen. Deshalb reißt sie mehrmals auf und ihr entschlüpft die größere Raupe. → 2

Wenn die Raupe ausgewachsen ist, heftet sie sich mit dem Hinterende fest und wird zur Puppe.

die Larve
die Puppe
das Vollinsekt
die Verwandlung
die Metamorphose

Nach einigen Wochen Puppenruhe schlüpft der Schmetterling aus der Puppenhülle. → 3 Aus einer wurmförmigen Larve wurde ein erwachsenes Fluginsekt. Die Entwicklung vom Ei über die Larve und Puppe zu einem Vollinsekt wird als vollkommene Verwandlung (oder vollkommene Metamorphose) bezeichnet.

Unvollkommene Verwandlung • Bei manchen Insekten wie den Heuschrecken wird keine Puppe gebildet. Aus einem Heuschreckenei schlüpft eine winzige ungeflügelte Larve, die der erwachsenen Heuschrecke schon sehr ähnlich sieht. → 4 Nach fünf Häutungen hat sie die Größe des Vollinsekts erreicht. Diese Entwicklungsform ohne Puppe wird als unvollkommene Verwandlung (oder unvollkommene Metamorphose) bezeichnet.

Die meisten Insekten entwickeln sich vom Ei über Larve und Puppe zum Vollinsekt. Diese Entwicklung nennt man vollkommene Verwandlung. Bei der unvollkommenen Verwandlung fehlt das Puppenstadium.

3 Ein Tagpfauenauge schlüpft aus der Puppe.

Aufgaben

1 ○ Beschreibe die vollkommene und die unvollkommene Verwandlung an einem Beispiel.

2 ◐ Erkläre an einem Beispiel die Bedeutung von Wildpflanzen für das Überleben mancher Schmetterlingsarten.

4 Unvollkommene Verwandlung einer Heuschrecke

Entwicklung der Insekten

Material A

Vom Mehlwurm zum Mehlkäfer

Materialliste: großes Einmachglas, Netztuch, Gummi, Lupe, Pinzette, Sieb, Zeitungspapier, Kleie, Mehl, 20 Mehlwürmer, trockenes Brot, Apfelscheiben, feuchtes Tuch für die Hände

Achtung • Behandle lebende Tiere vorsichtig.

1 Fülle in das Einmachglas etwas Kleie, Mehl und Brotreste als Nahrung für die Mehlwürmer ein.

2 Mehlwürmer brauchen wenig Wasser. Ihnen genügt es, wenn du wöchentlich eine Apfelscheibe in das Glas legst. Entferne die Apfelreste sorgfältig, damit sich kein Schimmel bildet.

3 Gib 20 Mehlwürmer in das Glas und verschließe es mit dem Gummi und dem Gazetuch. → 1

4 Untersuche das Zuchtgefäß wöchentlich. Lege dazu das Zeitungspapier auf den Tisch und siebe den Inhalt deines Zuchtgefäßes so lange, bis nur noch Tiere und Brotreste in deinem Sieb sind.

a ○ Zähle Larven, Puppen und Käfer aus und halte das Ergebnis in deiner Beobachtungstabelle fest. → 2

b ◐ Einige Mehlwürmer unterscheiden sich aufgrund ihrer hellen, weißen Farbe von den anderen. Erkläre, was die helle Farbe mit dem Wachstum der Mehlwürmer zu tun hat.

5 Betrachte eine Puppe und einen Mehlkäfer mit der Lupe.
○ Welche Körperteile des Käfers kannst du bereits bei der Puppe erkennen? Nenne sie.

6 ○ Beschreibe die Entwicklung des Mehlkäfers. → 3

1 Zuchtgefäß für Mehlkäfer

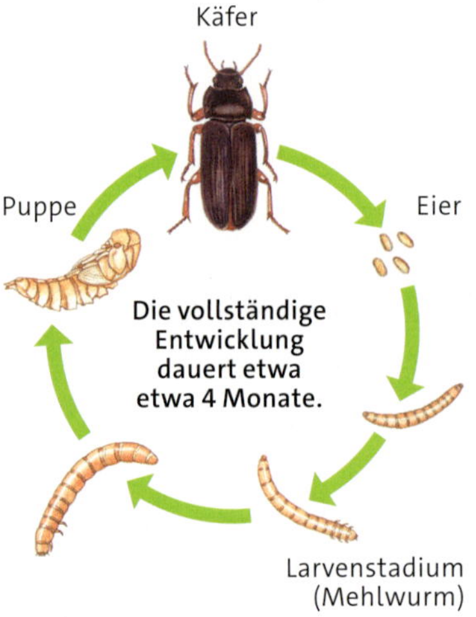

3 Entwicklung des Mehlkäfers

Beobachtungstabelle: Mehlkäferzucht					
	1. Woche	2. Woche	3. Woche	4. Woche	5. Woche
lebende Larven	20	...	...	...	...
tote Larven	0	...	...	...	...
Larvenhüllen	0	...	...	...	...
Puppen	0	...	...	...	...
lebende Käfer	0	...	...	...	...
tote Käfer	0	...	...	...	...

2 Beispiel für eine Beobachtungstabelle

Material B

Mehlwurm unter der Lupe

Materialliste: Petrischale, Lupe, Pinzette, Mehlwürmer, Zeichenpapier, Bleistift

Achtung • Behandle lebende Tiere vorsichtig.

1 Lege den Mehlwurm in die Petrischale und betrachte ihn mit der Lupe.
▢ Beschreibe den Aufbau des Körpers und fertige eine Skizze an. Achte dabei auf die Lage und die Anzahl der Beine.

Material C

Hell-Dunkel-Versuch

Materialliste: Mehlwürmer, Petrischale, Schere, schwarzes Tonpapier, Bürotacker

Achtung • Behandle lebende Tiere vorsichtig.

1 Stelle zuerst mithilfe des Bürotackers eine Tüte aus Tonpapier her. → 5

2 Gib 10 Mehlwürmer in die Petrischale. Schiebe die Petrischale anschließend zur Hälfte in die Tüte.

a ▢ Beobachte und beschreibe das Verhalten der Mehlwürmer.

b ◐ Mögen es Mehlwürmer lieber hell oder dunkel? Begründe anhand deiner Beobachtungen.

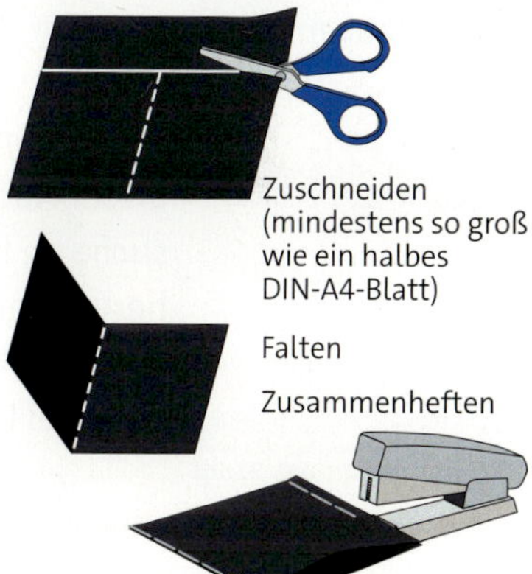

5 Vorbereitung zum Versuch

Material D

Vom Ei zum Falter

1 ▢ Nenne die dargestellten Entwicklungsschritte des Distelfalters. → 6 – 8

2 ◐ Nenne den Entwicklungsschritt, der zu einer vollkommenen Verwandlung in den Bildern fehlt.

Wie sich Insekten ernähren

1 Ein Taubenschwänzchen auf Nektarsuche

Durch seinen langen Saugrüssel ist dieser Nachtfalter bei der Nahrungssuche an besondere Blütenformen hervorragend angepasst. Welche Mundwerkzeuge kann man noch bei Insekten finden?

Mundwerkzeuge • Insekten nehmen ihre Nahrung mithilfe von Mundwerkzeugen zu sich. Diese befinden sich an der Unterseite des Kopfs vor der Mundöffnung. Die Mundwerkzeuge der Insekten haben alle den gleichen Grundbauplan. Sie können aber sehr unterschiedlich geformt sein.
Bei Schmetterlingen wie dem Taubenschwänzchen ist der Unterkiefer zu einem langen, schlauchförmigen Saugrüssel umgeformt. → 1 Damit können sie Nektar aus Blüten mit tiefem Blütenboden saugen.
Viele Insekten und ihre Larven besitzen zum Zerkleinern und Kauen von harter Nahrung kräftig beißende Mundwerkzeuge mit großen Oberkiefern. Diese findet man besonders bei räuberischen Insekten wie Käfern, Ameisen und Heuschrecken zum Verzehren ihrer Beute. Blutsaugende Insekten wie Stechmücken besitzen dagegen einen Stechrüssel.
Ihre Mundwerkzeuge sind nicht zum Zerkleinern fester Nahrung geeignet. Die Mundwerkzeuge der Insekten sind ihrer Ernährungsweise angepasst.

Insekten sind auf eine bestimmte Nahrung spezialisiert. Ihre Mundwerkzeuge sind an diese Nahrung angepasst. Sie können daher sehr unterschiedlich gebaut sein.

Aufgabe

1 Beschreibe den Zusammenhang von Ernährung und Bau der Mundwerkzeuge beim Taubenschwänzchen.

Material A

Mundwerkzeuge

Bei Insekten findet man unterschiedlich gebaute Mundwerkzeuge. → 3 – 6

1 ○ Ordne die Mundwerkzeuge 3–6 dem jeweiligen Insekt A–D zu. Beschreibe die Angepasstheit.

2 ◐ Vermute, warum die Mundwerkzeuge der Eintagsfliege verkümmert sind. → 2

Die Larve der Eintagsfliege lebt bis zu 3 Jahren im Wasser. Sie ernährt sich von Pflanzen. Aus der Larve schlüpft ein geflügeltes Vollinsekt, die Eintagsfliege. Sie lebt nur einige Tage. In dieser Zeit findet die Paarung statt und die Weibchen legen ihre Eier ab. Die Mundwerkzeuge der Eintagsfliege sind stark verkümmert.

2 Die Eintagsfliege

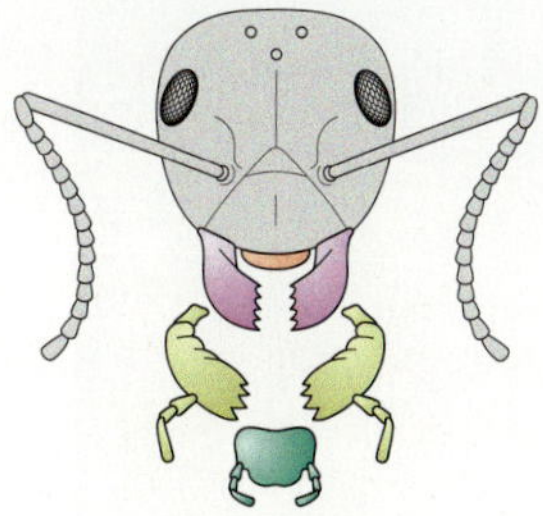

3 beißend

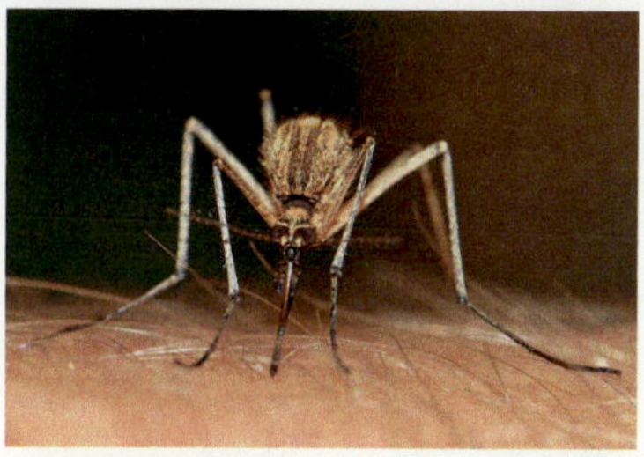

A Mücke

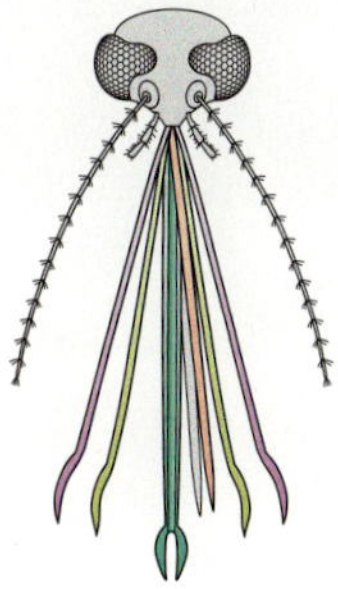

4 stechend

B Schmetterling

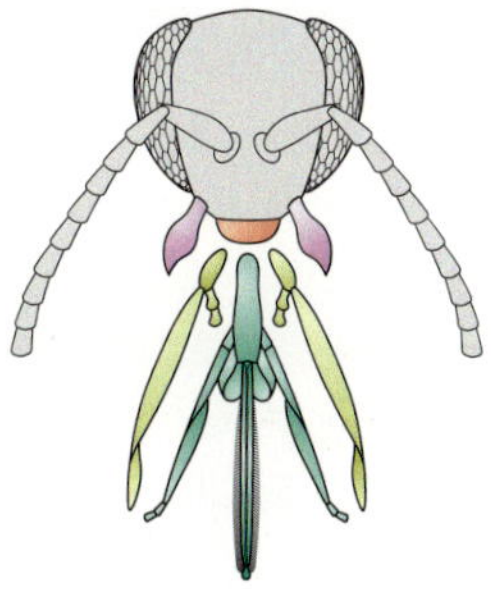

5 saugend-leckend

C Ameise

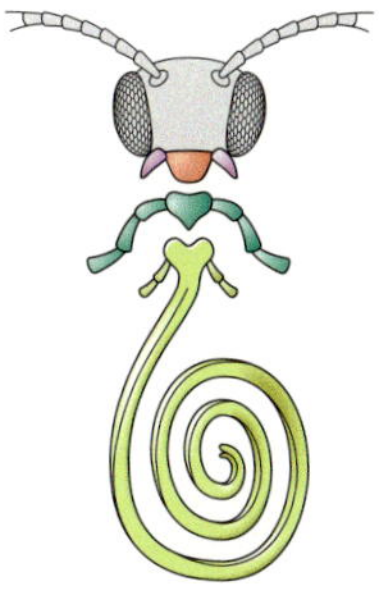

6 saugend

D Biene

Vergleich Insekten – Vögel

1 Bienenfresser mit Beute

Der Bienenfresser erbeutet vor allem fliegende Insekten. Obwohl beide Tierarten denselben Lebensraum bewohnen, sind sie doch unterschiedlich gebaut. Welche Unterschiede sind das?

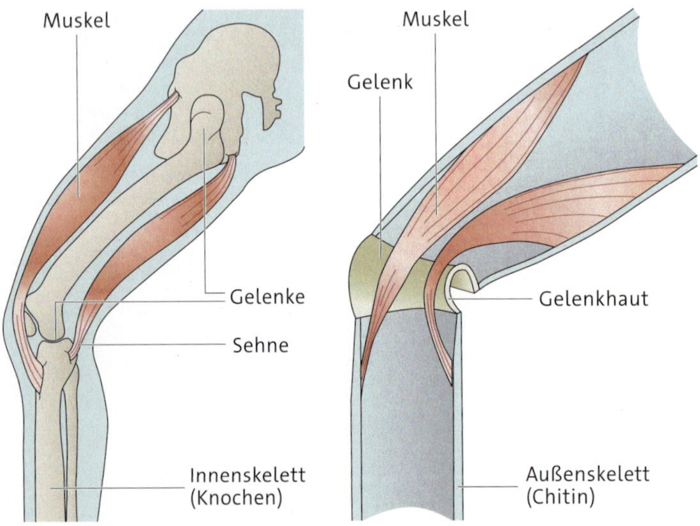

2 Innen- und Außenskelett im Vergleich

Wirbeltiere • Vögel gehören zu den Wirbeltieren. Diese besitzen ein innen liegendes Skelett, das aus der Wirbelsäule und aus Knochen besteht. Mithilfe von Sehnen sind die Muskeln an den Knochen befestigt. Dieses Innenskelett stützt den Körper und ermöglicht seine Beweglichkeit. → 2

Insekten • Ihr Körper wird durch einen festen Chitinpanzer umhüllt. Dieser schützt als Außenskelett den Körper. Die starren Einzelteile dieses Panzers sind durch Gelenkhäute beweglich miteinander verbunden. → 2

Entwicklung • Vögel und Insekten pflanzen sich beide fort. Ihre weitere Entwicklung verläuft jedoch völlig unterschiedlich. Im befruchteten Vogelei reift ein Küken heran, das bereits wie ein Vogel aussieht. Bei Insekten entstehen aus den Eiern Larven, die sich erst schrittweise zu den erwachsenen Insekten verwandeln.

Wirbeltiere besitzen ein Innenskelett mit einer Wirbelsäule. Tiere ohne Innenskelett werden als Wirbellose bezeichnet.

Aufgaben

1 ○ Beschreibe die Aufgaben des Innenskeletts und des Außenskeletts.

2 ○ Nenne Unterschiede in der Entwicklung zwischen Vogel und Insekt.

Material A

Körpergliederung

Die Körper von Vogel und Schmetterlings sind unterschiedlich gegliedert.

1 ▢ Beschreibe die Gemeinsamkeiten und die Unterschiede in der Gliederung des jeweiligen Körpers. → 3 4

2 ◔ Vergleiche die Köpfe von Vogel und Insekt miteinander.

3 ◔ Vergleiche Rumpf und Brustabschnitt miteinander.

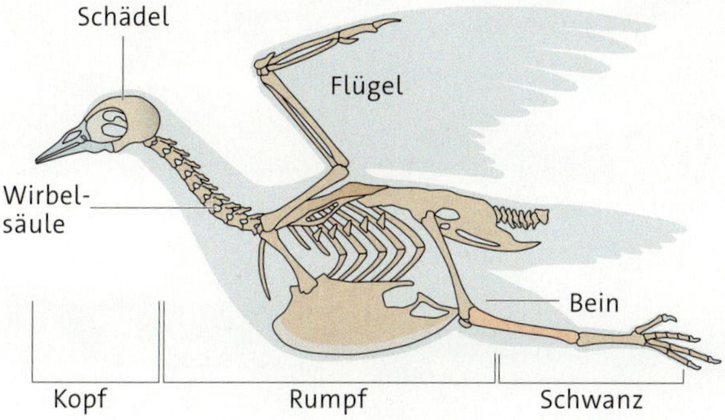

3 Körpergliederung eines Vogels

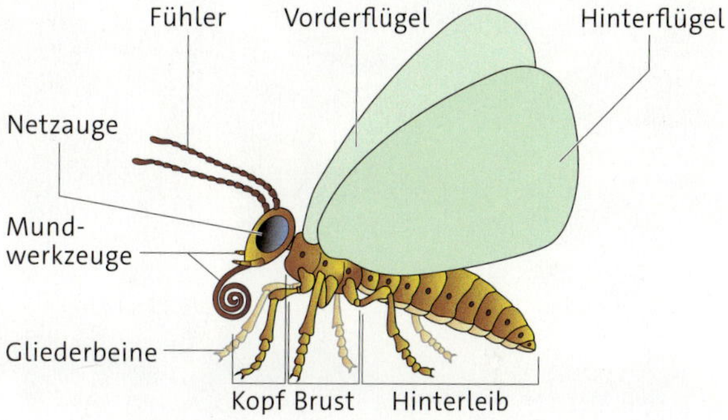

4 Körpergliederung eines Insekts

Material B

Insekt oder Vogel?

1 ◔ Vergleiche den Kolibri mit dem Taubenschwänzchen. → 5 6 Notiere Gemeinsamkeiten und Unterscheide.

Kolibri und Taubenschwänzchen sehen sich zum Verwechseln ähnlich. In ihrem Lebensraum kann man sie oft beobachten, wie sie bei der Aufnahme von Nektar vor den Blüten in der Luft „stehen“. Dabei schlagen sie so schnell mit ihren Flügeln, dass man die Bewegung mit bloßem Auge nicht erkennen kann.

5 Kolibri

6 Taubenschwänzchen

Weitere Gruppen von Wirbellosen

1 Ansammlung von Schnecken

Schnecken sieht man am ehesten bei feuchter Witterung oder nachts kriechen. Was machen diese Schnecken tagsüber an einem Stein?

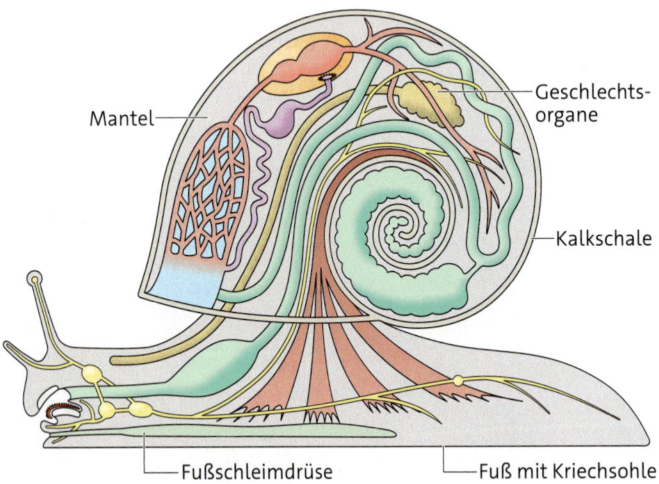

2 Körperbau der Weinbergschnecke

Schnecken • Schnecken lieben es feucht. Sie gehen nur bei Regen, in der Dämmerung oder nachts auf Futtersuche. Schnecken sind Feuchtlufttiere. Sie hinterlassen häufig glänzende Schleimspuren. Eine große Fußschleimdrüse gibt bei der Bewegung der Schnecke ständig einen Schleimteppich ab, auf dem die Schnecke vorwärtsgleitet. → 2

Die Weinbergschnecke • Sie ist unsere größte einheimische Gehäuseschnecke. Bei Trockenheit zieht sie sich an einen kühlen Ort zurück. Andere Arten wie die sehr häufigen Schnirkelschnecken suchen sich einen erhöhten Sitzplatz und verschließen ihre Schale mit einem dünnen Häutchen. → 1

das Feuchtlufttier
der Zwitter
die Weichtiere
die Ringelwürmer

In dieser Trockenstarre warten sie, bis es wieder regnet. Unter der harten Kalkschale sind der Mantel und die weichen inneren Organe verborgen. → 2 Weinbergschnecken sind Zwitter. Das bedeutet, dass jedes Tier männliche und weibliche Geschlechtsorgane besitzt. Nach der Paarung legen die Tiere etwa 50 Eier in einer Erdhöhle ab. → 3 Nach wenigen Wochen schlüpfen die Jungtiere, die bereits ein Schneckenhaus tragen. Die Weinbergschnecke gehört wie Muscheln und Tintenfische zu den Weichtieren.

Ringelwürmer • Der Regenwurm gehört wegen seiner Körpergliederung in bis zu 180 Ringe oder Segmente zu den Ringelwürmern, einer weiteren Gruppe der Wirbellosen.

Der Regenwurm • Jedes Körpersegment ist gleich aufgebaut. Es besteht aus einer Schicht Längs- und Ringmuskeln sowie acht Borsten. → 4 Regenwürmer können sich durch das abwechselnde Anspannen der Längs- und Ringmuskeln fortbewegen. Die Borsten verhaken sich dabei im Boden und verhindern ein Zurückrutschen.
Der Regenwurm atmet über die Haut. Diese muss immer feucht sein, da nur auf diese Weise Sauerstoff aufgenommen werden kann. Regenwürmer sind Feuchtlufttiere.
Regenwürmer befruchten sich gegenseitig. Sie sind Zwitter. Aus den von einer Schleimhülle umhüllten Eiern schlüpfen die jungen Würmer.

3 Weinbergschnecke bei der Eiablage

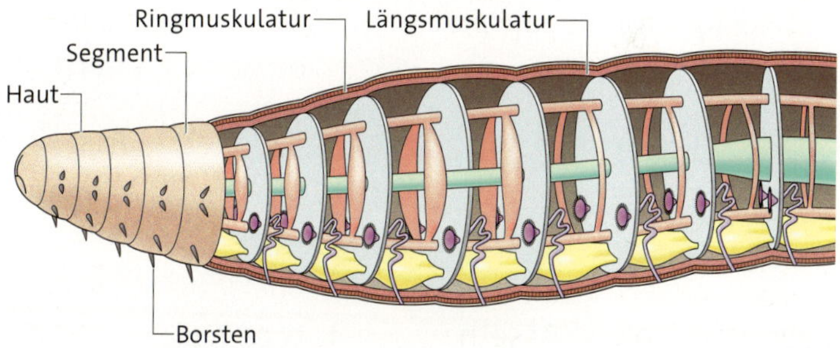

4 Innerer Bau des Regenwurms

Schnecken und Ringelwürmer sind wirbellose Tiere. Sie sind Feuchtlufttiere und Zwitter.

Aufgaben

1 ○ Beschreibe, wie Schnirkelschnecken Trockenheit überstehen.

2 ○ Erkläre den Begriff Zwitter.

3 ◐ Erkläre, warum die Weinbergschnecke und der Regenwurm als Feuchtlufttiere bezeichnet werden.

Weitere Gruppen von Wirbellosen

Material A

Schneckenschleim

Materialliste: Glasplatte, scharfes Messer, Weinberg- oder Gartenschnirkelschnecken

Achtung • Weinbergschnecken dürfen nur mit Genehmigung gesammelt werden. Behandle lebende Tiere vorsichtig.

1 Der Fuß der Schnecke ist zu einer Kriechsohle abgeplattet. → 1
Setze eine Schnecke auf eine Glasplatte. Betrachte sie von unten und beobachte, wie sie sich fortbewegt.
○ Beschreibe deine Beobachtungen.

2 Lass die Schnecke über eine Messerklinge klettern. → 2
a ○ Beschreibe das Aussehen der Klinge nach dem Versuch.
b ◐ Setze die Schnecke auf die Glasplatte und beschreibe, ob sie sich verletzt hat.

1 Kriechsohle von unten

2 Schnecke auf der Klinge

Material B

Lebensweise von Asseln

Asseln sind kleine Krebse.

Materialliste: Filterpapier, Petrischalen, 5 Asseln, Tuch

Achtung • Behandle lebende Tiere vorsichtig.

1 Lege in die eine Hälfte einer Petrischale ein feuchtes Filterpapier und gib die Asseln hinzu. → 4
○ Mögen es Asseln lieber feucht oder trocken? Begründe anhand deiner Beobachtungen.

2 Lege ein feuchtes Filterpapier in die Petrischale und bedecke sie halb mit einem Tuch. Setze die Asseln in die Schale. → 5
○ Mögen es Asseln lieber hell oder dunkel? Begründe anhand deiner Beobachtungen.

3 Asseln

4 Versuchsaufbau 1

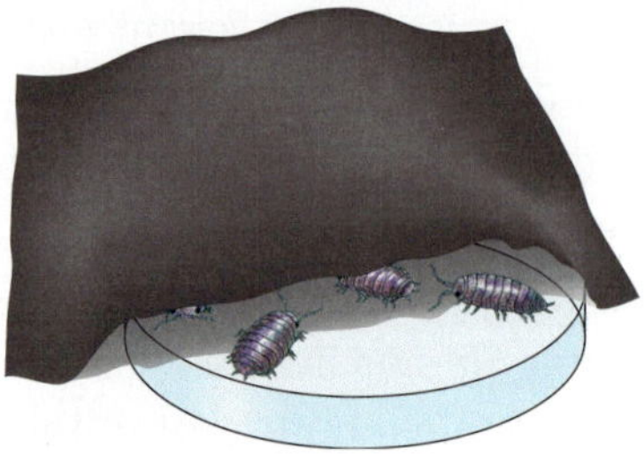

5 Versuchsaufbau 2

Methode

Einen Steckbrief erstellen

Biologen nutzen Steckbriefe, um verschiedene Pflanzen oder Tiere miteinander zu vergleichen. Die Steckbriefe enthalten eine kurze Beschreibung von wichtigen Merkmalen des jeweiligen Lebewesens.
So gehst du vor, um den Steckbrief einer Kreuzspinne zu erstellen:

1. Informationen suchen Zunächst benötigst du Informationen über das Tier. Nutze dazu ein Lexikon, Fachbücher oder das Internet. Überlege dir, was wichtig ist, um das Tier treffend zu beschreiben, und wähle die entsprechenden Informationen aus.
Beispiel: Suche Informationen zur Kreuzspinne.

2. Gliederung festlegen Nutze allgemeingültige Oberbegriffe, die für alle Tier- und Pflanzenarten gelten.
Überlege dir eine sinnvolle Gliederung deines Steckbriefs, indem du die Reihenfolge der Oberbegriffe festlegst.
Beispiel: Lege die Oberbegriffe Merkmale, Verbreitung und Ernährung in dieser Reihenfolge fest.

3. Foto aussuchen Ein farbiges Bild macht deinen Steckbrief interessanter. Entscheide, wie du die Texte und das Bild platzierst. Verwende eine gut lesbare Schrift.
Beispiel: Suche ein Bild von einer Kreuzspinne und platziere es über dem Text.

Die Kreuzspinne

Merkmale:
Anzahl der Beine: 8
Farbe: hellbraun bis dunkelbraun
Größe: 10–18 mm
Besondere Kennzeichen: kreuzförmiger Fleck auf dem Hinterleib

Verbreitung: In Mitteleuropa ist die Kreuzspinne weit verbreitet.

Ernährung: Die Kreuzspinne spinnt ein radförmiges Netz, in dem sie Insekten fängt. Sie lähmt ihre Beute mit einem Giftbiss.

6 Steckbrief einer Kreuzspinne

Aufgaben

1 Erstelle einen Steckbrief eines Wirbellosen (wie Tintenfisch, Krebs oder Vogelspinne). Beschreibe deine Vorgehensweise.

2 Präsentiere deinen Steckbrief vor der Klasse und stelle ihn aus.

Vielfalt der Wirbellosen

1

Die Deutsche Wespe • Sie ernährt sich von Nektar und anderen zuckerhaltigen Pflanzensäften. Da sie schnell aggressiv wird, sollte man in ihrer Anwesenheit keine schnellen Bewegungen machen. Wespen bauen ihre Nester oft unterirdisch in Mäuse- oder Maulwurfsgängen.

2

Die Ackerhummel • Sie nimmt Nektar aus Blüten auf und bestäubt diese gleichzeitig. Pro Minute schafft sie es, 10–20 Blüten zu besuchen. Im Winter sterben alle Tiere des Staats außer den befruchteten Jungköniginnen. Diese gründen im Folgejahr einen neuen Hummelstaat.

3

Der Goldlaufkäfer • Dieser metallisch glänzende Käfer wird auch Goldschmied genannt. Er lebt räuberisch am Boden und frisst Schädlinge wie Kartoffelkäfer, wodurch er auf Äckern und in Gärten ein gern gesehener Gast ist. Er wird bis zu 3 cm lang und ist eine geschützte Art.

4

Die Rote Waldameise • Die Ameisenhügel dienen als Brutstätten und Vorratskammern. Sie werden bis zu 3 m hoch und 2 m tief in die Erde gebaut. Die Arbeiterinnen können Beute und Baumaterial tragen, das bis zu 50-mal schwerer ist als sie selbst. Die Rote Waldameise ist geschützt.

5

Der Zitronenfalter • Dieser einheimische Tagfalter hat einen besonderen Trick, um kalte Winter zu überstehen. Ein körpereigenes Frostschutzmittel verhindert, dass er erfriert. Die blattartigen Flügel dienen der Tarnung. Bei den Männchen sind sie zitronengelb, bei den Weibchen grünweißlich.

6

Die Helm-Azurjungfer • Diese Libelle verdankt ihren Namen einer Zeichnung auf dem länglichen Hinterteil, die aussieht wie ein Helm. Das Insekt ist europaweit stark bedroht. Aber in Baden-Württemberg lassen sich noch Tiere an naturnahen Bächen und Gräben finden.

7

Der Dunkle Wiesenknopf-Ameisen-Bläuling • Sein gesamtes Leben spielt sich auf oder um den Großen Wiesenknopf ab. Nur als Raupe verlässt er diese Pflanze und lässt sich von Ameisen adoptieren und aufziehen. Durch Duftstoffe gaukelt er ihnen vor, eine Ameisenlarve zu sein.

8

Die Flussmuschel • Sie kommt nur in sauberen Gewässern vor. Im Sand halb eingegraben, filtert sie ihre Nahrung aus dem Wasser. Diese vom Aussterben bedrohte Muschel kommt noch in einigen Flüssen und Bächen der Rheinebene vor. Sie kann bis zu 50 Jahre alt werden.

9

Der Schwarze Schnurfüßer • Dieser nachtaktive Tausendfüßer ernährt sich vorwiegend von abgestorbenen Pflanzen. Er trägt mit seinen Ausscheidungen zur Bildung guter Böden in Wäldern bei. Bei Gefahr rollt er sich zusammen und kann ein stinkendes, giftiges Sekret ausscheiden.

10

Der Steinkrebs • Der kleinste heimische Flusskrebs liebt klare, kühle Gebirgsbäche mit Strömung. Dort lebt er in selbst gebauten Höhlen und kann bis zu 12 Jahre alt werden. Nicht nur in Baden-Württemberg sind die Bestände durch Wasserverschmutzung stark gefährdet.

11

Die Große Rote Wegschnecke • Trotz des Namens können Nacktschnecken dieser Art auch orange, braun oder schwarz gefärbt sein. Sie leben nur ein Jahr und zählen zu den häufigsten Weichtieren auf feuchten Wiesen, in Wäldern und Gärten. Sie ernähren sich von Pflanzenteilen.

12

Der Weberknecht • Weberknechte werden auch Schneider, Schuster, Kanker oder Opa Langbein genannt. Zur Ablenkung können sie bei Gefahr ein Bein abwerfen. Es sind keine echten Spinnen, da sie keine Gift- und Spinndrüsen besitzen. Sie gehören zu den Spinnentieren.

Zusammenfassung

Wirbellose • Sie besitzen keine Wirbelsäule und kein Innenskelett. Wirbellose teilen sich in drei Stämme auf. Zu den Weichtieren gehören die Schnecken und zu den Ringelwürmern die Regenwürmer. Zu den Gliederfüßern gehören die Insekten, Krebstiere und Spinnentiere.

Körperbau der Insekten • Insekten gehören zu den Wirbellosen. Sie besitzen ein Außenskelett aus Chitin. Der Körper der Insekten ist in drei Abschnitte gegliedert: Kopf, Brust und Hinterleib. Am Brustabschnitt sitzen sechs gegliederte Beine und oft zwei oder vier Flügel. Die Insekten sind die artenreichste Gruppe des gesamten Tierreiches.

Entwicklung der Insekten • Aus den Eiern der Insekten schlüpfen Larven, die sich über das Puppenstadium zum Vollinsekt entwickeln. Man spricht hierbei von einer vollkommenen Verwandlung oder vollkommenen Metamorphose. Bei der unvollkommenen Verwandlung fehlt das Puppenstadium.

1

Wie Insekten sich ernähren • Insekten sind meist auf eine bestimmte Nahrung spezialisiert. Ihre Mundwerkzeuge sind an diese Nahrung angepasst. Diese Werkzeuge weisen bei allen Insekten den gleichen Bauplan auf, können aber sehr unterschiedlich geformt sein. So gibt es zum Beispiel Saugrüssel bei Schmetterlingen, Stechrüssel bei Mücken und Beißzangen bei Ameisen.

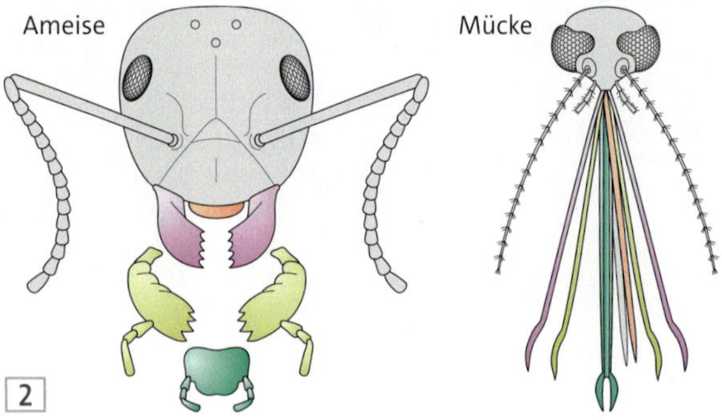

2

Vergleich Insekten – Wirbeltiere • Bei den Wirbeltieren liegt das Knochengerüst als Innenskelett im Körper. Insekten haben ein Außenskelett, aber keine Wirbelsäule und keine Knochen. Um sich dennoch bewegen zu können, sind die Einzelteile dieses Außenskeletts durch Gelenkhäute beweglich miteinander verbunden.

Regenwurm und Weinbergschnecke • Zu den Wirbellosen gehören auch Ringelwürmer wie der Regenwurm und Weichtiere wie die Weinbergschnecke. Sie sind als Feuchtlufttiere auf eine hohe Luftfeuchtigkeit angewiesen. Beide Tiere sind Zwitter. Sie besitzen sowohl männliche als auch weibliche Geschlechtsorgane.

Teste dich! (Lösungen auf Seite 354)

Körperbau der Insekten

1 ▢ Ordne den Bestandteilen des Insekts folgende Begriffe zu: Brust, Fühler, gegliederte Beine, Hinterleib, Kopf, Netzauge, Flügel. → 3

3 Körperbau eines Insekts

Entwicklung der Insekten

2 Insekten entwickeln sich in mehreren Entwicklungsschritten.

a ◐ Erläutere die vollkommene Verwandlung am Beispiel des Tagpfauenauges.

b ◐ Beurteile, ob es sich beim Marienkäfer um eine vollständige oder um eine unvollständige Verwandlung handelt. → 4

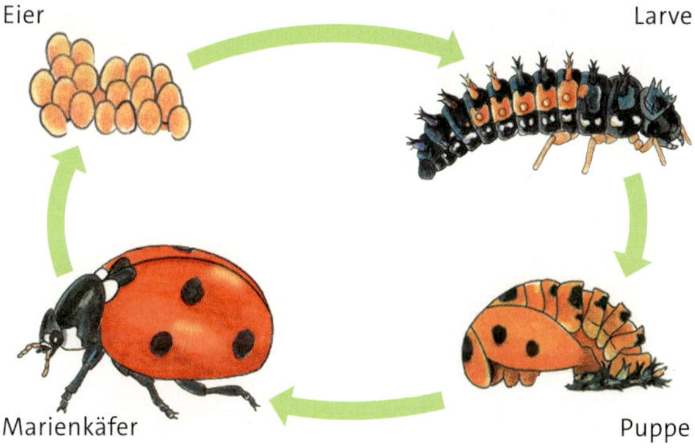

4 Entwicklung eines Marienkäfers

Wie Insekten sich ernähren

3 ▢ Ordne folgende Mundwerkzeuge den abgebildeten Insekten zu: Stechrüssel, Beißzangen, Saugrüssel. → 5 – 7

Vergleich Insekten – Wirbeltiere

4 ◐ Vergleiche Insekten und Wirbeltiere im Hinblick auf ihren Körperbau und ihr Skelett.

5 ◐ Erkläre, wie sich Insekten trotz ihres starren Außenskeletts bewegen können.

Regenwurm und Weinbergschnecke

6 ◐ Beschreibe die Fortpflanzung der Weinbergschnecke.

7 Die Weinbergschnecke gehört wie die Biene zu den Wirbellosen.

a ▢ Nenne das gemeinsame Merkmal von Biene und Schnecke für diese Zuordnung.

b ◐ Ist die Weinbergschnecke ein Insekt? Begründe deine Antwort mit mindestens fünf Merkmalen.

Blütenpflanzen

Bäume, Sträucher, Kräuter und Gräser sehen verschieden aus und doch zählen sie alle zu den Blütenpflanzen. Was macht eine Blütenpflanze aus?

Viele Pflanzen tragen Blüten. Die Blüten können verschiedene Farben und Formen haben. Oft werden sie von Insekten besucht. Welchen Nutzen haben Blüten?

Aus einem kleinen Samen entsteht eine neue Pflanze. Was ist für diese Entwicklung notwendig?

Bau der Blütenpflanzen

1 Der Maurische Garten der Wilhelma in Stuttgart

Rote, blaue, weiße Blüten – in der Natur, in Gärten und Parks kannst du viele verschiedene Pflanzen mit Blüten entdecken. Sie unterscheiden sich nicht nur durch ihre Farben, sondern auch durch ihre Formen. Was kennzeichnet eine Blütenpflanze?

2 Die Löwenzahnwurzel

Blütenpflanzen • Zu den Blütenpflanzen zählen alle Pflanzen, die Blüten bilden. Dies sind nicht nur die blühenden Pflanzen auf einer Wiese, sondern auch der Kirschbaum, die Erdbeere oder die Tomatenpflanze. Alle Blütenpflanzen haben den gleichen Grundbauplan. Sie bestehen aus zwei Teilen: Die Wurzel befindet sich unter der Erde, zum Spross gehören alle Teile über der Erde. Der Spross wird in die Sprossachse, die Blätter und die Blüten unterteilt. → 3

Die Wurzel • Den nötigen Halt in der Erde erhält die Pflanze durch ihre Wurzel. Sie besteht meist aus einer Hauptwurzel, die sich in viele Seitenwurzeln verzweigt. → 2 Über die Wurzel nimmt die Pflanze Wasser und die darin enthaltenen Mineralstoffe auf. Das Wasser und die Mineralstoffe benötigt die Pflanze zum Leben. An den Wurzelenden befinden sich feine Wurzelhaare. Sie vergrößern die Oberfläche noch weiter und verbessern damit die Wasseraufnahme. Wurzeln dienen auch als Speicherorgan für Nährstoffe.

die Wurzel
der Spross
die Sprossachse
das Blatt
die Blüte

Die Sprossachse • Die Blätter und die Blüten werden von der Sprossachse getragen. Sie ist für die Gestalt und die Festigkeit der Pflanze zuständig. Durch die Sprossachse werden Wasser und Mineralstoffe von den Wurzeln zu den Blättern geleitet. In den Blättern werden Nährstoffe gebildet. Sie werden von der Sprossachse nach unten zu den Wurzeln transportiert und dort gespeichert.
Die Sprossachse wird bei Kräutern auch Stängel genannt. Bei Sträuchern heißt sie Zweig und bei Bäumen Zweig, Ast oder Stamm.

Die Blätter • In den Blättern entstehen Nährstoffe, die die Pflanze zum Wachstum benötigt. Vor allem auf der Unterseite des Blatts befinden sich kleine Öffnungen, die Spaltöffnungen. Durch sie kann die Pflanze das Gas Kohlenstoffdioxid aus der Luft aufnehmen. Aus Kohlenstoffdioxid und Wasser bildet die Pflanze mithilfe des Sonnenlichts den Nährstoff Traubenzucker und Sauerstoff. Diesen Vorgang nennt man Fotosynthese.
Der Sauerstoff wird durch die Spaltöffnungen abgegeben. Aus dem Traubenzucker kann die Pflanze alle für ihre Lebensvorgänge benötigten Stoffe herstellen.

Die Blüte • Aus der Blüte entwickeln sich Früchte und Samen. Diese dienen der Fortpflanzung der Blütenpflanze. Blüten kommen je nach Art in verschiedenen Formen, Größen und Farben vor.

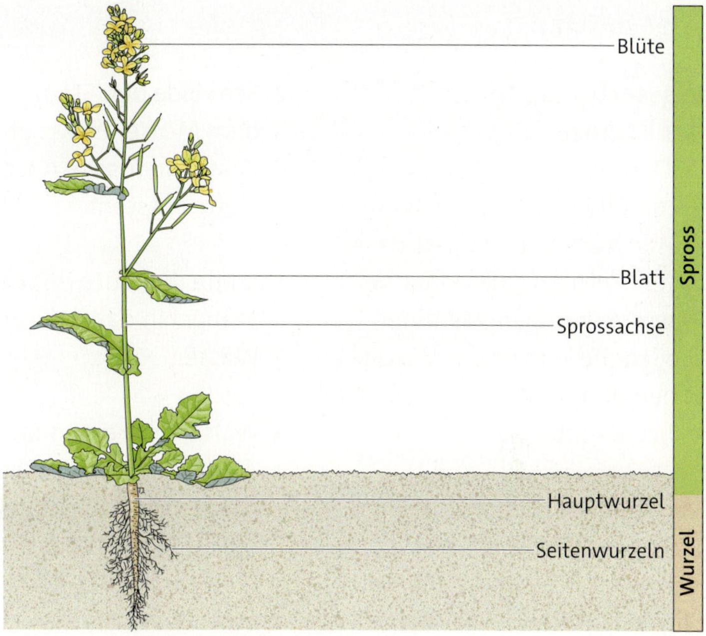

3 Bauplan einer Blütenpflanze

Blütenpflanzen bestehen aus der Wurzel und dem Spross. Der Spross wird in die Sprossachse, die Blätter und die Blüten unterteilt.

Aufgaben

1 ○ Decke im Bild 3 die Beschriftungen ab. Benenne nun die Einzelteile.

2 ◐ Nenne die Teile einer Blütenpflanze und ihre jeweilige Funktion.

3 ◐ Beschreibe, wie Pflanzen den Nährstoff Traubenzucker herstellen.

4 ◐ Ist ein Apfelbaum, der Früchte trägt, immer noch eine Blütenpflanze? Begründe deine Antwort.

Bau der Blütenpflanzen

Material A

Wassertransport der Pflanze

Wenn Pflanzen ihre Blätter und Blüten hängen lassen, ist das oft ein Zeichen dafür, dass sie Wasser benötigen. Mit einer Gießkanne kommt das Wasser in den Blumentopf. Wie gelangt es in die Blüte?

Materialliste: Becherglas, Tinte zum Einfärben, Wasser, frische Pflanzen mit hellen Blüten (z. B. Ranunkel, Margerite, Fleißiges Lieschen), Messer

1 Färbe das Wasser im Becherglas mithilfe der Tinte kräftig ein.

2 Schneide den Stängel mit dem Messer etwas ab, sodass eine frische Anschnittstelle entsteht.

3 Stelle die Blüte mit dem Stängel in das gefärbte Wasser. → 1

4 Warte etwa einen Tag.
a ○ Beobachte in dieser Zeit, wenn möglich in regelmäßigen Abständen, deine Pflanze. Notiere deine Beobachtungen.
b ○ Beschreibe die Veränderung der Pflanze.
c ◐ Erkläre die Veränderung der Pflanze.

5 ◐ Erläutere die Bedeutung des Stängels für die Veränderung der Pflanze.

1 Versuch zum Wassertransport

Material B

Spaltöffnungen

Spaltöffnungen sind kleine Öffnungen im Blatt. Sie sind mit bloßem Auge nicht zu erkennen.

Materialliste: Blatt einer Dreimasterblume, Pipette, Wasser, Pinzette, Lupe, Binokular, Objektträger, Deckgläschen

1 Tropfe mit der Pipette etwas Wasser auf den Objektträger. Brich das Blatt durch. Ziehe mit der Pinzette vorsichtig die äußerste Schicht der Blattunterseite ab und lege sie auf den Objektträger. Lege ein Deckgläschen auf. Betrachte das Präparat mit der Lupe. Nimm anschließend das Binokular.
a ○ Beschreibe, was du siehst.
b ◐ Zeichne einen Ausschnitt mit Spaltöffnung.
c ◐ Beschreibe die Funktion der Spaltöffnungen.

2 Die Dreimasterblume

Material C

Kressewurzeln untersuchen

Materialliste: Petrischale, Watte, Kressesamen, Wasser, Pinzette, Lupe oder Binokular

1 Befeuchte die Watte mit Wasser.

2 Lege die feuchte Watte in die Petrischale.

3 Streue die Kressesamen auf die feuchte Watte.

4 Warte ein paar Tage, bis sich kleine Kressepflanzen gebildet haben.

5 Entferne einige Kressepflanzen vorsichtig aus der Watte.

6 Untersuche mit einer Lupe oder einem Binokular die Wurzeln der Kressepflanzen.
a Zeichne die Kressewurzel.
b Beschreibe die Funktion der Kressewurzel.

3 Kressepflanzen

Material D

Flache und tiefe Wurzeln

Nach sehr starken Stürmen kann man im Wald manchmal entwurzelte Bäume finden. → 4

1 Gib an, ob die Fichte ein Flachwurzler oder ein Tiefwurzler ist. → 4 5 Begründe deine Antwort.

2 Beschreibe kurz, welche Vorteile und Nachteile Tiefwurzler und Flachwurzler an verschiedenen Standorten hätten. → 5 6

4 Fichte nach einem Sturm

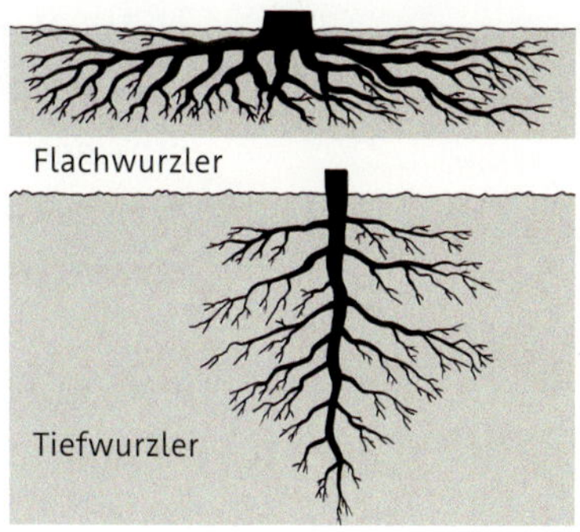

5 Flachwurzler und Tiefwurzler

Pflanzen, deren Wurzeln sich wie ein Teller nur in den oberen Bodenschichten ausbreiten, werden Flachwurzler genannt. Sie bevorzugen feuchte Standorte mit hohem Grundwasserstand. Bei Tiefwurzlern dagegen dringt die starke Hauptwurzel tief in den Erdboden ein. Sie verankert die Pflanze im Boden. Die Wurzeln der Tiefwurzler reichen selbst in tief liegendes Grundwasser.

6 Flachwurzler und Tiefwurzler

Aufbau von Blüten

1 Bunte Blütenpracht

In einem Blumenladen findet man viele unterschiedliche Blütenpflanzen. In ihrer Größe, Farbe und Form unterscheiden sich die Blüten sehr. Welche Gemeinsamkeiten kann man bei verschiedenen Blüten finden?

Aufbau einer Blüte • Blüten sind alle nach dem gleichen Muster aufgebaut. Lediglich in der Anzahl der einzelnen Blätter und ihrer Anordnung unterscheiden sie sich. Von außen nach innen sind dies die Kelchblätter, die Kronblätter, die Staubblätter und die Fruchtblätter (Stempel). → 2 3

Das Kelchblatt • Meist sind die Kelchblätter grün. Sie dienen der Blüte bis zu ihrem Aufblühen als Schutz.

Das Kronblatt • Die Kronblätter sind der auffälligste Teil der Blüte. Durch ihre bunte Färbung sollen Insekten zur Bestäubung angelockt werden.

Das Staubblatt • Staubblätter sind die männlichen Blütenorgane. Sie enthalten den Pollen. Ein Staubblatt besteht aus dem dünnen Staubfaden und einer gelben Verdickung am oberen Ende, dem Staubbeutel mit den Pollen.

Der Stempel • Die Fruchtblätter sind miteinander verwachsen. Sie werden als Stempel bezeichnet. Die Fruchtblätter sind die weiblichen Blütenorgane und dienen der Fortpflanzung. Der dicke untere Teil ist der Fruchtknoten, es folgen der längliche Griffel und am oberen Ende die breite Narbe. → 2 3

das Kelchblatt
das Kronblatt
das Staubblatt
der Stempel

Blütendiagramm und Legebild • Betrachtet man eine Blüte von oben und zeichnet diese Sicht vereinfacht auf, erhält man ein Blütendiagramm. → 4 5 Die unterschiedlichen Farben stehen für die jeweiligen Blütenteile. Zerlegt man eine Blüte in ihre Bestandteile und ordnet ihre Teile in vier Kreislinien an, erhält man ein Legebild. → 6

Die Blüte besteht aus: Kelchblättern, Kronblättern, Staubblättern und den Fruchtblättern (Stempel). Der Stempel besteht aus dem Fruchtknoten, dem Griffel und der Narbe.

2 Kirschblüte (Längsschnitt)

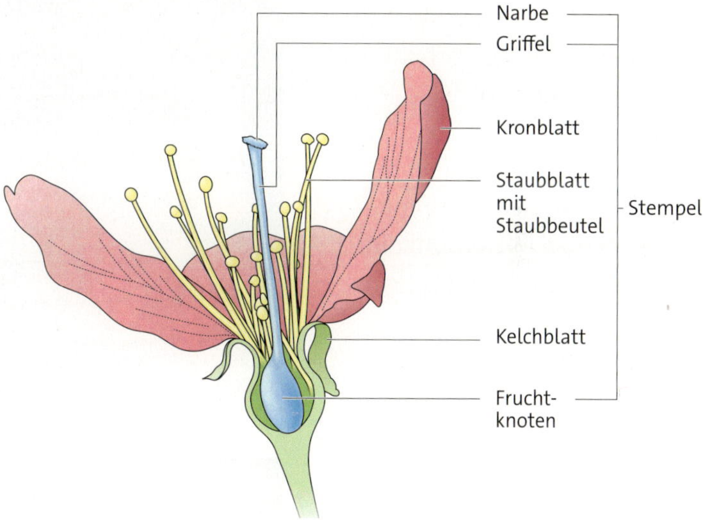

3 Kirschblüte (Schnittzeichnung)

Aufgaben

1 ○ Decke im Bild 3 die Beschriftungen ab. Benenne nun die einzelnen Teile.

2 ○ Nenne die Teile einer Blüte und ihre jeweilige Funktion.

3 ◐ Stimmt es, dass eine Blüte nur aus Blättern besteht? Begründe deine Antwort.

4 Kirschblüte

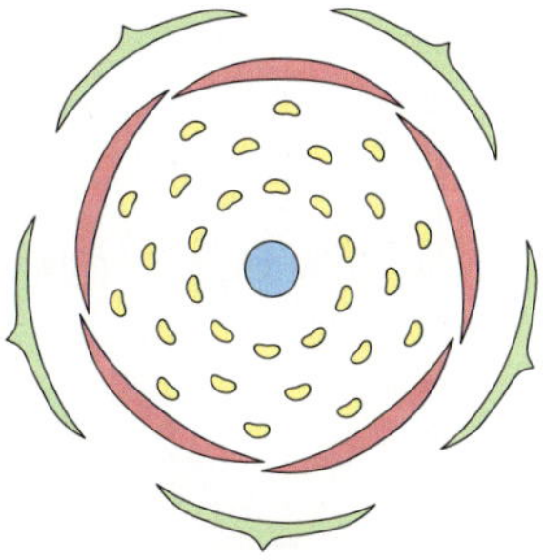
5 Blütendiagramm

6 Legebild

Aufbau von Blüten

Material A

Legebild einer Tulpenblüte

Alle Blüten besitzen einen ähnlichen Aufbau. Sie bestehen aus Kelch-, Kron-, Staub- und Fruchtblättern. Um verschiedene Blüten zu vergleichen, ordnet man die einzelnen Blütenteile in einem Legebild an. Die schematische Zeichnung des Legebilds ist das Blütendiagramm.

Materialliste: Tulpenblüte, Pinzette, Messer oder Skalpell, Blatt Papier, Zirkel, Stift, Kleber, Lupe oder Binokular

1 Zeichne als Legehilfe mit dem Zirkel vier Kreise mit demselben Mittelpunkt in die Mitte eines Blatts. → 1

2 Zupfe nun mit der Pinzette vorsichtig die Tulpenblüte auseinander. Benutze eventuell ein Skalpell als Hilfe.

a ▢ Betrachte die einzelnen Blütenteile unter der Lupe oder dem Binokular. Beschreibe, was du siehst. Hinweis: Bei der Tulpe sehen die Kronblätter und die Kelchblätter gleich aus.

b ▢ Erstelle ein Legebild für die Tulpenblüte. Lege dazu die einzelnen Blütenteile von außen nach innen an die Kreise. Klebe sie anschließend fest.

c ◐ Beschrifte das Legebild. Zähle die einzelnen Blütenteile und notiere die Anzahl in einer Tabelle.

3 ◐ Vergleiche das Legebild oder das Blütendiagramm der Tulpenblüte mit dem der Kirschblüte. Nenne Gemeinsamkeiten und Unterschiede.

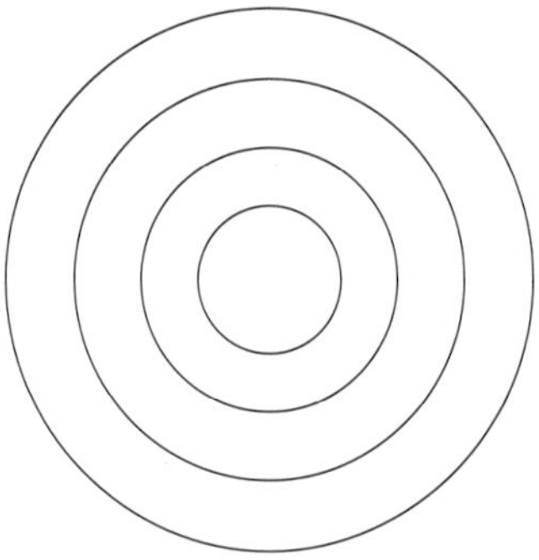

1 Zeichenhilfe für das Legebild

2 Legebild einer Tulpe

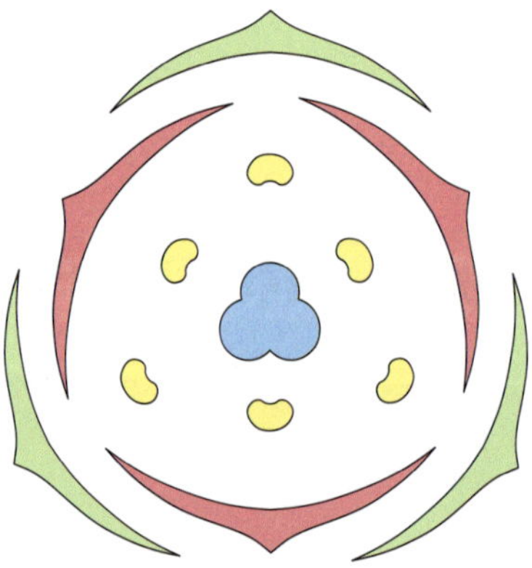

3 Blütendiagramm einer Tulpe

4 Legebild einer Kirsche

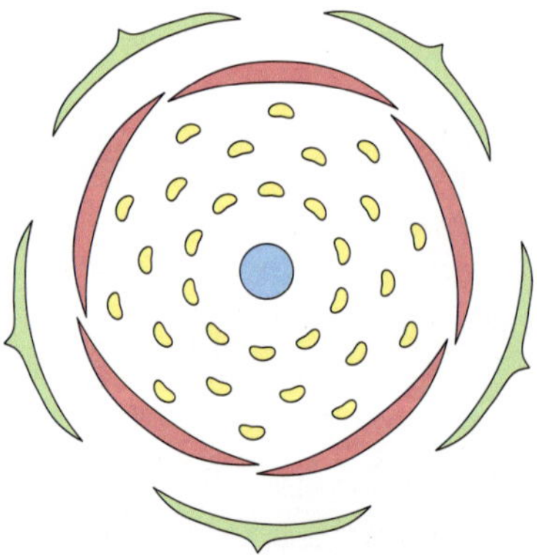

5 Blütendiagramm einer Kirsche

Material B

Blütendiagramme

Blüten lassen sich als Blütendiagramme darstellen.

1 ▢ Gib an, welche Farben für die verschiedenen Blütenteile stehen. → 6

2 ◔ Ordne den Blüten 7–9 das passende Blütendiagramm zu. → 6
Hinweis: Die Kelchblätter und Kronblätter einer der Blüten sehen gleich aus.

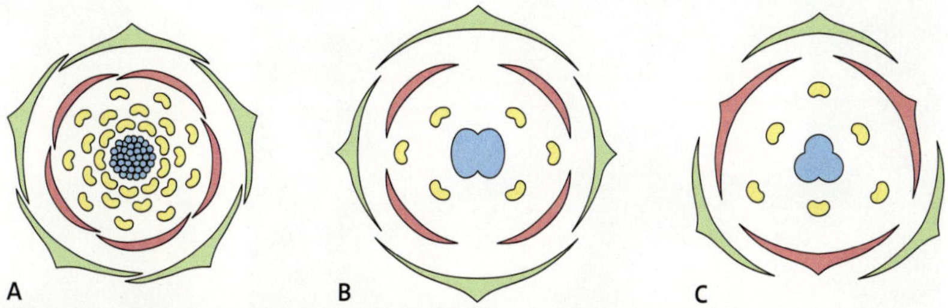

6 Blütendiagramme

7 Der Raps

8 Der Hahnenfuß

9 Der Bärlauch

Material C

Pflanzenbewegung

Manche Pflanzen öffnen und schließen ihre Blüten als Reaktion auf einen Reiz aus der Umwelt. Die Reize können z. B. Temperaturveränderungen oder Lichtveränderungen sein.

10 Die Blütenbewegung

Materialliste: Tulpen

1 Stelle eine Tulpe in einen warmen Raum und anschließend in den Kühlschrank.
▢ Beschreibe, was geschieht.

2 Stelle eine Tulpe in einen hellen Raum und anschließend in einen dunklen.
▢ Beschreibe, was geschieht.

3 Berühre eine Tulpenblüte mit einem Bleistift.
◔ Vergleiche deine Beobachtung mit der Bewegung der Fangblätter der Venusfliegenfalle. → 11

Die Venusfliegenfalle ist eine fleischfressende Pflanze. Sie besitzt spezielle Fangblätter, die bei Berührung zusammenklappen. Damit fängt sie Insekten. Landet eine Fliege auf einem der Fangblätter, klappen diese zu und umschließen die Fliege.

11 Die Venusfliegenfalle

Pflanzenfamilien

1 Die Heckenrose

2 Der Apfelbaum

Eine Heckenrose und ein Apfelbaum haben auf den ersten Blick nur wenige Gemeinsamkeiten. Trotzdem sind beide Pflanzenarten eng miteinander verwandt. Woran lässt sich diese Verwandtschaft erkennen?

Rosenblütengewächse • Vergleicht man die Blüten der Heckenrose und des Apfelbaums miteinander, so fällt auf, dass sie jeweils fünf Kelchblätter, fünf Kronblätter und viele Staubblätter aufweisen. → 1 3

Die Übereinstimmung dieser Merkmale zeigt die enge Verwandtschaft beider Arten. Diese Merkmale sind kennzeichnend für alle Pflanzenarten der sehr vielfältigen Familie der Rosenblütengewächse.

Pflanzenfamilien • Ein wichtiges Ordnungsmerkmal bei der Bestimmung von Pflanzen ist der Bau ihrer Blüten. Alle Pflanzen, die den gleichen Blütenaufbau haben, sind miteinander verwandt und gehören zur selben Pflanzenfamilie.

3 Die Apfelbaumblüte

Alle Pflanzen, deren Blüten den gleichen Grundbauplan haben, gehören zu einer Pflanzenfamilie.

Aufgabe

1 ○ Fasse zusammen, welche Merkmale für die Zuordnung einer Pflanze zu einer Pflanzenfamilie wichtig sind.

Methode

Pflanzen bestimmen

Auf einer Wiese wachsen sicher einige Pflanzen, die du nicht kennst. Den Namen häufiger Pflanzen kannst du mit einem Bestimmungsbuch herausfinden. Viele Bestimmungsbücher enthalten Bilder und Beschreibungen von Blütenpflanzen, die nach dem Aufbau der Blüte geordnet sind. Du musst die Bilder und die Beschreibungen im Buch mit der gefundenen Pflanze vergleichen. Zum Bestimmen einer Pflanze ist es nicht nötig, die Pflanze zu pflücken. → 4 Manchmal ist dies sogar verboten.

Hast du zum Beispiel auf einer Wiese eine weiß blühende Pflanze mit vielen Blütenblättern gefunden, gehst du am besten schrittweise vor:

1. Blütenfarbe nachschlagen Schlage zunächst den Teil des Bestimmungsbuchs auf, in dem alle blühenden Pflanzen der gesuchten Farbe zusammengefasst sind.
Beispiel: Schlage den Teil mit den weißen Blüten auf.

2. Blütenbau betrachten Betrachte den Aufbau der Blüte. Achte dabei besonders auf die Anzahl und Form der Blütenblätter. Die Zeichnungen im Bestimmungsbuch helfen dir dabei, die richtige Pflanze zu finden. Vergleiche sie mit deiner Pflanze.
Beispiel: Vergleiche die Blüte mit den zahlreichen Blütenblättern mit den Abbildungen.

3. Standort finden Stelle fest, wo die Pflanze wächst. In vielen Bestimmungsbüchern findest du in der Kopfleiste Angaben zum Standort.
Beispiel: Suche in der Kopfleiste nach „Wiese".

4. Achte auf Besonderheiten Weitere Informationen im Buch wie der Geruch der Pflanze oder der Zeitpunkt der Blüte erleichtern dir das Bestimmen.
Beispiel: Die Pflanze blüht vor allem im April.

Aufgabe

1 Bestimme diese kleinen Blütenpflanzen. Beschreibe deine Vorgehensweise. → 5

4 Bestimmen im Gelände

5 Was wächst hier?

Pflanzenfamilien

Material A

Lippenblütengewächse

Die Kronblätter der Lippenblütengewächse bestehen aus einer Oberlippe und einer Unterlippe, die am Ende zu einer Röhre verwachsen sind. Im Inneren der Blüte liegen meist vier Staubblätter und ein Stempel.

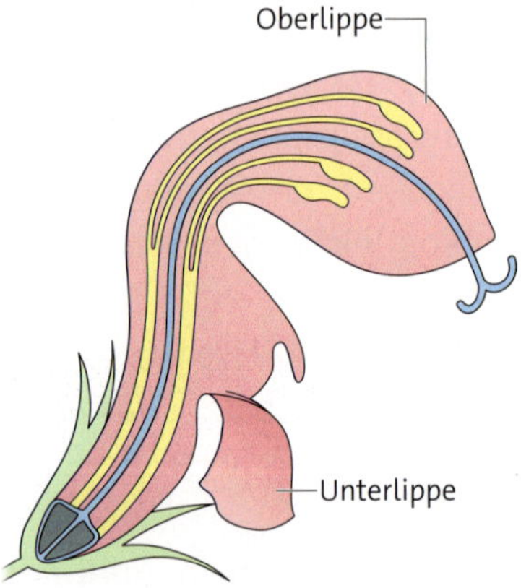

1 Bau der Blüte

1 ▢ Bestimme mithilfe des Bestimmungsschlüssels in Bild 2 die abgebildeten Lippenblütengewächse. → 3 – 6

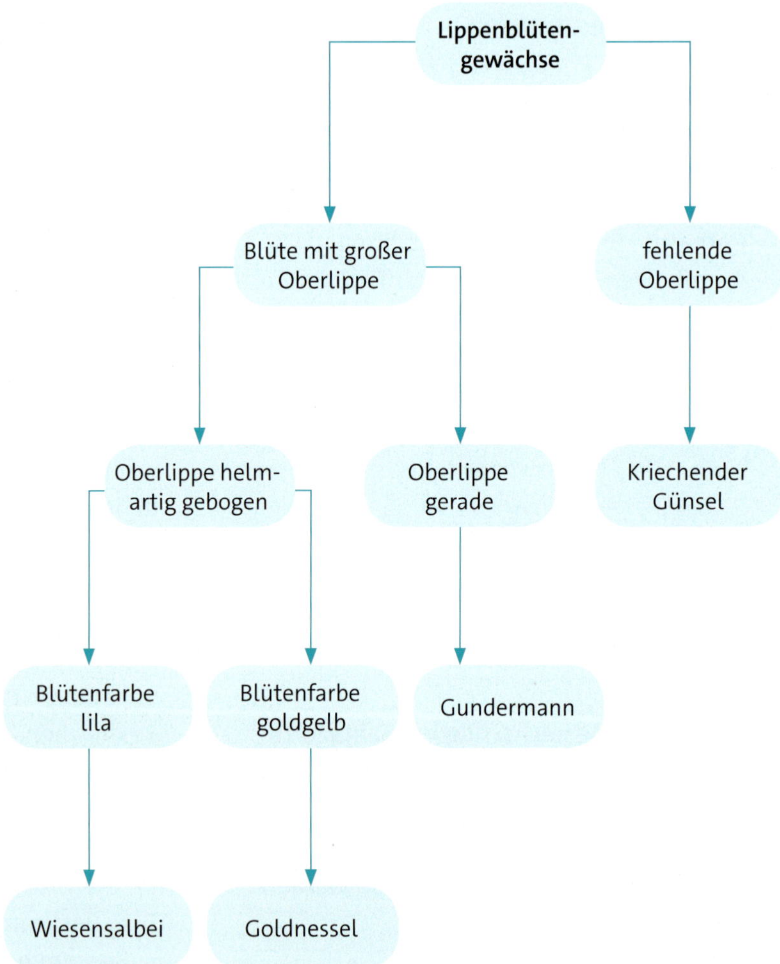

2 Bestimmungsschlüssel für Lippenblütengewächse

3

4

5

6

Material B

Kreuzblütengewächse

Zu dieser Pflanzenfamilie zählen viele wichtige Nutzpflanzen. Dazu gehören Raps, Rettich, Senf, Radieschen und alle Kohlsorten wie Kohlrabi oder Blumenkohl.

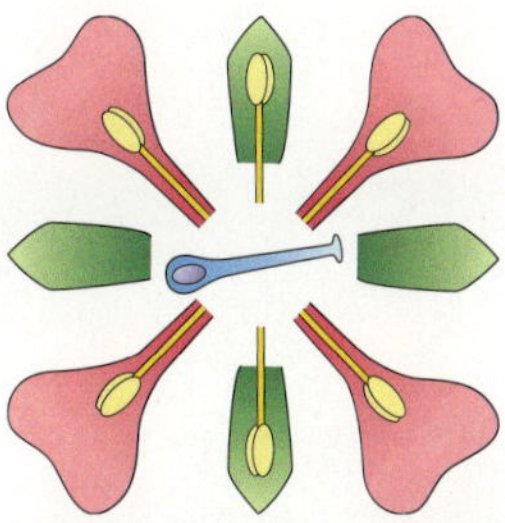

7 Legebild einer Kreuzblüte

1 Leite aus dem Legebild die Blütenmerkmale der Kreuzblütengewächse ab. → 7

2 Obwohl die abgebildeten Pflanzen in einigen Blütenmerkmalen den Blüten der Kreuzblütengewächse sehr ähneln, gehören nur zwei in diese Familie. → 8

a Nenne die Pflanzen, die zu den Kreuzblütengewächsen gehören.

b Begründe den Ausschluss der beiden anderen Pflanzenarten.

8

Material C

Schmetterlingsblütengewächse

Das größte Kronblatt ragt nach oben und heißt Fahne. Die beiden seitlichen Kronblätter nennt man Flügel. Zwischen ihnen stehen die zwei verwachsenen Kronblätter und bilden das Schiffchen.
Zu den Schmetterlingsblütengewächsen gehören neben der Gartenerbse weitere wichtige Nahrungspflanzen wie Bohne und Linse.

9 Die Gartenerbse

1 Erkläre, warum die Schmetterlingsblütengewächse ihren Namen tragen.

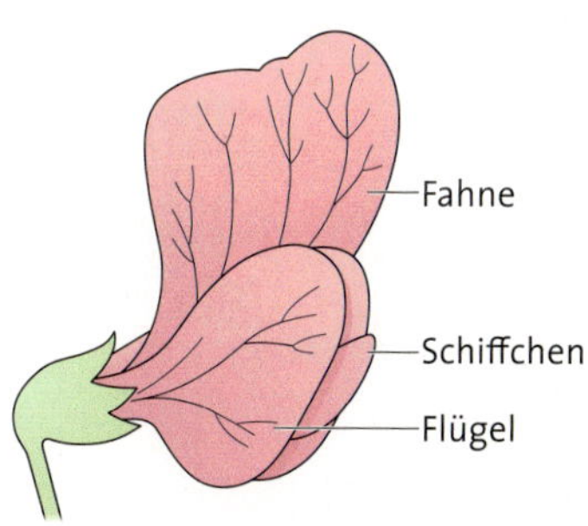

10 Bau der Blüte

Bestäubung von Blüten

1 Ein Kirschbaum im Frühling

Kirschbäume blühen im Frühjahr mit auffälligen weißen Blüten. An warmen Frühlingstagen scheint der ganze Baum zu summen. Verantwortlich dafür sind unzählige Bienen, die zielstrebig die duftenden Blüten ansteuern. Weshalb zeigen die Bienen dieses Verhalten?

2 Eine Biene an einer Kirschblüte

Kirschblüten locken Bienen an • Die Blüten duften und haben fünf auffallende große weiße Kronblätter. Dadurch werden die Bienen auf der Suche nach Nahrung angelockt. → 2 In den Blüten finden sie einen süßen Saft, den Nektar, der an der Innenseite der Kronblätter gebildet wird. Bienen nehmen den nährstoffreichen Nektar auf. Sie stellen daraus Honig her.

Bienen bestäuben Kirschblüten • Auch die Staubblätter der Kirschblüten dienen den Bienen als Futterquelle. Ihre Staubbeutel enthalten die Pollen. Diese sind so zahlreich und winzig, dass man auch vom Blütenstaub spricht. Auf dem Weg in die Blüte

der Nektar
die Pollenkörner
die Insektenbestäubung
die Windbestäubung

bleiben Pollen am Haarkleid hängen und werden an den Sammelbeinen der Biene gesammelt. Besuchen die Tiere andere Blüten der gleichen Art, werden einige Pollenkörner vom Körper der Biene an der klebrigen Narbe des Stempels der neuen Blüte abgestreift. → 3 Die Übertragung des Pollens von einer Blüte auf die andere nennt man Bestäubung. Nur wenn die Blüten bestäubt werden, können sich Früchte entwickeln. Da die Bestäubung durch Bienen und andere Insekten erfolgt, spricht man von Insektenbestäubung.

Bestäubung durch den Wind • Der Haselnussstrauch bildet zwei verschiedene Blüten aus. Die männlichen Staubblüten hängen im Frühjahr von den Ästen. Beim leichtesten Windhauch lösen sich kleine Wolken aus Millionen von gelben Pollenkörnern. → 4 Die Pollenkörner gelangen auf die klebrigen Narben der weiblichen Stempelblüten. Diese sind nicht leicht zu entdecken. Sie liegen innerhalb kleiner Knospen, aus denen nur die rötlichen Narben herausragen. → 5 Der Haselstrauch wird durch den Wind bestäubt. Für viele unserer Bäume, alle Gräser und einige Kräuter gilt dies ebenfalls. Man spricht von Windbestäubung.

Die Übertragung von Pollenkörnern einer Blüte auf die Narbe einer anderen Blüte nennt man Bestäubung. Man unterscheidet zwischen Insektenbestäubung und Windbestäubung.

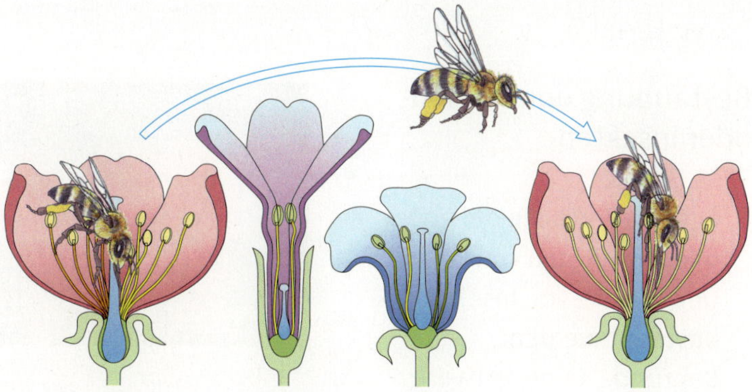

3 Eine Biene überträgt Pollen.

4 Männliche Blüten des Haselnussstrauchs

5 Weibliche Blüten des Haselnussstrauchs

Aufgaben

1 ○ Beschreibe den Ablauf der Bestäubung durch Insekten.

2 ◐ Erkläre die Vorteile der Bestäubung für Bienen und Blütenpflanzen.

3 ● In der Blütezeit trägt der Haselnussstrauch noch keine Blätter. Erkläre, welchen Vorteil das für die Pflanze hat.

Bestäubung von Blüten

Material A

Bestäubung durch Wind oder Insekten

1 Gib an, welche der abgebildeten Blüten vom Wind und welche von Insekten bestäubt werden. Begründe deine Antwort.

2 Hummeln sind schwere Insekten mit langen Rüsseln. Vermute, welche der dargestellten Blüten vor allem von Hummeln bestäubt werden.

Material B

Die Technik des Wiesensalbeis

Der Wiesensalbei ist mit seiner ganz besonderen Bestäubungstechnik ein gutes Beispiel für die besondere Beziehung zwischen Lebewesen. → 5 – 7

1 Beschreibe den Bau der Blüte des Wiesensalbeis. → 5

2 Beschreibe, wie der Pollen auf den Körper der Hummel gelangt. → 6

3 Beschreibe, wie die Bestäubung bei der Wiesensalbeiblüte erfolgt. → 7

4 Erkläre die Besonderheit der Beziehung zwischen Hummel und Wiesensalbei.

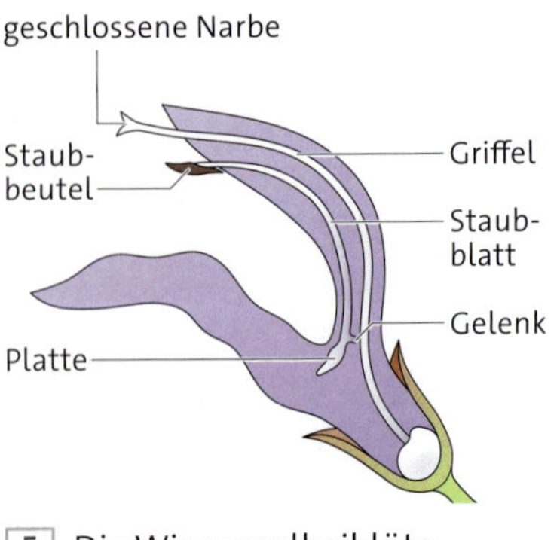

5 Die Wiesensalbeiblüte

6 Hummel besucht junge Blüte.

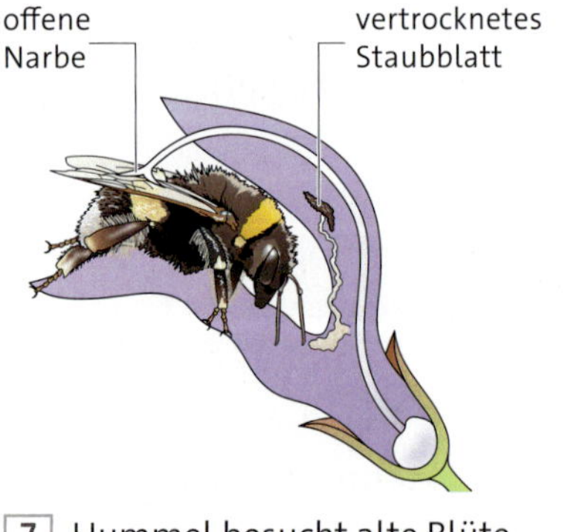

7 Hummel besucht alte Blüte.

Material C

Die Bedeutung des Wetters bei der Bestäubung

Bienen brauchen zur Bestäubung von Blüten ganz bestimmte Wetterbedingungen. In der Tabelle sind die Kirscherträge angegeben, die in zwei aufeinanderfolgenden Jahren an einen Großmarkt geliefert wurden.
Die Wetterangaben in der Tabelle beziehen sich auf die Blütezeit.

1 ◐ Beschreibe die Daten in der Tabelle. → [8]

2 ● Gib Gründe für die verschiedenen Ernteerträge an.

	Temperatur am Tag 	Temperatur in der Nacht 	Regen 	Wind 	Ernte 
1. Jahr	bis 24 °C	bis −7 °C	260 mm	stark	80 000 kg
2. Jahr	bis 29 °C	bis −2 °C	170 mm	schwach	400 000 kg

[8] Kirscherträge in zwei aufeinanderfolgenden Jahren

Material D

In kurzer Gefangenschaft

1 ◐ Beschreibe den Blütenaufbau des Aronstabs. → [9]

2 ● Beschreibe die Bestäubung der weiblichen Blüten. → [9]

3 ● Im Aronstab sind Insekten nur kurz gefangen. Erläutere diese Aussage.

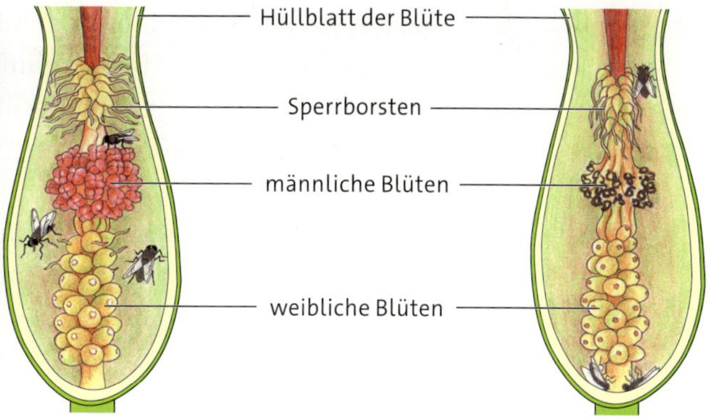

[9] Der Aronstab – vor der Bestäubung und nach der Bestäubung

Der Aronstab wächst in feuchten Laubwäldern. Seine Blüten werden von Insekten bestäubt. Der obere Teil der Blüte ist innen von einem rutschigen Ölfilm überzogen und verströmt einen besonderen Aasgeruch, der aasfressende Insekten anlockt. Im Blütenhüllblatt liegen nach unten gebogene Sperrborsten. Durch diese können Insekten in die Blüte eindringen. Sie gelangen jedoch nicht mehr heraus. Darunter sitzen die männlichen und die weiblichen Blüten. Gefangene Insekten bestäuben beim Fluchtversuch die weiblichen Blüten. Nach der Bestäubung senken sich die Borsten ab. Die Insekten können entkommen.

Von der Blüte zur Frucht

1 Reife Kirschen

Der Kirschbaum blüht nur für kurze Zeit. Nach der Bestäubung verändern sich die Kirschblüten. Bald darauf trägt der Baum saftige rote Früchte. Wie entsteht eine reife Kirsche?

Pollen bilden Schläuche • Nachdem mithilfe der Bienen die Pollenkörner einer Kirschblüte auf die Narbe einer anderen Kirschblüte gelangt sind, verändert sich die Blüte. Kurz nach der Bestäubung beginnt jedes Pollenkorn einen dünnen Schlauch zu bilden. Dieser wächst durch die Narbe in den Griffel. → 2

Das Ziel der Pollenschläuche ist die weibliche Geschlechtszelle der Kirschblüte, die Eizelle in der Samenanlage. Während des Wachstums bilden sich in den Pollenschläuchen die männlichen Geschlechtszellen. Diese nennt man auch Spermienzellen.

Der Pollenschlauch, der am schnellsten wächst, dringt in die Samenanlage ein.

Die Befruchtung • In der Samenanlage öffnet sich der Pollenschlauch und setzt eine Spermienzelle frei, die daraufhin mit der Eizelle verschmilzt. Diesen Vorgang nennt man Befruchtung. → 3 Nur wenn in der Blüte eine Befruchtung erfolgt ist, kann sich daraus eine Kirsche entwickeln.

Die Fruchtbildung • Nach der Befruchtung verändert sich die Blüte. Kelch-, Kron- und Staubblätter welken und fallen ab. Die Blüte verblüht. Der Fruchtknoten hingegen wird immer

der Pollenschlauch
die Befruchtung
die Fruchtbildung

dicker und allmählich kann man die Kirsche erkennen. → 4
Die Wand des Fruchtknotens entwickelt sich zur Fruchtwand der reifen Kirsche. Diese besteht aus drei Schichten: aus der glatten äußeren Fruchtschale, dem saftigen Fruchtfleisch und der sehr harten inneren Fruchtschale. Eine derartige Fruchtform bezeichnet man als Steinfrucht.
Aus der Samenanlage hat sich im Innern des Kirschkerns mit der befruchteten Eizelle der Samen entwickelt. → 4 Fällt eine reife Kirsche zu Boden, kann der Samen im nächsten Jahr auskeimen und ein neuer Kirschbaum heranwachsen.

Bei der Befruchtung verschmilzt eine weibliche Eizelle mit einer männlichen Spermienzelle. Aus dem Fruchtknoten entsteht eine Frucht, in der einer oder mehrere Samen liegen.

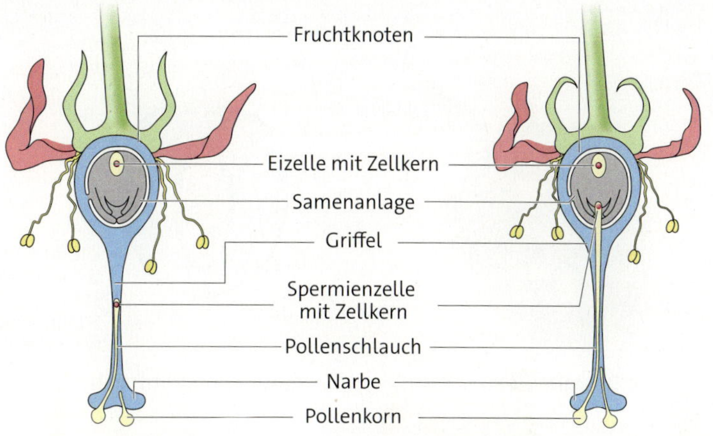

2 Auswachsen des Pollenschlauchs

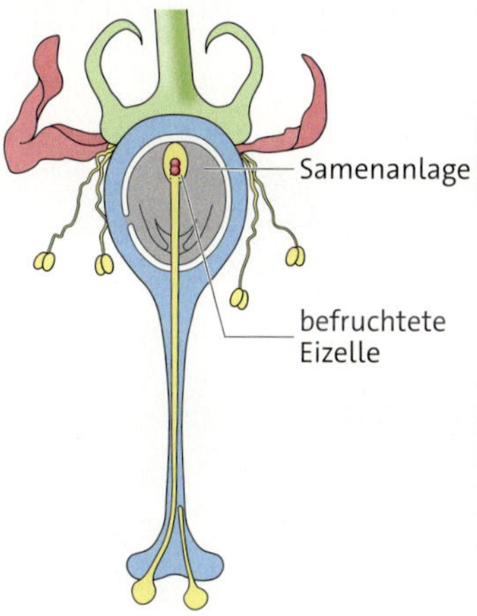

3 Die Befruchtung

Aufgaben

1 Beschreibe die Vorgänge bei Bestäubung und Befruchtung.

2 Beschreibe die Entwicklung von der Kirschblüte zur Kirsche. → 2 – 4

3 Ein gerade erblühender Kirschzweig wird mit einem feinen Netz umhüllt, das nur Licht und Luft durchlässt. Beschreibe und begründe, wie sich die Blüten weiter entwickeln.

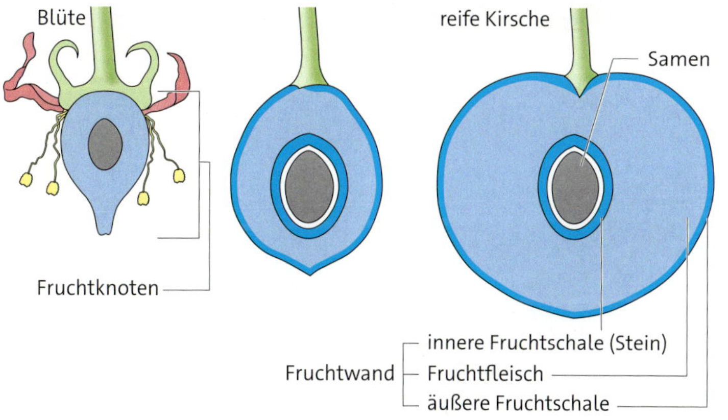

4 Die Fruchtbildung

Von der Blüte zur Frucht

Material A

1 Die Brombeere

Die äußere Fruchtwand ist weich und saftig. Die innere Fruchtwand ist hart wie Stein.

A Die Steinfrucht

2 Die Pflaume

Wenn die Frucht reift, reißt das Fruchtblatt an zwei Seiten auf.

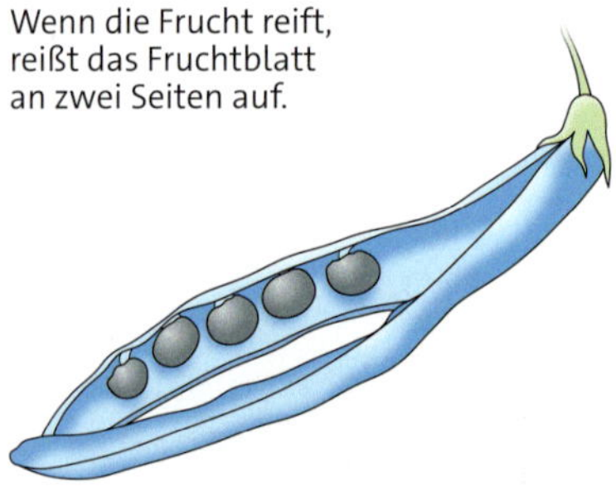

B Die Hülsenfrucht

3 Die Haselnuss

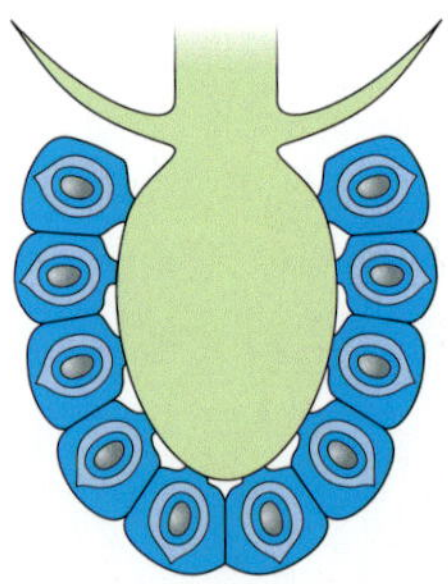

Sammelfrüchte bestehen aus vielen kleinen einsamigen Einzelfrüchtchen.

C Die Sammelnussfrucht

4 Die Erbse

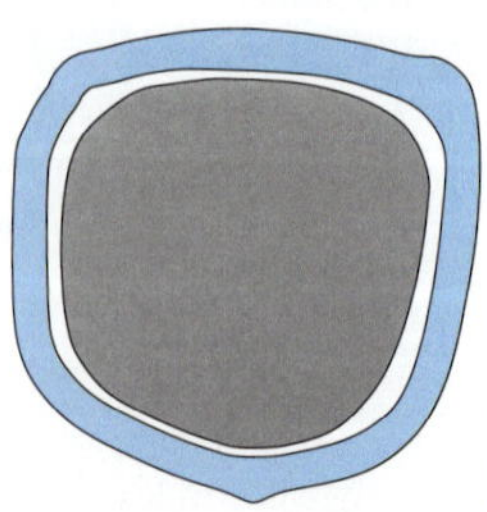

In der harten, trockenen Schale liegt ein einzelner Samen.

D Die Nussfrucht

Frucht ist nicht gleich Frucht

Früchten begegnest du in unterschiedlichen Größen und Formen, zum Beispiel als Beeren oder als Nüsse. Sie enthalten in ihrem Innern einen oder mehrere Samen. Diese große Vielfalt lässt sich auf einige wenige Grundformen zurückführen.
Auf den Bildern siehst du verschiedene dir bekannte Früchte. → 1 – 4 Daneben sind einige unterschiedliche Fruchtformen dargestellt und kurz erläutert. → A – D

1 ● Nenne Gemeinsamkeiten und Unterschiede der verschiedenen Fruchtformen. → A – D

2 ○ Ordne mithilfe der Informationen jede abgebildete Frucht ihrer jeweils passenden Fruchtform zu.

3 ◐ Ordne die folgenden Früchte der passenden Fruchtform zu: Bohne, Eichel, Kirsche, Himbeere. → A – D

Erweitern und Vertiefen

Bedeutung der Insekten

[5] Insekten auf einer Distel

[6] Bienenstöcke am Rapsfeld

[7] Milben auf Bienenlarven

Insekten bestäuben Blüten • Bienen, Schmetterlinge, Fliegen, Käfer und Hummeln besuchen Blüten und ernähren sich von Nektar. → [5] Sie sorgen auf diese Weise dafür, dass die Pflanzen bestäubt werden und Früchte und Samen bilden können. Insekten garantieren damit die Vermehrung und Verbreitung vieler Blütenpflanzen.

Nutzwert der Bienen • An den Rändern von Rapsfeldern oder in Obstgärten fallen dir im Sommer mitunter ganze Reihen von farbigen Kästen auf. → [6] Es sind Bienenstöcke, die von einem Imker zur Bienenzucht und zur Honiggewinnung aufgestellt werden. Jeder Bienenstock beherbergt ein Volk von bis zu 50 000 Tieren. Die Landwirtschaft ist besonders bei der Bestäubung von Nutzpflanzen wie Raps, Äpfeln oder Erdbeeren auf die Bienen angewiesen. Können diese aufgrund anhaltend schlechten Wetters nicht ausfliegen, geht der Ernteertrag sofort stark zurück. In Deutschland schätzt man den jährlichen Nutzwert der Bienen daher auf etwa 4 Milliarden Euro. Nach Rindern und Schweinen sind Bienen damit unser drittwichtigstes Nutztier.

Gefährdung der Bienen • Der deutliche Rückgang der Bienenvölker in den letzten Jahren ist sehr besorgniserregend. Geschwächt durch den vermehrten Einsatz von Pflanzenschutzmitteln sterben viele Bienen oder werden von Milben befallen. Diese nur 1,5 Millimeter großen Spinnentiere ernähren sich von den Bienenlarven. → [7]

Insekten sind wichtige Nutztiere. Sie sind bei der Bestäubung von Nutzpflanzen für die Landwirtschaft unverzichtbar.

Aufgaben

1 ◐ Obstbauern bezahlen Imker dafür, dass sie ihre Bienenstöcke in der Nähe der Obstbäume aufstellen. Begründe, dass sich diese Ausgabe für den Obstbauern lohnt.

2 ● „Keine Bienen mehr, keine Bestäubung mehr, keine Pflanzen mehr, keine Tiere mehr, kein Mensch mehr …“.
Diese Aussage stammt von Albert Einstein. Nimm Stellung dazu.

Verbreitung von Früchten und Samen

1 Wie kommt die Birke auf das Dach?

Pflanzen kannst du an den ungewöhnlichsten Orten finden. Der Löwenzahn wächst auch in Mauerritzen. Birken wachsen manchmal sogar in Dachrinnen. Sie wurden dort sicher nicht angepflanzt. Aber wie gelangten sie dorthin?

2 Der Löwenzahn

3 Die Früchte des Löwenzahns

Verbreitung durch den Wind • Wenn du eine „Pusteblume“ in die Hand nimmst und darauf pustet, wirbeln viele Schirmchen davon. Die „Pusteblume“ des Löwenzahns besteht aus über 150 Einzelfrüchten. → 3
Die kleinen aus Haaren gebildeten „Fallschirme“ sorgen dafür, dass die Früchte nur sehr langsam zu Boden fallen. So kann sie der Wind über weite Strecken mitnehmen. Solche Flugfrüchte finden sich auch bei einigen Bäumen wie Ahorn, Birke oder Erle.

Tiere verbreiten Samen und Früchte • Mit farbigen und schmackhaften Früchten (Lockfrüchten) werden Tiere angelockt. Manchmal verlieren die Tiere Früchte beim Transport. Werden

die Windverbreitung
die Tierverbreitung
die Wasserverbreitung
die Selbstverbreitung

die Früchte gefressen, gelangen die unverdaulichen Samen über den ausgeschiedenen Kot an einen anderen Ort. Die Lockfrüchte des Weißdorns zum Beispiel werden nicht nur von Vögeln, sondern auch von kleinen Säugetieren wie der Haselmaus gefressen und auf diese Weise verbreitet. → 4
Trockenfrüchte wie Nüsse, Sonnenblumenkerne oder Bucheckern werden von Eichhörnchen und Hamstern als Vorrat für den Winter versteckt. Nicht alle Verstecke finden sie später wieder. So können die Samen auskeimen.

Verbreitung durch das Wasser • Viele Wasserpflanzen wie die Seerose bilden mit Luft gefüllte Schwimmfrüchte. → 6
Auch Kokosnüsse gelangen so über Tausende Kilometer zu neuen Stränden. Auf diese Weise können auch entlegene Inseln von Pflanzen besiedelt werden.

Selbstverbreitung • Manche Pflanzen sorgen selbst dafür, dass ihre Samen verbreitet werden. Die reifen Schleuderfrüchte des Springkrauts platzen bei Berührung oder Erschütterung auf und schleudern die Samen bis zu zwei Meter weit weg. → 7 Der Klatschmohn hingegen verstreut seine Samen, wenn sich die reifen Samenkapseln im Wind neigen.

Die Verbreitung von Samen und Früchten erfolgt durch Wind, Wasser, Tiere oder durch Selbstverbreitung.

4 Die Haselmaus

5 Das Eichhörnchen

6 Schwimmfrucht der Seerose

7 Springkraut mit Schleuderfrucht

Aufgaben

1 Beschreibe verschiedene Verbreitungsformen von Früchten und Samen. Nenne jeweils auch ein Beispiel.

2 Beschreibe, wie auch der Mensch unbeabsichtigt Früchte und Samen verbreiten kann.

3 Erkläre, wie die Birke in die Dachrinne kommt. → 1

Verbreitung von Früchten und Samen

Material A

Wir bauen eine „Ahornfrucht“

Die Früchte des Ahorns verfügen über besondere Flugvorrichtungen. Sie haben eigene Tragflügel. → 1

Materialliste:
DIN-A4-Blatt, Schere, Stift, Lineal, 2 Büroklammern, Stoppuhr

1 Zeichne die Linien wie in Bild 2 auf dein Papier und schneide das Papier an der durchgezogenen Linie ein.

2 Die zwei Seitenteile werden an der gestrichelten Linie gefaltet. Beschwere dein Modell mit einer Büroklammer, die den Samen darstellen soll.

3 Lass dein Modell und eine Büroklammer aus 2 Meter Höhe zu Boden fallen. Miss die Zeiten, die sie dafür brauchen.

a ○ Beschreibe den Fall der Büroklammer und deiner „Ahornfrucht“.

b ◐ Erläutere den Vorteil der besonderen Bauweise der Ahornfrucht.

1 Die Ahornfrucht

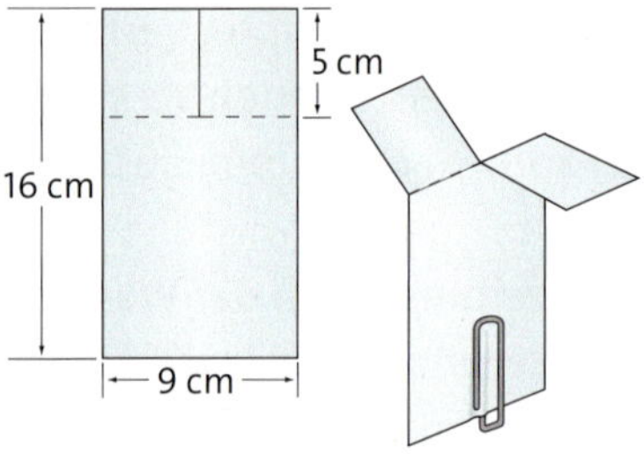

2 Modell der Ahornfrucht

Material B

Flugfrüchte im Test

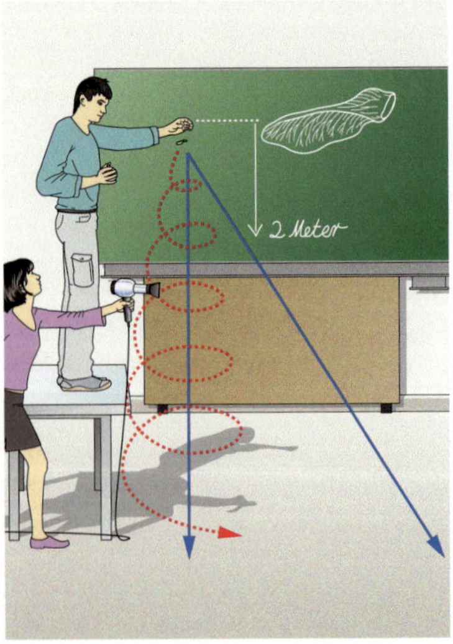

3 Versuchsaufbau zum Flugtest

Pflanzen finden sich an den ungewöhnlichsten Orten. Flugfrüchte machen dies möglich.

Materialliste:
Flugfrüchte von Ahorn, Linde, Birke oder Löwenzahn, Maßband, Föhn, Stoppuhr, Schere

1 Lass die Flugfrüchte aus 2 Meter Höhe fallen und miss mit der Stoppuhr die Zeit, in der die Flugfrucht zu Boden fällt.

2 Erzeuge seitlich mit dem Föhn einen Luftstrom und wiederhole dieselben Versuche.
◐ Begründe die unterschiedlichen Flugzeiten bei den Schritten 1 und 2.

3 Entferne die Flugvorrichtungen mit einer Schere. Wiederhole die beiden vorangegangenen Schritte.
◐ Begründe die unterschiedlichen Flugzeiten der Früchte im Vergleich zu den Schritten 1 und 2.

4 ◐ Stelle Vermutungen über die Vorteile der Flugvorrichtungen bei der Verbreitung der Samen an.

Material C

Die Natur als Vorbild

Bei einigen Pflanzen haben sich Samen mit speziellen Einrichtungen entwickelt. Wissenschaftler und Techniker versuchen, diese Erfindungen der Natur nachzumachen. So entstand die Bionik. Dieser Begriff setzt sich aus den Worten Biologie und Technik zusammen.

1 ○ Erkläre den Begriff Bionik.

2 ○ Ordne den Samen 4–6 die entsprechende technische Erfindung A–C zu.

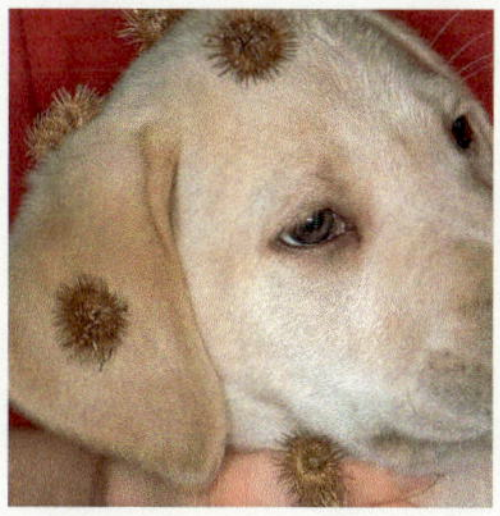

4 Hund mit Kletten

5 Zanonia-Samen

6 Löwenzahnsamen

A Gleitschirm

B Klettverschluss

C Drachenflieger

Material D

Vulkaninsel Surtsey

1 ◐ Stelle Vermutungen darüber an, was die Biologen mit dem Experiment vor Island beweisen wollten. Begründe sie. → 7

2 ◐ Erläutere, wie Vögel bei der Ansiedlung von Pflanzen auf Surtsey beteiligt sein können.

3 ● Wissenschaftler bezeichnen Surtsey als das „Labor des Lebens“. Erkläre diese Bezeichnung.

Im Jahr 1963 entstand durch einen Vulkanausbruch nahe Island die neue Insel Surtsey. → 8 Nur wenige Wissenschaftler dürfen diese Insel betreten. Seit über 50 Jahren erforschen sie dort, wie sich Pflanzen auf einer neuen Insel ansiedeln. → 9 Im Rahmen eines Experiments wurden dazu 10 Millionen Plastikperlen vor der 20 km entfernten bewohnten Nachbarinsel Heimaey ins Meer geschüttet.

7 Eine besondere Insel

8 Die Insel Surtsey 1963

9 Die Insel Surtsey heute

Quellung und Keimung

1 Keimende Bohnenpflanzen

Diese seltsamen kleinen Pflänzchen haben sich aus Bohnensamen entwickelt. Bohnensamen lassen sich trocken sehr lange lagern. Was ist nötig, damit sich aus einem Samen eine Pflanze entwickelt?

Bau des Samens • Am Beispiel der Feuerbohne kann man den Aufbau eines Samens sehr gut erkennen. → 2 Legt man ihn über Nacht ins Wasser, lässt sich die äußere harte Samenschale leicht ablösen. Der Bohnensamen ist gut in zwei Hälften teilbar. Im Innern sieht man ein kleines Pflänzchen: den Keimling mit winzigen Laubblättern, der Keimwurzel und dem Keimstängel. → 2 Die beiden weißen Hälften sind die Keimblätter.

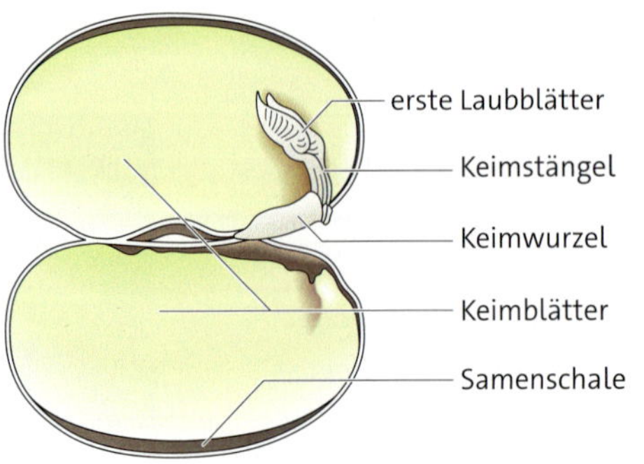

2 Aufgeklappter Samen einer Feuerbohne

Samenruhe • Manche reife Samen beginnen noch im selben Jahr zu keimen. Andere überwintern oder keimen erst nach mehreren Jahren aus. Diese Zeit der Untätigkeit der Samen nennt man Samenruhe. Sie ist von Art zu Art verschieden lang.

Quellung • Bohnensamen lässt man vor dem Pflanzen einen Tag im Wasser liegen. Sie nehmen dann Wasser auf. Diesen Vorgang nennt man Quellung. Nach der Quellung haben die Samen sich deutlich vergrößert und sind fast doppelt so schwer. Da die Samenhülle bald zu eng ist, platzt sie auf und die Keimung beginnt.

die Quellung
die Keimung

Keimung • Erhalten die Samen ausreichend Wärme, Luft und Wasser, läuft der Keimungsvorgang bei der Feuerbohne innerhalb weniger Tage ab. Zuerst durchbricht die Keimwurzel die Samenschale und dringt als Hauptwurzel in den Boden ein. Bald bilden sich viele Nebenwurzeln mit feinen Wurzelhärchen, die die Feuchtigkeit aufsaugen. Nach einigen Tagen wächst der Keimstängel nach oben und zieht dabei die beiden Keimblätter aus der Samenschale. → 3 Sobald sich die ersten Laubblätter entfaltet haben, verkümmern die Keimblätter und fallen ab.

Versorgung mit Nährstoffen • Bohnensamen enthalten sehr viel Nährstoffe. Dieser Nährstoffvorrat ist in den dicken Keimblättern gespeichert. Der Bohnenkeimling benötigt diese Nährstoffe für sein Wachstum. Sobald die Pflanze mit ihren Laubblättern mit der Fotosynthese beginnt und sich selbst ernähren kann, verwelken die Keimblätter. Die Keimung ist beendet. Die junge Feuerbohne wächst zu einer buschigen Kletterpflanze heran. Nach der Bestäubung und der Befruchtung bilden sich lange Hülsenfrüchte mit neuen Bohnensamen.

Die Samen enthalten den Keimling der neuen Pflanze. Die Quellung ist die Voraussetzung für die Keimung des Samens. Keimblätter versorgen den Keimling mit Nährstoffen. Zur Quellung und Keimung benötigen die Pflanzen Wasser, Wärme und Luft.

Aufgaben

1 ○ Beschreibe in Stichpunkten den Ablauf der Keimung.

2 ◐ Bei Frost quellen und keimen Samen nicht. Begründe.

3 ● Erkläre, welche Folgen es für den Keimling hätte, wenn man die Keimblätter entfernen würde, noch bevor die Blätter grün werden.

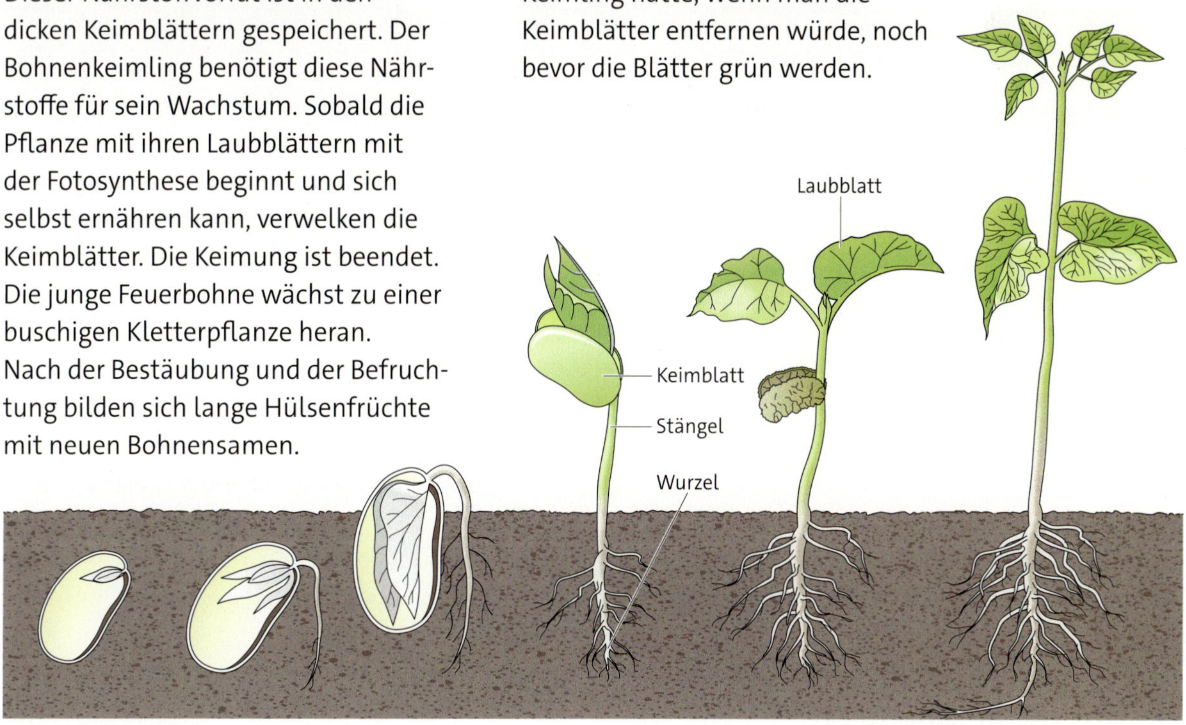

3 Entwicklung einer Feuerbohne

Quellung und Keimung

Methode

Das Versuchsprotokoll

Sicher hast du schon den einen oder anderen Versuch im Unterricht durchgeführt. Versuche machen Spaß, aber wozu macht man sie sonst noch? Auch Wissenschaftler führen Versuche durch, um Naturerscheinungen planmäßig zu beobachten. Dazu schreiben sie auf, was sie getan, beobachtet und gemessen haben. Protokolle sind wichtig, um mit anderen über Beobachtungen und Versuche zu sprechen und Ergebnisse zu vergleichen. Sie unterstützen uns, Regeln der Natur zu erkennen.

1 Brauchen Bohnensamen Wasser zum Keimen?

1. Frage stellen Schreibe die Frage auf, die du mit dem Versuch beantworten möchtest.
Beispiel: Brauchen Bohnensamen Wasser, um zu keimen?

2. Vermutung aufschreiben Schreibe auf, welche Antwort du auf die Frage erwartest.
Beispiel: Bohnensamen benötigen Wasser, um zu keimen.

3. Versuch planen Überlege dir, wie dein Versuch ablaufen soll und welche Materialien du brauchst.
Beispiel: Für den Versuch benötige ich Bohnensamen, zwei Blumentöpfe, Erde und Wasser.

4. Versuch durchführen Beschreibe, wie du deinen Versuch durchführst.
Beispiel: Ich fülle die beiden Blumentöpfe mit Erde und stecke die Bohnensamen in die Erde. Blumentopf 1 gieße ich regelmäßig mit etwas Wasser. Blumentopf 2 gieße ich nicht.

5. Beobachtungen festhalten Beobachte deinen Versuch und notiere, was du siehst. Du kannst deine Beobachtungen als Text, als Zeichnung oder in Form einer Tabelle festhalten.
Beispiel: Nach einer Woche sind in Blumentopf 1 Keimlinge zu erkennen. Bei Blumentopf 2 ist nichts zu erkennen.

6. Versuch auswerten Werte die Beobachtungen aus, die du bei deinem Versuch gemacht hast. Beantworte damit deine Versuchsfrage.
Beispiel: Bohnensamen benötigen Wasser, um zu keimen.

Versuchsprotokoll
Name: Anne Schmidt Datum: 13.4.2017

Versuchsfrage: Brauchen Bohnensamen Wasser, um zu keimen?

Vermutung: Bohnensamen benötigen Wasser, um zu keimen.

Planung: Für den Versuch benötige ich Bohnensamen, zwei Blumentöpfe, Erde und Wasser.

Durchführung: Ich fülle die beiden Blumentöpfe mit Erde und stecke die Bohnensamen in die Erde. Blumentopf 1 gieße ich regelmäßig mit etwas Wasser. Blumentopf 2 gieße ich nicht.

Beobachtung: Nach einer Woche sind in Blumentopf 1 Keimlinge zu erkennen. Bei Blumentopf 2 ist nichts zu erkennen.

Auswertung: Bohnensamen benötigen Wasser, um zu keimen.

2 Annes gutes Versuchsprotokoll zum Versuch „Brauchen Bohnensamen Wasser, um zu keimen?“

Versuchsprotokoll
Name: Niklas Schneider Datum: 13.4.2017

Versuchsfrage: Brauchen Bohnensamen Licht, um zu keimen?

Durchführung: Ich fülle Erde in die Blumentöpfe und stecke die Bohnensamen hinein. Blumentopf 1 stelle ich unter einen Karton. Blumentopf 2 bleibt am Tageslicht. Ab und zu gieße ich die Töpfe.

Beobachtung: Nach einer Woche sind in beiden Blumentöpfen die Bohnensamen gekeimt. Die Keimlinge von Blumentopf 1 unter dem Karton sind kleiner als die in Blumentopf 2. Bohnensamen brauchen kein Licht, um zu keimen.

3 Niklas' Versuchsprotokoll zum Versuch „Brauchen Bohnensamen Licht, um zu keimen?“

Aufgaben

1 ▢ Erkläre, warum Wissenschaftler Versuche durchführen und Protokolle schreiben.

2 ▢ Beschreibe, wie man bei einem Versuchsprotokoll vorgehen muss.

3 ▢ Niklas' Versuchsprotokoll stimmt noch nicht ganz. → 3 Überprüfe mithilfe von Annas Protokoll, welche Schritte er vergessen hat. → 2 Schreibe diese in dein Heft.

4 ▢ Niklas hat Beobachtung und Auswertung vermischt. Trenne beide Teile voneinander.

Quellung und Keimung

Material A

Aufbau eines Samens

Materialliste: Samen der Garten- oder Feuerbohne, Becherglas, Lupe, Waage, Lineal, Wasser

1 Nimm die trockenen Bohnensamen und betrachte sie von außen.
a ○ Beschreibe die Form.
b ◐ Miss die Länge und das Gewicht der trockenen Samen.

2 Lege die Samen in ein Glas mit Wasser. Wiederhole die Messungen nach einem Tag.
○ Beschreibe deine Beobachtungen.

1 Samen der Feuerbohne

3 Entferne die Samenschale von den gequollenen Samen vorsichtig mit dem Fingernagel.
○ Beschreibe die Schale.

4 Klappe die Bohnenhälften auseinander und betrachte sie mit der Lupe.

5 ◐ Zeichne einen aufgeklappten Bohnensamen und beschrifte deine Skizze mithilfe von Bild 2, S. 144.

Material B

Die Bedeutung der Keimblätter

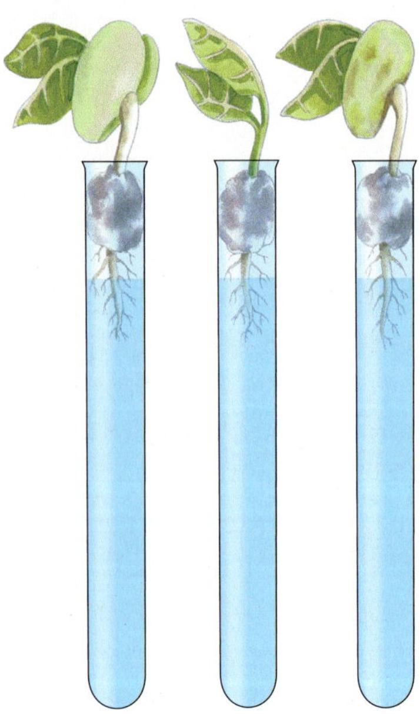

2 Keimblätterversuch

Materialliste: Blumentopf, Blumenerde, 3 Bohnensamen, 3 Reagenzgläser, Watte, Reagenzglasständer

Fülle den Blumentopf mit Erde, drücke drei Bohnensamen etwas hinein und gib Wasser dazu. Lass deine drei Pflänzchen keimen, bis die Laubblätter gerade aus den Keimblättern herausragen.
Danach nimmst du die Pflanzen vorsichtig aus der Erde heraus und entfernst von einem Keimling beide Keimblätter.
Bei einem Keimling nimmst du nur ein Keimblatt weg. Setze dann alle drei Keimlinge jeweils in ein Reagenzglas mit Wasser.

Mit der Watte kannst du die Keimlinge vorsichtig etwas fixieren, damit sie nicht ins Glas rutschen.

1 Erstelle ein Versuchsprotokoll.
a ○ Vergleiche und beschreibe das Wachstum der drei Bohnenpflanzen.
b ◐ Erkläre das unterschiedliche Aussehen der Versuchspflanzen.
c ◐ Beschreibe, wie sich die Keimblätter bei dem Versuch verändern, wenn sich die Wurzeln und Laubblätter kräftig entwickelt haben.
d ● Begründe diese Veränderung.

Material C

Keimungsbedingungen

Was benötigen Kressesamen, um zu keimen?

Materialliste: 6 Petrischalen, Kressesamen, Tiefkühlbeutel, Trinkhalm, Karton, Watte, Klebeband, Blumenerde, Wasser

1 Säe in allen Petrischalen je 20 Kressesamen nach folgender Anleitung aus: → 3
- Schale 1 (ohne Wasser): Lege die Samen auf trockene Erde.
- Schale 2 (ohne Erde): Lege die Samen auf feuchte Watte.
- Schale 3 (ohne Luft): Lege die Samen auf feuchte Erde, stelle die Schale in einen Tiefkühlbeutel und sauge mit einem Trinkhalm die Luft heraus. Verschließe den Beutel luftdicht mit einem Klebeband.
- Schale 4 (ohne Licht): Stelle die auf feuchter Erde liegenden Samen in einen lichtundurchlässigen Karton.
- Schale 5 (ohne Wärme und ohne Licht): Stelle die auf feuchter Erde liegenden Samen in den Kühlschrank.
- Schale 6: Kontrollversuch bei Zimmertemperatur mit Samen auf feuchter Erde

3 Keimung der Kresse unter verschiedenen Bedingungen

Schale Nr.	ohne	So viele Samen sind am ... schon gekeimt					
		1. Tag	2. Tag	3. Tag	4. Tag	5. Tag	6. Tag
1	Wasser	0	0	0	0	0	0
2	...	...	...	...	...	...	...
3	...	...	...	...	...	...	...

4 Muster einer Beobachtungstabelle

2 Erstelle ein Versuchsprotokoll.

a ○ Notiere, wann und wie viele Samen in den verschiedenen Schalen keimen. → 4

b ◐ Nenne und erkläre anhand der Beobachtungen, welche Bedingungen erfüllt sein müssen, damit Samen keimen.

c ● Begründe, dass die Versuche jeweils mit mehreren Samen durchgeführt werden.

3 ● Die meisten Samen werden in unseren Gärten im Frühjahr und nicht im Herbst ausgesät. Begründe diese Vorgehensweise.

Ungeschlechtliche Fortpflanzung

1 Begonien

Kann eine neue Pflanze ohne Befruchtung und Samen entstehen?

Ungeschlechtliche Fortpflanzung • Manche Pflanzen wie die Begonie kann man ganz ohne Samen durch Stecklinge fortpflanzen. Dabei wächst aus einem abgeschnittenen Teil der Begonie eine neue Pflanze heran. Man nennt diese Art der Vermehrung ungeschlechtliche Fortpflanzung. Es entstehen Nachkommen, die mit der ursprünglichen Pflanze (Mutterpflanze) und untereinander identisch sind. Aus dem Samen von Pflanzen dagegen entstehen Nachkommen, die sich voneinander leicht unterscheiden. Mithilfe von Stecklingen lassen sich Pflanzen sehr schnell vermehren. Dies ist für Landwirte und Gärtnereien sehr vorteilhaft.

Formen der ungeschlechtlichen Fortpflanzung • Zimmerpflanzen werden meist durch Stecklinge oder Ableger vermehrt. Andere Pflanzen bilden Ausläufer oder vermehren sich wie die Kartoffel durch Knollen. → 2 Zwiebelgewächse, wie zum Beispiel die Tulpe, bilden Tochterzwiebeln, aus denen man neue Pflanzen ziehen kann.

2 Kartoffelknollen

Bei der ungeschlechtlichen Fortpflanzung entwickelt sich aus Teilen der Mutterpflanze eine vollständig neue Pflanze.

Aufgabe

1 ▢ Beschreibe die ungeschlechtliche Fortpflanzung am Beispiel der Begonie.

die ungeschlechtliche Fortpflanzung
der Steckling
der Ausläufer

Material A

Erdbeerpflanzen bilden Ausläufer

Aus der Erdbeerblüte entwickelt sich eine Sammelnussfrucht mit vielen neuen Samen. → 3
Neben der geschlechtlichen Fortpflanzung, kann sich die Erdbeerpflanze auch ungeschlechtlich fortpflanzen. Auf diese Weise können sehr schnell viele Erdbeerpflanzen gewonnen werden.

1 ○ Beschreibe anhand der Zeichnung, wie ohne Samen neue Erdbeerpflanzen entstehen. → 4

2 ● Wenn die Früchte anfangen zu wachsen, schneidet der Gärtner alle Ausläufer ab. Vermute warum.

3 Die Erdbeere

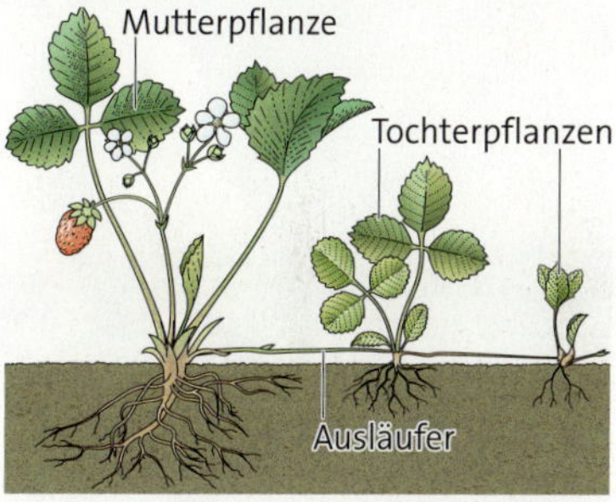

4 Bildung von Tochterpflanzen

Material B

Zwei Arten der Fortpflanzung

Begonien vermehren sich im Gegensatz zu den meisten Blütenpflanzen auch ungeschlechtlich über Blattstecklinge. → 5

1 ◐ Vergleiche die ungeschlechtliche Fortpflanzung der Begonie mit der geschlechtlichen Fortpflanzung beim Apfel. → 6

2 ◐ Erläutere die Vorteile der ungeschlechtlichen Fortpflanzung für die Pflanze, die Gärtner und Landwirte.

5 Blattsteckling der Begonie

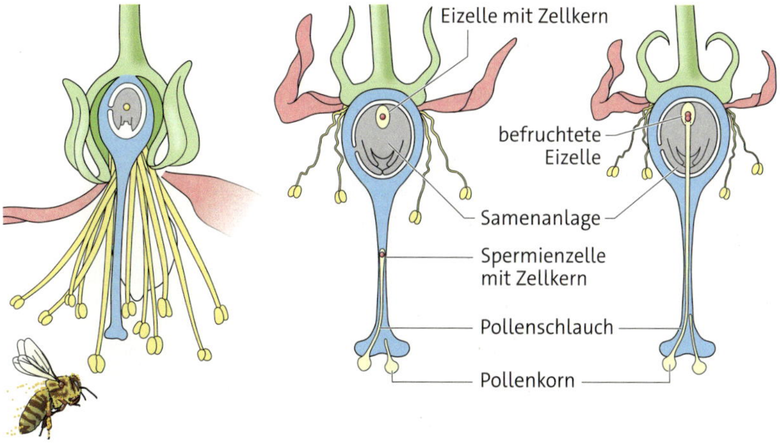

6 Geschlechtliche Fortpflanzung beim Apfel

Einheimische Laub- und Nadelbäume

1 Kastanienzweig und Tannenzweig

In unseren Wäldern findet man Laubbäume und Nadelbäume. Worin unterscheiden sich diese Baumtypen voneinander?

Laubbäume • Die Rosskastanie ist ein häufiger Laubbaum in Parks oder an Straßen. Ihre stachligen Früchte, die leuchtend weißen Blütenstände und die auffallend großen Blätter sind unverkennbare Merkmale. → 1 2

2 Die Kastanienblüte

Breite, dünne und weiche Laubblätter sind ein Kennzeichen aller einheimischen Laubbäume.

Laubfall • Laubbäume geben mit ihren vielen Blättern viel Wasser ab. Bei Temperaturen unter 0 Grad Celsius gefriert Wasser und kann nicht mehr aufgenommen und transportiert werden. Laubbäume werfen deshalb im Herbst ihre Blätter ab. Das von den Blättern abgegebene Wasser könnte nämlich nicht mehr nachgeliefert werden. Der Baum würde austrocknen.

Knospen • Knospen sind winzige Anlagen neuer Blüten oder Blätter, die von den Laubbäumen noch vor dem Laubfall gebildet werden. Mehrere übereinanderliegende Schuppen, die häufig noch von einem klebrigen

der Laubbaum
der Nadelbaum
der Laubfall
die Knospe
der Zapfen

Harz überzogen sind, schützen das Innere der Knospe vor dem Austrocknen und dem Erfrieren. Im Frühjahr sprengen die wachsenden Blätter und Blüten die Knospen und treiben aus. → 3

Nadelbäume • Mit Ausnahme der Lärche haben alle heimischen Nadelbäume harte, nadelförmige Blätter, die Nadeln. Sie haben der Gruppe ihren Namen gegeben. Eine Wachsschicht verringert die Gefahr des Austrocknens. Aus diesem Grund werfen Nadelbäume ihre Nadeln im Herbst nicht ab. Sie bleiben oft viele Jahre am Baum.
Nadelbäume werden durch den Wind bestäubt. Zur Blütezeit genügt schon ein leichter Luftzug, um den in großen Mengen gebildeten Blütenstaub als gelbe Wolke mitzunehmen.
Die Samen der Nadelbäume liegen in holzigen Zapfen. Form und Größe der Zapfen sind ein wichtiges Unterscheidungsmerkmal. → 4

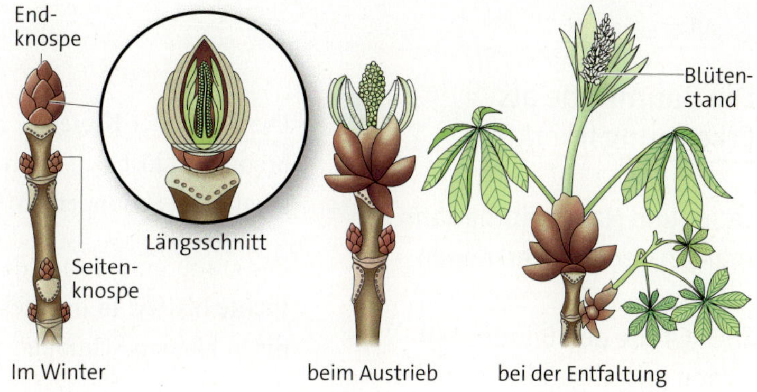

3 Knospen der Rosskastanie

Laubbäume werfen ihre Laubblätter im Herbst ab. Die nadelförmigen Blätter der Nadelbäume bleiben meist mehrere Jahre am Baum.

Aufgaben

1 ○ Nenne Unterschiede von Laubbäumen und Nadelbäumen.

2 ◐ Beschreibe, wie die Knospen eines Laubbaums vor dem Erfrieren geschützt sind.

4 Die Waldkiefer

5 Die Stieleiche

Einheimische Laub- und Nadelbäume

Material A

Die Baumrinde als Erkennungsmerkmal

Laub- und Nadelbäume kann man an der Rinde erkennen.

1 ▢ Ordne den Bildern 1–4 den jeweiligen Baum zu.

Die Rinde der **Kiefer** ist rötlich braun und löst sich in großen, länglichen Schuppen ab.

Die graubraune Rinde der **Fichte** blättert in unregelmäßigen kleinen Schuppen ab.

Die **Stieleiche** erkennst du an der dunkelgraubraunen, tiefrissigen, dicken Rinde.

Die **Rotbuche** hat eine auffällige grausilbrige, glatte, dünne Rinde.

1

2

3

4

Material B

Zapfen und Nadeln als Erkennungsmerkmale

1 ▢ Ordne die Beschreibungen der Nadelbäume den Bildern 5–8 zu.

Fichte: bis zu 15 cm lange, hängende, rotbraune Zapfen

Kiefer: Zapfen kurz, eiförmig, dunkelbraun, Nadeln paarweise an Seitentrieben

Lärche: Zapfen eiförmig, glatt, dunkelbraun, Nadeln kurz, in Büscheln stehend

Tanne: Zapfen bis 15 cm lang, rotbraun, aufrecht stehend

5

6

7

8

Material C

Bestimmung einheimischer Laubbäume

In vielen Fällen genügt schon ein Blatt, um den Namen eines Baums herauszufinden. Ein Bestimmungsschlüssel hilft dir dabei. → 9 Er ist so aufgebaut, dass immer zwei Möglichkeiten eines Merkmals verglichen werden müssen. Als Beispiel wird Blatt F bestimmt. → 10 Als Hilfe dienen uns die Blattformen. → 11
Wir beginnen bei 1: Ist Blatt F einfach (1) oder zusammengesetzt (1*)? Es ist zusammengesetzt. Es geht weiter bei 3. Ist das Blatt gefiedert (3) oder gefingert (3*)? Es ist gefiedert. Es handelt sich um ein Blatt der Esche.

1 ▢ Bestimme anhand der abgebildeten Blätter die einzelnen Laubbaumarten. → 10

Ausschnitt aus einem Bestimmungsbuch für einheimische Laubbäume		
1	Blätter einfach (bestehen nur aus einer Fläche)	weiter bei 2
1*	Blätter zusammengesetzt (bestehen aus mehreren Teilblättchen)	weiter bei 3
2	Blattrand ganzrandig	Rotbuche
2*	Blattrand herzförmig, gebuchtet oder gelappt	weiter bei 4
3	Blätter gefiedert	Esche
3*	Blätter gefingert	Rosskastanie
4	Blattrand gebuchtet	Stieleiche
4*	Blattrand gelappt	Spitzahorn
4**	Blatt herzförmig	Linde

9 Bestimmungsschlüssel für einheimische Laubbäume

10 Blätter einheimischer Laubbaumarten

11 Die Blattformen

Nutzpflanzen

1 Der Weizen

2 Der Roggen

3 Die Gerste

4 Der Hafer

5 Die Kartoffelpflanze

6 Der Raps

Getreidearten wie Weizen ernähren die Menschen. Sie sind die wichtigsten Nutzpflanzen. Welche Pflanzen werden vom Menschen genutzt?

Getreide • Unsere Getreidearten wie Weizen, Roggen, Gerste, Hafer und auch Mais und Reis gehören zu den Gräsern. → 1 – 4 Von ihnen ist der Weizen weltweit die wichtigste Nutzpflanze. Das aus den Weizenkörnern gemahlene Mehl besteht fast ausschließlich aus dem Nährstoff Stärke. Es dient vor allem der Herstellung von Brot und anderen Backwaren.

Kartoffel • Neben den Gräsern gibt es auch andere für den Menschen wichtige Pflanzen. Die Kartoffel stammt aus Südamerika und wird in Europa seit etwa 500 Jahren angebaut. → 5 Ihre Knollen sind ein wichtiges Grundnahrungsmittel, weil auch sie sehr viel Stärke enthalten.

Raps • Die Rapspflanze besitzt ölhaltige Samen, aus denen Rapsöl gepresst wird. → 6 Es wird für die Herstellung von Margarine und Speiseöl benötigt. Rapsöl dient auch der Herstellung von Treibstoff für Kraftfahrzeuge, dem Biodiesel.

Kohl • Kohl wird als wichtiges Gemüse in Gärten und auf Feldern angebaut. Die einzelnen Kohlsorten sind trotz ihrer Unterschiede eng miteinander verwandt.

Die Nutzpflanzen Weizen, Roggen, Gerste, Hafer, Mais, Reis, Kartoffeln, Raps und Kohl sind wichtige Grundnahrungsmittel.

Aufgabe

1 Betrachte die Getreideähren und notiere in einer Tabelle Unterschiede und Gemeinsamkeiten. → 1 – 4

Material A

Kohlsorten

1 Beschreibe mithilfe der Bilder, welche Pflanzenteile des Wildkohls jeweils durch Züchtung verändert wurden. → 7

7 Wildkohl und seine Zuchtformen (schematische Darstellung)

Beim Wildkohl traten zufällige Veränderungen auf, wie dickere Blütenstiele oder fleischige Seitentriebe, größere schmackhafte Blätter oder ein dickerer Stängel. Der Mensch hat das genutzt und gerade diese Pflanzen gezielt gezüchtet. Über Jahrtausende hinweg entstanden auf diese Weise unterschiedliche Kohlsorten mit auffälligen Merkmalen. → 8

8 Der Wirsing

Material B

Stärkenachweis

Mit Iod-Kaliumiodid-Lösung kannst du Stärke nachweisen. Eine Dunkelblaufärbung zeigt Stärke an.

Materialliste: Kartoffel, Zwiebel, Apfel, Weizenkörner, Toastbrot, gequollene Bohnensamen, Messer, Mörser, Iod-Kaliumiodid-Lösung ⚠, Pipette

1 Schneide die Kartoffel, die Zwiebel und den Apfel in zwei Hälften. Zermahle die Getreidekörner im Mörser.

2 Entferne die Samenschale vom Bohnensamen und klappe die Keimblätter auseinander.

3 Bringe einige Tropfen Iod-Kaliumiodid-Lösung auf die einzelnen Schnittflächen. Verfahre ebenso mit einer Scheibe Toastbrot und dem Bohnensamen.

a Notiere die Versuchsbeobachtungen in einer Tabelle (Blaufärbung + / keine Verfärbung –) und beschreibe sie.

b Werte den Versuch aus.

9

Achtung • Schutzbrille aufsetzen!

Vielfalt der Blütenpflanzen

1

Die Große Brennnessel • Diese einheimische Pflanze besitzt Brennhaare auf den Blättern und Stängeln. Bei Kontakt brechen sie ab und geben das Brennnesselgift frei. Das brennt auf der Haut und führt zu Rötungen. Als Heilpflanze lässt sie sich vielseitig verwenden.

2

Der Weißklee • Dieser Klee hat weiße oder hellrosa Blüten und wird gerne von Bienen besucht. An seinen Wurzeln leben Bakterien. Diese reichern den Boden mit Mineralstoffen an, die andere Pflanzen zum Wachsen benötigen. Zudem wird der Weißklee als Futterpflanze genutzt.

3

Der Kriechende Hahnenfuß • Seinen Namen hat der Kriechende Hahnenfuß wegen seiner kriechenden Ausläufer erhalten. Mit ihnen pflanzt er sich fort und kann sich in kurzer Zeit sehr stark ausbreiten.

4

Der Klatschmohn • Typisch für den Klatschmohn sind seine auffälligen, knallroten Blüten. Nach der Befruchtung bilden sich aus den Blüten Fruchtkapseln, die Tausende winziger Samen enthalten. Die Pflanze und die Samen sind leicht giftig.

5

Die Eibe • Im Gegensatz zu anderen Nadelbäumen, die holzige Zapfen tragen, bildet die Eibe leuchtend rote Früchte. Die Samen und immergrünen Nadeln sind sehr giftig. Dennoch ist die Eibe häufig als Hecken- oder Zierpflanze in Gärten und Parks zu finden.

6

Die Weißbirke • Besonders auffällig ist ihre weiße Rinde. Der Baum kann bis zu 120 Jahre alt werden. Das Holz wird gern zur Herstellung von Möbeln verwendet oder als Brennholz genutzt. Auf die im Frühjahr fliegenden Birkenpollen reagieren manche Menschen allergisch.

7

Die Echte Kamille • Sie zählt zu den beliebtesten Heilpflanzen. Ihre Blüten werden als Naturheilmittel in Tees und Salben verwendet. Die Kamille wirkt entkrampfend, entzündungslindernd und beruhigend. Leider kommt sie in Deutschland nur noch selten vor.

8

Der Wiesensalbei • Hummeln, Schmetterlinge und Bienen sammeln gerne seinen Nektar. Obwohl der verwandte Gartensalbei wirksamer ist, kann man auch diese Pflanze als Naturheilmittel oder Würzkraut verwenden. Zerreibt man die Blätter, entfaltet sich der typische Duft.

9

Die Arnika • In Deutschland kommt sie mittlerweile nur noch selten vor, daher steht die Arnika unter Naturschutz. Man kann sie aber noch gut auf Wiesen im Hochschwarzwald finden, da sie bevorzugt in den Bergen wächst. Ihre Heilwirkung wird seit jeher geschätzt.

10

Der Trollinger • Diese Rebsorte stammt ursprünglich aus Südtirol und kam im 17. Jahrhundert nach Baden-Württemberg. Heute ist es die Rotweinsorte, die am häufigsten auf württembergischen Weinbergen angebaut wird. Auch die Trauben werden gerne verzehrt.

11

Die Zuckerrübe • Eine Rübe wiegt 400 bis 1000 g und hat einen Zuckeranteil von etwa 20 %. Seit mehr als 200 Jahren wird aus den Zuckerrüben schon Zucker gewonnen. Die bei der Zuckerherstellung nicht verwerteten Anteile der Rübe werden als Viehfutter genutzt.

12

Die Sojabohne • Diese Nutzpflanze stammt aus Asien. Ihre Samen sind sehr öl- und eiweißhaltig. Sie werden zur Herstellung von Tofu und Sojamilch und als Futter für Tiere verwendet. In Baden-Württemberg wird der Anbau von Soja finanziell unterstützt.

Blütenpflanzen

Zusammenfassung

Bau der Blütenpflanzen • Blütenpflanzen haben alle den gleichen Grundbauplan. Sie bestehen aus Wurzel, Sprossachse, Blättern und Blüten. → 1 Die Wurzel verankert die Pflanze im Boden und nimmt Wasser und Mineralstoffe auf. Diese werden in der Sprossachse durch die Pflanze geleitet.
Die Blätter stellen Nährstoffe her. Mithilfe der Blüte vermehrt sich die Pflanze.

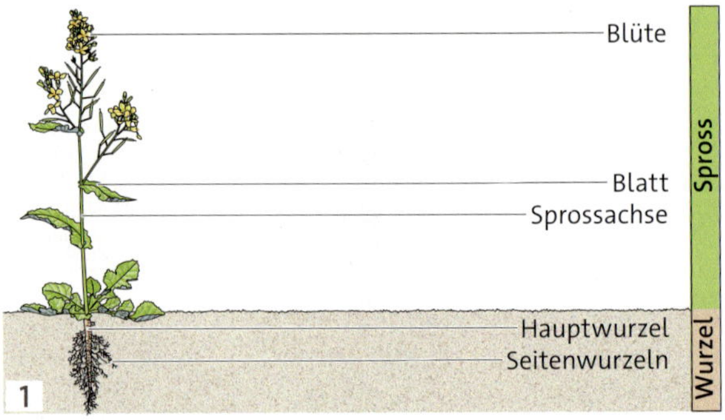

1

Aufbau von Blüten • Eine vollständige Blüte besteht aus Kelchblättern, Kronblättern, Staubblättern und Fruchtblättern. Die Fruchtblätter sind meistens zu einem Stempel verwachsen. → 2 Der Stempel ist das weibliche Geschlechtsorgan der Pflanze. Er besteht aus dem Fruchtknoten, dem Griffel und der Narbe. Das Staubblatt ist das männliche Geschlechtsorgan. Im Staubbeutel liegt der Pollen. → 2

Pflanzenfamilien • Pflanzen, deren Blüten den gleichen Grundbauplan besitzen, gehören zu einer Pflanzenfamilie.

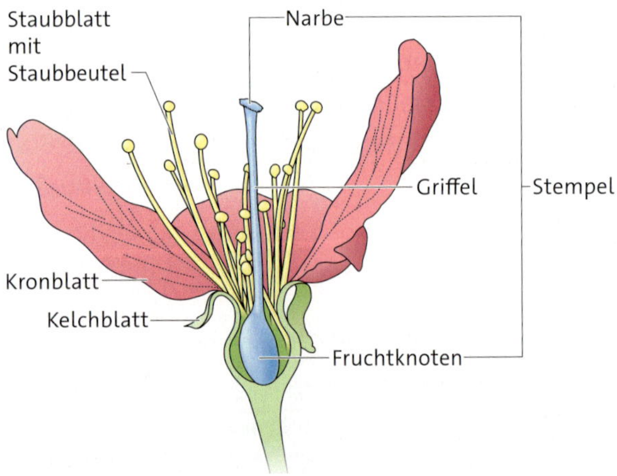

2 Längsschnitt durch eine Blüte

Bestäubung und Befruchtung von Blüten • Die Übertragung von Pollenkörnern auf die Narbe eines Stempels bezeichnet man als Bestäubung. → 3 Die Bestäubung kann durch Insekten oder den Wind erfolgen. Nach der Bestäubung bildet das Pollenkorn einen Pollenschlauch aus, in dem die männliche Geschlechtszelle zur Samenanlage transportiert wird. Bei der Befruchtung verschmilzt die männliche Geschlechtszelle mit der Eizelle. → 3 Nach der Befruchtung bildet sich eine Frucht mit Samen.

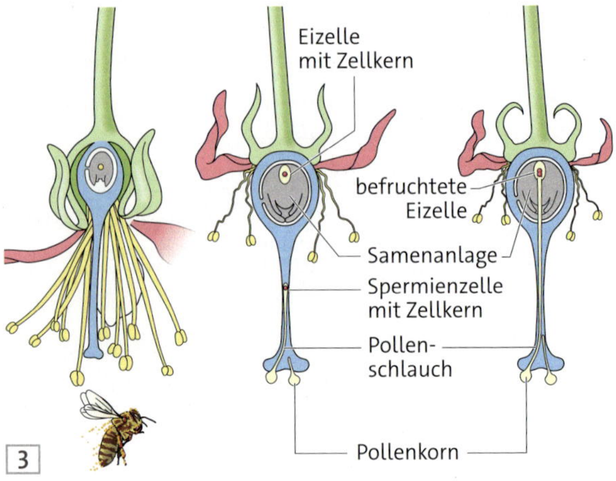

3

Verbreitung von Früchten und Samen • Die Verbreitung von Früchten und Samen kann durch Wind, Wasser, Tiere, den Menschen oder durch Selbstverbreitung erfolgen. Früchte und Samen sind der Verbreitungsart angepasst.

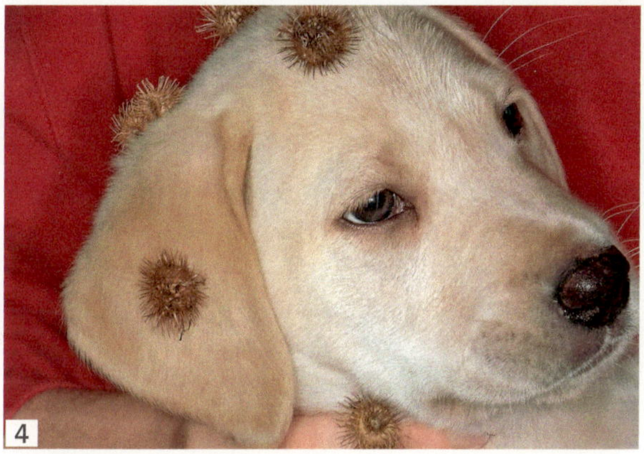

4

Ungeschlechtliche Fortpflanzung • Einige Pflanzenarten pflanzen sich auch ohne Samen fort. Dazu bilden sie Knollen, Zwiebeln, Ableger oder Ausläufer. → 5 Manche Pflanzen kann man auch über Stecklinge vermehren.

5

Quellung und Keimung • Der Samen enthält den Keimling der neuen Pflanze. Voraussetzung für die Keimung ist die Quellung. Zur Quellung und Keimung brauchen die Pflanzen Wasser, Wärme und Luft. Keimblätter versorgen den Keimling mit Nährstoffen.

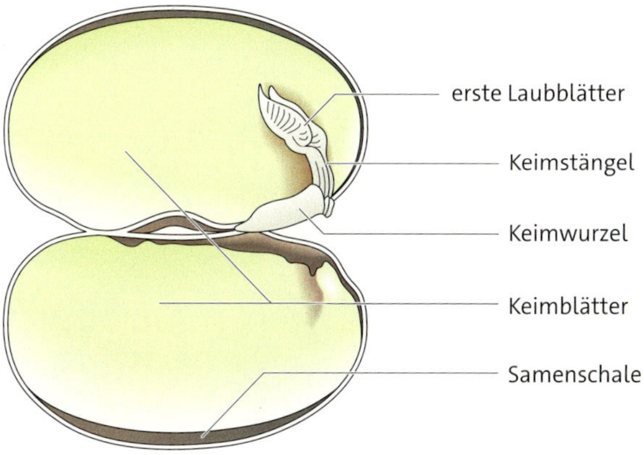

6 Aufgeklappter Samen der Gartenbohne

Einheimische Laub- und Nadelbäume • Laubbäume wie Kastanie und Eiche verlieren im Herbst ihre Blätter, um sich vor Kälte, Schnee und Wasserverlust zu schützen. Im Frühling bilden sie aus Knospen neue Blätter.
Nadelbäume wie Tanne und Kiefer werfen ihre harten, nadelartigen Blätter nicht jedes Jahr ab. Die Nadeln sind durch eine Wachsschicht vor dem Austrocknen im Winter geschützt. Die Samen der Nadelbäume bilden sich in Zapfen.

Nutzpflanzen • Einige Getreidearten wie Weizen, Reis oder Mais speichern in ihren Samen große Mengen des Nährstoffs Stärke. Deshalb sind sie unsere wichtigsten Grundnahrungsmittel. Verschiedene Kohlsorten, Kartoffeln und Raps zählen ebenfalls zu den sehr häufig angebauten Nutzpflanzen.

Teste dich! (Lösungen auf Seite 355)

Bau der Blütenpflanzen und Blüten

1 ◯ Fertige eine Schemazeichnung einer Blütenpflanze an. Beschrifte die Bestandteile und nenne deren Aufgaben.

2 ◙ Ordne den nummerierten Bestandteilen der Blüte die folgenden Begriffe zu: Fruchtknoten, Griffel, Kelchblatt, Kronblatt, Narbe, Staubblatt mit Staubbeutel, Stempel. → 1

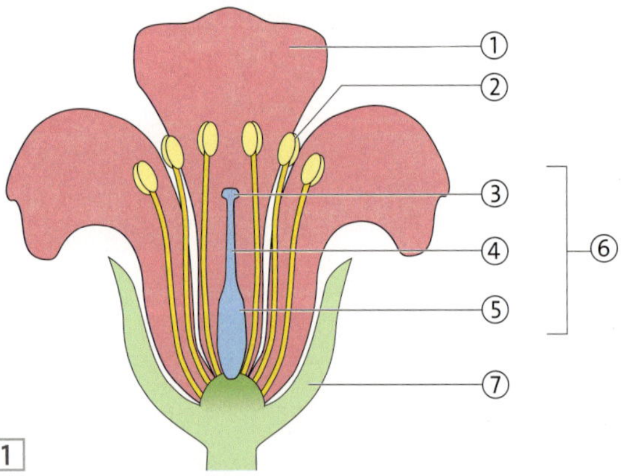

1

3 ◙ Bei der Tulpenblüte wurden alle Teile der Blüte quer durchgeschnitten. → 2
Zeichne ein Blütendiagramm der Tulpenblüte und beschrifte die einzelnen Blütenteile.

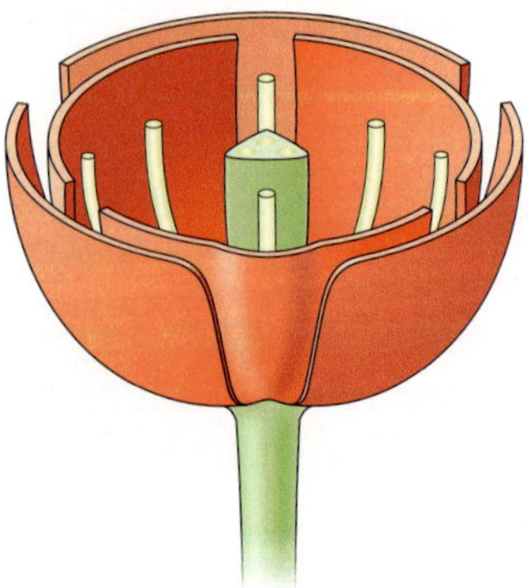

2

Pflanzenfamilien

4 ◙ Erkläre, welcher Teil einer Blütenpflanze bei der Zuordnung zu einer Pflanzenfamilie von Bedeutung ist.

5 ◙ Beschreibe die typischen Merkmale der Familie der Rosenblütengewächse und nenne zwei Arten dieser Familie.

Bestäubung und Befruchtung von Blüten

6 ◙ Notiere in deinem Heft die richtigen und korrigiere die falschen Aussagen:
- a Nach der Bestäubung bildet die Frucht einen Pollenschlauch aus.
- b Bei der Befruchtung verschmelzen die männliche Spermienzelle und die weibliche Eizelle miteinander.
- c Nach der Befruchtung entwickelt sich aus dem Fruchtknoten eine Frucht mit Samen.
- d Eine Frucht kann nie mehr als einen Samen enthalten.

7 ◙ Beschreibe den in Bild 3 dargestellten Vorgang.

3

Verbreitung von Früchten und Samen

8 Pflanzen verbreiten sich auf viele Arten.
- a ○ Nenne vier Verbreitungsarten von Früchten und Samen.
- b ○ Benenne die in Bild 4 dargestellte Verbreitungsart und gib den Namen der Pflanzenart an.
- c ◐ Das Eichhörnchen wird manchmal auch „Gärtner des Waldes“ genannt. → 5
  Erkläre diese Bezeichnung.

4

5

Quellung und Keimung

9 ○ Nenne alle Voraussetzungen, die für die Keimung einer Pflanze erfüllt sein müssen.

10 ○ Ordne den nummerierten Bestandteilen der Gartenbohne folgende Begriffe zu: Keimblätter, Keimstängel, Keimwurzel, Laubblätter, Samenschale. → 6

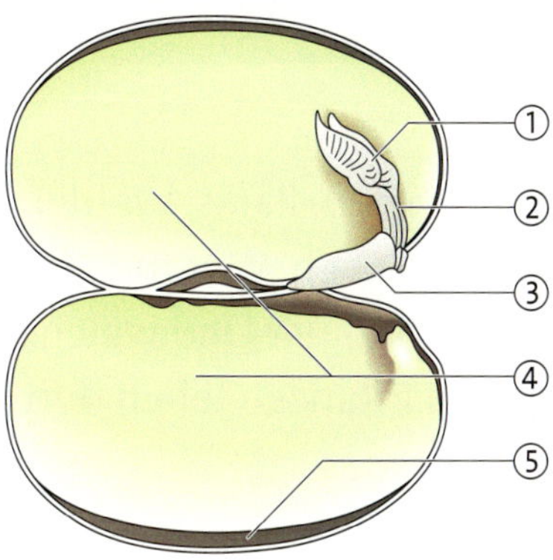

6

Ungeschlechtliche Fortpflanzung

11 Neue Pflanzen ohne Früchte und Samen?
- a ◐ Erkläre, was man bei Pflanzen unter der ungeschlechtlichen Fortpflanzung versteht.
- b ○ Nenne verschiedene Formen der ungeschlechtlichen Fortpflanzung.

Einheimische Laub- und Nadelbäume

12 ◐ Begründe anhand der sichtbaren Merkmale des Baums, ob es sich um einen Laubbaum oder einen Nadelbaum handelt. → 7

7

13 ◐ Erkläre, warum Nadelbäume im Herbst ihre Blätter nicht abwerfen.

Nutzpflanzen

14 ○ Nenne fünf wichtige Nutzpflanzen und erkläre, wofür sie genutzt werden.

15 ◐ Begründe folgende Aussage: „Gräser ernähren die Menschheit.“

Lebensräume

Es gibt Wiesen, Parks, Wälder, Flüsse und Seen. Was macht einen Lebensraum aus? Und welche Tiere und Pflanzen leben dort?

Das Schneeglöckchen blüht schon, wenn der Schnee noch liegt. Wie gelingt ihm das? Wie kommen Pflanzen durch das Jahr?

Naturschutz ist in aller Munde. Aber was bedeutet Naturschutz genau? Und vor wem oder wovor muss die Natur geschützt werden?

Lebensräume überall

1 Eine Wiese im Sommer

An einem sonnigen Sommertag kannst du auf einer Wiese viele blühende Pflanzen sehen. Du hörst das Summen von Bienen und siehst Schmetterlinge. In einem Wald dagegen findet man andere Lebewesen. Wie ist dieser Unterschied zu erklären?

Die Wiese lebt • Die Pflanzen der Wiese wachsen unterschiedlich hoch. Einige reichen dir bis zur Hüfte. Die meisten jedoch sind niedriger und bedecken den Boden der Wiese vollständig. Schmetterlinge und Bienen ernähren sich vom Nektar der Blüten. Zwischen manchen Pflanzen der Wiese haben Spinnen Netze gespannt und warten auf Beute. Nebenan zirpt der Grashüpfer. → 2 Marienkäfer ernähren sich von Blattläusen und anderen Insekten.

Lebensbedingungen in der Wiese • Wenn du in die Wiese hineingehst, spürst du die warme Luft über den Pflanzen. Zwischen den Pflanzen nimmt die Temperatur deutlich ab. Am Boden der Wiese ist es kühl. Die Pflanzen der Wiese wachsen so dicht, dass das Sonnenlicht und der Wind den Erdboden nicht erreichen können. Deshalb ist die Wiese am Boden feuchter, was für Schnecken und Regenwürmer überlebenswichtig ist.

2 Der Gemeine Grashüpfer

der Lebensraum
der ökologische Faktor

Ein kühler Wald • Ein kurzes Stück neben der Wiese beginnt ein kleiner Buchenwald. → 3 Wenn du hineingehst, fällt dir sofort ein Unterschied auf: Im Wald ist es auch im Sommer kühl. Die Bäume sorgen für Schatten. Nur wenig Sonnenlicht gelangt durch die Blätter der Bäume. Darum ist der Boden des Waldes nicht vollständig bewachsen. Er ist deutlich feuchter als der Boden der Wiese.
Im Wald leben andere Tiere als auf der Wiese. Man findet zum Beispiel Vögel und Rehe, aber kaum Schmetterlinge.

Ökologische Faktoren • Die Wiese und der Wald stellen unterschiedliche Lebensräume dar. Sie unterscheiden sich durch die Temperatur, das Sonnenlicht und die Feuchtigkeit im Boden. Diese bestimmen die Lebensbedingungen für Lebewesen und werden ökologische Faktoren genannt. Die ökologischen Faktoren können durch bestimmte Symbole gekennzeichnet werden. → 4 Pflanzen und Tiere sind an diese Lebensbedingungen angepasst. In anderen Lebensräumen könnten sie nicht zurechtkommen. Tiere können außerdem nur dort leben, wo sie auch Nahrung finden. In unterschiedlichen Lebensräumen findet man daher verschiedene Lebewesen.

Viele Lebensräume • Es gibt noch viele weitere Lebensräume, die sich durch ökologische Faktoren unterscheiden. Zum Beispiel: der See, die Hecke, der Garten, das Wattenmeer oder auch euer Schulhof.

3 Der Buchenwald

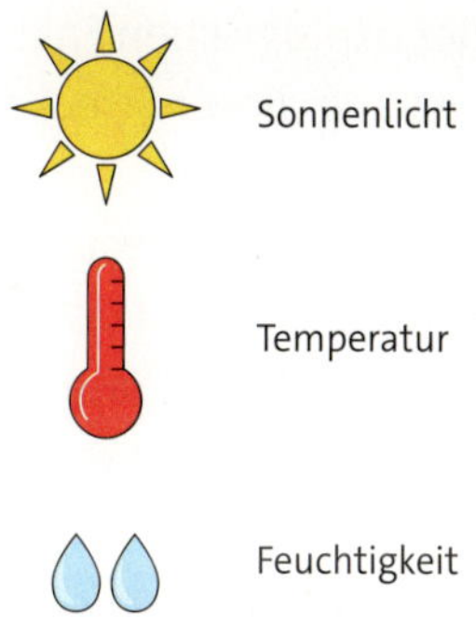

4 Die wichtigsten ökologischen Faktoren

Lebensräume sind durch ökologische Faktoren wie Temperatur, Sonnenlicht und Feuchtigkeit gekennzeichnet. Pflanzen und Tiere sind an diese ökologischen Faktoren angepasst.

Aufgaben

1 Beschreibe die ökologischen Faktoren Sonnenlicht, Temperatur und Feuchtigkeit für die Wiese.

2 Vergleiche die ökologischen Faktoren von Wiese und Wald.

Lebensräume überall

Material A

So misst man die ökologischen Faktoren

In unterschiedlichen Lebensräumen unterscheiden sich auch die Temperatur, die Feuchtigkeit und das Sonnenlicht. Dies lässt sich am besten am Übergang zweier verschiedener Lebensräume messen, zum Beispiel beim Übergang von einer Wiese zu einem Wald.

Materialliste: Thermometer, Messgerät für die Bodenfeuchtigkeit, Messgerät für die Helligkeit (Luxmeter), Bindfaden (30 Meter), Schreibmaterial

1 Suche eine Strecke, an der man gut von einer hellen Wiese in den dunklen Wald gelangen kann. Markiere diese Strecke mit dem Bindfaden. Der Anfang des Bindfadens soll auf der Wiese liegen, das Ende des Bindfadens im Wald.
   a ▢ Zeichne die Strecke des Untersuchungsgebiets auf ein DIN-A4-Blatt.
   b ◪ Stelle eine Vermutung über die Veränderungen der ökologischen Faktoren entlang dieser Strecke an.

2 Halte bei der Messung der Temperatur und der Helligkeit die Messgeräte in etwa 1 Meter Abstand vom Boden. Stecke bei der Messung der Bodenfeuchtigkeit den Messfühler etwa 5 Zentimeter in den Boden.
   a ▢ Miss im Abstand von 5 Metern die Temperatur, die Bodenfeuchtigkeit und die Helligkeit.
   b ◪ Ordne den höchsten Messwerten das oberste Symbol zu, dem niedrigsten das unterste und allen anderen Messwerten das mittlere Symbol. → 1
   c ▢ Übertrage die Symbole in die Skizze.

3 ▢ Nenne jeweils den höchsten und niedrigsten Messwert für die Temperatur, die Feuchtigkeit und die Helligkeit.

4 ◪ Stelle deine genauen Messergebnisse in einem Säulendiagramm dar.

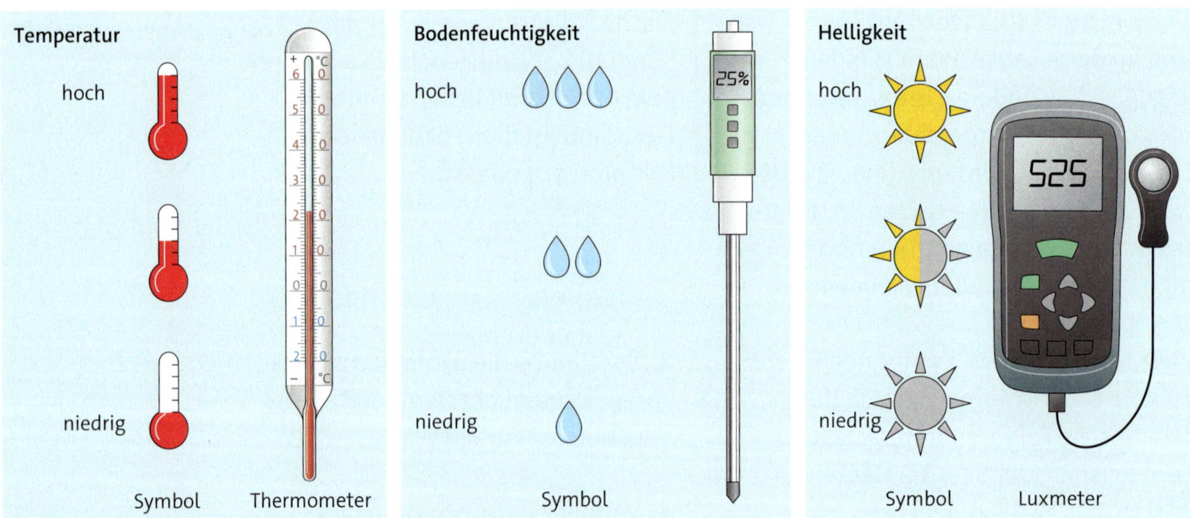

1 Ökologische Faktoren, Symbole und Messinstrumente

Material B

Lebewesen in der Wiese

Materialliste: Bestimmungsbücher für Pflanzen und Tiere, Becherlupe, Schreibmaterial, Fernglas

Achtung • Behandle die Tiere vorsichtig. Bringe sie wieder ins Freie!

1 Bestimme vor Ort die Namen der Lebewesen mithilfe der Bestimmungsbücher. Benutze für die Bestimmung von Insekten und anderen Kleintieren eine Becherlupe. Verwende für die Bestimmung von Vögeln ein Fernglas.

a ◐ Bestimme zwei Kleintiere, drei Vögel und fünf Pflanzen.

b ◐ Gib an, wie häufig du die verschiedenen Tier- und Pflanzenarten gesehen hast.

Material C

Waldausstellung

Materialliste: Sammelbehälter, Schreibmaterial

1 Bildet Gruppen. Sammelt verschiedene Dinge im Wald. → 2 Dafür habt ihr 15 Minuten Zeit.

Nehmt die gesammelten Gegenstände für eine Ausstellung mit in den Klassenraum. Direkt nach der Sammlung der Gegenstände können ihre Merkmale mit dem begleitenden Lehrer besprochen werden.

a ○ Beschriftet die gesammelten Gegenstände auf einem DIN-A4-Blatt. Notiert zu jedem gesammelten Gegenstand das Datum, den Fundort sowie einen erklärenden Text. → 2

b ◐ Erstellt aus den gesammelten Gegenständen eine attraktive Ausstellung.

c ● Zeichnet einen der gesammelten Gegenstände und beschreibt euren Fund für einen Ausstellungskatalog.

2 Fundstücke aus dem Wald und ihre Darstellung

Methode

Ein Herbar anlegen

Viele Menschen sammeln Pflanzen, Tiere oder Teile von ihnen, um die Natur besser erforschen zu können. Eine Sammlung von Pflanzen oder ihren Blättern nennt man Herbar.

1. Sammeln Sammle Blätter in einzelnen Plastiktüten. → 1 Schreibe alle Funddaten auf.

2. Bestimmen Bestimme die gesammelten Blätter. Schreibe die Namen der Pflanze auf einen Notizzettel.

3. Trocknen und Pressen Lege ein Pflanzenblatt zwischen zwei Löschblätter und mit dem zugehörigen Notizzettel in eine Zeitung. → 2 Nach mehreren Lagen Zeitungspapier folgt das nächste Blatt. Beschwere den Stapel Zeitungspapier mit Büchern. Lass die Blätter eine Woche lang trocknen.

4. Aufbewahren Klebe die getrockneten Blätter auf festes Papier. → 3 Übertrage die Informationen des Notizzettels. Hefte die Bögen in Klarsichthüllen in einem Ordner ab.

1 Blätter sammeln

2 Pressen und Trocknen

3 Anlegen eines Herbars

Aufgaben

1 ○ Beschreibe die Vorgehensweise beim Anlegen eines Herbars.

2 ◐ Erkläre, weshalb die Pflanzenteile vor dem Aufkleben getrocknet werden müssen.

3 ● Lege ein Herbar aus mindestens sechs verschiedenen Laubblättern an.

Erweitern und Vertiefen

Die Streuobstwiese

4 Die Streuobstwiese

5 Lebensraum Streuobstwiese

Obst und Wiese • Birnen, Äpfel oder Kirschen sind beliebte Nahrungsmittel. Dieses Obst wird heute zumeist in Plantagen angebaut. Hier stehen niedrig wachsende Bäume einer einzigen Art sehr dicht nebeneinander. Bei einer anderen, früher häufigen Art des Obstanbaus werden hoch wachsende Bäume unterschiedlicher Arten genutzt. Sie wachsen in größerem Abstand voneinander auf einer Wiese. Neben der Obsterzeugung kann die Wiese als Tierweide oder zur Heuerzeugung genutzt werden. → 4 Diese Art des Obstanbaus wird Streuobstwiese genannt, weil die Obstbäume verstreut stehen. Die Bäume sind unempfindlicher gegenüber Krankheiten und Wetterschwankungen. Auf Pflanzenschutzmittel und Düngemittel kann, im Gegensatz zu den Plantagen, so gut wie verzichtet werden. Auch der Ertrag an Obst ist insgesamt gesehen höher.

Lebensraum • Die Wiese sowie der Stamm und die Krone der Bäume bieten vielfältige Lebensmöglichkeiten für unterschiedliche Tiere. → 5 Eine Streuobstwiese gehört zu den artenreichsten Lebensräumen in Mitteleuropa und sollte daher besonders geschützt werden. Heute wird ihre Anpflanzung vom Staat gefördert. Streuobstwiesen sind in Süddeutschland ein wichtiger Bestandteil der Landschaft.

Aufgaben

1 ◐ Vergleiche in einer Tabelle Obstbaumplantagen mit Streuobstwiesen.

Plantage	Streuobstwiese
viele kleine Bäume	wenige große Bäume
...	...

2 ● Erkläre, warum Streuobstwiesen geschützt werden sollten.

Nahrungsbeziehungen im Wald

1 Rotfuchs mit Beute

Der Rotfuchs lebt vorwiegend im Wald. Er jagt aber auch am Waldrand und in menschlichen Siedlungen. Seine Hauptbeute sind Mäuse. Im Wald leben auch noch andere Tiere. Wie ernähren sie sich?

Der Fuchs ist ein Jäger • In der Dämmerung und nachts durchstreifen Füchse ihr Revier. Sie jagen fast immer allein. Ihre bevorzugten Beutetiere sind kleiner als sie selbst. Sie durchsuchen jedes Dickicht und warten vor Mauselöchern. Hat ein Fuchs eine Maus gesehen, so springt er auf sie. Er drückt sie mit den Vorderläufen zu Boden und tötet sie mit einem Biss. Füchse ernähren sich nicht nur von Mäusen. Auch Kaninchen, manchmal Vögel und auch Regenwürmer gehören zu ihrer Beute. Füchse sind vor allem Fleischfresser. Im Sommer und im Herbst fressen sie aber auch Beeren und Früchte. Füchse haben kaum natürliche Feinde. Jungfüchse fallen allerdings manchmal Uhus oder einem Luchs zum Opfer.

Rote Mäuse • Der Name der Rötelmaus leitet sich von der rötlichen Fellfärbung der Tiere ab. → 2 Sie leben im

2 Die Rötelmaus

die **Nahrungskette**
das **Nahrungsnetz**

Wald in großen Gruppen in unterirdischen Bauen. Rötelmäuse fressen Gräser, Kräuter, Früchte und Samen wie Bucheckern, Haselnüsse oder Eicheln. Sie sind Nagetiere und gehören zu den Pflanzenfressern. Außer von den Füchsen werden die Rötelmäuse im Wald noch von Mardern, Luchsen und Eulen gejagt.

Nahrungsbeziehungen • Pflanzen oder Bucheckern dienen der Rötelmaus als Nahrung. Die Maus selbst wird vom Fuchs gefressen. Die Nahrungsbeziehungen zwischen Bucheckern, der Rötelmaus und dem Fuchs lassen sich als Kette darstellen. Eine solche Kette wird als Nahrungskette bezeichnet. → 3 Andere Lebewesen im Wald bilden weitere Nahrungsketten.

Nahrungsnetz • Eine Rötelmaus frisst nicht nur Bucheckern, sondern auch andere Pflanzen, die Bestandteil anderer Nahrungsketten sind. Der Fuchs frisst auch noch andere Tiere, sodass die Nahrungsketten in einem Wald miteinander verbunden sind. Stellt man die verbundenen Nahrungsketten grafisch dar, ergibt sich ein Netz. Die Nahrungsbeziehungen in einem Wald bilden ein Nahrungsnetz. → 4

Pflanzen, Pflanzenfresser und Fleischfresser im Wald bilden Nahrungsketten. Die Nahrungsketten sind miteinander verbunden, sodass ein Nahrungsnetz entsteht.

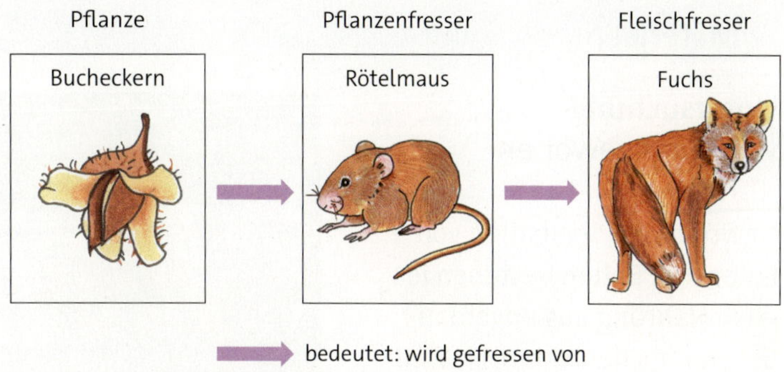

3 Nahrungskette im Wald

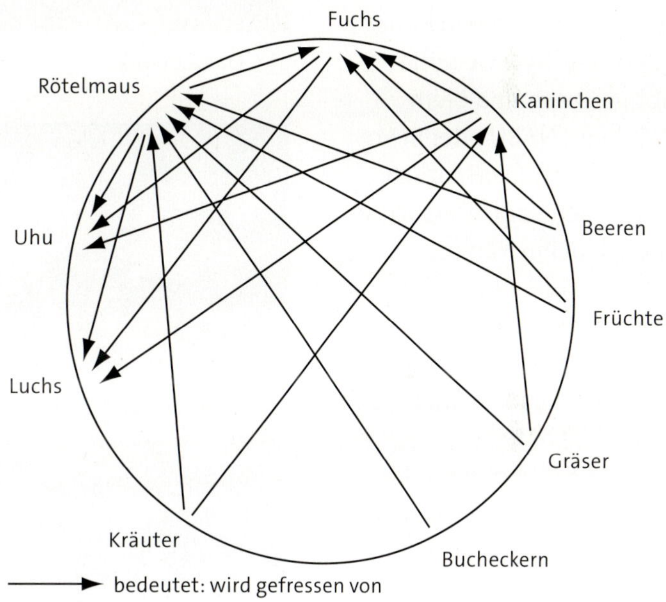

4 Nahrungsnetz im Wald

Aufgaben

1 Zeichne mithilfe der Lebewesen aus Bild 4 drei Nahrungsketten. Beschreibe anschließend diese Nahrungsketten.

2 Erkläre den Unterschied zwischen Nahrungskette und Nahrungsnetz.

Nahrungsbeziehungen im Wald

Material A

Untersuchung von Eulengewöllen

Gewölle sind Speiballen von Eulen. Die Ballen bestehen je nach Nahrung aus unverdaulichen Knochenresten, Haaren oder Federn. → 1

Achtung • Zur Untersuchung werden keimfreie Gewölle benötigt. Diese sind beim BUND, beim NABU oder in Vogelschutzzentren erhältlich. Wasche nach der Untersuchung gründlich deine Hände.

Materialliste: Gewölle, Pinzette, Präpariernadel, Pinsel, Lupe, Zeichenkarton, Klebstoff

1 Zupfe die Gewölle mit Pinzette und Präpariernadel vorsichtig auseinander. Entferne mit dem Pinsel Haare und Schmutzteilchen.
◐ Bestimme die im Gewölle enthaltenen Kleinsäuger anhand ihrer Unterkiefer. → 2

2 Sortiere die Knochen nach Größe und Form.

3 Lege die Knochen zu einem Skelett zusammen. Klebe sie auf Zeichenkarton. → 3
○ Beschrifte das Skelett.

1 Das Gewölle

2 Unterkiefer von Spitzmaus, Ratte und Wühlmaus

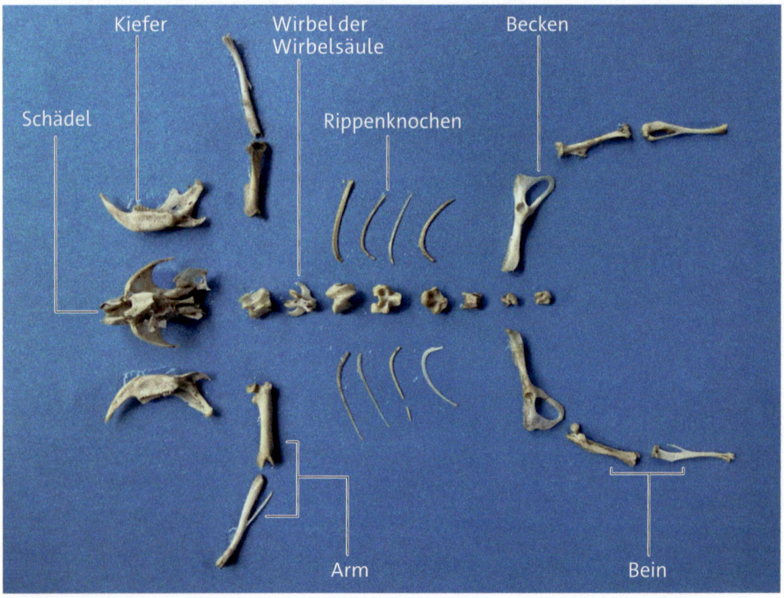

3 So könnte das Ergebnis einer Gewölleuntersuchung aussehen.

Material B

Wer hat an der Nuss gefressen?

Haselsträucher sind in der Natur regelmäßig an Waldrändern zu finden. Häufig werden sie in Hecken gepflanzt, oft auch an Schulhöfen. Die Früchte, die Haselnüsse, schmecken nicht nur dem Menschen. Auch vielen Tieren wie Mäusen, Vögeln oder Insekten dienen sie als Nahrung. Für das „Knacken" der Nüsse haben die Tiere unterschiedliche Techniken. Anhand der Fraßspuren kann man erkennen, welches Tier an der Nuss gefressen hat.

4 Der Haselstrauch

Materialliste: gesammelte Haselnüsse, Tierabbildungen aus Bestimmungsbüchern, Zeichenkarton, Stifte

1 Untersuche die Haselnüsse nach Fraßspuren. Sortiere die angefressenen Nüsse heraus.
Bestimme, wer an den Nüssen gefressen hat.
→ 5 – 9

2 Klebe die Nüsse mit einem Bild des passenden Tiers auf Zeichenkarton.
Beschrifte dein Ergebnis.

3 Stellt eure Ergebnisse in einer Ausstellung vor.

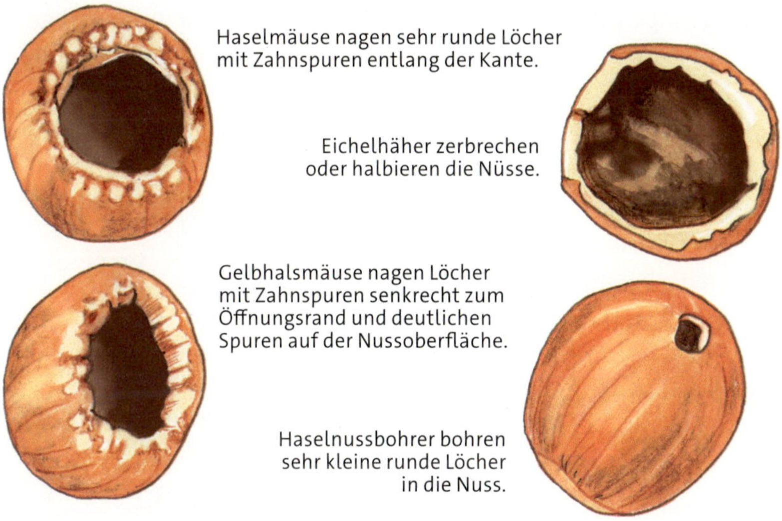

5 Fraßspuren an Haselnüssen

6 Die Haselmaus

7 Der Eichelhäher

8 Die Gelbhalsmaus

9 Der Haselnussbohrer

Pflanzen im Jahresverlauf

1 Die Rotbuche im Jahresverlauf

Die Rotbuche verändert ihr Aussehen im Lauf eines Jahrs deutlich. Im Frühjahr wachsen Blüten und Blätter. Ihre Früchte, die Bucheckern, findet man nur im Herbst. Im Winter trägt die Rotbuche keine Blätter. Welche Ursachen sind für diese Veränderungen verantwortlich?

Frühjahr • Eine Rotbuche bildet im Frühjahr die ersten Blätter und Seitenzweige. Dazu transportiert der Baum Wasser und die in den Wurzeln gespeicherten Nährstoffe in die Zweige. Rotbuchen können bis zu 45 Meter hoch werden können und lieben Wärme. Der Austrieb der Blätter erfolgt daher erst spät im Jahr. Zum gleichen Zeitpunkt werden auch Blüten gebildet. Nach der Befruchtung wachsen daraus die Früchte.

Sommer • Während der warmen Jahreszeiten betreibt die Rotbuche in ihren Blättern mithilfe des Sonnenlichts Fotosynthese. Dazu wird Wasser durch die Wurzeln und den Stamm bis zu den Blättern transportiert. Über die Blätter wird Wasserdampf nach außen abgegeben. Der gewonnene Traubenzucker wird für das Wachstum der Bucheckern verwendet. → 2

2 Buchecker im Sommer und im Herbst

Herbst und Winter • Im Herbst wird die Fotosynthese eingestellt. Die Blätter verfärben sich. Die Bucheckern werden abgeworfen, später auch die Blätter. → 2 Im Winter kann das Wasser im Boden gefrieren. Der Baum kann kein Wasser mehr aufnehmen. Dies ist vorteilhaft, weil das Wasser gefrieren und so den Stamm zerstören könnte. Bei steigenden Temperaturen im Frühjahr beginnt der Kreislauf erneut.

Buchen im Wald • Im Buchenwald stehen die Bäume dicht nebeneinander. Sie bilden im Sommer ein geschlossenes Kronendach, das nur wenig Licht bis zum Boden dringen lässt. Hohe Buchen haben wegen des Lichtmangels im unteren Stammbereich keine Seitenzweige. Der Lichtmangel sorgt auch dafür, dass im Sommer in einem Buchenwald kaum Bodenbewuchs zu sehen ist.
Im Frühjahr zeigt sich dagegen ein anderes Bild. → 3 Viele Pflanzen wie Schneeglöckchen und Schlüsselblumen wachsen am Boden. → 4 5 Sie blühen und bilden in kurzer Zeit Früchte. Sie wachsen im Frühjahr schnell, weil sie mit Zwiebeln oder Knollen überwintern, die viele Nährstoffe enthalten. Weil diese Pflanzen früh im Jahr blühen, werden sie auch Frühblüher genannt. Im Sommer sind nur noch Reste von ihnen zu finden. Die Buchen haben im Frühjahr ihre Blätter noch nicht vollständig ausgebildet. Deshalb fällt im Frühjahr im Gegensatz zum Sommer genug Licht für die Frühblüher auf den Boden.

3 Frühblüher im Buchenwald

4 Das Schneeglöckchen

5 Die Schlüsselblume

Laubbäume werfen im Herbst ihre Blätter ab. Die Buche braucht im Frühjahr lange Zeit um neue Blätter zu bilden. Deshalb wachsen im Frühjahr im Buchenwald Frühblüher. Im Sommer betreibt die Buche Fotosynthese.

Aufgaben

1 Beschreibe und erkläre das Aussehen der Rotbuche im Jahresverlauf. → 1

2 Erläutere, dass Frühblüher im Buchenwald nur im Frühjahr wachsen können.

Pflanzen im Jahresverlauf

Material A

Wie Pflanzen überwintern

Bei Pflanzen lassen sich verschiedene Überwinterungsformen unterscheiden.
Bäume und Sträucher (Gehölze) tragen Knospen meist höher als 50 Zentimeter über dem Erdboden.
Andere Pflanzen besitzen Speicherorgane. Das Maiglöckchen überwintert mit unterirdisch verlaufenden Erdsprossen, der Krokus mit Knollen.
Beim Klatschmohn stirbt die Pflanze ab. Nur die Samen im Boden überstehen den Winter.

1 Überwinterungsformen

1 ○ Beschreibe wie die abgebildeten Pflanzen überwintern. → 1 2

2 ● Erläutere die Vorteile, die die Überwinterungsform B und C jeweils für die Pflanze hat.

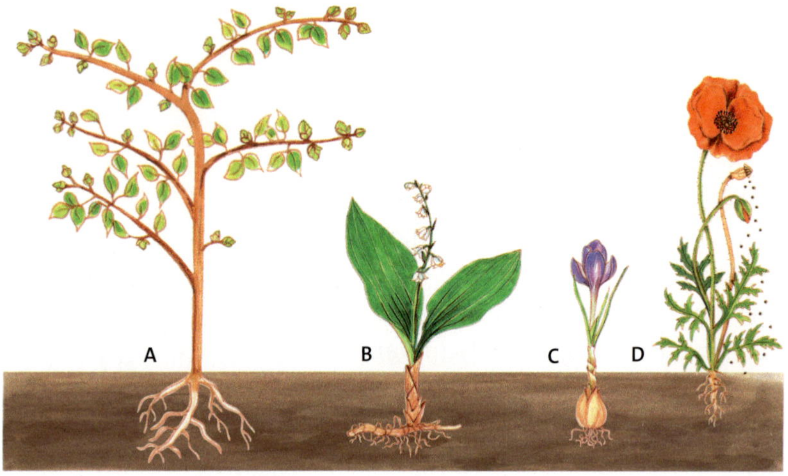

2 Gehölz, Maiglöckchen, Krokus und Mohn

Material B

Überwinterung und Standort

1 ○ Beschreibe, wie Pflanzen den Winter überstehen. → 3

2 ◐ Erkläre die Angepasstheit von Märzenbecher und Schlüsselblume an ihren Standort.

3 ● Erläutere, weshalb der Ackersenf nicht im Buchenwald wachsen kann.

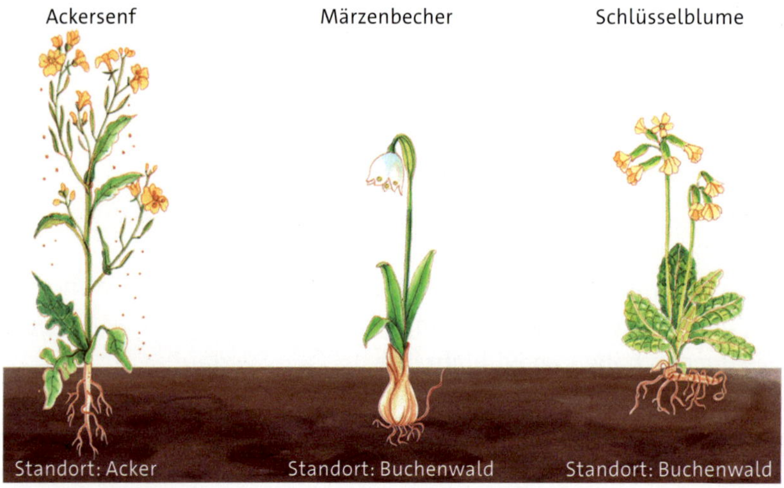

3 Überwinterung verschiedener Pflanzen

Material C

Frühblüher im Buchenwald

1 Beschreibe den Lichteinfall am Boden eines Laubwalds im Jahresverlauf mithilfe der roten Kurve. → 4

2 Erkläre die Veränderung des Lichteinfalls am Waldboden.

3 Beschreibe den Jahreslauf und die Blütezeit des Scharbockskrauts, des Buschwindröschens und der Rotbuche.

4 Begründe, dass das Scharbockskraut und das Buschwindröschen zu den Frühblühern gezählt werden.

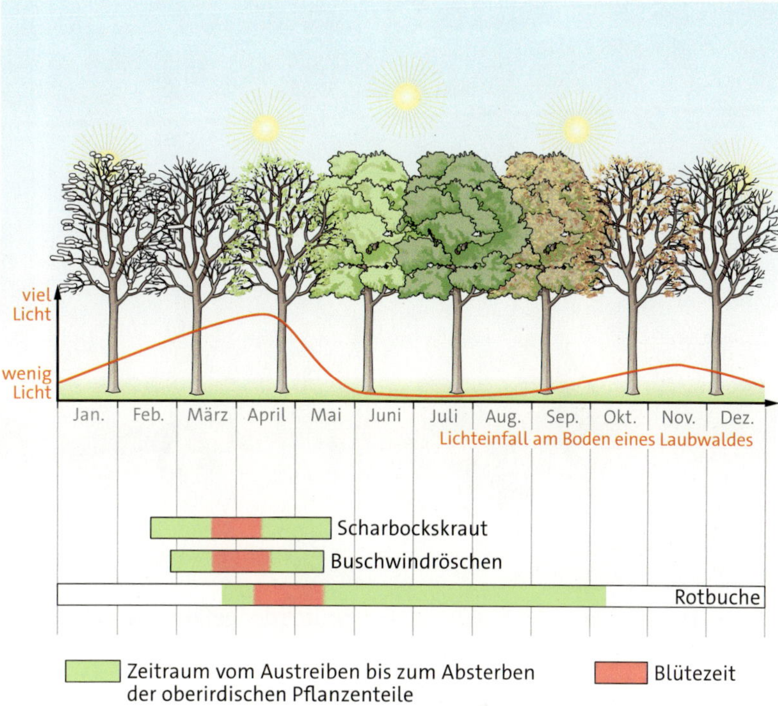

4 Licht und Pflanzenwachstum im Laubwald

Material D

Wasser in der Pflanze

Pflanzen nehmen Wasser aus dem Boden auf. Was passiert mit dem aufgenommenen Wasser?

1 Beschreibe den Versuch und sein Ergebnis. → 5

2 Erkläre das Ergebnis.

3 Erkläre, weshalb Laubbäume in unseren Wäldern im Winter keine Blätter haben.

5 Was passiert mit dem Wasser in der Pflanze?

Natur schützen

1 Im Naturschutzgebiet Taubergießen brütet der gefährdete Eisvogel.

In Baden-Württemberg leben nur noch wenige Brutpaare des Eisvogels. Er gilt als gefährdet. Welche Gründe gibt es dafür? Was kann dagegen getan werden?

Gefahr durch den Menschen • Der Eisvogel braucht sehr sauberes Wasser, wie es in naturnahen Bächen, Flüssen und Seen zu finden ist. → 1 Nur so kann er kleine Fische jagen und natürliche Steilwände für die Anlage seiner Brutröhren finden. Durch Eingriffe des Menschen ist der Bestand des Eisvogels stark zurückgegangen. Beispiele für die Eingriffe sind die Verbauung von Flüssen, Gewässerverschmutzung, Störungen an den Brutplätzen durch Boote und Beseitigung von Brutplätzen.

Naturschutz • Um bedrohten Tieren und Pflanzen zu helfen, müssen die Ursachen ihrer Bedrohung beseitigt und ihr Lebensraum geschützt werden. Das ist Aufgabe des Naturschutzes. Seit 1921 werden dafür Naturschutzgebiete eingerichtet. In Baden-Württemberg gibt es mehr als 1000 Naturschutzgebiete. → 2

2 Schild für ein Naturschutzgebiet

der **Naturschutz**
die **Rote Liste**

Rote Liste • Eine wichtige Grundlage für die Naturschutzplanung ist die Rote Liste der gefährdeten Tier- und Pflanzenarten. Hier werden für alle Arten der Gefährdungsgrad und die Ursachen dafür aufgelistet.

Artenschutz • Kümmert man sich besonders um den Schutz bestimmter Tier- oder Pflanzenarten, spricht man auch vom Artenschutz. Durch Maßnahmen wie das Angebot von Kunstnestern oder die Anlage von Kleingewässern kann dem Fischadler oder dem Laubfrosch gezielt geholfen werden. → [3]

Biotopschutz • Der Biotopschutz beschäftigt sich mit dem Schutz ganzer Lebensräume. Vom Schutz und der Pflege einer Orchideenwiese profitieren dort wachsende Pflanzenarten und viele Insekten. → [4] Der Eisvogel und viele andere Tierarten profitieren von der Wiederherstellung naturnaher Lebensräume. → [1]

Naturschutzverbände • In Deutschland setzen sich viele Menschen ehrenamtlich für den Naturschutz ein. Die größten Naturschutzverbände sind der Naturschutzbund (NABU) und der Bund für Umwelt und Naturschutz (BUND).

Durch Eingriffe des Menschen sind viele Tier- und Pflanzenarten und ihre Lebensräume bedroht. Um zu helfen, müssen die Ursachen ihrer Bedrohung beseitigt werden.

[3] Gefährdete Tiere: Fischadler und Laubfrosch

[4] Gefährdeter Lebensraum: Orchideenwiese

Aufgaben

1 ○ Nenne Gründe für die Gefährdung des Eisvogels.

2 ◐ Beschreibe die Aufgabe der Roten Liste.

3 ◐ Nenne Maßnahmen, die Eisvogel, Fischadler und Laubfrosch helfen.

Material A

Nisthilfe für Insekten

Achtung • Tragt beim Sägen, Bohren und Behauen Handschuhe und Schutzbrille. Spannt Werkstücke fest ein.

Materialliste: für jede Gruppe: 2 Bretter (15 cm × 8 cm × 1,8 cm), 2 Bretter (11,4 cm × 8 cm × 1,8 cm), Nägel, Schrauben (5 mm × 50 mm), Hammer, Säge, Bohrer (6 mm), Fichtenzapfen, Holunderäste, Hartholz, Klinker mit kleinen Löchern (bis 10 mm), Lehm, Schraubstock; für die Klasse: 2 Seitenbretter (100 cm × 14 cm × 2,4 cm), 2 Bretter für Boden und Dach (61 cm × 14 cm × 2,4 cm), Rückwand (65,5 cm × 67,5 cm), Hasendraht

1 Verbindet die ersten vier Bretter mit Nägeln zu einem „Zimmer".

2 Befüllt das Zimmer mit einer dieser Möglichkeiten:
- Naturholzzimmer: Sägt die Naturholzstücke auf 8 cm Länge ab. Bohrt Löcher ungefähr 5 cm tief hinein. Fügt die Holzstücke dicht in das Zimmer ein.
- Pflanzenstängelzimmer: Schneidet Holunderäste auf 8 cm Länge ab. Höhlt einige Stängel mithilfe eines Bohrers aus. Steckt die Stängel dicht in das Zimmer.
- Zapfenzimmer: Befüllt das Zimmer mit Fichtenzapfen.
- Steinzimmer: Behaut einen Klinkerstein auf Zimmergröße und fügt ihn ein. Füllt die Löcher mit Lehm.

3 Ordnet die Zimmer nebeneinander und übereinander an. So entsteht ein „Hotel" mit 16 Zimmern. → 1 Schraubt die Seitenbretter und das Bodenbrett zusammen. Setzt das Dach schräg ein. Schraubt die Rückwand an.

4 Verschließt das „Insektenhotel" zum Schutz mit Hasendraht.

1 Selbstgebautes „Insektenhotel"

2 Bewohner ziehen ein.

Material B

Vom Rasen zur Wiese

Habt ihr schon einmal die Entstehung eines neuen Lebensraums beobachtet?

Materialliste: Rasensamen, Wildblumenrasenmischung, 2 Flächen im Schulgarten oder 2 Blumenkästen, Gartenerde, Sand

1 ○ Sät auf zwei gleich großen Flächen im Schulgarten jeweils eine Rasenmischung und eine Wildblumenrasenmischung aus. Ihr könnt den Versuch auch in zwei Blumenkästen durchführen. Verwendet dafür Gartenerde, die ihr mit etwas Sand gemischt habt. Haltet den Boden gleichmäßig feucht.

2 ◐ Erstellt ein Beobachtungsprotokoll. Fertigt in den nächsten Tagen und Wochen Fotos von den verschiedenen Entwicklungsstadien an und fügt sie in das Protokoll ein.

3 ● Beschreibt die Wirkung der Düngung auf die Artenzahl von Pflanzen und Tieren in der Wiese. → 4

3 Die Wildblumenwiese

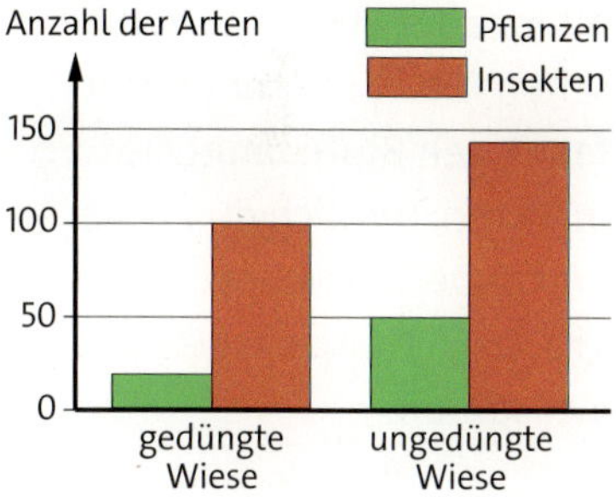

4 Anzahl der Arten

Material C

Raum für Insekten oder Fußbälle?

Ihr habt die Idee, einen Teil der Rasenfläche der Schule in eine Wildblumenwiese umzuwandeln. Aber manche Mitglieder eurer Klasse möchten lieber einen Fußballrasen.

1 ● Sammelt Argumente, die für oder gegen die Anlage einer Wildblumenwiese sprechen. Notiert die Argumente auf Zetteln und ordnet sie in einer Tabelle an.

2 ◐ Tragt immer abwechselnd die Argumente für und gegen die Umwandlung des Rasens vor. Begründet dabei sorgfältig.

3 ● Versucht am Ende der Diskussion eine Lösung zu finden. Beide Gruppen sollen mit dem Vorschlag zufrieden sein.

5 Einen Lebensraum schaffen ...

6 ... oder doch lieber Fußball spielen?

Vielfalt in den Lebensräumen

Der Gelbe Frauenschuh • Diese einheimische Orchideenart findet man sehr selten, vor allem aber auf der Schwäbischen Alb. Mit ihrer pantoffelartigen Blüte fängt sie Insekten, um sich durch sie bestäuben zu lassen. Ihr erstes grünes Blatt wächst erst nach vier Jahren.

Der Rundblättrige Sonnentau • Diese kleine fleischfressende Pflanze wächst auf Torfböden der Moore im Alpenvorland und im Schwarzwald. Insekten bleiben an den klebrigen Tropfen hängen, die wie Tau aussehen. Der Sonnentau steht unter Naturschutz.

Die Französische Goldrenette • Bei diesem Winterapfel handelt es sich um eine Sorte, die sich lange lagern lässt. Sie stammt ursprünglich aus Frankreich. Ohne Düngung, Pflege und Beschnitt bleiben ihre Äpfel klein. Sie war die Streuobstsorte des Jahrs 2014 in Baden-Württemberg.

Die Paulsbirne • Diese häufig als Kochbirne verwendete Streuobstsorte ist heute vor allem noch in Baden-Württemberg zu finden. Sie wurde dort zur Streuobstsorte des Jahrs 2013 gewählt. Ihr Baum ist recht anspruchslos und kann sehr alt werden.

Der Jura-Streifenfarn • Er gehört zu den einheimischen Farnarten und wird 5–20 cm groß. Er ist in Deutschland sehr selten. Man findet ihn zum Beispiel auf der Schwäbischen Alb. Dort wächst er auf feuchten, kalkhaltigen Felsen und Mauern.

Das Frauenhaarmoos • Es kommt häufig in Nadel- und Mischwäldern vor und besitzt sternchenfömige Blättchen. In großen Polstern überzieht es den Waldboden. Wegen seiner guten Zugfestigkeit wurden im Mittelalter daraus Mooszöpfe geflochten. Sie wurden als Schiffstaue genutzt.

7

Der Europäische Luchs • Er ist Europas größte Raubkatze. Vor 200 Jahren wurde der Luchs fast vollständig ausgerottet. Heute lebt er auch wieder im Schwarzwald. Für seine Streifzüge benötigt er große Waldgebiete. Erkennen kann man ihn an den Haarpinseln auf seinen Ohrspitzen.

8

Das Auerhuhn • Das Auerhuhn lebt auf dem Boden und fliegt nur zum Schlafen auf Bäume. Zur Paarungszeit schlägt der Hahn mit seinen Schwanzfedern ein Rad, um den Hennen zu imponieren. Hahn und Henne sind unterschiedlich gefärbt. Diese seltenen Vögel leben im Schwarzwald.

9

Der Schwarzspecht • In Baden-Württemberg leben neun verschiedene Spechtarten. Die größte unter ihnen ist der Schwarzspecht. Er baut seine Bruthöhlen in die Stämme alter Bäume. Verlassene Spechthöhlen werden auch von anderen Tieren wie Fledermäusen genutzt.

10

Der Hirschkäfer • Die Männchen können bis zu 9 cm groß werden. Sie nutzen ihr „Geweih" während der Paarungszeit, um gegen Rivalen zu kämpfen. Die Weibchen legen Ihre Eier in morsche Laubbäume. Von der Eiablage bis zum vollständig entwickelten Käfer vergehen 5–7 Jahre.

11

Der Dachs • Er ist mit einer Länge von etwa 80 cm der größte heimische Vertreter der Familie der Marder. Er ist nachtaktiv und ein Allesfresser. Die Dachsburg mit vielen Gängen und Etagen wird auch schon mal von Füchsen und Wildkaninchen mitbewohnt.

12

Der Rothirsch • Obwohl er das Wappentier Baden-Württembergs ist, wird ihm nur 4 % der Landesfläche als Lebensraum zugestanden. Tiere, die diese Region verlassen, müssen bejagt werden. In der Brunftzeit hört man das laute Röhren der Hirsche schon von Weitem.

Zusammenfassung

Lebensräume überall • Tiere und Pflanzen haben Ansprüche an ihren Lebensraum. Die ökologischen Faktoren in einem Lebensraum bestimmen, welche Lebewesen dort leben können. Tiere und Pflanzen sind an ihren Lebensraum angepasst. → 1

1

Pflanzen im Jahresverlauf • Den Lauf der Jahreszeiten erleben wir nicht nur durch die Veränderung der Temperatur. Im Herbst werfen viele Pflanzen ihre Blätter ab, überdauern als Samen oder in ihren Überwinterungsformen. Im Frühjahr treiben sie neu aus. → 2

2

Nahrungsbeziehungen im Wald • Pflanzen sind die Nahrungsgrundlage für alle anderen Lebewesen. Pflanzenfresser ernähren sich von Pflanzen. Fleischfresser fressen Pflanzenfresser oder andere Fleischfresser. So ergibt sich eine Nahrungskette.
Die meisten Tiere fressen verschiedene andere Pflanzen oder Tiere. Dadurch sind die Nahrungsketten miteinander verbunden. Sie bilden ein Nahrungsnetz.

Natur schützen • Im Naturschutz werden Tiere und Pflanzen vor menschlichen Eingriffen geschützt. Die Rote Liste gibt Auskunft darüber, welche Tiere und Pflanzen gefährdet sind. Mit gezielten Maßnahmen kann das Überleben und die Ausbreitung dieser Arten unterstützt werden. → 3 Eine wichtige Rolle spielen auch der Schutz und die Pflege naturbelassener Lebensräume mit allen dort vorkommenden Pflanzen und Tieren.

3

Lebensräume untersuchen • Mithilfe von Bestimmungsbüchern kann man Tiere und Pflanzen bestimmen. Bei der Bestimmung kleiner Tiere ist eine Lupe hilfreich. Gepresste und getrocknete Pflanzen werden in einem Herbar aufbewahrt. Die Anwesenheit von Tieren kann man auch an ihren Spuren wie Gewöllen oder Fraßspuren erkennen.

Teste dich! (Lösungen auf Seite 356)

Lebensräume überall

1 ▢ Nenne verschiedene ökologische Faktoren.

2 ▢ Erkläre den Satz: „Pflanzen und Tiere sind an ihren Lebensraum angepasst."

3 ◐ Beschreibe, wie man die verschiedenen ökologischen Faktoren messen kann.

Nahrungsbeziehungen im Wald

4 ▢ Schreibe für jede Zeichnung die Nahrungsbeziehung der Lebewesen in deinem Heft auf (→ bedeutet: wird gefressen von). → 4

4

5 ◐ Erkläre die Begriffe Nahrungskette und Nahrungsnetz.

Pflanzen im Jahresverlauf

6 ◐ Beschreibe mithilfe von Bild 5 den Wassertransport, der in einem Baum im Sommer und im Winter abläuft.

5 Transportvorgänge in einem Baum

7 ◐ Nenne Gründe für den Laubfall im Herbst.

8 ◐ Erkläre, wieso auf dem Boden eines Laubwalds das meiste Licht im Frühjahr und im Herbst ankommt.

Natur schützen

9 ▢ Nenne drei Ursachen für die Gefährdung verschiedener Tiere.

10 ◐ Erkläre, wieso der Schutz einer Orchideenwiese sinnvoll ist.

11 ▢ Beschreibe Schutzmaßnahmen für zwei Tierarten.

Materialien trennen – Umwelt schützen

Was wird aus dem Müll, den wir täglich produzieren?

Welche Müllsorten gibt es und was kann man alles recyceln?

Gibt es Recycling auch in der Natur?

Müll – wertlos oder wertvoll?

1 Wenn die Müllabfuhr streikt ...

Unser Müll fällt eigentlich erst auf, wenn er nicht mehr abtransportiert wird. Dann quellen die Mülltonnen über, Müllsäcke liegen auf der Straße herum und es riecht sehr unangenehm. Was passiert mit den Bergen von Abfall, die wir täglich produzieren?

Hausmüll • Alle Materialien, die ein normaler Haushalt produziert und die durch die Müllabfuhr entsorgt werden, sind Hausmüll. In vielen Gemeinden gibt es Müll-Beratungsstellen. Dort kann man sich über die Entsorgung von Müll informieren. Denn nicht alles darf man über den Hausmüll entsorgen.

Früher und heute • Früher warf man den gesamten Müll in eine einzige Tonne. Die Müllabfuhr sammelte alles ein und lud den Inhalt auf großen Deponien ab. Dies ergab aber Umweltprobleme, z.B. Luft- und Wasserverschmutzung.
Man musste also umdenken. Heute legt man viel Wert auf Müllvermeidung, auf Mülltrennung und auf die Wiederverwertung der verschiedenen Materialien.

Aufgaben

1 ○ Erkläre, warum Müll gesammelt wird.

2 ○ Nenne die Grundsätze, nach denen ihr bei euch zuhause den Müll sortiert.

3 ◐ Beschreibe, welche Umweltprobleme die Müllmengen mit sich bringen.

der Hausmüll

Material A

Wie viel Müll entsteht in der Schule?

Auch in eurer Schule fällt sicherlich Müll an.

1 ○ Notiert gemeinsam, welche Arten von Müll im Klassenzimmer anfallen.

2 ○ Erkundigt euch beim Hausmeister, wie der Müll aus den Klassenzimmern entsorgt wird.

3 ◐ Berechnet die Müllmenge eurer Klasse pro Tag, pro Monat und pro Jahr.

4 ◐ Es gibt Unterrichtsräume, in denen besonderer Müll anfällt (Hauswirtschaft, Chemie, Technik). Fragt bei den Fachlehrern nach, welche Vorschriften es für die Müllsammlung gibt.

2 Wie wiegt man einen Müllsack?

5 ● Führt in eurer Schule ein Projekt durch: „Das Müllprojekt – unsere Schule soll sauberer werden!“
Teilt euch dazu die Arbeit auf: Bildet in eurer Klasse Gruppen, die nach Unterrichtsende den Pausenhof, die Gänge oder z. B. die Mensa nach Müll absuchen. Fotografiert den Müll und sammelt ihn ein. Erstellt mit den Fotos eine Präsentation für eure Schule und macht auf das Müllproblem aufmerksam. Sammelt innerhalb der Schule Vorschläge zur Verbesserung.

Material B

Müll im Ländervergleich

Jedes Land produziert unterschiedlich viel Müll. → 3

1 ◐ Berechne, wie viel Müll ein Einwohner Deutschlands pro Tag produziert.

2 ● Drücke in Zahlen möglichst deutlich aus, wie verschieden die Müllmenge pro Einwohner in Indien und in den USA ist.

3 ● Nenne mögliche Gründe für die großen Unterschiede.

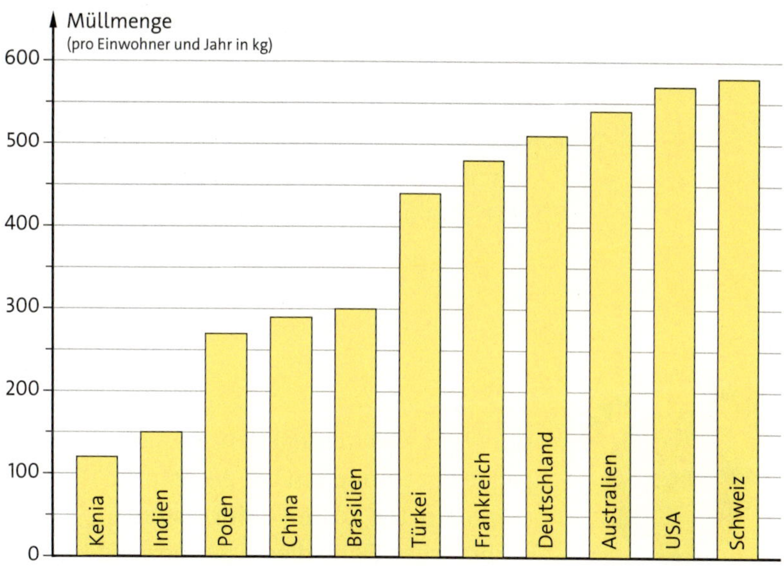

3 Müllmengen in verschiedenen Ländern

Müll trennen, Materialien sortieren

1 Jede Mülltonne hat eine bestimmte Farbe.

Wir produzieren viele verschiedene Arten von Müll. Bei uns in Deutschland wird der Müll daher schon zuhause vorsortiert und getrennt abgeholt.

Wertstoffe • Einen wichtigen Teil unseres Mülls bilden die sogenannten Wertstoffe. Pro Einwohner sind das etwa 32 kg im Jahr. Wertstoffe werden in Wertstofftonnen oder in „gelben Säcken“ gesammelt.
Alles, was den „Grünen Punkt“ trägt, gehört zu den Wertstoffen. → 2 Das können Joghurtbecher aus Kunststoff sein, aber auch Tetrapaks, die man als Milchverpackung kennt.
Seit 1991 gibt es dazu ein Gesetz. Es verpflichtet die Hersteller, die Verpackungen zurückzunehmen. Diese Aufgabe haben die Hersteller an Unternehmen weitergegeben, die sich gegen Bezahlung um die Wertstoffe kümmern. Die Kosten dafür trägt der Verbraucher. Denn dieser Betrag wird auf den Verkaufspreis aufgeschlagen.

2 Grüner Punkt

Papier • Mengenmäßig noch wichtiger ist der Müll aus Papier und Pappe. Oft gibt es dafür eine Papiertonne, teilweise aber auch Container oder Firmen, die das Altpapier einsammeln.
Bei Papier liegt der Anteil der Wiederverwertung (Recyclingquote) bei vorbildlichen 83 %. Beispielsweise stellt man Kartons zum großen Teil aus wiederverwertetem Papier her. Auch Zeitungen sind oft aus recyceltem Papier.

Glas • Glas lässt sich sehr gut wiederverwerten. Es wird farblich getrennt gesammelt, danach gründlich gereinigt und anschließend geschmolzen.
Dann kann es wieder zu Flaschen oder Gläsern geformt werden.

Metalle • Konservendosen gehören in den Wertstoffmüll. Elektroschrott wird getrennt gesammelt. Für große Metallabfälle gibt es den Schrotthändler oder den Wertstoffhof. Wertvolles Metall ist auch in Handys enthalten.

der Wertstoff
die Magnettrennung
das Auslesen
die Schwimmtrennung

Biomüll • Vor allem in der Küche und im Garten fällt Biomüll an. Auf dem Kompost verrotten diese Materialien vollständig. Da aber nicht jeder Haushalt einen Komposthaufen hat, gibt es in manchen Gemeinden Biotonnen. Deren Inhalt wird in große Kompostierungsanlagen gebracht.

Sperrmüll • In jedem Haushalt fällt auch Müll an, der zu sperrig für die Mülltonne ist. Dieser Sperrmüll wird mit speziellen Fahrzeugen eingesammelt, gepresst und dann in Trennanlagen sortiert oder verbrannt.

Problemmüll • Materialien, die bisher nicht genannt wurden, sind oft Sonderfälle. Dazu gehören Lacke und Batterien. Ihre Wiederverwertung ist sehr aufwendig und teilweise sogar unmöglich. Dennoch ist es besonders wichtig, sie sachgerecht zu entsorgen, da z. B. Energiesparlampen giftiges Quecksilber enthalten.

Trennverfahren • Materialien unterscheiden sich in ihren Eigenschaften und können anhand dieser Eigenschaften getrennt werden. Ein Beispiel ist die Magnettrennung. Dort zieht man magnetische Materialien mithilfe eines Magneten aus dem Gemisch heraus. Weitere Trennverfahren sind das Auslesen, die elektrische Leitfähigkeitsprüfung und die Schwimmtrennung.

Durch Mülltrennung können Rohstoffe wiederverwertet werden. Das spart Energie und Deponieraum.

3 Die „Gelbe Tonne" – was gehört hinein?

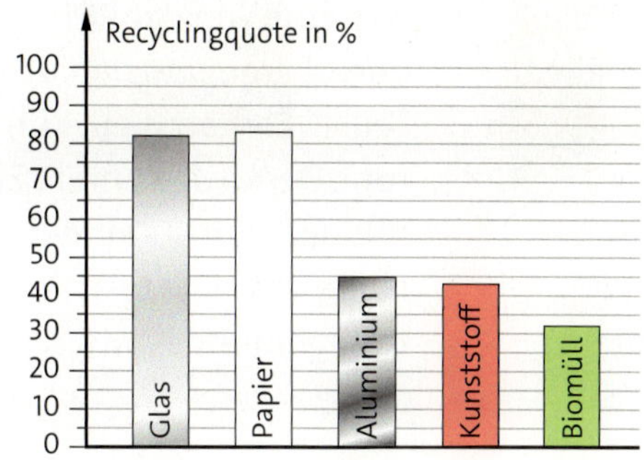

4 Recyclingquote nach Material

Aufgaben

1 ○ Nenne für jede Müllsorte zwei Beispiele.

2 ◔ Erstelle eine Tabelle zu den Müllsorten und sortiere folgende Gegenstände ein: Metalldeckel, Joghurtbecher, benutztes Papiertaschentuch, Filzstift, verschimmeltes Brot, altes Fieberthermometer, eingetrocknete Wandfarbe, Zeitung, Katalog. Ergänze die Tabelle mit eigenen Ideen.

3 ● Begründe, warum Müllvermeidung besser ist als Müllrecycling.

Müll trennen, Materialien sortieren

Material A

Mülltrennung im Versuch

Stellt in großen Bechergläsern „Müllgemische“ her: viele Stückchen von Papier, Radiergummi, Büroklammern, Steine, Holz, Sand, Sägespäne ...

1 ◐ Notiert in einer Tabelle, welche Eigenschaften die verschiedenen Materialien jeweils haben.

2 ◐ Überlegt euch verschiedene Trennmethoden. Trennt die Müllgemische.

Material B

Einen Windsichter bauen

Materialliste: Schutzbrille, Handschuhe, große PET-Flasche, Schere, Netz aus Kunststoff, Klebestreifen, Föhn, Müllgemisch

Achtung • Scharfe Kanten!

Entferne von der PET-Flasche den oberen und den unteren Teil. Du erhältst ein Kunststoffrohr. Decke das untere Ende mit dem Kunststoffnetz ab und klebe das Netz fest. Fülle etwas Müllgemisch ein.

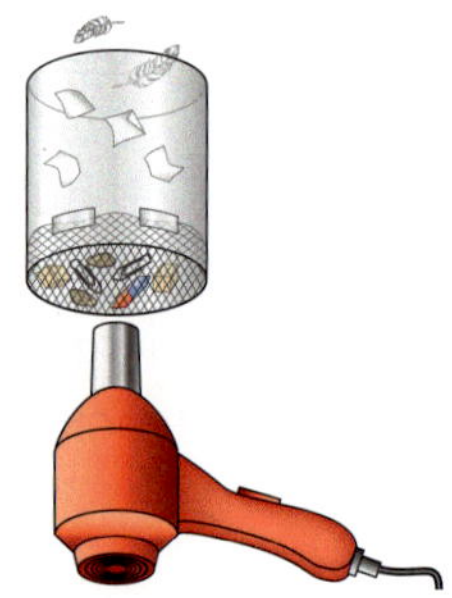

1 Selbst gebauter Windsichter

1 ○ Beschreibe, was du beim Einschalten des Föhns beobachten kannst.

2 ◐ Erkläre, wie der Windsichter funktioniert.

Material C

Drei Trennverfahren

Du erhältst ein Gemisch von sehr vielen Kügelchen: Glaskügelchen, Styroporkügelchen, Kügelchen aus Eisen, anderen Metallen oder aus verschiedenen Plastiksorten, Kügelchen aus Holz oder Knete, Erbsen ...
Leider sind alle Kügelchen vorher in einen Behälter mit schwarzer Farbe gefallen. Deshalb kann man sie jetzt auf den ersten Blick kaum unterscheiden.
Wie könntest du sie trotzdem nach Materialsorte trennen?

Trennverfahren

Auslesen: Man schaut sich die Kügelchen genau an, vielleicht auch mit einer Lupe. Dann trennt man sie mit einer Pinzette oder mit der Hand.

Magnettrennung: Mithilfe eines Magneten zieht man diejenigen Kügelchen aus dem Gemisch heraus, die magnetisch sind.

Schwimmtrennung: Man gibt die Kügelchen in Wasser. Diejenigen, die auf dem Wasser schwimmen, schöpft man ab.

1 ○ Wende die drei Trennverfahren aus dem Textkasten an, um das Kügelchengemisch nach Materialsorte zu trennen.

2 ◐ Erstelle zu jedem der drei Trennverfahren aus dem Textkasten eine Skizze als Anleitung. Nenne Vor- und Nachteile der drei Trennverfahren.

3 ● Erläutere, ob es möglich sein könnte, mit einem einzigen Trennverfahren das Gemisch komplett nach Materialsorte zu trennen.

Material D

Klassenausflug zu einer Müllsortieranlage

2 In der Müllsortieranlage

1 ▢ Nenne Müllsorten, die in der Anlage angeliefert werden.

2 ◪ Erkläre die Funktion von zwei Teilen der Anlage.

3 ■ Erläutere, weshalb Müllvermeidung für die Umwelt so wichtig ist.

Müll trennen, Materialien sortieren

Erweitern und Vertiefen

Nicht verwechseln – Stoffe und Gegenstände

1 Verschiedene Gegenstände aus Glas

2 Fünf Teller aus verschiedenen Stoffen

Jedes Material hat Eigenschaften • Das Material Glas hat bestimmte Eigenschaften: Es ist zum Beispiel hart und durchsichtig. → 1 Andere Materialien haben andere Eigenschaften. Aluminium hat beispielsweise die Eigenschaft, dass es leichter ist als viele andere Metalle.

Stoffe • Statt „Material" sagt man oft auch „Stoff". Ein Beispiel für einen Stoff ist Salz. Stoffeigenschaften von Salz sind die weiße Farbe und der salzige Geschmack.
Ein weiteres Beispiel ist Gummi, das zum Beispiel die Stoffeigenschaft dehnbar hat.

Ein Gegenstand – mehrere Stoffe • Viele Gegenstände bestehen aus mehreren Stoffen. Diese Gegenstände muss man zerlegen, wenn man sie wiederverwerten will.

Naturwissenschaftler bezeichnen Materialien mit dem Begriff Stoff. Ein Gegenstand besteht aus einem oder aus mehreren Stoffen.

Aufgaben

1 Nenne Stoffe, aus denen man Teller herstellen kann. → 2

2 Sortiere folgende Begriffe nach Stoff und Gegenstand:
Schere – Silber – Sand – Auto – Buch – Papier – Baum – Tisch – Luft – Wasser – Kette – Gold – Regal – Holz – Luft.

3 Erstelle eine ungeordnete Liste mit Begriffen, die Stoffe oder Gegenstände bezeichnen. Tausche die Liste mit einem Mitschüler aus und sortiere dann seine Liste.

4 Suche fünf Gegenstände, die in dem Raum sind, in dem du dich gerade befindest. Gib an, aus welchem Stoff oder aus welchen Stoffen der jeweilige Gegenstand besteht.

5 „Ein Glas ist ein Gegenstand, Glas ist ein Stoff." Erläutere diese Aussage.

Erweitern und Vertiefen

Nicht wegwerfen – alte Batterien

3 Verschiedene Arten von Batterien

4 Sammelbehälter für Altbatterien

Zahlreiche Arten von Batterien • Es gibt viele verschiedene Batterietypen: kleine Knopfzellen in der Armbanduhr, große Starterbatterien im Auto oder auch aufladbare Akkus im Handy. → 3

Inhaltsstoffe von Batterien • Jeder Batterietyp enthält in seinem Innern mehrere Stoffe. Autobatterien bestehen aus dem Metall Blei und einer Säure: Schwefelsäure. In vielen anderen Batterietypen findet man ebenfalls ein Metall, zum Beispiel Silber, Nickel oder Lithium. Zusätzlich ist oft ein Gemisch aus Kohlenstoffpulver und einer Flüssigkeit vorhanden.

Recycling ist Pflicht • Viele Inhaltsstoffe von Batterien sind gefährlich für die Umwelt oder sogar giftig. Manche der Metalle sind auch sehr wertvoll. Daher müssen in Deutschland alte Batterien zurückgegeben werden, zum Beispiel im Supermarkt. → 4 5 Anschließend werden die Inhaltsstoffe voneinander getrennt und möglichst wiederverwertet.

Aufgaben

1 ○ Nenne mehrere Gründe, warum alte Batterien zurückgegeben werden müssen.

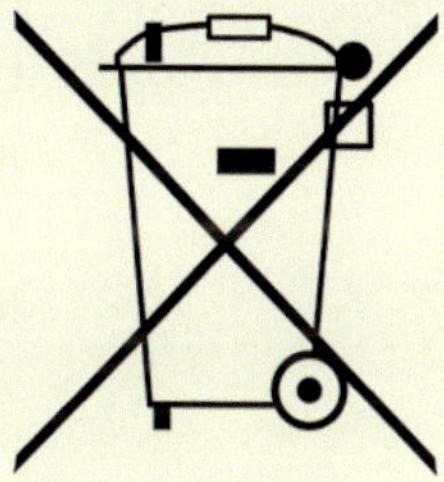

5 Symbol für Wegwerfverbot

2 ○ Liste alltägliche Geräte auf, die mit Batterien oder Akkus betrieben werden.

3 ◐ Manchmal laufen kaputte Batterien aus. Erkläre, warum man sie dann nicht mehr verwenden darf und zum Recycling geben muss.

4 ● Die Entscheidung zwischen Akkus oder Einmal-Batterien fällt oft nicht leicht. Nenne aus deiner eigenen Erfahrung Vor- und Nachteile von Akkus und von Einmal-Batterien und erstelle dazu auch eine Tabelle.

Vom Müllproblem zum Wertstoff

1 Altpapier ist ein Wertstoff.

Man kann gebrauchtes Papier sammeln und verkaufen. Das bringt mehrere Cent pro Kilogramm. Wieso kann man mit Müll Geld verdienen?

Recycling • Die Grundidee der Wiederverwertung ist, dass gebrauchte Materialien wieder in den Kreislauf zurückgebracht werden. Mit altem Papier geht das sehr gut: In spezialisierten Papierfabriken wird es aufbereitet und ist dann wieder fast so gut brauchbar wie ganz neues Papier.

Sortenreinheit • Reste von Aluminium kann man einschmelzen und neu formen. Solches Recycling-Aluminium ist einwandfrei nutzbar. Wenn man dagegen ein Gemisch aus Aluminium, Eisen und Plastik einschmilzt, erhält man kein gutes Material. Deshalb ist es wichtig, dass der Müll sortenrein gesammelt oder nach Sorten getrennt wird.

Verbundstoffe • Milchtüten sind ein Beispiel für Verbundstoffe. Hier sind Kunststoffe, Papier und Aluminium miteinander verbunden. Technisch ist es möglich, auch solche Verbundstoffe zu trennen. Dies ist aber aufwendig. Daher werden Verbundstoffe meistens verbrannt.

Aufgaben

1 ○ Erkläre mit eigenen Worten, was mit Recycling von Müll gemeint ist.

2 ◐ Altpapier soll man nicht mit Büroklammern oder Schnellheftern in die Altpapiertonne geben. Begründe.

3 ● Milch gibt es in Tetrapaks und in Mehrwegflaschen aus Glas. Vergleiche die Wiederverwertung der Behälter.

das Recycling
die Sortenreinheit
der Verbundstoff

Erweitern und Vertiefen

Aus PET-Flaschen werden Pullis

PET • Einweggetränkeflaschen bestehen aus PET. Das ist eine Abkürzung für die chemische Bezeichnung des Kunststoffs (**P**oly**e**thylen**t**erephthalat). Wie fast alle Kunststoffe wird PET aus Erdöl oder Erdgas gewonnen. Daher ist es für die Recyclingindustrie sehr wertvoll. Wenn PET sortenrein gesammelt und recycelt wird, kann es sogar wieder als Verpackung für Lebensmittel verwendet werden. Allerdings ist dies sehr aufwendig. Daher landet viel PET in der Müllverbrennungsanlage.

PET-Fasern • Es gibt noch eine andere Art der Wiederverwertung:
Die PET-Flaschen werden gewaschen, sortiert und in kleine Stücke geschreddert. Daraus entstehen dann PET-Flocken. Diese werden erhitzt und zu feinen Fäden gespritzt. Die Fäden werden dann zu Fasern gesponnen. Diese Fasern können zu synthetischem Gewebe verarbeitet werden, besser bekannt als Fleece. Aber auch für andere Gegenstände werden diese Fasern verwendet. → 3
Das Recycling der PET-Flaschen spart Rohstoffe und ist daher auch kostengünstig.

Nutzung von Kunststoffmüll in Deutschland

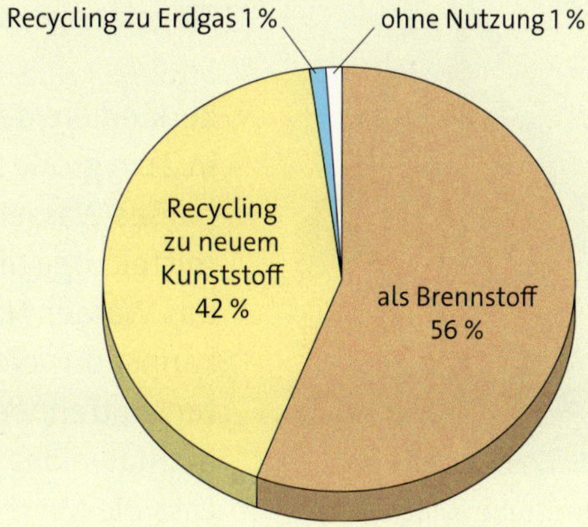

2 Was geschieht mit Kunststoffmüll?

Aufgaben

1 ○ Nenne die Rohstoffe, aus denen PET gewonnen wird.

2 ◐ Beschreibe den Weg von der Getränkeflasche zur Fleecejacke.

3 ○ Nenne weitere Produkte aus recyceltem PET.

4 ● Werte das Diagramm in Bild 2 aus.

3 Das kann aus alten PET-Flaschen werden ...

Vom Müllproblem zum Wertstoff

Material A

Einen Verbundstoff zerlegen

1 Aufgeschnittene Milchpackung

Materialliste: Getränkekarton, Schere, heißes Wasser, Sieb, Geschirrspülmittel, Pinzette, Tiegelzange, Kerze

Zerkleinere den Getränkekarton in 2 cm große Stückchen. Mische heißes Wasser mit etwas Spülmittel. Lege die Stückchen in das Wasser. Nach 10 Minuten kannst du versuchen, die Schichten zu trennen. Lege alles noch einmal in das warme Wasser. Lass die Mischung wieder kurz stehen.

1 ○ Gib an, wie viele Schichten du trennen konntest.

2 ◐ Halte die einzelnen Schichten nacheinander in die Kerzenflamme. Beschreibe deine Beobachtungen.

3 ● Welche Materialien sind bei deinem Getränkekarton zum Einsatz gekommen? Tipp: Papier und Kunststoff brennen. Kunststoffe riechen beim Verbrennen. Aluminium verbrennt nicht.

Material B

Papierrecycling

Durchschnittlich verbraucht jeder Deutsche 225 kg Papier im Jahr. Wird diese Menge aus Recyclingfasern hergestellt, benötigt man 250 kg Altpapier. Wird die gleiche Menge Papier dagegen neu hergestellt, braucht man 680 kg Holz. Das übermäßige Abholzen von Wäldern ist aber für Natur und Klima sehr schädlich. Hinzu kommt der sehr hohe Energie- und Wasserbedarf bei der Neuherstellung von Papier.

2 Papierverbrauch

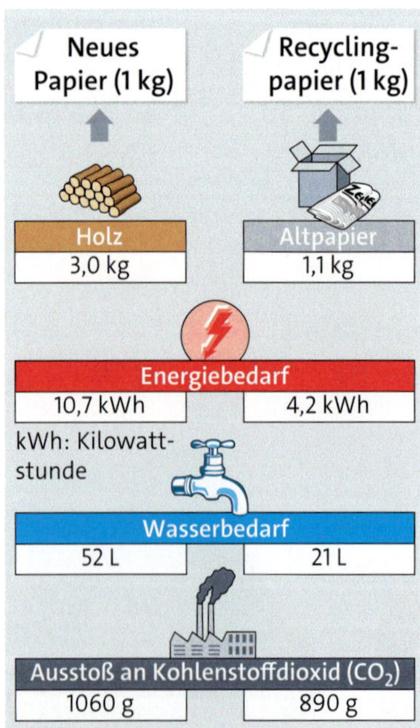

3 Aufwand für die Papierproduktion (pro kg Büropapier)

1 ○ Berechne, wie viel Papier eine vierköpfige Familie in Deutschland jährlich verbraucht. → 2

2 ○ Überlege dir Möglichkeiten, wie du im Alltag deinen Papierverbrauch verringern könntest.

3 ◐ Wirf einen Blick in deine Schultasche. Begründe, warum du Recyclinghefte verwendest oder nicht verwendest.

4 ● Stelle die Aufwände in Bild 3 als übersichtliches Diagramm dar.

Material C

Recycling von Getränkedosen

Getränkedosen bestehen aus Aluminium oder aus Stahl. Seit 2003 sind Getränkedosen pfandpflichtig. Daher werden nun 98 % der Getränkedosen wiederverwertet.

1 ◐ Vermute, warum nicht 100 % der Getränkedosen recycelt werden.

2 ◐ Vergleiche die Zahlen in der Tabelle miteinander. → 4 Begründe, warum es sinnvoll ist, Aluminium auf jeden Fall zu recyceln.

3 ○ Nenne Alternativen zu Getränkedosen.

4 ● Lies den Text „Aluminium aus Bauxit". Versuche zu erklären, weshalb die Herstellung von neuem Aluminium die Umwelt stark belastet.

Aluminium aus Bauxit

Ausgangsmaterial für neues Aluminium ist Bauxit. Es wird in riesigen Mengen abgebaut, z. B. in Australien. Danach wird es in speziellen Fabriken in Aluminiumoxid umgewandelt. Daraus entsteht dann in einer weiteren Fabrik unter großem Energieverbrauch Aluminium.

	Neu hergestelltes Aluminium	Recyceltes Aluminium
Energiebedarf	13,0 kWh	2,2 kWh
Wasserbedarf	57 L	2 L
CO_2-Ausstoß	200 g	10 g
Abfall	3,7 kg	0,1 kg

4 Umweltauswirkungen der Aluminiumproduktion (pro kg Aluminium)

Material D

5 Eignet sich dieses Material als Ausgangsstoff für neuen Kunststoff?

Umschmelzen von alten Joghurtbechern

Sortenreiner, sauberer Kunststoffmüll ist durchaus wertvoll. Man kann ihn einschmelzen und neu formen. So erhält man brauchbaren neuen Kunststoff.

Materialliste: Brenner, Dreibein mit Keramikplatte, Ausstechformen für Gebäck, Aluminiumfolie, Schere, alte Joghurtbecher (PP/PE)

Kleide eine Ausstechform mit zwei Schichten Aluminiumfolie aus und fülle zerkleinerte Joghurtbecherstücke ein. Dabei solltest du die Form möglichst komplett füllen. Erhitze (im Abzug!) vorsichtig mit einem Gasbrenner. Achtung • Lies dazu die Brenneranleitung auf Seite 230. Wenn der Kunststoff geschmolzen ist, lass ihn abkühlen und nimm ihn aus der Form. Fertig ist dein Recyclinggegenstand.

Auch die Natur recycelt

1 Verschiedene Zersetzer

2 Zersetztes Laub

In der unberührten Natur findet man keinen Abfall. Wie verarbeitet die Natur pflanzliches und tierisches Material?

Laub wird zersetzt • Wenn du genau hinsiehst, kannst du im Wald unterschiedlich stark zersetzte Blätter finden. → 2 Die Zersetzung der Blätter erfolgt mithilfe von Bodentieren. Milben und Tausendfüßer fressen kleine Löcher in die Blätter. Diese Löcher werden von Schnecken und Asseln vergrößert. Bakterien und Pilze beenden den Abbau. → 1

Regenwürmer sind wichtig • Neben den vielen anderen Bodentieren haben die Regenwürmer einen wichtigen Anteil an der Zersetzung. → 3 Was durch ihren Körper hindurchgeht, bildet wertvollen, neuen Boden. Außerdem wird durch die Regenwurmröhren der Wasserabfluss und die Bodendurchlüftung gefördert und den Pflanzen das Durchwurzeln des Bodens erleichtert.
Bodentiere, Bakterien und Pilze, die Stoffe bis zu Ende abbauen, nennt man Zersetzer.

3 Der Regenwurm

der **Zersetzer**
der **Erzeuger**
der **Verbraucher**

Nichts geht verloren • Neben Pflanzen werden in der Natur auch tote Tiere, ausgefallene Haare, Kot und andere Abfallstoffe verwertet. → 4
So ernährt sich zum Beispiel der Totengräber, ein Käfer, vom Aas kleiner Tiere. Am Ende der Zersetzungsprozesse bleiben nur Mineralstoffe, Kohlenstoffdioxid und Wasser übrig.
Die Mineralstoffe und das Wasser verbleiben im Boden und können so von den Pflanzen aufgenommen werden. Das Kohlenstoffdioxid entweicht in die Luft und wird über die Blätter der Pflanzen aufgenommen.
Mithilfe des Sonnenlichts stellen die Pflanzen bei der Fotosynthese daraus energiereiche Stoffe her. Als „Abfallprodukt" entsteht dabei Sauerstoff. Die grünen Pflanzen nennt man Erzeuger. → 4

Stoffe werden weitergegeben • Rehe, Mäuse, Eichhörnchen und viele andere Tiere ernähren sich von Pflanzen. Diese Pflanzenfresser werden von Fleischfressern gejagt.
Alle Verbraucher, egal ob Pflanzenfresser oder Fleischfresser, sind aber auf die grünen Pflanzen angewiesen. Nur diese können mithilfe des Sonnenlichts energiereiche Stoffe herstellen.
Die Stoffe werden also unter Nutzung des Sonnenlichts von den Erzeugern über die Verbraucher und die Zersetzer in einem Kreislauf weitergegeben. Durch dieses Recycling entsteht in der Natur kein Abfall, sondern alles wird verwertet.

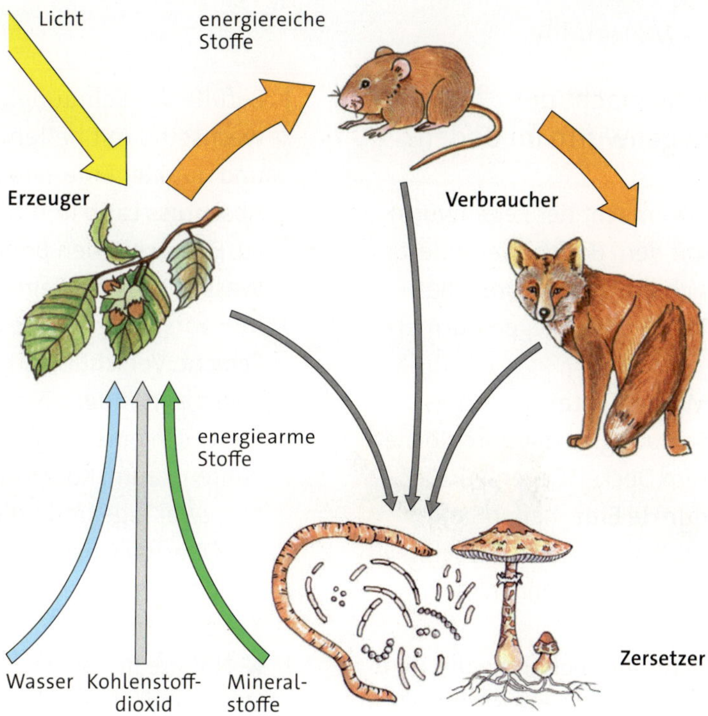

4 Der Stoffkreislauf

Zersetzer zerkleinern totes Material soweit, dass es von Erzeugern wieder aufgenommen und an Verbraucher weitergegeben werden kann. Dadurch entsteht ein Kreislauf der Stoffe.

Aufgaben

1 ○ Nenne Lebewesen, die an der Zersetzung von Laub beteiligt sind.

2 ◐ Erkläre, weshalb in der Natur nichts verloren geht. → 4

3 ● Stelle Vermutungen auf, was passieren würde, wenn es ab morgen keine Zersetzer mehr geben würde.

Auch die Natur recycelt

Material A

Was macht der Regenwurm im Boden?

Was macht der Regenwurm mit dem Boden? Verändert sich der Boden durch die Tätigkeit der Regenwürmer?

Materialliste: ein großes Schraubglas mit durchlöchertem Deckel, Regenwürmer, dunkle Erde, heller Sand, Laub, Gras, dunkles Tuch, Sprühflasche mit Wasser

Achtung • Behandle die Tiere vorsichtig. Bringe sie zurück in die Natur.

1 Befülle das Schraubglas abwechselnd mit hellem Sand und dunkler Erde. Gib zum Abschluss Laub und Gras hinzu. Befeuchte den Boden mit Wasser. Lege die Regenwürmer vorsichtig auf die obere Schicht. Verschließe das Glas, decke es mit dem Tuch ab. Stell es in einen dunklen, kühlen Raum. Kontrolliere alle zwei Tage und befeuchte die Oberfläche etwas.

a ○ Beobachte, wie sich die Regenwürmer eingraben.

b ◐ Notiere in den nächsten Wochen die Veränderungen im Glas.

c ○ Dokumentiere die Veränderungen mit Fotos.

2 ◐ Erstelle ein Poster zu den Veränderungen im Regenwurmglas.

1 Das Regenwurmglas

Material B

Fühlt der Regenwurm?

Materialliste: Regenwurm, Glasröhre, schwarzes Papier, verdünnte Essigsäure, Wattestäbchen

Achtung • Trage zum Schutz vor Essigsäure eine Schutzbrille. Behandle die Tiere vorsichtig.

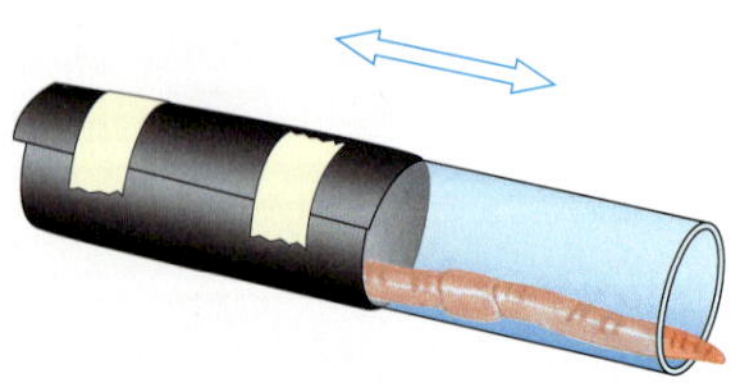

2 Versuch zur Helligkeit

1 Lege den Regenwurm vorsichtig in eine Glasröhre. Umhülle einen Teil der Glasröhre mit schwarzem Papier. Verschiebe die dunkle Umhüllung mehrfach. → 2
◐ Beschreibe und erkläre die Reaktion des Regenwurms auf Licht.

2 Berühre den Regenwurm vorsichtig an verschiedenen Körperstellen.
◐ Beschreibe und erkläre die Reaktion des Regenwurms auf Berührung.

3 Tauche die Wattestäbchen in die verdünnte Essigsäure. Nähere dich damit vorsichtig dem Vorderende und den Seiten des Regenwurms.
○ Formuliere eine passende Versuchsfrage.

4 ● Plane einen Versuch zur Empfindlichkeit der Regenwürmer auf Geräusche. Führe ihn durch.

Material C

Wie kriecht der Regenwurm?

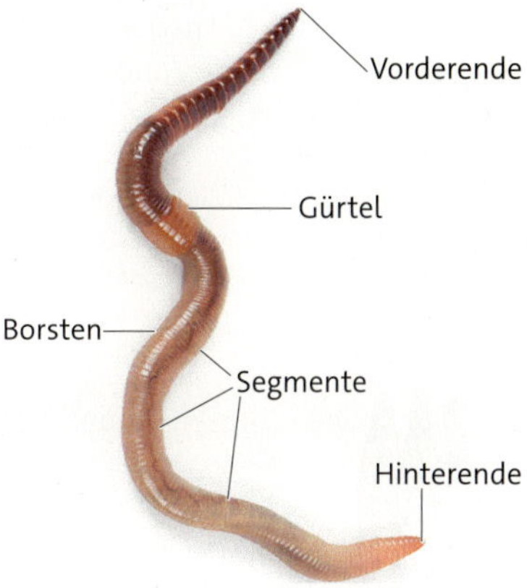

3 Bau des Regenwurms

Materialliste: Regenwurm, Glasplatte, Papier, Lupe

Achtung • Behandle die Tiere vorsichtig. Bringe sie zurück in die Natur.

1 ▢ Lege den Regenwurm auf die Glasplatte und beobachte von unten, wie er sich fortbewegt.
◪ Beschreibe die Veränderungen des Regenwurmkörpers bei der Fortbewegung auf Glas.

2 Lege ihn dann auf ein Blatt Papier und höre genau hin.
▢ Notiere was du hörst, wenn der Regenwurm über ein Blatt Papier kriecht.

3 Befühle nun vorsichtig den Körper des Regenwurms. Untersuche den Regenwurm mit der Lupe.
■ Beschreibe deine Beobachtungen beim Befühlen der Körperoberfläche. Erkläre mithilfe von Bild 3.

Material D

Bodentiere

Bodentiere kannst du anhand der Anzahl von Beinpaaren bestimmen. → 4 5

1 ▢ Bestimme die Bodentiere.

Anzahl Beinpaare	Bodentiere
ohne Beine	Schnecken, Würmer
3 Beinpaare	Insekten, Springschwänze
4 Beinpaare	Spinnentiere
7 Beinpaare	Asseln
mehr als 7 Beinpaare	Hundertfüßer, Tausendfüßer

4 Übersicht Beinpaare

5 Verschiedene Bodentiere

Wohin mit dem Rest?

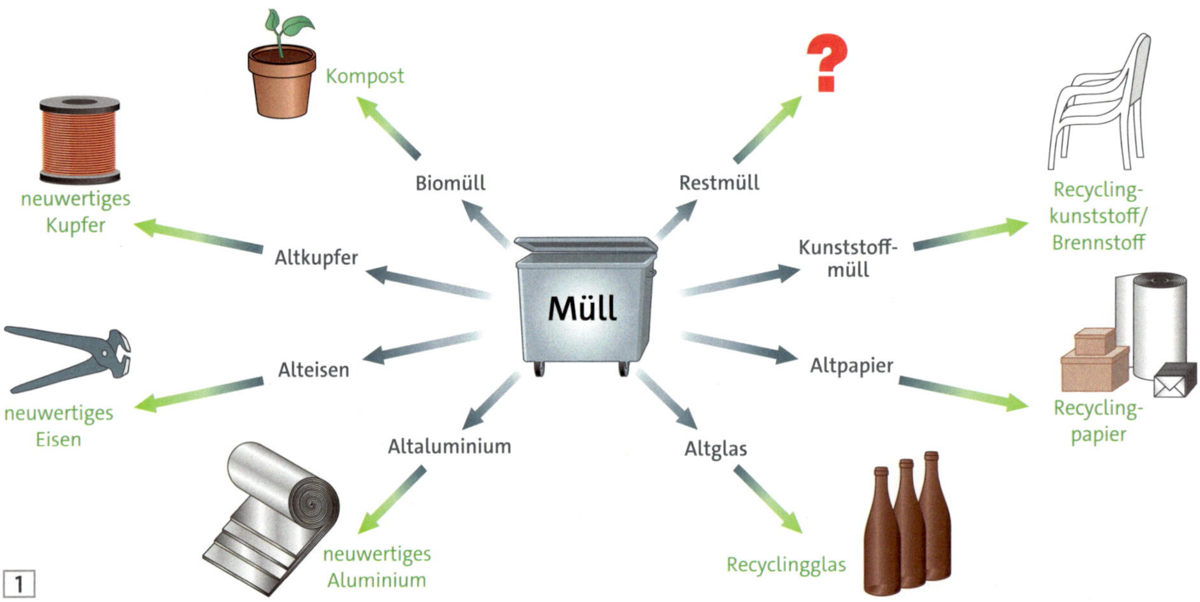

1

Trotz Mülltrennung und Komposthaufen – es bleibt noch einiges an Restmüll übrig. Wohin damit?

Restmüll • Im Durchschnitt produziert jeder von uns etwa 200 kg Restmüll pro Jahr. Der Inhalt der Restmülltonnen wird gesammelt und maschinell getrennt. Wiederverwertbare Materialien, die im Restmüll noch enthalten sind, werden herausgefischt.

Müllverbrennung • Der zurückgebliebene Restmüll kommt dann in die Verbrennungsanlage. Dort wird er bei etwa 1000 °C verbrannt. Die Verbrennungsrückstände werden gesammelt. Man bezeichnet sie als Schlacke. Teilweise kann man Schlacke im Straßenbau nutzen.
Von 100 kg Restmüll bleiben ungefähr 30 kg Schlacke übrig. Die anderen 70 kg fallen als Abgase an.
Wichtig bei der Müllverbrennung ist, dass die entstehenden Abgase nicht ungefiltert in die Umwelt gelangen.

Mülldeponie • Vor allem Schlacke und Bauschutt werden auf Deponien endgelagert. Eine Mülldeponie ist nicht einfach nur ein Müllhaufen in der Landschaft: Moderne Mülldeponien werden so gebaut, dass die Abfälle die Natur nicht schädigen. Beispielsweise darf kein Sickerwasser in das Grundwasser gelangen.

Aufgaben

1 ○ Nenne die Materialien, die bei der Müllverbrennung anfallen.

2 ◑ Beschreibe ausführlich den Weg, den dein Lineal nehmen kann, wenn du es in den Müll gibst.

der Restmüll
die Müllverbrennung
die Mülldeponie

Material A

In der Müllverbrennungsanlage

Restmüll ist brennbar. Mit ihm kann man sogar elektrischen Strom erzeugen.

1 ◯ Begründe, warum der Restmüll zuerst getrocknet wird.

2 ◔ Nenne alles, was aus dem angelieferten Müll entsteht.

3 ● „Nach dem Verbrennen sind alle Müllprobleme weg.“ Diskutiere diese Aussage.

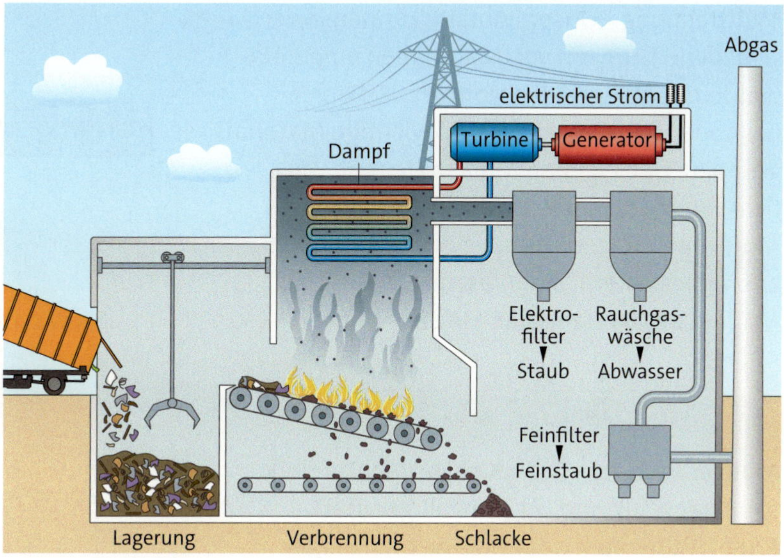

2 Schematischer Aufbau einer Müllverbrennungsanlage

Material B

Auf der Mülldeponie

Eine Mülldeponie benötigt viel Platz. Unter der Deponie befinden sich Abdichtungsfolien und wasserundurchlässige Schichten. Darüber sind Rohre installiert, die das Sickerwasser auffangen. Das Sickerwasser muss gründlich gereinigt werden. Erst danach darf es in die Umwelt entlassen werden. Die fertige Deponie hat oben Abdichtungsfolien, Erdschichten und eine Bepflanzung. Dort ragen auch Rohre heraus. Hier wird Faulgas aufgefangen, das in der Deponie entsteht. Es wäre für die Umwelt schädlich. Da es aber gut brennt, kann man damit in Kraftwerken elektrische Energie gewinnen.

3 Abladen und Zusammenpressen des Mülls auf der Mülldeponie

1 ◔ Begründe, warum eine Deponie oben und unten abgedichtet sein muss.

2 ◔ Erkläre, warum das Deponieren von Müll erheblich teurer ist als das Verbrennen von Müll.

Materialien trennen – Umwelt schützen

Zusammenfassung

Mülltrennung • Unsere Abfälle können in verschiedene Gruppen von Materialien eingeteilt werden: Metalle, Kunststoffe, Holz, Papier, Glas oder Nahrungsreste sind wichtige Materialgruppen. Den eigenen Müll sollte man möglichst selbst trennen. Es gibt dafür aber auch Mülltrennanlagen mit speziellen Maschinen, z. B. Windsichtern, Siebmaschinen, Filtern, Magnetabscheidern oder Sink-Schwimm-Anlagen.

1 Ein Windsichter trennt z. B. „federleichte" von „bleischweren" Materialien.

Müllverwertung • Gründlich getrennter und sauberer Müll wird oft sinnvoll genutzt: Eisen, Aluminium oder Glas werden eingeschmolzen, neu geformt und sind dann wieder sehr gut nutzbar. Papiermüll kann zu Recyclingpapier aufbereitet werden. Alte PET-Flaschen werden so recycelt, dass daraus sogar Pullover entstehen. Aus Nahrungsresten wird oft wertvoller Kompost. Plastikmüll wird teilweise in Kraftwerken verbrannt. Daher müssen heute nur noch wenige Rückstände deponiert werden. Aber dennoch gilt: Für die Umwelt wäre es besser, erst gar keinen Müll entstehen zu lassen.

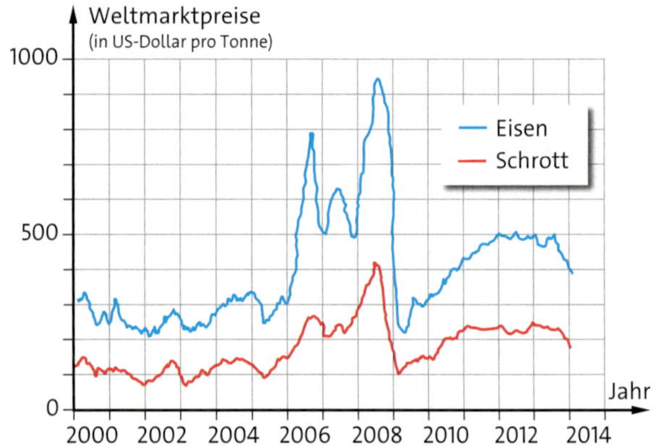

2 Eisenschrott ist ein Wertstoff. Auf dem Weltmarkt ist er ungefähr halb so viel wert wie neues Eisen.

Vorbild Natur • In der Natur gibt es eigentlich keinen Müll. Wenn Pflanzen oder Tiere sterben, werden sie meist von anderen Lebewesen gefressen und verdaut. Tote Lebewesen dienen also anderen Lebewesen, den Zersetzern, als Lebensgrundlage. Aus den Ausscheidungen der Zersetzer wird im Komposthaufen oder im Gartenboden neuer Humus. Der Humus dient dann wieder neuen Pflanzen als Lebensgrundlage.

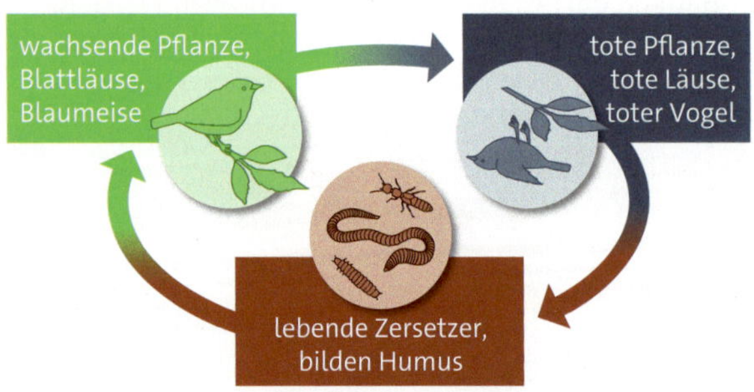

3 Zusammenhang zwischen Wachstum und Zersetzung in der Natur

Teste dich! (Lösungen auf Seite 356)

1 ○ Nenne alle Müllarten, die du kennst. Gib jeweils zwei Beispiele an.

2 ◐ Nenne Vorteile von Wertstoffhöfen.

3 ◐ Übernimm den Text von Bild 5 in dein Heft. Ergänze ihn an den Stellen mit xxx mit folgenden Begriffen: Papier – Glas – Deponien – Müllverbrennungsanlagen – wiederverwertet – gering.

4 ◐ In der Tabelle ist einiges durcheinandergeraten. → 6 Übernimm die Tabelle korrigiert in dein Heft.

5 ● Beschreibe ein Vorgehen, um ein Müllgemisch aus Papier, dünnen Plastikfolien, Korken, Stoffresten, Büroklammern und Glas zu trennen.

6 ◐ Beschreibe die Rolle, die die Zersetzer im Kreislauf der Natur spielen.

7 ● Angenommen, ein Komposthaufen besteht schon lange und es passiert nicht viel. Nenne Gründe, weshalb die Zersetzung so langsam sein könnte, und schlage Gegenmaßnahmen vor.

4

Früher wurde Müll gesammelt und auf xxx gelagert. Wertstoffe wurden dadurch meistens nicht xxx. Heute ist die Wiederverwertungsquote viel höher. Besonders hoch ist sie bei xxx. Dieses Material kann ohne Qualitätsverluste wieder eingeschmolzen werden. Auch die Wiederverwertung von xxx ist sehr sinnvoll. Dadurch können Wälder und Gewässer geschont werden. Zudem können die Energiekosten xxx gehalten werden. Dennoch muss man beim Sammeln der Wertstoffe wissen, dass 60 % der Wertstoffe des gelben Sacks in xxx verbrannt werden.

5 Lückentext zu Aufgabe 3

Windsichter	Trennung durch magnetische Eigenschaften	Trennung von Eisen und anderen Metallen
Magnetabscheider	Trennung durch unterschiedliches „Schwimmverhalten“	Trennung von unterschiedlichen Kunststoffen
Sink-Schwimm-Anlage	Trennung durch Handarbeit	Aussortieren von Textilien und großen Gegenständen
Sortieren von Hand	Trennung mit Luftstrom	Trennung von großen und kleinen Bestandteilen
Sieb	Trennung aufgrund unterschiedlicher Größe	Trennung von leichten und schweren Bestandteilen

6 Tabelle zu Aufgabe 4

Wasser zum Leben

Im Aquarium der Stuttgarter Wilhelma kannst du Kofferfische bestaunen. Wie fast alle Fische schweben sie mühelos im Wasser.

Ohne Wasser können wir nicht leben. Bevor wir Wasser aus Flüssen und Seen trinken können, muss es gereinigt werden.

Das Thermometer im Schwimmbad misst eine angenehme Wassertemperatur.
Wie funktioniert es?

Kein Leben ohne Wasser

1

So sieht man die Erde aus dem Weltall.
Du erkennst vor allem das Wasser der Ozeane.
Du siehst aber auch, wo es nur wenig Wasser gibt.

Material A

Wasser in Kartoffeln?

Materialliste: große Kartoffel, Haushaltswaage, Messer

1 ▢ Schneide die Kartoffel in dünne Scheiben. Wiege 100 g ab.
Trockne die Scheiben einige Stunden im Backofen (50 Grad Celsius) oder 2 Tage lang auf der Heizung. Wiege die Scheiben erneut.

a Berechne, wie viel Wasser fehlt. Vergleiche mit der Tabelle 3 auf Seite 361.

b Vermute, wo das Wasser geblieben ist.

Material B

Wasserverkostung

Materialliste: 1 Trinkglas für jeden Schüler, 3 Sorten Mineralwasser (mit viel Sprudel, mit wenig Sprudel, still), 2 Sorten Leitungswasser (frisch, 1 Tag abgestanden), 5 gleiche Flaschen

Die 5 Flaschen werden mit den verschiedenen Wassersorten gefüllt und mit A bis E markiert.

1 ▢ Alle Schüler probieren die Wassersorten.

a Notiert euch besondere Merkmale auf einem Laufzettel. → 2

b Tauscht eure Eindrücke aus. Schmeckt jedem die gleiche Probe gleich gut? Wo gibt es Unterschiede?

c Ermittelt die Wasserprobe, die in der Klasse am beliebtesten ist.

Flasche	Besondere Merkmale	Geschmack ☺😐☹
A	sprudelnd, erfrischend, rein	☺
B	?	?

2 Muster für einen Laufzettel

das Salzwasser
das Süßwasser

Wasser – Grundstoff des Lebens • Wasser bedeckt ungefähr drei Viertel der Oberfläche der Erde. → 1
Das Salzwasser der Ozeane enthält so viel Salz, dass wir Menschen es nicht trinken können. Es bildet den Lebensraum für viele Pflanzen und Tiere.
Das Eis der Pole und der Gletscher besteht aus Süßwasser, das wenig oder gar kein Salz enthält. Außerdem findet man Süßwasser im Boden sowie in Seen und Flüssen. Es hat nur einen geringen Anteil am Wasser der Erde. → 3
Auf dem Land ist das Wasser ungleich verteilt. Es gibt ausgedehnte Wüsten. Dort bleibt der Regen lange Zeit aus. Doch selbst in Wüsten gedeiht vieles, wenn es Wasser gibt. → 4

Wasser und wir • Lebewesen enthalten viel Wasser. Der Mensch besteht zu etwa zwei Dritteln aus Wasser. → 5
Wenn du 45 kg wiegst, sind also 30 kg Wasser in deinem Körper – das entspricht ungefähr drei Eimern!
Wir scheiden mit dem Schweiß und dem Urin ständig Wasser aus. Diesen Wasserverlust müssen wir ausgleichen. Täglich müssen wir etwa 3 Liter Flüssigkeit zu uns nehmen – beim Trinken und beim Essen.

Ohne Wasser können Pflanzen, Tiere und Menschen nicht leben.

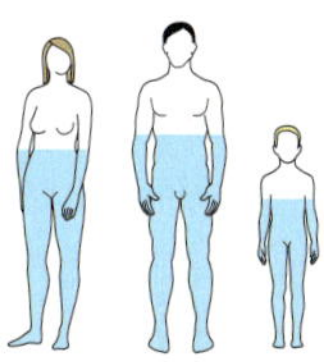

5 Wassergehalt: zwei Drittel

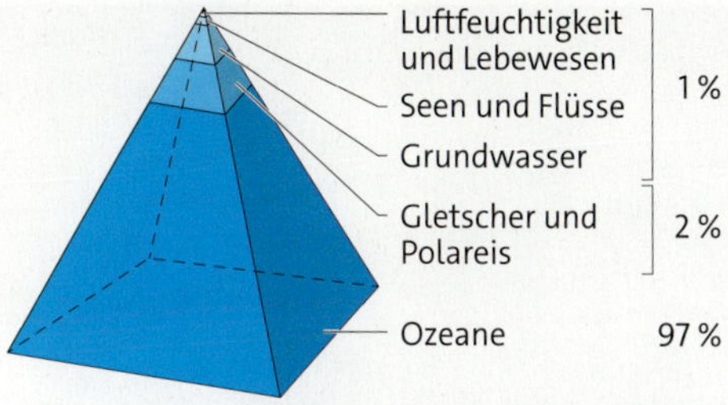

3 Wasserverteilung auf der Erde

4 Oase in der Wüste (Libyen)

Aufgaben

1 ○ Nenne Gründe, warum Wasser für das Leben auf der Erde wichtig ist.

2 ◐ Süßwasser und Salzwasser
a Sieh dir die Verteilung des gesamten Wassers auf der Erde an. → 3
Gib an, wobei es sich um Süßwasser handelt.
b Vergleiche die Mengen an Salzwasser und Süßwasser miteinander.

3 ◐ Bei Naturkatastrophen kümmern sich Hilfsorganisationen zunächst oft um die Versorgung mit Wasser. Begründe.

Fische – Leben im Wasser

1 Die Bachforelle

2 Wie Fische schwimmen.

Die Bachforelle lebt in Bächen mit schnell fließendem, klarem Wasser. → 1 Trotz der Strömung bewegt sie ihren Körper kaum. Wird sie gestört, schwimmt sie mit kräftigen Schlägen der Schwanzflosse schnell davon. → 2 Wie lebt eine Bachforelle im Wasser?

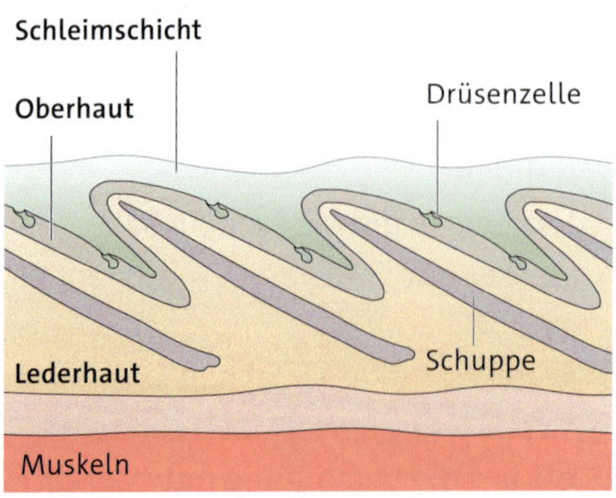

3 Der Aufbau der Fischhaut

Körperform • Der Körper der Bachforelle ist seitlich abgeplattet. Er läuft am Kopf und am Schwanz spitz zu. Diese Körperform nennt man Stromlinienform.

Haut • Die Haut der Bachforelle besteht aus mehreren Schichten. → 3 In der Lederhaut bilden sich die Schuppen. Sie überlappen sich wie Dachziegel und bedecken die gesamte Oberfläche des Fischs.
Die dünne Oberhaut bedeckt die Schuppen. Die Drüsenzellen in der Oberhaut bilden Schleim, sodass die Haut der Bachforelle schlüpfrig wird. Das Wasser gleitet so leicht am Körper vorbei. Somit bietet er dem Wasser nur wenig Widerstand.

die Angepasstheit
die Stromlinienform
das Seitenlinienorgan
die Schwimmblase

Fortbewegung • Die Bachforelle bewegt sich mithilfe ihrer Muskeln. Sie schlagen die kräftige Schwanzflosse hin und her. So bewegt sich die Bachforelle schlängelnd vorwärts. → 2 Dabei steuert sie mit den Brustflossen und den Bauchflossen. Mit der Rückenflosse und der Afterflosse hält die Bachforelle das Gleichgewicht. In der Fettflosse auf ihrem Rücken wird Fett gespeichert. → 4

Sinnesorgane • Die Bachforelle kann mit ihren Augen unter Wasser gut sehen. Das Gehör liegt geschützt im Schädel. Um das Maul trägt sie viele Geschmacksknospen, mit denen sie im Wasser gelöste Stoffe schmecken kann. Die Bachforelle besitzt wie alle Fische ein besonderes Sinnesorgan, das Seitenlinienorgan. → 4 Damit erkennt sie feine Wasserströmungen, die von Hindernissen, Beutetieren oder Feinden ausgelöst werden. So kann sich die Bachforelle auch bei schlechter Sicht und Dunkelheit orientieren.

Wirbelsäule • Der Körper der Bachforelle wird längs von der Wirbelsäule durchzogen, an der die vielen Rippenknochen ansetzen. → 4

Schwimmblase • Die Bachforelle besitzt eine Schwimmblase, die mit Gas gefüllt ist. → 4 Wenn der Fisch mehr Gas in die Schwimmblase aufnimmt, steigt er nach oben. Wenn er Gas nach außen abgibt, sinkt er wieder ab.

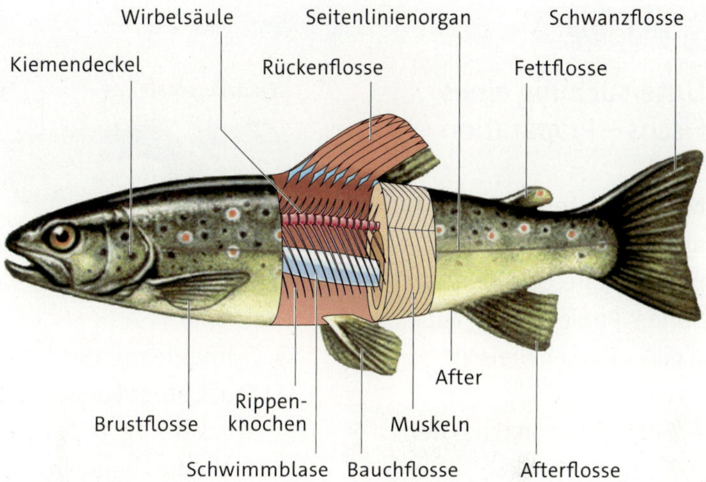

4 Der Körperbau der Bachforelle

So kann die Bachforelle mithilfe der Schwimmblase in gleichbleibender Tiefe schweben.

Fische sind an das Leben im Wasser angepasst. Ihr Körper ist stromlinienförmig.
Fische bewegen sich mit Flossen.
Mit ihrer Schwimmblase können Fische im Wasser schweben.

Aufgaben

1 ○ Beschreibe den Körperbau und die Fortbewegung der Bachforelle.

2 ○ Beschreibe den Aufbau der Haut der Bachforelle.

3 ◐ Erkläre die Aufgaben der Haut.

Fische – Leben im Wasser

Material A

Untersuchung eines Fischs – Präparation

Materialliste: eine noch nicht ausgenommene Forelle, Präparierschale, Schere, Pinzette, Sonde, Papiertücher, Lupe, weißes Papier, Bleistift → 1

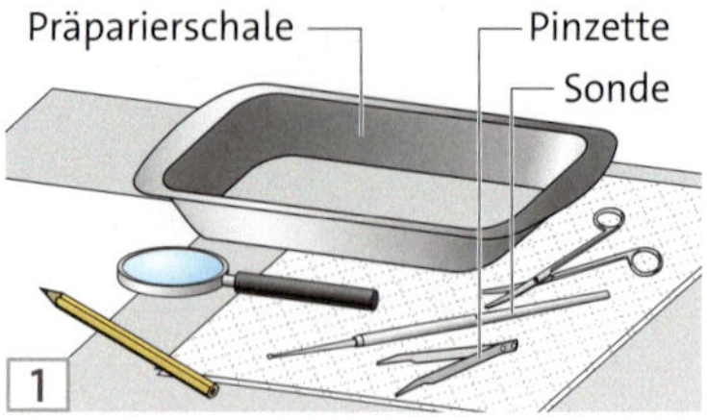

1

1 Betrachte zunächst den Fisch von außen.
▢ Zeichne den Umriss des Fischs.

2 Suche Maul, Augen, Schwanzflosse, Rückenflosse, Afterflosse, Brustflossen, Bauchflossen, After, Seitenlinienorgan und Fettflosse.
◐ Zeichne diese Körperteile in den Fischumriss ein und beschrifte die Zeichnung.

3 Schneide mit der Schere ein Stück einer Flosse und ein Stück der Fettflosse ab. Betrachte beide Stücke.
▢ Beschreibe, wodurch sich die Flossen unterscheiden.

4 Zupfe mit der Pinzette eine Schuppe aus der Haut. Betrachte sie mit der Lupe.
▢ Zeichne sie in dein Heft.

5 Hebe mit der Pinzette den Kiemendeckel an.
▢ Notiere, was du darunter erkennst.

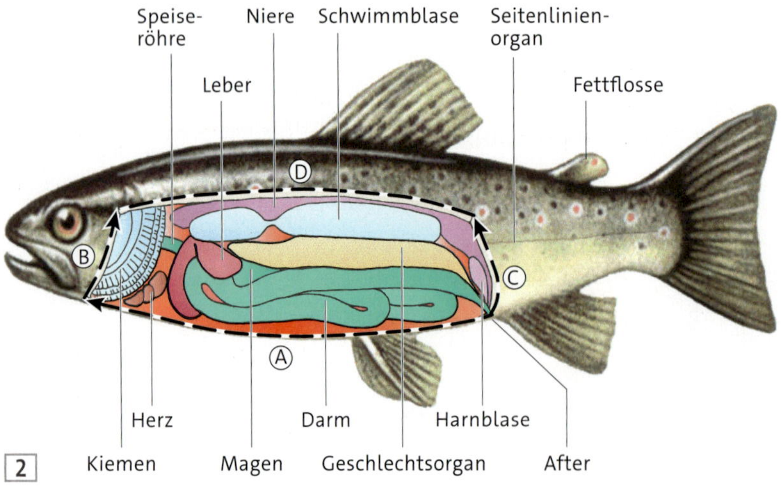

2

6 Schneide mit der Schere den Kiemendeckel ab.
◐ Verfolge mit der Sonde den Weg des Wassers und beschreibe ihn.

7 Trenne mit der Schere ein Kiemenblättchen ab.
◐ Betrachte es mit der Lupe und zeichne es.

8 Schneide mit der Schere vom After bis zu den Kiemen. → 2 (A) Schneide dann weiter in Richtung Rücken. (B) Setze neu am After an und schneide bis zur Wirbelsäule. (C) Klappe die Haut auf. Hebe sie über der Seitenlinie ab. (D)
Tipp: Führe die Schere sehr flach, damit du die inneren Organe nicht verletzt. Klappe die abgetrennten Teile hoch. So siehst du, wie du weiterschneiden musst.
a ◐ Vergleiche die Lage der inneren Organe mit Bild 2.
b ◐ Fertige eine weitere Umrisszeichnung der Forelle an. Zeichne die inneren Organe ein und beschrifte sie.

9 Nach der Untersuchung:
- Arbeitsplatz aufräumen
- Präparierbesteck reinigen
- Tische reinigen
- Hände waschen

Material B

Körperform

Fünf gleich schwere Körper werden an einer Schnur durch ein Wasserbecken gezogen. → 3 Alle Körper sind unterschiedlich geformt. Es wird die Zeit gemessen, die jeder einzelne Körper vom Start bis zum Ziel benötigt. Die Ergebnisse sind in der Tabelle dargestellt. → 4

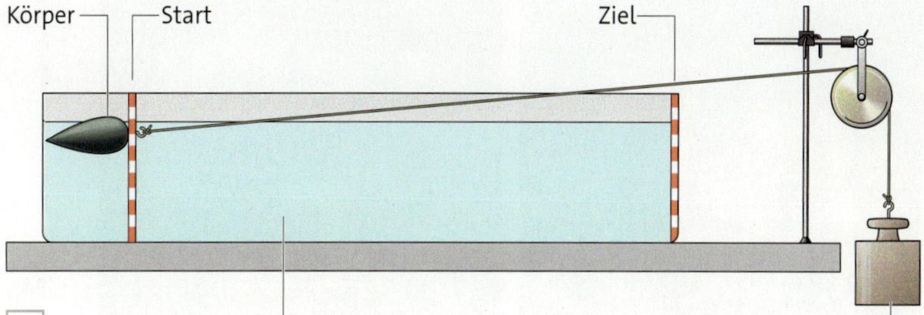

3

1 Betrachte Bild 3.

a ○ Beschreibe den Aufbau und die Durchführung des Versuchs mit eigenen Worten.

b ◐ Erkläre die Versuchsergebnisse. → 4

c ● Ziehe Rückschlüsse aus den Versuchsergebnissen auf die Körperform von Fischen.

2 ● Erläutere zwei weitere Angepasstheiten der Fische an ein Leben im Wasser, die nicht mit dem Versuch untersucht wurden.

Zugrichtung →	Zeit
spindelförmiger Körper	4 s
Zylinder	7 s
Tropfenform	6 s
Würfel	10 s

4 Zeit bis zum Ziel

Material C

Orientierung in der Dunkelheit

Fische orientieren sich in dunklem und trübem Wasser mit dem Seitenlinienorgan:
An jeder Seite des Fischs verläuft ein Kanal. Kleine Röhrchen verbinden ihn mit der Außenwelt. Am Grund der Kanäle sitzen Gruppen von Sinneszellen. Strömungen im Wasser biegen sie zur Seite. Dabei entsteht ein Signal, das über einen Nerv ins Gehirn geleitet wird.

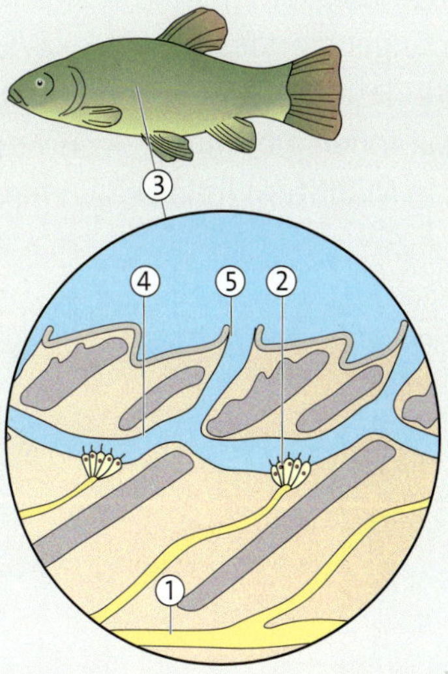

5 Orientierung mit dem Seitenlinienorgan

Das Seitenlinienorgan

1 ◐ Schreibe die Zahlen im Bild in dein Heft und ordne ihnen die Begriffe Seitenlinienorgan, Kanal, Röhrchen, Sinneszellen und Nerv zu. → 5

2 ◐ Beschreibe die Funktion des Seitenlinienorgans.

3 ● Erkläre, wie Fische in dunklem Wasser Hindernissen ausweichen können.

Schwimmen, Schweben oder Sinken?

1 Eisen auf dem Meeresgrund

2 Holzfloß

Die Eisenteile versinken, das Holzfloß schwimmt auf dem Wasser – warum? Für die Antwort sind das Volumen und die Masse der Gegenstände wichtig.

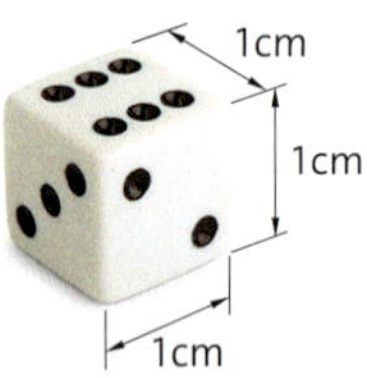

3 $1\,cm^3$

Volumen • Jedes Gas, jede Flüssigkeit und jeder feste Gegenstand nimmt Raum ein. Das Volumen gibt an, wie viel. Beispiel: Ein kleiner Spielwürfel hat ein Volumen von 1 Kubikzentimeter: $1\,cm^3 = 1\,cm \cdot 1\,cm \cdot 1\,cm$. → 3 Das Volumen von Flüssigkeiten und unregelmäßigen Gegenständen misst man mit Messzylindern und Messbechern. → 4 Auf ihnen gibt man das Volumen oft in Millilitern (mL) an.

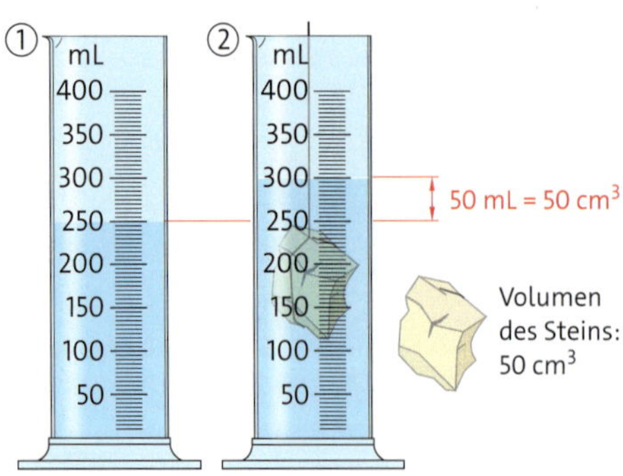

4 Volumen messen

> Das Volumen gibt an, wie viel Raum ein Gegenstand einnimmt.
> Die Einheit des Volumens ist 1 Kubikmeter ($1\,m^3$).
> $1\,m^3 = 1000\,L$
> $1\,L = 1000\,mL$
> $1\,mL = 1\,cm^3$

Masse • Man sagt in der Umgangssprache: „Der Medizinball wiegt 2 Kilogramm“ oder „Er hat ein Gewicht von 2 Kilogramm“. In den Naturwissenschaften benutzt man für „Gewicht“ den Begriff „Masse“: „Die Masse des Medizinballs beträgt 2 Kilogramm.“ Zum Wiegen benutzt man Waagen.

> Jeder Gegenstand hat eine Masse.
> Die Einheit der Masse ist 1 Kilogramm (1 kg).
> $1\,kg = 1000\,g$

Gegenstände im Wasser • „Eisen sinkt, weil Eisen schwerer ist als Wasser. Holz schwimmt, weil Holz leichter ist als Wasser.“ Diese Erklärung stimmt, wenn man die Masse von Gegenständen vergleicht, die das gleiche Volumen haben. → 5 6

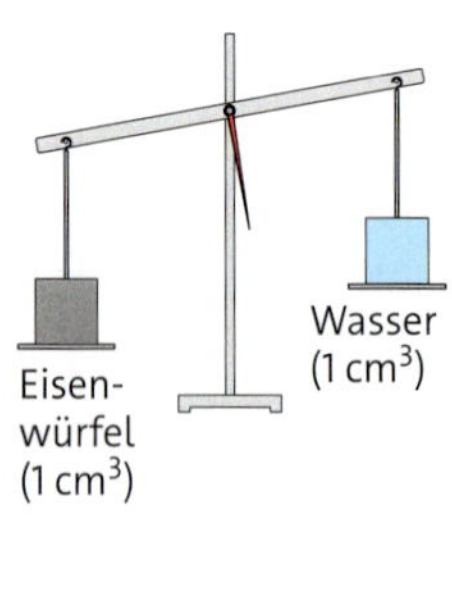

5 Eisen: schwerer als Wasser

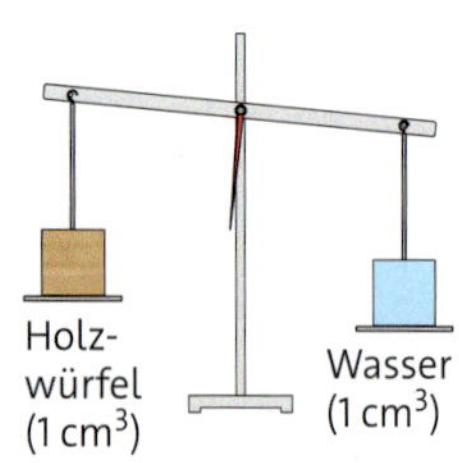

6 Holz: leichter als Wasser

das Volumen
die Masse
die Dichte

Der Eisenwürfel hat eine größere Masse als der Wasserwürfel mit dem gleichen Volumen, die Masse des Holzwürfels ist dagegen kleiner. In den Naturwissenschaften sagt man: Eisen hat eine größere Dichte als Wasser. Holz hat eine kleinere Dichte als Wasser. Es hängt von der Dichte eines Gegenstands ab, ob er auf dem Wasser schwimmt, im Wasser schwebt oder sinkt. → 7

Die Dichte des Gegenstands ist ...	Der Gegenstand ...
... kleiner als die Dichte des Wassers.	... steigt auf, bis er auf dem Wasser schwimmt.
... gleich der Dichte des Wassers.	... schwebt.
... größer als die Dichte des Wassers.	... sinkt bis zum Boden.

7 Schwimmen – schweben – sinken

Ein Gegenstand schwimmt auf dem Wasser, wenn seine Dichte kleiner ist als die Dichte des Wassers. Der Gegenstand sinkt, wenn seine Dichte größer ist als die Dichte des Wassers. Der Gegenstand schwebt, wenn seine Dichte gleich der Dichte des Wassers ist.

Schiffe • Schiffe sind hohle Gegenstände aus Eisen oder Holz. Sie schwimmen, weil die Dichte des gesamten Schiffs mit dem Hohlraum geringer ist als die Dichte des Wassers. → 8

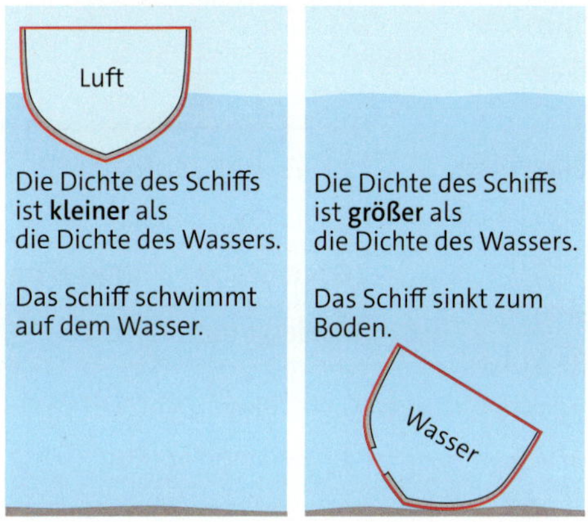

8 Ein Schiff mit Eisenrumpf

Fische • Viele Fische schweben mithilfe ihrer Schwimmblase im Wasser. → 9 Ihre Dichte ist dann so groß wie die Dichte des Wassers.
Um im Wasser aufzusteigen, wird die Schwimmblase mit Gas gefüllt. Der Fischkörper wird größer. Seine Masse ändert sich dabei nicht – seine Dichte wird kleiner. Wenn sie kleiner ist als die Dichte des umgebenden Wassers, steigt der Fisch auf. Zum Sinken wird die Schwimmblase wieder verkleinert. Die Dichte des Fischs wird dann größer.

9 So sinken oder steigen viele Fische.

Aufgaben

1 ○ Auf vielen Flaschen ist das Volumen angegeben. Gib an, wie viel Kubikzentimeter in Flaschen mit den folgenden Angaben passen: 0,7 L; 1,5 L; 0,25 L; 2 L; 0,33 L.

2 ◐ Emma sagt: „Sand ist schwerer als Wasser.“ Eigentlich meint sie aber etwas anderes. Formuliere den Satz neu mithilfe der Fachsprache. Gib an, welche Vorteile sie bietet.

3 ◐ Erkläre, wie Fische im Wasser schweben.

Schwimmen, Schweben oder Sinken?

Material A

Volumen bestimmen

Materialliste: Messzylinder mit Skala; Gegenstände an Fäden: Radiergummi, Anspitzer aus Metall, Schraube, Kartoffel, Knete, Steine ...

1 ▢ Bestimme das Volumen der verschiedenen Gegenstände. → 1
Beachte dabei die Hinweise zum richtigen Ablesen. → 2

a Notiere zu jedem Gegenstand zwei Messwerte. → 3

b Berechne jeweils das Volumen des Gegenstands aus den beiden Messwerten.

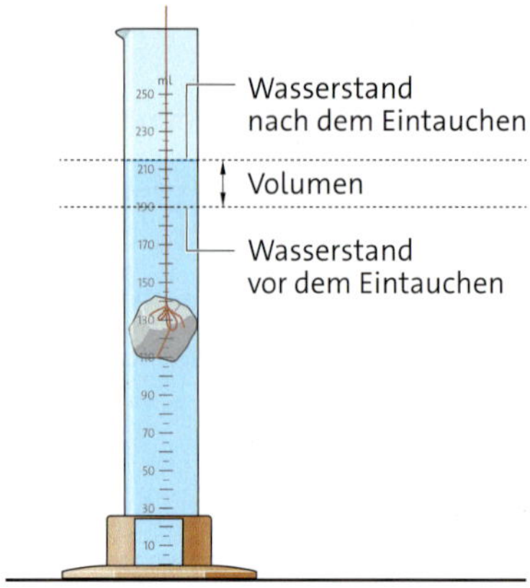

1 Versuchsaufbau

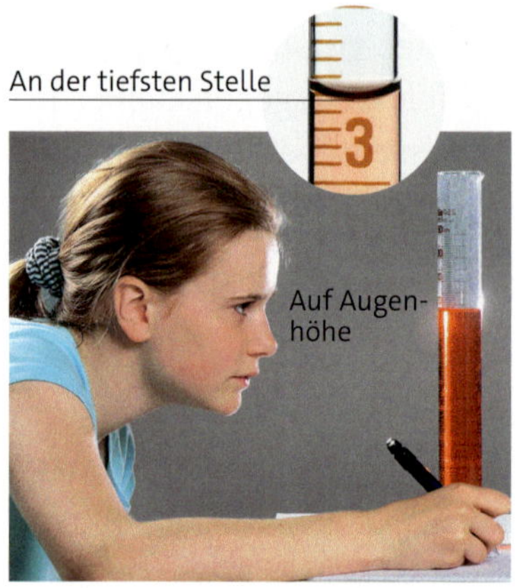

2 So liest du richtig ab.

Gegenstand	Wasserstand vorher	Wasserstand nachher	Volumen
Radiergummi	? mL	? mL	? mL
?	? mL	? mL	? mL

3 Beispieltabelle

Material B

Volumen der Atemluft bestimmen

Materialliste: große Schüssel, Messbecher mit glattem Rand, Strohhalme, Brett, Wasser

4

1 Fülle den Messbecher ganz mit Wasser. Decke ihn mit dem Brett ab. Tauche Brett und Becher gemeinsam umgekehrt in die Schüssel mit Wasser. Nimm dann unter Wasser das Brett weg.

a Hebe den Messbecher ein wenig an und blase deine Atemluft hinein. → 4

b ▢ Gib an, wie viel mL Luft du mit einem Zug (mehreren Zügen) ausatmest.

c Vergleiche mit den Ergebnissen deiner Mitschülerinnen und Mitschüler.

Material C

Masse bestimmen

Materialliste: Gegenstände (Material A), Waage → 5

1 ▢ Schätze, welcher Gegenstand am schwersten ist. Wiege die Gegenstände ab. Notiere ihre Masse und vergleiche mit der Schätzung.

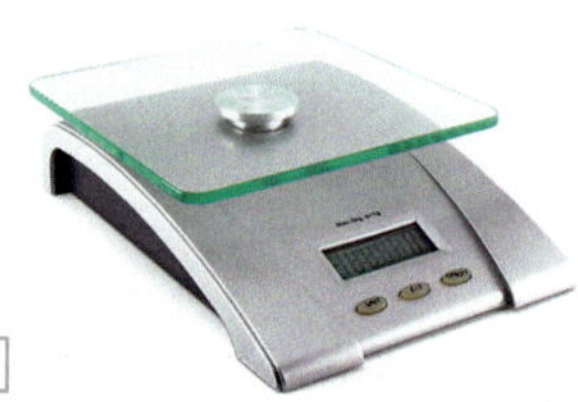

5

Material D

Modell der Schwimmblase

Materialliste: Wasserbecken, Schlauch, Erlenmeyerkolben, Luftballon, Klebeband

1 ▢ Führe den Versuch aus. → 6 Beschreibe deine Vorgehensweise und notiere deine Beobachtungen.

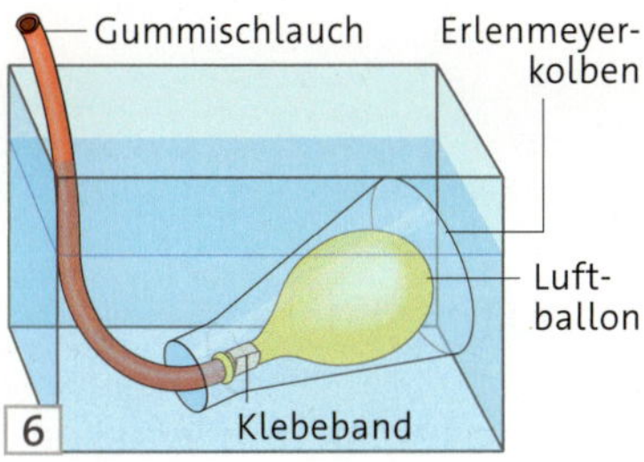

6

Material E

Der Lastkahn aus Alufolie

Materialliste: Wasserbecken, 2 Stücke Aluminiumfolie (jeweils 40 cm lang)

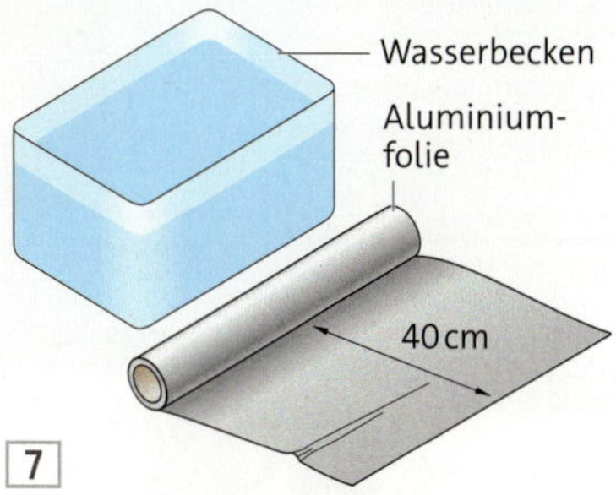

7

1 So gehst du vor: → 7

a Falte ein Stück Folie so klein wie möglich fest zusammen. Fertige aus dem anderen Stück ein „Boot".

b Setze zuerst das kleine, gefaltete Stück auf die Wasseroberfläche.

c Lass vorsichtig dein „Boot" auf das Wasser gleiten.

d Belaste das „Boot" jetzt mit kleinen Gegenständen (zum Beispiel Radiergummi, Büroklammern).

e ▢ Beschreibe deine Beobachtung.

f ◙ Die Gegenstände aus Aluminium sind gleich schwer. Dennoch verhalten sie sich unterschiedlich. Erkläre.

Material F

Schwimmen oder sinken?

Materialliste: Eisenkugel, Holzquader, Kieselstein, Tischtennisball, Gefäß mit Wasser, Waage, große Schale

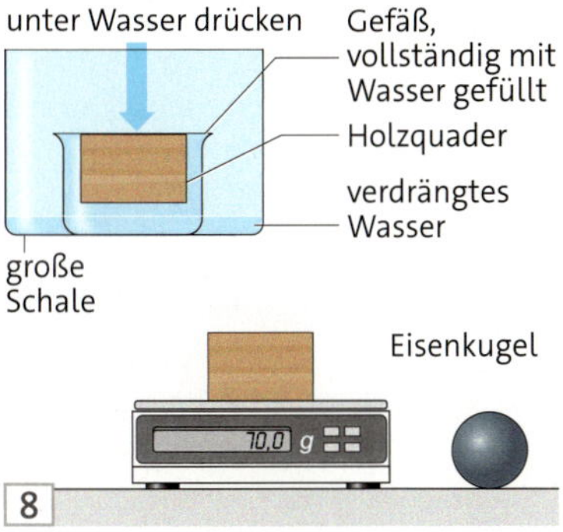

8

1 So gehst du vor: → 8

a Fülle das Gefäß ganz mit Wasser. Stelle es dann in die große Schale. Drücke mit dem Finger den Holzquader vorsichtig und vollständig unter Wasser. Das überlaufende Wasser sammelt sich in der großen Schale.

b ◙ Bestimme die Masse des Holzquaders und die Masse des von ihm verdrängten Wassers. Überlege vorher: Die große Schale hat eine Masse. Was ist also zu tun? Notiere die Messwerte.

2 ◙ Wiederhole die Teile 1 a und b mit den anderen Gegenständen. Notiere deine Beobachtungen. Beschreibe deine Vorgehensweise.

3 ◙ Ergänze folgende Sätze in deinem Heft:

- „Wenn ein eingetauchter Gegenstand schwerer ist als das Wasser, das er verdrängt, ..."
- „Wenn ein eingetauchter Gegenstand leichter ist als das Wasser, das er verdrängt, ..."

Was steckt noch im Wasser?

1

In Meerwasser steckt mehr als Wasser. An vielen Küsten nutzt man das zur Salzgewinnung.

Material A

Feste Stoffe im Wasser

Materialliste: Kochsalz, Zucker, Sand, gemahlener Kaffee, Waage, Bechergläser, Messzylinder, Löffel, Schälchen, Wasser, Thermometer

1 Probiere, ob sich Salz, Zucker, Sand und gemahlener Kaffee in Wasser lösen.
○ Notiere deine Beobachtungen.

2 Lass etwas Salzwasser in einem Schälchen auf der Heizung verdunsten.
○ Beschreibe deine Beobachtungen.

3 ● Wie viel Kochsalz löst sich in 100 mL Wasser?

2

a Plane Versuche, mit denen du die Frage beantworten kannst. → 2
b Führe die Versuche durch. Protokolliere die Versuche und deine Beobachtungen in einer Tabelle. Tipp: Verändere nur die Salzmenge, nie aber die Wassermenge.
c Schreibe dein Ergebnis auf.

Material B

Gase lösen sich in Wasser

Materialliste: Wassersprudler, Flasche, digitale Küchenwaage, Leitungswasser

Fülle die Flasche mit Leitungswasser und wiege sie. Presse dann Kohlenstoffdioxid in die Flasche und wiege sie erneut.

1 ○ Beschreibe deine Beobachtung.

3

die wässrige Lösung
das Lösungsmittel

Wasser löst viele feste Stoffe • Kochsalz löst sich in Wasser. Wenn das Wasser verdunstet, wird das Salz wieder sichtbar. Verschiedene Stoffe lösen sich unterschiedlich gut in Wasser. → 4

Wasser ist für viele Stoffe ein gutes Lösungsmittel.
Durch Rühren, Zerkleinern und Erwärmen kann man den Lösevorgang beschleunigen.

Wenn eine Lösung nichts mehr von einem Stoff aufnehmen kann, ist sie gesättigt. Der ungelöste Stoff bleibt dann im Gefäß liegen. Man bezeichnet ihn als Bodensatz.

Wasser löst Flüssigkeiten und Gase • Die meisten Flüssigkeiten und Gase sind in Wasser löslich. Zum Beispiel ist Orangensprudel eine Lösung aus Wasser, Orangensaft und dem Gas Kohlenstoffdioxid. → 5

Wie viel Gas im Wasser gelöst wird, hängt von der Temperatur ab. Bei niedriger Temperatur löst sich mehr Gas in Wasser als bei hoher Temperatur. → 6

Das hat große Bedeutung für das Leben im Wasser. Die Temperatur eines Gewässers kann durch große Hitze oder das Einleiten warmer Abwässer ansteigen. Dann ist nur noch wenig Sauerstoff im Wasser gelöst: Es kann zu einem Fischsterben kommen.

Stoff	So viel löst sich in 100 g Wasser bei 20 °C
Zucker	203,9 g
Kochsalz	36,0 g
Gips	0,26 g
Kalkstein	0,0015 g

4 Verschiedene Stoffe lösen sich unterschiedlich gut.

5 Orangensprudel

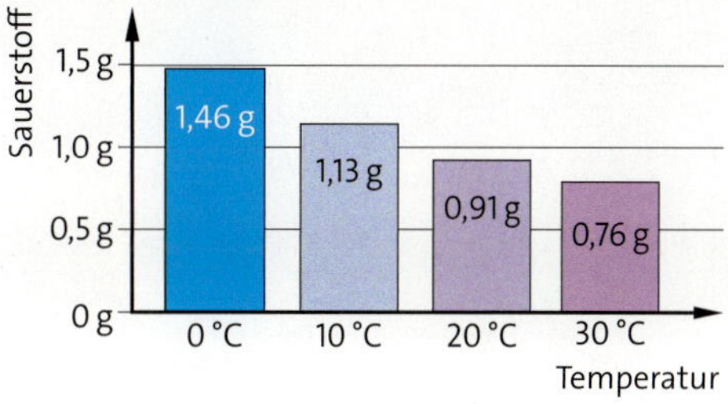

6 So viel Sauerstoff löst sich in 100 L Wasser bei verschiedenen Temperaturen. Bei 0 Grad Celsius entspricht das etwa 1 L Sauerstoff.

Aufgaben

1 ○ Beschreibe, was man unter einer gesättigten Lösung versteht.

2 ◐ Im Wasser von Seen und Flüssen ist Sauerstoff gelöst.
a Gib an, in welcher Jahreszeit der Sauerstoffanteil in Gewässern besonders gering ist.
b Erkläre, was das für die Fische in einem Gewässer bedeuten kann.

Wie atmen Fische im Wasser?

1 Ausatmende Bachforelle

Menschen können nur kurze Zeit unter Wasser bleiben. Wir ersticken, wenn Wasser in unsere Lungen dringt. Fische leben dagegen ständig unter Wasser.

Kiemen • Fische atmen mithilfe ihrer Kiemen. → 2 Sie liegen an den Seiten des Kopfs und sind durch die Kiemendeckel geschützt. Unter den Kiemendeckeln kann man die roten, gut durchbluteten Kiemen erkennen. Sie bestehen aus feinen Kiemenblättchen, in denen sich viele Blutgefäße befinden.

Atmung • Beim Einatmen öffnet der Fisch das Maul und nimmt Wasser auf. Beim Ausatmen schließt er das Maul wieder. → 2 Dabei öffnen sich die Kiemendeckel. Das aufgenommene Wasser wird an den Kiemenblättchen vorbei nach außen gepresst. Dabei wird der im Wasser gelöste Sauerstoff im Blut des Fischs aufgenommen. Kohlenstoffdioxid wird aus dem Blut des Fischs in das Wasser abgegeben. Dieser Vorgang wird als Atmung bezeichnet. Das sauerstoffreiche Blut gelangt durch den Blutkreislauf in den Körper des Fischs. Seine Organe nehmen den Sauerstoff auf und nutzen ihn. Dabei entsteht das Gas Kohlenstoffdioxid. Die Organe geben es in das Blut ab. Das Blut wird vom Herzen erneut zu den Kiemen gepumpt. Das Blut fließt in einem Kreislauf.

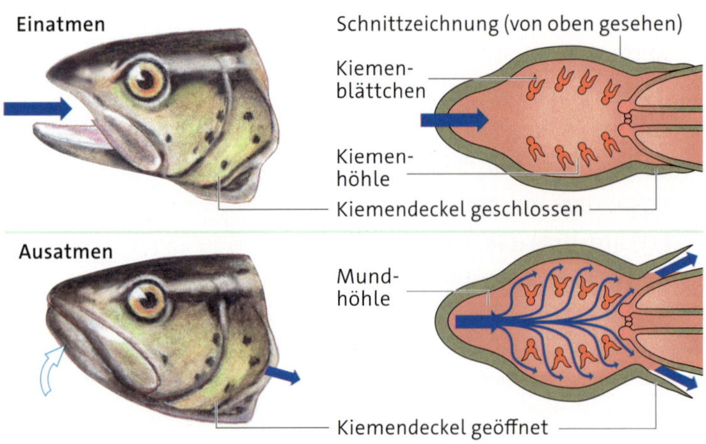

2 Die Atmung bei Fischen

Fische atmen mit ihren Kiemen. In den Kiemen wird Sauerstoff aus dem Wasser ins Blut aufgenommen und Kohlenstoffdioxid aus dem Blut ins Wasser abgegeben.

Aufgabe

1 Beschreibe die Atmung bei Fischen.

Material A

Kiemenmodell

Materialliste: Papiertaschentuch, Schere, Blumendraht (10 cm lang), Becherglas (250 mL), Wasser

1 Baue dein Kiemenmodell nach Bild 3.
Bewege den trockenen Streifenstapel in der Luft. Tauche den Streifenstapel in das Wasser im Becherglas und bewege ihn leicht hin und her. → 4 Ziehe ihn aus dem Wasser und bewege ihn an der Luft. Wiederhole dieses Vorgehen mehrfach. Versuche, die feuchten Papierstreifen an der Luft voneinander zu trennen.

4

a ○ Beschreibe deine Beobachtungen.
b ◐ Deute deine Beobachtungen.

2 ● Erläutere, weshalb Fische nur im Wasser atmen können und an Land ersticken.

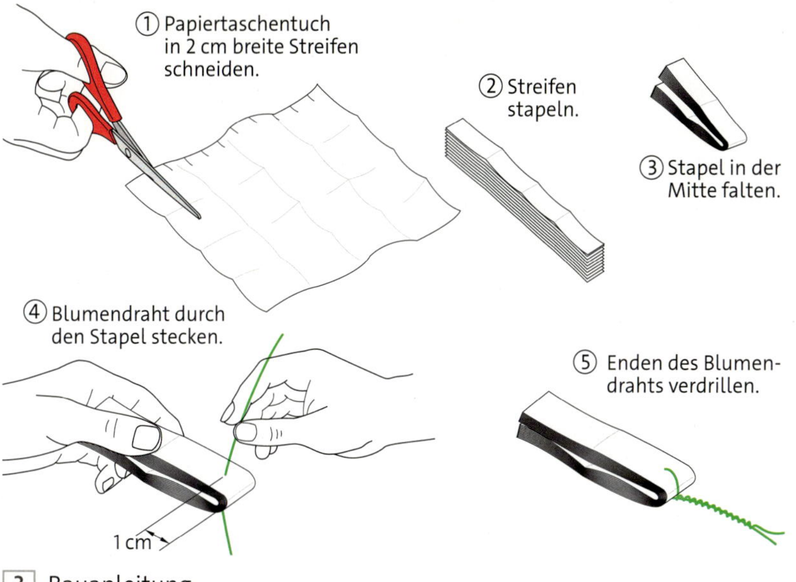

3 Bauanleitung

Material B

Wasser löst Gase

Materialliste: Becherglas (250 mL), Leitungswasser

1 Fülle das Becherglas mit kühlem Leitungswasser und stelle es in die Sonne. Betrachte das Glas sofort und nach etwa 30 Minuten.
a ○ Notiere deine Beobachtungen.
b ◐ Erkläre die Beobachtungen.

2 ● Erläutere, welche Bedeutung die Temperatur in einem Gewässer für die Atmung der Fische hat. Nimm Tabelle 5 zu Hilfe.

Wassertemperatur	Sauerstoff in 100 L Wasser
0 °C	1,46 g
5 °C	1,27 g
10 °C	1,13 g
15 °C	1,01 g
20 °C	0,91 g
25 °C	0,83 g
30 °C	0,76 g

5 So viel Sauerstoff löst sich bei verschiedenen Temperaturen in 100 L Wasser (etwa 100 L Wasser passen in eine Badewanne).

Wie warm ist das Wasser?

1

Leon oder Elena: Wer hat vorher kalt geduscht?

Material A

Warm oder kalt?

1 Halte eine Hand 2 Minuten lang in warmes Wasser und die andere gleichzeitig in kaltes. Tauche dann beide Hände gemeinsam in das lauwarme Wasser. → 2
▢ Beschreibe, was du empfindest.

2 kalt lauwarm warm

Material B

Temperaturen messen

Materialliste: Thermometer, am besten ein elektronisches

1 Messt die Temperatur an verschiedenen Stellen im Klassenzimmer, zum Beispiel am Boden oder am Fenster. Tipp: Wartet mit dem Ablesen der Temperatur immer, bis die Anzeige stillsteht.
▢ Übertragt Tabelle 3 in euer Heft und schreibt eure Messwerte ein.

2 Vermutet, wo die wärmste und wo die kälteste Stelle im Schulgelände liegt.
a ▢ Überprüft eure Vermutungen mit Messungen.

Ort	Temperatur
am Boden	? Grad Celsius
am Fenster	? Grad Celsius
?	? Grad Celsius

3 Beispieltabelle

b ◐ Begründet, warum zu einer anderen Jahreszeit die Messwerte anders sind.

3 Vielleicht gibt es an eurer Schule einen Schulteich. Messt die Wassertemperatur an verschiedenen Stellen. Messt aber immer vom Ufer aus.
▢ Beschreibt eure Ergebnisse.

der Temperatursinn
die Temperatur
das Thermometer
das Grad Celsius

Temperatursinn • Wir können Temperaturen im Bereich von ungefähr 15 °C bis 45 °C gut unterscheiden, am besten nahe der Körpertemperatur (37 °C). Höhere und niedrigere Temperaturen nehmen wir als „heiß“ oder als „kalt“ wahr, manchmal sogar als Schmerz. Unser Temperatursinn nimmt Temperaturunterschiede sehr schnell wahr. Wer wie Elena vor dem Bad kalt geduscht hat, fühlt sich im wärmeren Becken pudelwohl. Warmduscher dagegen beginnen bei gleicher Wassertemperatur im Bad zu bibbern. → 1

Messen mit Thermometern • Wir benutzen oft Flüssigkeitsthermometer, um Temperaturen zu messen. An der Skala kannst du die Temperatur ablesen. → 4 5
Zwischen der höchsten und der niedrigsten Temperatur auf der Skala liegt der Messbereich des Flüssigkeitsthermometers. Elektronische Thermometer tragen häufig Angaben zum Messbereich auf dem Gehäuse. → 6
Bei uns wird wie in vielen Ländern die Temperatur in Grad Celsius (°C) angegeben. In einigen anderen Ländern misst man die Temperatur in Grad Fahrenheit.

Wir verwenden Thermometer, um die Temperatur zu messen.
Wir messen die Temperatur in Grad Celsius (°C).
Jedes Thermometer hat seinen eigenen Messbereich.

4 Flüssigkeitsthermometer

5 So misst du richtig.

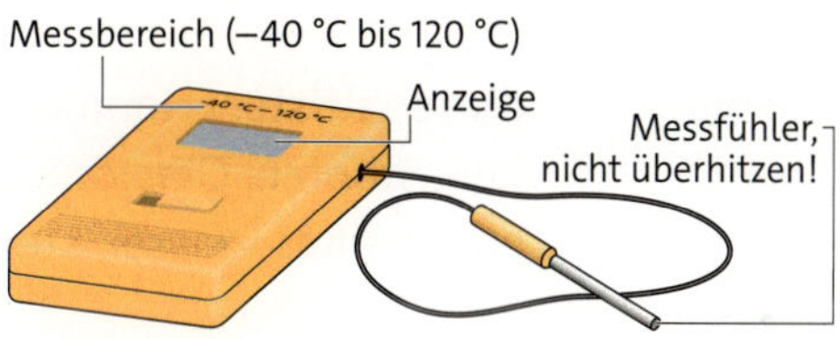

6 Elektronisches Thermometer

Aufgabe

1 Flüssigkeitsthermometer → 7

a ○ Lies die Temperaturen ab.

b ◐ Gib zu den Thermometern jeweils den Messbereich an.

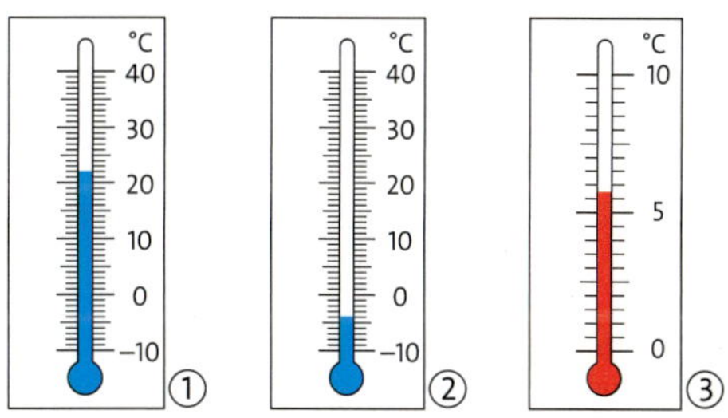

7 Messbereiche gesucht.

Verschiedene Thermometer

1

Schönes Wetter! Die Lufttemperatur beträgt 23 °C. Das liest du vom Fensterthermometer ab. Wie kann es die Temperatur anzeigen?

Material A

Längenanzeiger

Eine Stricknadel wird ein winziges bisschen länger, wenn man sie erwärmt. Wie lässt sich das sichtbar machen?

Materialliste: Stricknadel aus Metall, Trinkhalm, Stecknadel, Korken, 2 leere Weinflaschen, Herdanzünder

1 Baue den Versuch auf und führe ihn durch. → 2
○ Beschreibe deine Beobachtungen.

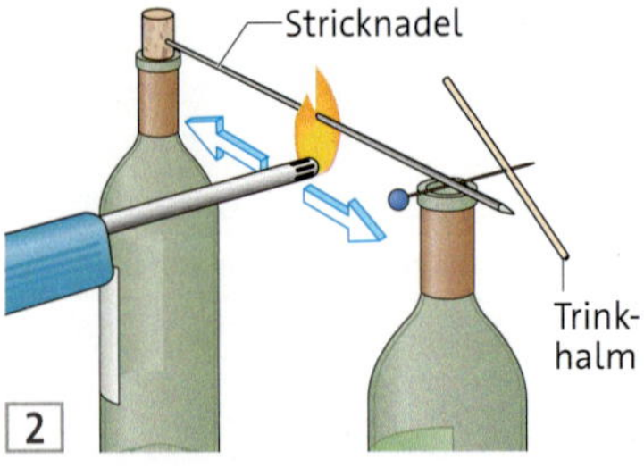

2

Material B

Steigendes Wasser

Materialliste: Erlenmeyerkolben, Stopfen, Glasrohr, Becherglas, heißes Wasser, Klebeband

1 Fülle den Kolben vollständig mit kaltem Wasser. → 3
Markiere den Wasserstand am Glasrohr. Gieße heißes Wasser in das Becherglas. Beobachte den Wasserstand im Glasrohr.
○ Beschreibe deine Beobachtung.

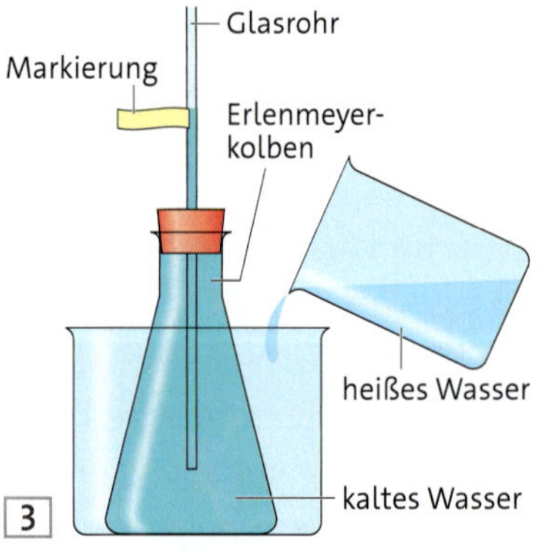

3

2 ◐ Was passiert, wenn das Wasser wieder abkühlt? Stelle eine Vermutung auf und überprüfe sie.

Material C

Eisgekühlte Flasche

1 Verschließe eine leere 1,5-L-Flasche aus Kunststoff gut und lege sie ins Eisfach.
Nach wenigen Stunden holst du die Flasche wieder heraus.
○ Beschreibe deine Beobachtung.

das Bimetall

Das Bimetallthermometer • „Bimetall" bedeutet „Zwei-Metall". Ein Bimetallstreifen besteht aus zwei fest verbundenen Metallen. Er krümmt sich bei Erwärmung, weil sich die Metalle unterschiedlich stark ausdehnen. → 4 Bimetallthermometer verwenden wir als Fensterthermometer, in Kühlschränken und in Backöfen. → 5

Das Flüssigkeitsthermometer • Die Flüssigkeit in der Thermometerkugel dehnt sich bei Erwärmung aus. Bei Abkühlung zieht sie sich wieder zusammen. An der Skala liest man die Temperatur ab. → 5 Flüssigkeitsthermometer verwendet man unter anderem im Nawi-Raum und im Aquarium.

Das elektronische Thermometer • Alle Metalle leiten elektrischen Strom. Je höher die Temperatur ist, umso schlechter leitet das Metall. Das elektronische Thermometer erkennt so die Temperatur im Temperaturfühler. → 5 Man kann mit elektronischen Thermometern schnell und genau messen. Sie sind leicht bedienbar. Die Messwerte können per Funk übertragen werden. Der Nachteil ist: Ohne Batterie funktionieren sie nicht.

Das Ohrthermometer • Einige Thermometer messen die Temperatur, ohne den Gegenstand zu berühren. Das Ohrthermometer misst sekundenschnell die Temperatur des Trommelfells im Ohr. → 5

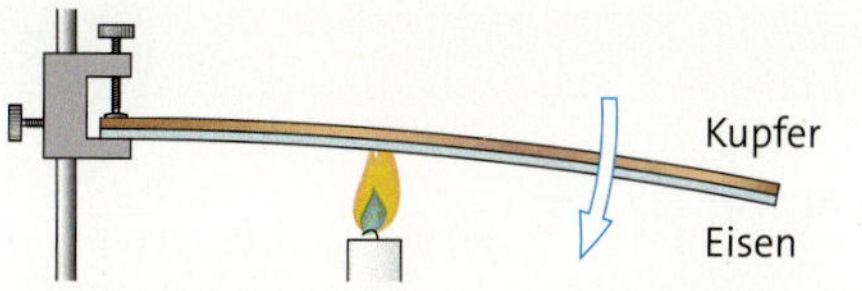

4 Bimetallstreifen – Kupfer dehnt sich beim Erwärmen stärker aus als Eisen.

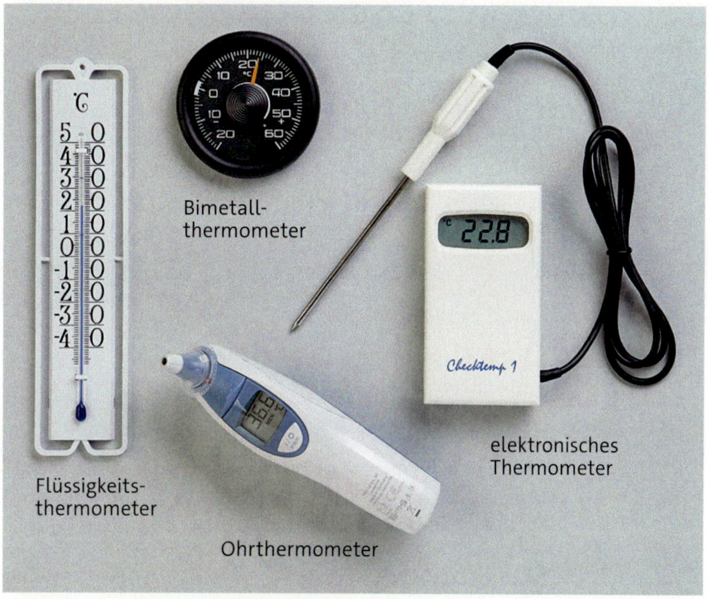

5 Verschiedene Thermometer

Aufgaben

1 ○ Nenne verschiedene Arten von Thermometern.

2 ○ Erkläre, wie ein Flüssigkeitsthermometer funktioniert.

3 ◐ Erkläre, wie ein Bimetallthermometer funktioniert.

4 ◐ Stelle Vor- und Nachteile von elektronischen Thermometern in einer Tabelle zusammen.

Verschiedene Thermometer

Methode

Wärmequellen im Nawi-Raum

Der Gasbrenner • Es gibt unterschiedliche Typen von Gasbrennern. → 1 Vielleicht wird an deiner Schule ein anderer Brennertyp als dieser benutzt. Dann musst du dir euren Gasbrenner genau erklären lassen.

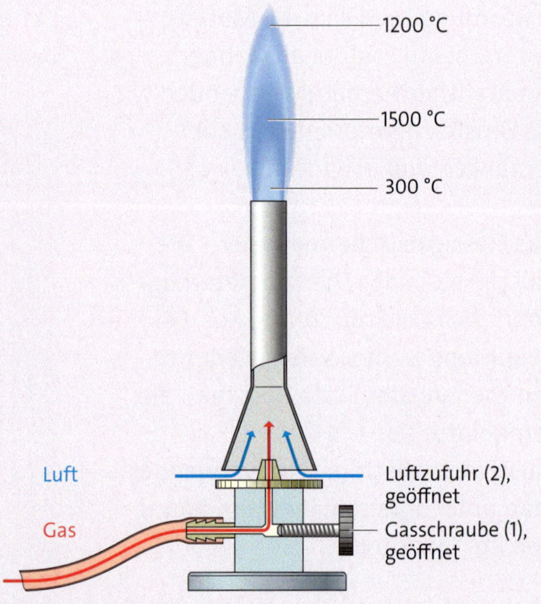

1 Gasbrenner

Bedienungsanleitung für den Gasbrenner

1. Vor dem Versuch Die Gasschraube (1) und die Luftzufuhr (2) müssen geschlossen sein. Überprüfe es!

2. Gas entzünden Öffne das Ventil der Gasleitung am Tisch und anschließend die Gasschraube am Brenner. Jetzt strömt Gas aus. Entzünde es sofort mit einem Gasanzünder (einem Streichholz) von der Seite.

3. Flammenhöhe ändern Mit der Gasschraube am Brenner stellst du die Höhe der rötlich gelben Flamme auf ca. 10 Zentimeter ein. Diese leuchtende Flamme ist ungefähr 1000 °C heiß. Sie rußt stark.

4. Flammentemperatur erhöhen Öffne jetzt vorsichtig die Luftzufuhr, bis die Flamme eine bläuliche Farbe hat. Diese „nicht leuchtende" Flamme ist heißer (1200–1500 °C) als die leuchtende rötlich gelbe Flamme. Am heißesten ist sie etwas unterhalb der Spitze. Die „nicht leuchtende" Flamme rußt nicht mehr.

5. Brenner ausmachen Drehe nach dem Versuch das Ventil der Gasleitung zu. Schließe die Gasschraube und die Luftzufuhr am Brenner.

Achtung • Beachte die Sicherheitsmaßnahmen:
- Informiere dich für den Notfall, wo Feuerlöscher und Löschdecke sind. Du musst wissen, wo sich der nächste Not-Aus-Schalter befindet.
- Trage immer eine Schutzbrille!
- Binde lange Haare zusammen.
- Lege lose Teile deiner Kleidung ab (z. B. Schal, Tuch). Stecke Bänder oder Kordeln fest.
- Lass offene Flammen nie unbeaufsichtigt.
- Schließe den Gashahn, wenn die Flamme des Brenners erlischt.
- Schließe zuerst die Luftzufuhr, bevor du den Brenner wieder anzündest!
- Bei Gasgeruch: Schließe sofort den Gashahn und informiere die Lehrerin oder den Lehrer. Öffne die Fenster!

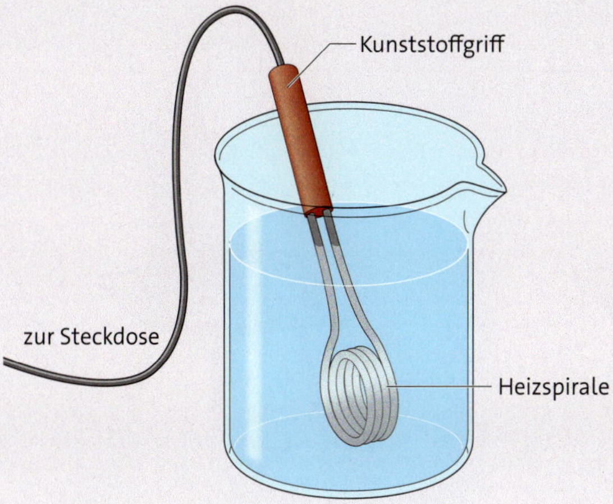

2 Tauchsieder

Der Tauchsieder • Tauchsieder sind nur zum Erwärmen von Wasser geeignet. → 2
Im Tauchsieder wird ein Draht elektrisch erhitzt. Die Wärme muss sofort an das Wasser abgegeben werden, sonst glüht der Draht durch. Daher muss die ganze Heizspirale unter Wasser sein.

Bedienungsanleitung für den Tauchsieder

1. Vor dem Versuch Stecke die Heizspirale des Tauchsieders ins Wasser. Sie muss immer ganz vom Wasser bedeckt sein.

2. Tauchsieder anschließen Stecke jetzt den Stecker des Tauchsieders in die Steckdose.

3. Tauchsieder ausschalten Nach dem Erwärmen ziehst du zuerst den Stecker aus der Steckdose. Dann erst nimmst du den Tauchsieder aus dem Wasser. Lege ihn auf einer feuerfesten Unterlage ab.

Achtung • Beachte die Sicherheitsmaßnahmen:
- Heiße Tauchsieder darfst du nur auf einer feuerfesten Unterlage ablegen.
- Berühre den Tauchsieder nie an der Heizspirale. Sie könnte noch heiß sein.
- Der Stecker darf nicht nass sein. Mit nassen Händen darfst du ihn nicht in die Steckdose stecken oder aus ihr herausziehen. Lebensgefahr!

Aufgaben

1 ○ Die folgenden Aufträge bereiten dich auf die Prüfung für den Brennerführerschein vor:
a Beschreibe, was du vor dem Anzünden des Brenners tun musst.
b Nenne die heißere Flamme: die gelbrote oder die blaue.
c Beschreibe, wo sich die heißeste Stelle der blauen Flamme befindet.
d Nenne die Orte in deinem Nawi-Raum, an denen sich Not-Aus-Schalter, Löschdecken und Feuerlöscher befinden.
e Beschreibe dein Vorgehen, wenn die Flamme des Brenners plötzlich erlischt.

2 ◐ Beim Experimentieren mit offenen Flammen musst du eine Schutzbrille tragen. Außerdem müssen lange Haare zusammengebunden werden. Begründe diese Regeln.

3 ◐ Die Flamme eines Brenners darf man nicht wie eine Kerzenflamme ausblasen. Erkläre.

Verschiedene Thermometer

Material D

Eine Thermometerskala zeichnen

Jedes Thermometer hat seine eigene Skala. In diesem Versuch stellt ihr selbst eine her.

Achtung • Siedendes Wasser: Verbrühungsgefahr!
Gasbrenner: Informiert euch zunächst auf der Seite 230, wie ihr den Gasbrenner bedient.

Materialliste: Thermometerrohling, Papierstreifen, Gasbrenner, Dreibein, Drahtnetz, Glasgefäß, Eiswürfel, Wasser, Glasrührstab, wasserfester Stift

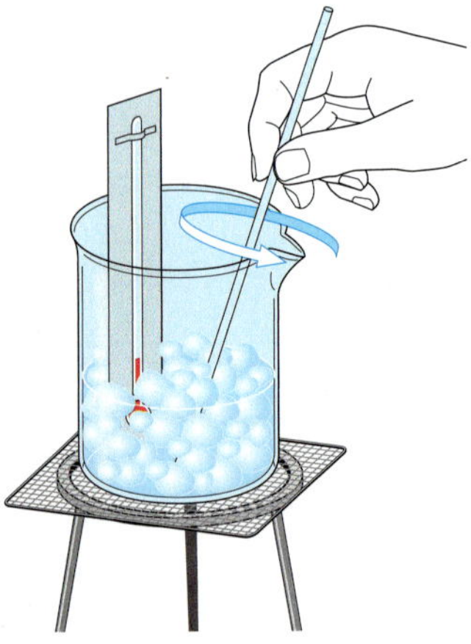

1

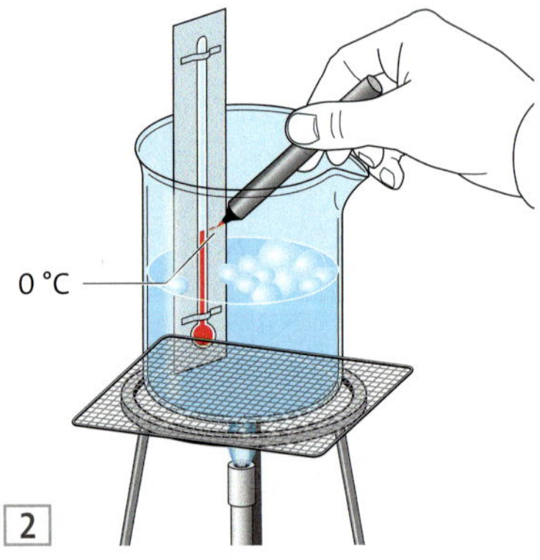

2

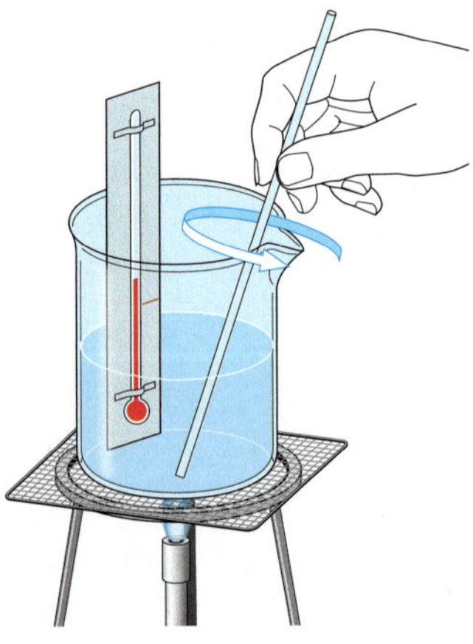

3

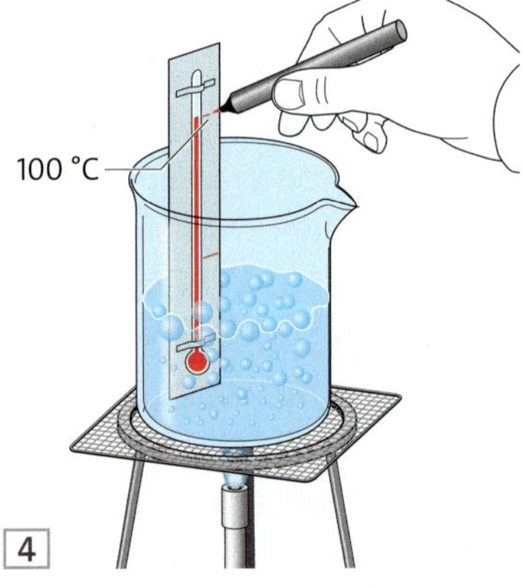

4

1 Führt den Versuch so durch:

a Eis schmilzt bei 0 °C. → 1 Markiert die Schmelztemperatur auf eurem Thermometerrohling. → 2

b Wasser siedet bei 100 °C. Erhitzt das Wasser, bis es kocht. → 3 Markiert die Siedetemperatur auf dem Thermometerrohling. → 4

c Übertragt den Abstand zwischen den Markierungen auf einen Papierstreifen. → 5

d ◐ Messt auf der Skala mit einem Lineal den Punkt für 50 °C ab und markiert ihn.

e ● Berechnet weitere Punkte auf der Skala. Zeichnet sie ein.

2 ● Setzt eure Skala nach unten und oben fort (–10 °C; +110 °C). Beschreibt eure Vorgehensweise.

3 ◐ Überlegt, wie ihr euer Thermometer überprüfen könnt.
Tipp: Ihr benötigt ein weiteres Thermometer.
Beschreibt eure Vorgehensweise.

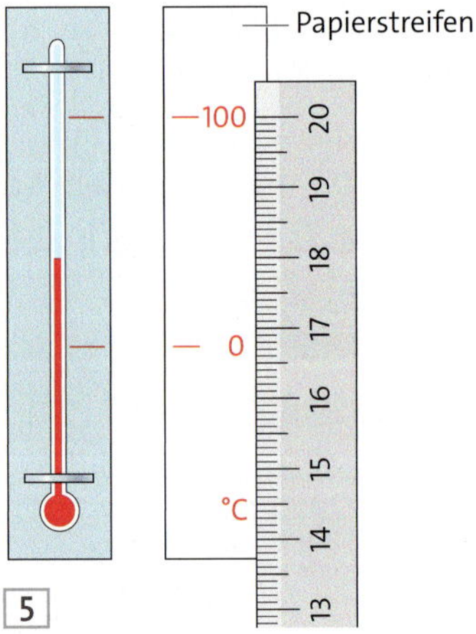

5

Erweitern und Vertiefen

Die Celsiusskala

Die ersten Thermometer • Im 17. Jahrhundert war Naturforschern in Italien bekannt, dass sich Flüssigkeiten bei Erwärmung ausdehnen. Sie bauten mit diesem Wissen die ersten Flüssigkeitsthermometer. Dies waren oft kunstvolle Rohre aus Glas. Auf ihnen waren kleine Glaskügelchen aufgeschmolzen. Je höher die Flüssigkeit stieg, desto wärmer war es. Die Reihe der Kügelchen ähnelte einer Treppe (italienisch scala). → 6

Der große Nachteil war, dass jedes Thermometer seine eigene Skala hatte. Auch die Durchmesser der Glasrohre unterschieden sich. Man konnte Temperaturen nur vergleichen, wenn man sie mit ein und demselben Thermometer gemessen hatte.

Die Fixpunkte • Der Schwede Anders Celsius (1701–1744) kam auf die Idee, für die Thermometerskala zwei besondere Temperaturen zu verwenden:

- die Temperatur, bei der Eis zu Wasser schmilzt (Schmelzpunkt)
- die Temperatur, bei der Wasser siedet (Siedepunkt)

Der Schmelzpunkt von Eis und der Siedepunkt von Wasser sind fast überall leicht zu ermitteln. Weil sie feststehen, nennen wir sie Fixpunkte (lateinisch fixus: fest).

Nachdem Celsius die beiden Fixpunkte auf der Skala eingetragen hatte, teilte er den Abstand zwischen ihnen in 100 gleiche Teile. → 7 Mit den gleichen Abständen verlängerte er die Skala auch nach oben (101 °C, 102 °C, ...) und unten (−1 °C, −2 °C, ...).

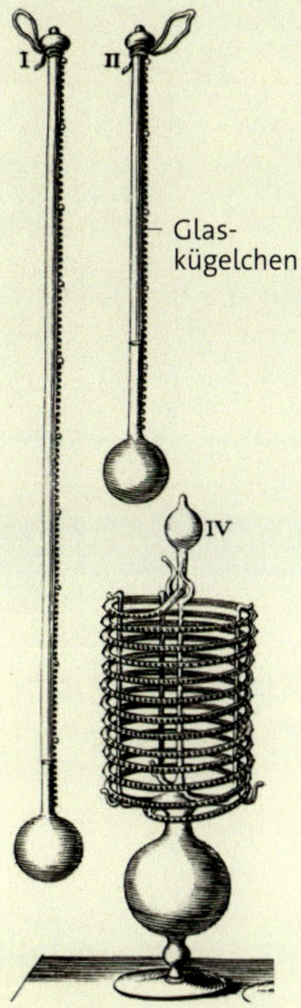

6 Thermometer (17. Jahrhundert)

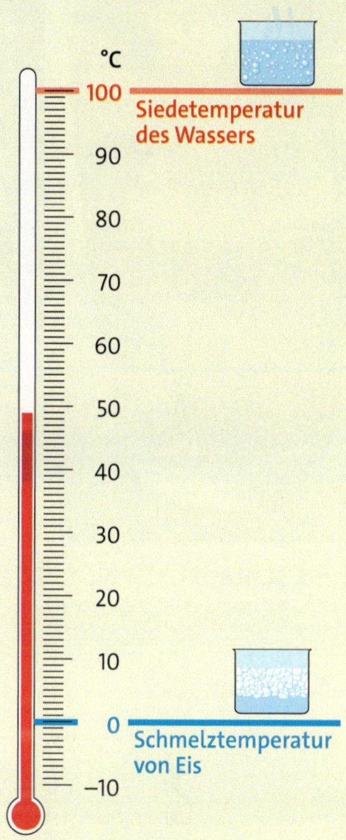

7 Die Fixpunkte der Celsiusskala

Aufgaben

1 Die Celsiusskala

a ○ Nenne die beiden Fixpunkte.

b ◔ Erkläre, warum sich diese beiden Punkte besonders gut zum Anlegen einer Skala eignen.

2 ● Unter welchen Bedingungen kann man die Skala von einem Thermometer abzeichnen und für ein anderes verwenden? Begründe deine Antwort.

Wasser ist nicht immer flüssig

1 Eis schmilzt.

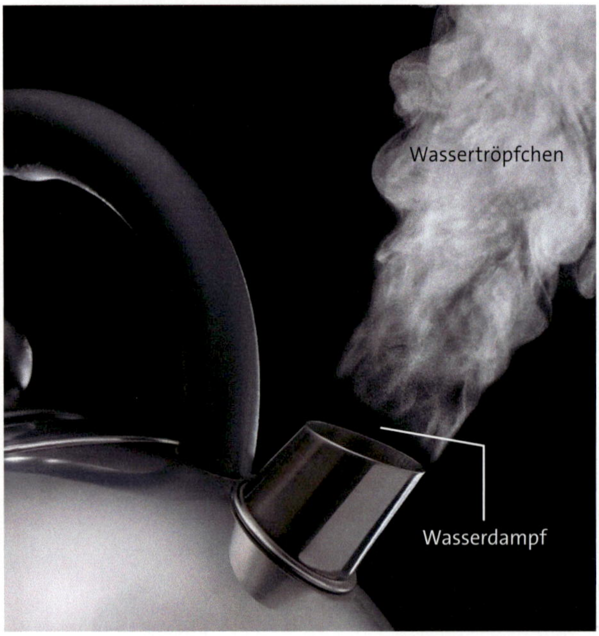

2 Wasser verdampft – Dampf kondensiert.

3 Wasser gefriert.

Viermal Wasser, das seinen Zustand ändert oder gleich ändern wird ...

Material A

Wo bleibt das Wasser?

1 Lege dir ein sehr kleines Stück von einem Eiswürfel auf die Hand. → 4

a ▢ Beschreibe, was du beobachtest.

b ◪ Vermute, wo das Wasser am Ende des Versuchs bleibt.

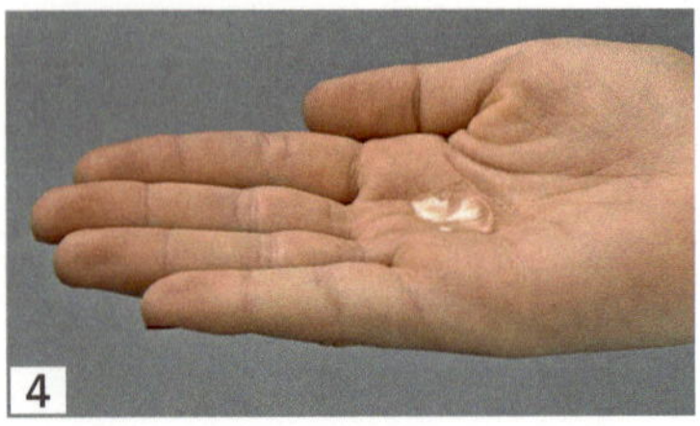

4

Material B

Unsichtbares Wasser

Materialliste: Becherglas, Brenner, Dreibein, Drahtnetz, Verbrennungslöffel, Kerze, Topfdeckel, Topfhandschuh

1 Bringe im Glas etwas Wasser zum Kochen. → 5

Achtung • Siedendes Wasser: Verbrühungsgefahr!

a Befestige eine Kerze auf einem Verbrennungslöffel. Zünde sie an. Halte sie knapp über das Wasser. Beobachte, was passiert.

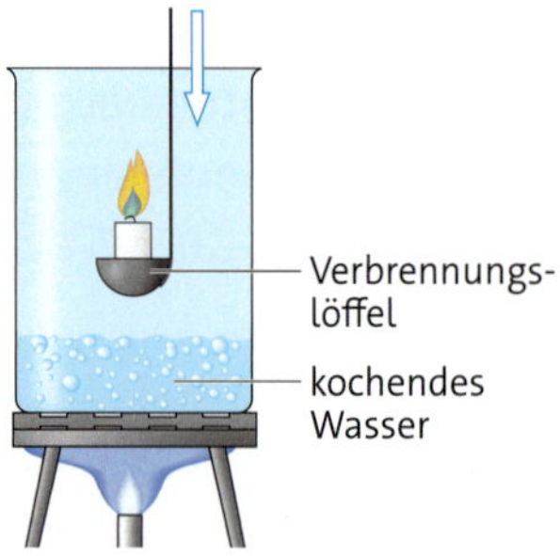

5

b Ziehe die Kerze heraus. Halte einen kühlen Topfdeckel über das kochende Wasser.

Achtung • Benutze einen Topfhandschuh!

c ▢ Beschreibe deine Beobachtungen.

der Aggregatzustand
die Zustandsänderung
die Schmelztemperatur
die Siedetemperatur

Fest – flüssig – gasförmig • Feste Eiswürfel schmelzen in einem Glas Cola rasch zu flüssigem Wasser. → [1] Das Wasser im Teekessel wird erhitzt. Es siedet zu gasförmigem Wasserdampf, der sich mit der Luft vermischt. → [2] Erst wenn der Wasserdampf abkühlt, wird das Wasser wieder flüssig und sichtbar – als Tröpfchen an einem Topfdeckel oder in einer Wolke. → [2] Flüssiges Wasser gefriert an kalten Wintertagen zu festem Eis. → [3]

Die Zustände fest, flüssig und gasförmig nennt man die Aggregatzustände eines Stoffs.
Der Aggregatzustand eines Stoffs hängt von seiner Temperatur ab.

Zustandsänderungen • Wenn ein fester Stoff erwärmt wird, schmilzt er beim Erreichen der Schmelztemperatur. Erhitzt man weiter, wird der flüssige Stoff beim Erreichen der Siedetemperatur gasförmig.
Zum Beispiel ist Wasser unter 0 °C festes Eis. → [6] Bei seiner Schmelztemperatur von 0 °C schmilzt es und wird flüssig. Das flüssige Wasser siedet bei seiner Siedetemperatur von 100 °C. Über 100 °C befindet sich Wasser im gasförmigen Zustand: Es ist Wasserdampf.
Man kann verschiedene Stoffe an ihren unterschiedlichen Schmelz- und Siedetemperaturen erkennen.

Alle Stoffe haben unterschiedliche Schmelz- und Siedetemperaturen.

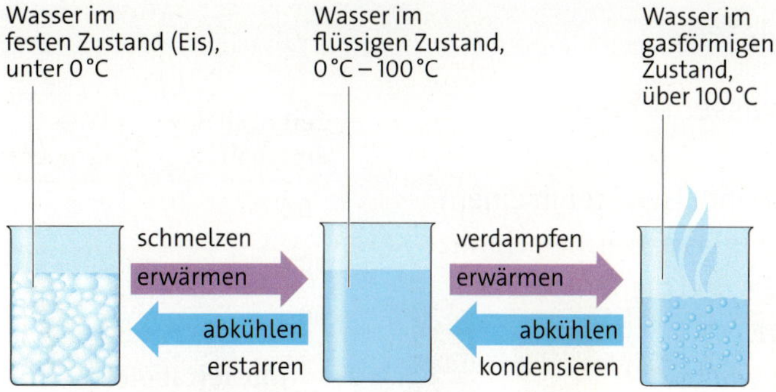

[6] Zustandsänderungen von Wasser

Aggregatzustände • Feste Gegenstände ändern ihre Form nicht von alleine. → [7] Flüssigkeiten passen ihre Form der Umgebung an. → [8] Gase verteilen sich gleichmäßig im Raum. → [9] Gase lassen sich zusammenpressen – anders als feste Körper und Flüssigkeiten.

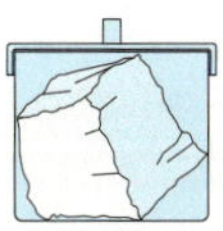
[7] fester Körper

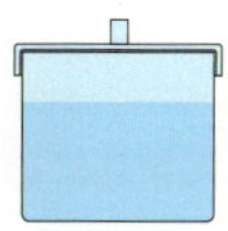
[8] Flüssigkeit

[9] Gas

Aufgaben

1 ○ Nenne die drei Aggregatzustände.

2 ◔ Beschreibe, was passiert, wenn ein Stoff: → [6]
a verdampft
b kondensiert

3 ◔ Nenne jeweils zwei Stoffe (außer Wasser), die bei Zimmertemperatur fest, flüssig oder gasförmig sind.

Wasser ist nicht immer flüssig

Material C

Eiswasser erhitzen

Wenn ihr Eiswasser in einem Becherglas erwärmt, schmilzt das Eis und die Temperatur steigt.
Aber wie hoch?

Achtung • Siedendes Wasser: Verbrühungsgefahr!

Materialliste: Tauchsieder (1000 Watt), Becherglas (1 L), Thermometer, Glasrührstab, Stoppuhr, Eiswürfel, Stativmaterial

1 Legt zunächst eine Tabelle an, in die ihr später eure Messwerte und Beobachtungen eintragt. → 1

2 Füllt das Becherglas bis zur 600-mL-Marke mit Eiswürfeln und Wasser.

3 Rührt um und wartet, bis sich die Temperaturanzeige nicht mehr verändert. → 2
Tragt den ersten Messwert in eure Tabelle ein.

4 Taucht den Tauchsieder in das Eiswasser.
Steckt erst danach den Stecker in die Steckdose und schaltet die Stoppuhr ein.

Zeit nach dem Einschalten	Wasser-temperatur	Beobachtungen
0 s	? °C	?
30 s	? °C	?
60 s	? °C	?

1 Mustertabelle

2

5 Lest alle 30 Sekunden die Temperatur ab und tragt sie in eure Tabelle ein.
Vergesst nicht, weiter umzurühren.

6 Irgendwann siedet das Wasser. Messt danach noch 2 bis 3 Minuten weiter.

7 Tabelle

a ○ Lest aus eurer Tabelle ab, wie heiß das Wasser wird.

b ○ Stieg die Temperatur gleichmäßig an? Beschreibt den Temperaturverlauf.

c ● Findet heraus, zwischen welchen Messpunkten die Temperatur:
- am geringsten stieg
- am meisten stieg

Methode

Ein Liniendiagramm zeichnen

Zeit nach dem Einschalten in s	0	30	60	90	120	150	180	210	240	270	300	330
Wassertemperatur in °C	0	3	6	22	35	48	60	71	85	97	100	100

3 Aufzeichnung der Messwerte

Wenn du Wasser erhitzt und dabei regelmäßig die Temperatur abliest, erhältst du ähnliche Messwerte wie in der Tabelle. → 3
So gehst du vor, um diese Messwerte in einem Liniendiagramm aufzuzeichnen: → 4

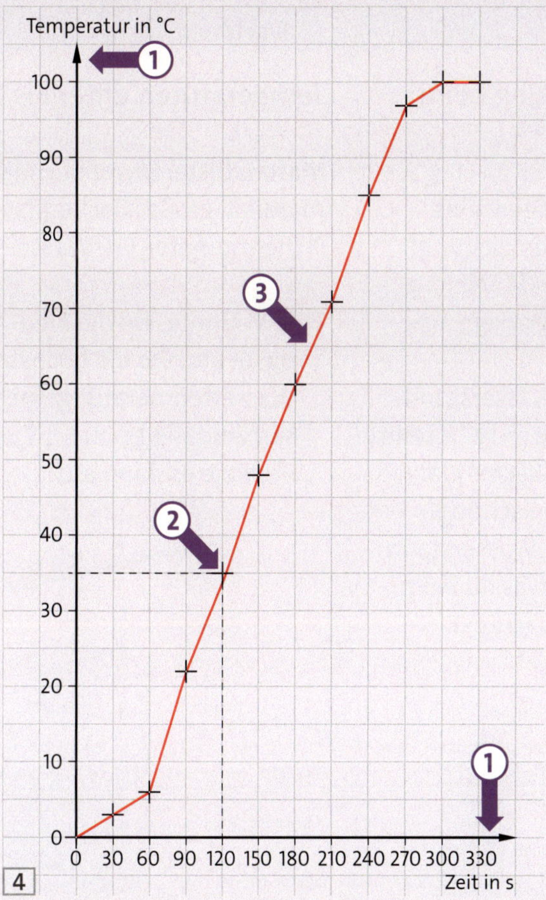

4

1. Achsenkreuz zeichnen Zeichne mit Bleistift und Lineal die Temperaturachse senkrecht und die Zeitachse waagerecht auf Kästchenpapier. Schreibe an jede Achse die Größe (Temperatur, Zeit) und die Einheit (°C, s).

2. Messpunkte eintragen Suche zunächst einen Messwert auf der Zeitachse (z. B. 120 s). Zeichne eine dünne Hilfslinie nach oben. Suche dann auf der Temperaturachse den zugehörigen Messwert der Temperatur (35 °C). Zeichne eine Hilfslinie waagerecht nach rechts. Mache am Schnittpunkt der Linien ein Kreuz. Radiere die Hilfslinien am Ende wieder aus.

3. Messpunkte verbinden Verbinde die Messpunkte mit einem Lineal.

Aufgabe

1 Erstelle ein Liniendiagramm aus deiner Messwerttabelle von Material C.

a Beschreibe deine Vorgehensweise.

b Lies aus deinem Diagramm ab, wann die Temperatur wenig oder gar nicht steigt.

c Beschreibe, was gleichzeitig im Becherglas passiert.

d Lies aus deinem Diagramm die Temperatur nach 45 s und nach 225 s ab.

Wie überleben Fische unter dem Eis?

1 Fisch unter dem Eis

Wie überleben die Fische im zugefrorenen See?
Wieso schwimmt das Eis oben auf dem Wasser?

Material A

Wenn Wasser gefriert ...

Materialliste: Kühlschrank mit Gefrierfach, kleines, schmales Schraubglas mit Deckel, Tüte

1 Fülle das Glas randvoll mit Wasser und verschließe es mit dem Deckel. Es soll keine Luftblase im Glas sein.
Hülle das Glas in eine Plastiktüte und stelle es ins Gefrierfach.
Schau am nächsten Tag nach. Das Wasser ist nicht nur gefroren, sondern ...
▢ Beschreibe deine Beobachtungen.

Material B

Volumenänderung beim Gefrieren

Materialliste: Reagenzglas, Becherglas, „Kältemischung" aus 3 Teilen Eis und 1 Teil Salz, Klebeband oder Marker

1 Markiere den Wasserstand im Reagenzglas. → 2 Stelle es dann in das Becherglas mit der „Kältemischung".
Beobachte den Wasserstand.
▢ Beschreibe, was du beim Abkühlen beobachtest.

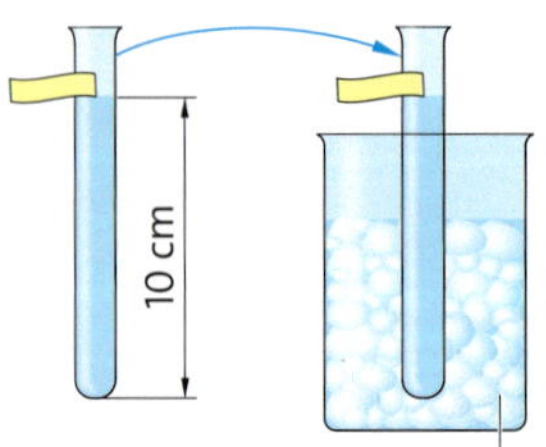

2

Material C

Temperaturen unter Eis

Materialliste: Styropor, Stativmaterial, großes Becherglas, 3 Thermometer, Eis, Wasser

1 ◪ Vermute, wo die niedrigste und wo die höchste Wassertemperatur gemessen wird. → 3
Probiere es dann aus.

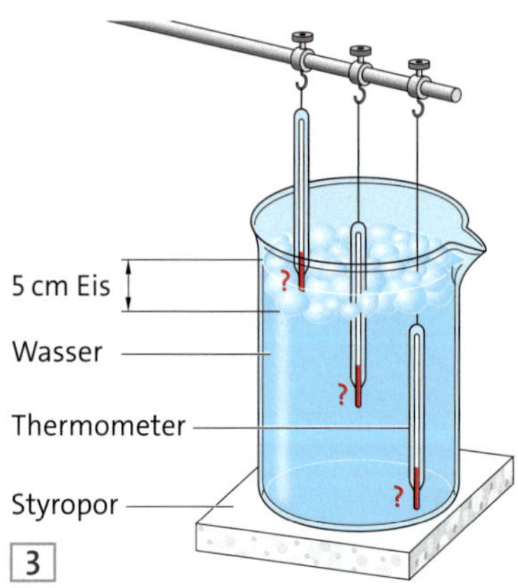

3

die Dichte

Wassertemperaturen im See • Wer im Sommer in einem tiefen See taucht, stellt fest, dass das Wasser zum Grund hin immer kälter wird. → 4 Anders im Winter: Unter dem Eis wird es nach unten hin wärmer. Wie kommt es dazu?

Im Herbst und im Winter kühlt sich das Wasser an der Oberfläche des Sees ab. Dabei zieht es sich zusammen, es wird schwerer. → 5 Bei 4 °C ist Wasser am schwersten. Deshalb sinkt es im See nach ganz unten.

Wenn das Wasser an der Oberfläche unter 4 °C abkühlt, sinkt es nicht nach unten. Wasser von 4 °C dehnt sich nämlich beim Abkühlen wieder aus. → 6 Dabei wird es leichter. Wasser von 1 °C schwimmt also auf Wasser von 4 °C.

Die Wassertemperatur nimmt so lange an der Oberfläche ab, bis das Wasser zu Eis erstarrt. Unten im See ist es dann mit 4 °C am wärmsten.

Wenn der See tief genug ist, friert er nicht bis zum Grund zu. Das ist wichtig für Fische und Wasserpflanzen. Sie können so im Winter überleben.

Wasser von 4 °C ist am schwersten. Es hat die größte Dichte und sinkt in Gewässern nach unten.

Gefrierendes Wasser • Eine Wasserleitung kann platzen, wenn Wasser darin gefriert. Wasser dehnt sich stark aus, wenn es zu Eis erstarrt.

Eis ist leichter als flüssiges Wasser. Es hat eine geringere Dichte und schwimmt auf dem Wasser.

4 See im Sommer – See im Winter

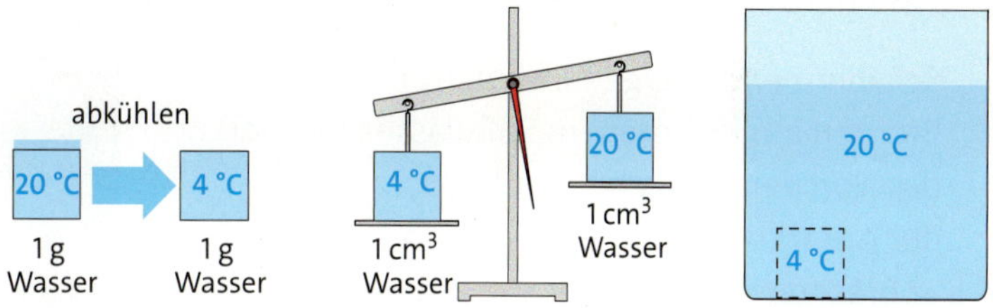

5 Wasser ist bei 4 °C am schwersten.

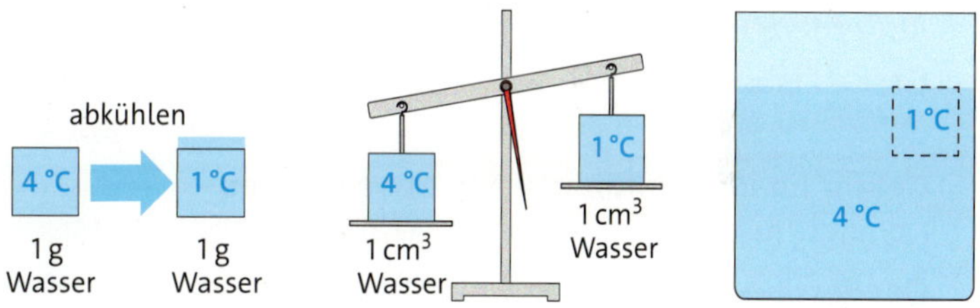

6 Beim Abkühlen unter 4 °C wird Wasser wieder leichter.

Aufgabe

1 Wasser und Wachs erstarren ganz verschieden. → 7 8

a ○ Beschreibe die Unterschiede.

b ◐ Gib jeweils an, wie sich die Dichte von Wachs und Wasser beim Erstarren verändert. Begründe.

c ◐ Schwimmt ein Wachsklümpchen auf flüssigem Wachs? Begründe deine Antwort.

7 Eis

8 Wachs

Wie überleben Fische unter dem Eis?

Erweitern und Vertiefen

Eisberge – schwimmende Riesen

1 Eisabbruch in Island

Schwimmende Berge • Eisberge sind riesige Brocken aus gefrorenem Süßwasser. Sie werden von den Gletschern auf Grönland oder der Antarktis „geboren", wenn dort Eisbrocken abbrechen und ins Meer stürzen. → 1
Eisberge schwimmen, weil gefrorenes Wasser eine geringere Dichte hat als flüssiges Wasser. Außerdem ist im Eis Luft eingeschlossen. Große Eisberge „überleben" bis zu 30 Jahre.

Gefahr für die Schifffahrt • Nur etwa ein Siebtel eines Eisbergs ragt aus dem Meer. → 2
Der Rest liegt unsichtbar unter Wasser. Er hat einen viel größeren Umfang als der sichtbare Teil. Eisberge sind daher für die Schifffahrt sehr gefährlich. Schiffe müssen einen großen Sicherheitsabstand einhalten.
Das bekannteste Schiffsunglück mit einem Eisberg war der Untergang der Titanic im April 1912.

Anstieg des Meeresspiegels • Die „Geburt" von Eisbergen trägt zum Anstieg des Meeresspiegels bei. Wenn sehr viel Eis ins Meer gelangt, wächst die Gefahr von Überschwemmungen in Küstengebieten.

2 Eisberg in der Antarktis

Aufgaben

1 ○ Beschreibe, wie Eisberge entstehen.

2 ○ Vermute, was mit dem Sprichwort „Das ist nur die Spitze des Eisbergs" gemeint ist.

3 ◐ Erkläre, warum Eisberge schwimmen.

Erweitern und Vertiefen

Wasser bricht Gestein

Sprengstoff: gefrierendes Wasser • Die Wirkung gefrierenden Wassers ist gewaltig. Man sieht sie an den Schotter- und Geröllfeldern im Gebirge. → 3
Jeder Fels hat winzige Spalten und Risse, in die Wasser eindringt. → 4 Bei Frost gefriert es. Dabei kann sich das Eis so weit ausdehnen, dass es den Fels zerbricht. Solange das Eis nicht taut, hält es den Fels noch zusammen. → 5
Erst wenn im Frühjahr das Eis schmilzt, zerfällt der Fels in kleinere Brocken. → 6
Selbst große Felsen werden so allmählich in kleine Stücke zerlegt. Die Bruchstücke sammeln sich unter den Felswänden zu Geröllfeldern. Aus ihnen können gefährliche Gesteinslawinen werden.

Verbesserung der Bodenqualität • Was im Gebirge unerwünscht ist, erfreut den Bauern im Frühjahr. Wenn es einen frostigen Winter gibt, zerkleinert das gefrorene Wasser im Boden die Lehmschichten der Felder. Bei Tauwetter im Frühjahr ist der Boden somit locker und besser zu bewirtschaften.

3 Geröllfeld in den Dolomiten (Italien)

Stein im Schnitt

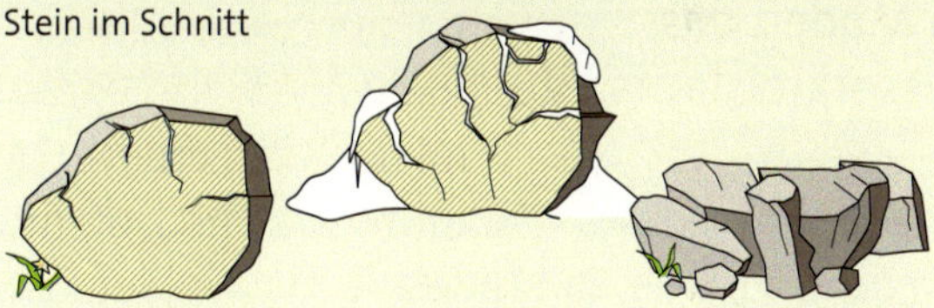

4 Sommer   5 Winter   6 Frühling

Aufgaben

1 ○ Beschreibe, wie gefrierendes Wasser die Böden verbessert.

2 ◐ Erkläre, warum im Frühjahr der Asphalt aufbricht und Schlaglöcher entstehen. → 7

3 ◐ Erkläre, warum der Wasserhahn im Garten vor dem Winter entleert werden muss.

7 Schlagloch im Asphalt

Wasser unterwegs

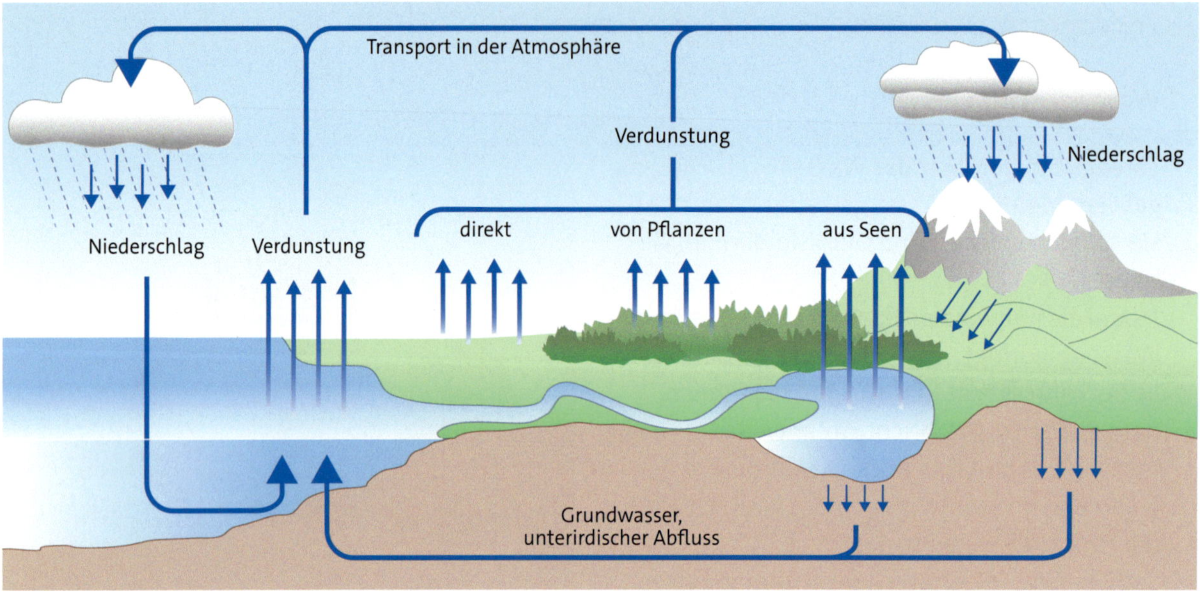

1 Wasserkreislauf

Das Wasser in deinem Trinkglas hat eine lange Reise hinter – und vor sich.

Material A

Ein Modell des Wasserkreislaufs bauen

Materialliste: großes Einmachglas, Erde, Sand, Kies, Kressesamen, Wasser, Frischhaltefolie, Gummiband

1 Fülle das Glas mit Erde, Sand und Kies. → 2 Gieße dann kräftig und streue die Kressesamen auf die Erde. Verschließe das Glas zuletzt mit Frischhaltefolie.
○ Notiere täglich deine Beobachtungen.

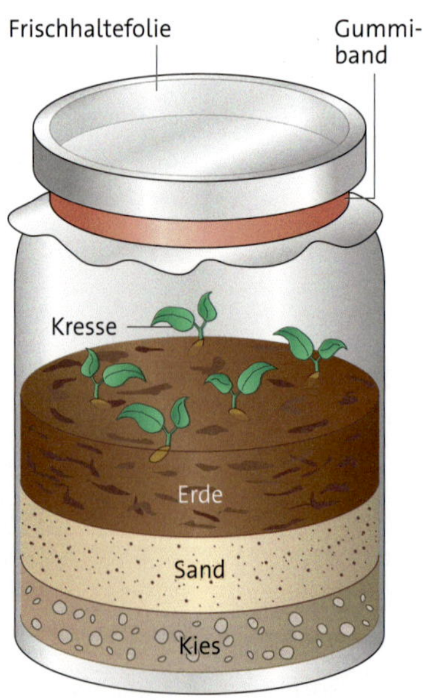

2 Modell des Wasserkreislaufs

Material B

Wasser schlägt sich nieder

Materialliste: 2 Gläser, Wasser, Salz, Frischhaltefolie

1 Fülle die Gläser halb voll mit Wasser. Mische in ein Glas einen Teelöffel Salz. Verschließe die Gläser mit Folie und stelle sie an einen warmen Platz. Beobachte einige Tage. Probiere je einen Wassertropfen von den Folien der Gläser.
◐ Erkläre deine Beobachtungen auch mithilfe von Bild 1.

Wasserkreislauf • Wenn du Wasser verschüttest, verdunstet es bald. Das heißt, es wird gasförmig und vermischt sich mit der Luft.
Überall verdunstet Wasser: aus Flüssen, Seen und Meeren, vom Erdboden oder von Pflanzen über die Blätter. Ein großer Baum verdunstet an einem Sommertag mehrere Hundert Liter Wasser.

Die Luft enthält stets unsichtbaren Wasserdampf.

Wenn Luft abkühlt, entstehen aus dem Wasserdampf Nebel oder Wolken. Aus den Wolken kann Niederschlag fallen. Der Kreislauf geht weiter.

Nebel • Häufig tritt Nebel im Frühjahr und Herbst in Flusstälern auf. Dort verdunstet viel Wasser. Wenn nachts die Luft abkühlt, kondensiert das gasförmige Wasser zu kleinen Tröpfchen. Wir sehen sie als Nebel. → 3

Wolken • Wasserdampf steigt mit erwärmter Luft in die Höhe. Dort kühlt die Luft ab. Der Wasserdampf kondensiert zu winzigen Tröpfchen. In noch größeren Höhen wachsen auch kleine Eiskristalle. Sie fallen nicht zur Erde, weil sie von der aufsteigenden Luft in der Schwebe gehalten werden. Wir sehen sie als Wolken. → 4

Regentropfen • Ein Regentropfen entsteht, wenn sich in einer Wolke viele Tröpfchen vereinen. Die Regentropfen sind dann so schwer, dass sie zur Erde fallen.

3 Nebel in einem Flusstal

4 Wolke

5 Schneeflocken

Schnee • In großen Höhen betragen die Lufttemperaturen meist weit unter 0 °C. Dort werden aus dem gasförmigen Wasser Eiskristalle in vielen unterschiedlichen Formen. Sie vereinen sich schließlich zu Schneeflocken. → 5

Aufgaben

1 ○ Beschreibe die „Reise" eines Wassertropfens vom Ozean bis zu seiner Rückkehr wieder in den Ozean. → 1

2 ◐ Oft sieht man im Sommer oder Herbst morgens Tau im Gras. Erkläre, warum der Tau nachts entsteht.

3 ◐ Obwohl Wasserdampf unsichtbar ist, können wir Wolken sehen. Erkläre.

Unser Wasser – meist ein Gemisch

1

Es ist nicht selbstverständlich, dass trinkbares Wasser aus der Leitung fließt – es wurde vorher gründlich gereinigt.

Material A

„Schmutzwasser" reinigen?

Materialliste: Sand, 2 Esslöffel Salz, ca. 0,5 L Wasser, Teelicht, Teelichthülse oder Metalllöffel, Holzklammer, Porzellantiegel, Kaffeefilter, Filtertüte, Einmachglas, Teesieb

1 Stellt ein Gemisch aus Wasser, Sand und Salz her. Nutzt die Geräte von Bild 2, um die drei Stoffe wieder voneinander zu trennen. Es genügt, wenn ihr eine kleine Menge Salz gewinnt. ◐ Beschreibt genau, wie ihr die Aufgabe gelöst habt.

2

Material B

Bestehen Limonade und Cola fast nur aus Wasser?

Materialliste: Schutzbrille, Gasbrenner, Dreibein, Drahtnetz, Konservendose, Limonaden und Cola (jeweils 50 mL)

1 ◐ Plane ein Experiment und führe es durch. Setze dabei die Schutzbrille auf. Fertige ein Protokoll an:
- a Notiere die Versuchsfrage und was du vermutest.
- b Zeichne den Versuchsaufbau.
- c Beschreibe, wie du den Versuch durchgeführt hast.
- d Beschreibe, was beim Experiment zurückbleibt.
- e Vergleiche die Rückstände mit den Angaben auf dem Etikett der Getränke.
- f Beantworte die Frage.

das Gemisch
der Reinstoff

Wasser – Reinstoff oder Gemisch? • Ob es um Süßwasser, Meerwasser oder Trinkwasser geht – wenn wir im Alltag von Wasser sprechen, meinen wir meist ein Gemisch von Stoffen.
Zum Beispiel sind im Wasser eines Baches Salz und Sauerstoff gelöst. Unlösliche Bestandteile des Gemischs sind Sandkörner, Erde oder Pflanzenreste.
Mit verschiedenen Verfahren kann man Gemische trennen. Wenn man das Wasser aus dem Bach erhitzt, verdampft es. Hält man eine kalte Scheibe in den Dampf, kondensiert dort Wasser – als Reinstoff. Auch Zucker, Salz und Öl sind Reinstoffe.

Gemische kann man in die einzelnen Stoffe trennen. Stoffe, die wir nicht weiter trennen können, bezeichnen wir als Reinstoffe.

Trinkwasserreinigung • Unser Trinkwasser wird meist aus Flüssen oder Seen entnommen. Damit wir es trinken können, muss es gereinigt werden. Feste Stoffe im Wasser werden mit Filtern entfernt, andere sinken in großen Becken zu Boden. Als Filter kommt oft Sand zum Einsatz, durch den das Wasser geleitet wird. → 3 Bevor das Wasser getrunken werden kann, muss es noch von Krankheitserregern befreit werden.
Trinkwasser ist daher sehr wertvoll.

3 Hier wird Bodenseewasser durch eine Sandschicht gefiltert.

Mineralsalze • Gutes Trinkwasser darf kein reines Wasser sein. Es muss einen geringen Anteil an Mineralsalzen enthalten. Sie sind für die Lebensvorgänge in unserem Körper notwendig.

Aufgaben

1 Gemisch oder Reinstoff?
a Sortiere die folgenden Begriffe in einer Tabelle: → 4
Salz, Mehl, Pizzateig, Zucker, Öl, Müsli, Salzwasser, Nudelsuppe.
b Ergänze die Spalten um je zwei weitere Beispiele.

Gemisch	Reinstoff
?	?

4 Mustertabelle

2 Reinstoffe und Gemische in der Küche:
a Nenne jeweils zwei.
b Begründe, warum es Reinstoffe oder Gemische sind.

3 Meerwasser ist ein Stoffgemisch. Nenne Stoffe, die in Meerwasser enthalten sind.

Unser Wasser – meist ein Gemisch

Methode

Trennverfahren: Dekantieren – Filtrieren – Herauslösen – Eindampfen

Trennverfahren	Für:	So gehst du vor:	
Dekantieren (Absetzen-lassen)	Gemische aus Flüssigkeiten und groben Feststoffen	**1** Lass das Gemisch stehen, bis sich ein Bodensatz bildet. **2** Kippe das Wasser vorsichtig ab oder entnimm es mit einer Pipette.	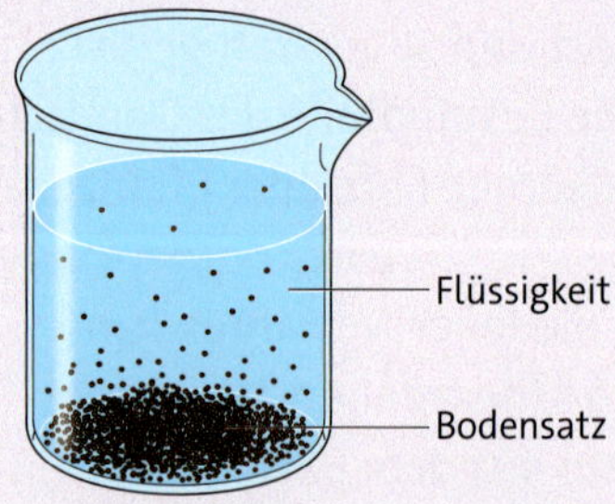 1
Filtrieren	Gemische aus Flüssigkeiten und Feststoffen	**1** Falte einen Rundfilter. Lege ihn in den Trichter ein. **2** Gib das Gemisch auf den Filter. Fange den flüssigen Bestandteil mit einem Erlenmeyerkolben auf.	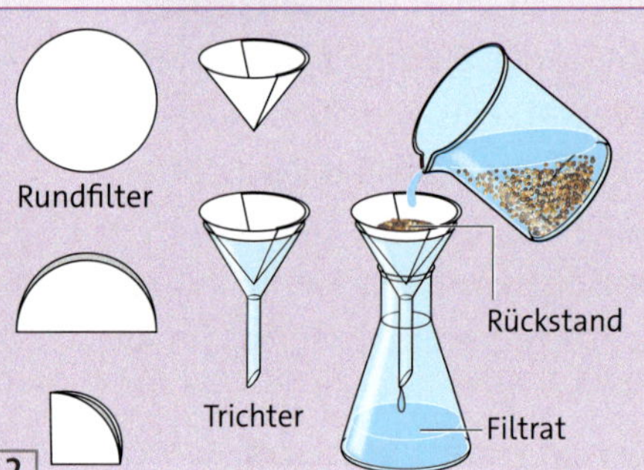 2
Herauslösen	Gemische aus Feststoffen	**1** Gib das Feststoffgemisch in ein Gefäß und füge das Lösungsmittel hinzu. Rühre um. **2** Dekantiere oder filtriere die verbleibenden Feststoffe.	 3
Eindampfen	Lösungen	**1** Schutzbrille aufsetzen! **2** Gib die Lösung in eine Porzellanschale. Stelle die Schale auf ein Dreibein mit feuerfester Unterlage. **3** Erhitze mit dem Brenner, bis das Lösungsmittel verdampft ist.	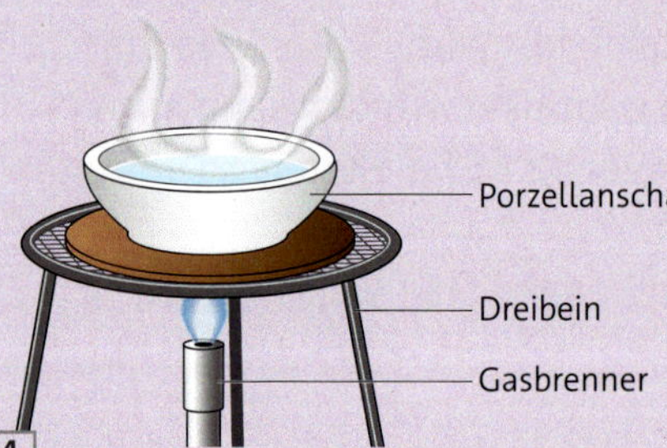 4

das Dekantieren
das Filtrieren
das Herauslösen
das Eindampfen

Erweitern und Vertiefen

Abwasserreinigung

Wohin mit dem Schmutzwasser? • Täglich verwenden wir sauberes Wasser zum Duschen, Geschirrspülen, Wäschewaschen oder beim Spülen in der Toilette. Doch was passiert danach mit dem Schmutzwasser? So darf es nicht in die Umwelt gelangen!

Mechanische Reinigung • Das schmutzige Abwasser fließt durch den Abfluss über die Kanalisation zu einer Kläranlage, wo es wieder gereinigt wird. → 5 6 Nacheinander strömt das Abwasser durch drei große Becken:

- Im ersten Becken kämmen Rechen größere Gegenstände aus dem Abwasserstrom.
- In das zweite Becken (Sandfang) wird Luft gepumpt, um Sand und Öle leichter zu trennen. Die Öle schwimmen danach oben auf dem Wasser und werden entfernt.
- Durch das dritte Becken (Vorklärbecken) fließt das Wasser nun etwas langsamer. Feine Schwebstoffe setzen sich am Boden ab und bilden eine Schlammschicht. Der Schlamm wird abgepumpt und in Faultürme geleitet. Dort entsteht ein Gas, das man zur Energiegewinnung verbrennt.

5 Sandfang, dahinter Faultürme

Rechen, Sandfang und Vorklärbecken bilden zusammen die mechanische Reinigung, die erste Stufe der Abwasserreinigung. Danach folgen weitere Reinigungsstufen, bis das Wasser wieder sauber ist. Am Ende kann es wieder in einen Bach geleitet werden.

Aufgaben

1 ○ Beschreibe die Trennverfahren während der mechanischen Reinigung.

2 ◐ Benenne die Trennverfahren beim Sandfang und im Vorklärbecken mit Fachbegriffen. Tipp: Sieh dir die Nebenseite an.

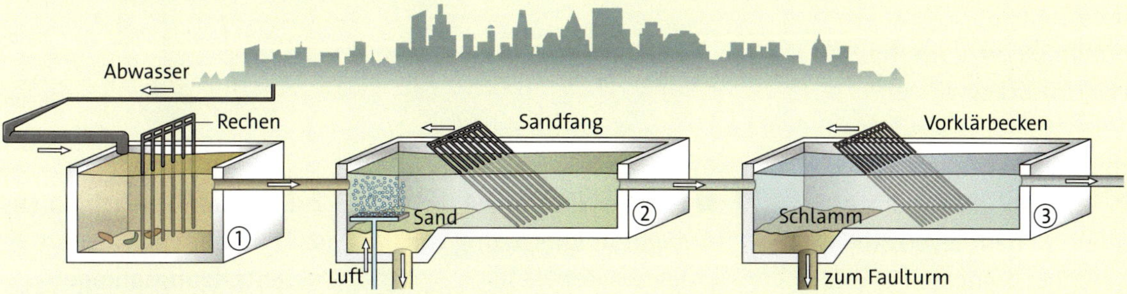

6 Mechanische Reinigung in einer Kläranlage

Unser Wasser – meist ein Gemisch

Material C

1

Trinkwasser aus Meerwasser

Gestrandet – ohne Trinkwasser! Das Meerwasser ist nicht genießbar. Werden die drei verdursten müssen? → 1
In Material A habt ihr bereits Wasser von Salz und Sand getrennt.
Könnt ihr das verdampfte Wasser zurückgewinnen?

Materialliste: Drahtnetz, Dreibein, Glasrohr, durchbohrter Stopfen, 2 Erlenmeyerkolben, Gasbrenner, Siedesteine, Salzwasser, Glycerin

Achtung • Verletzungsgefahr! Bevor ein Glasrohr in den Stopfen gesteckt wird, muss es mit Glycerin „leichtgängig" gemacht werden. Glasrohr dicht am Stopfen anfassen! Es ist Hilfestellung durch den Lehrer nötig! → 2

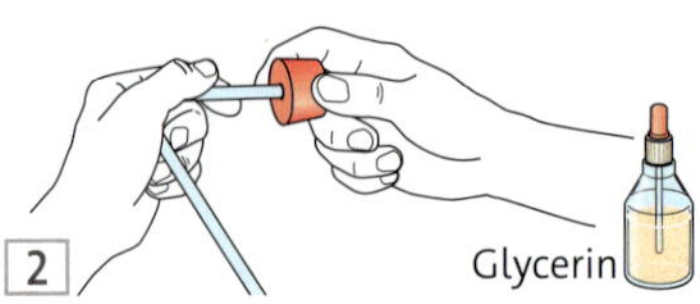

2

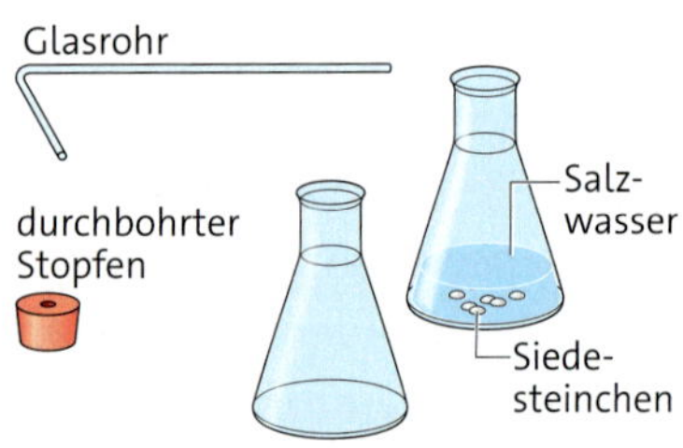

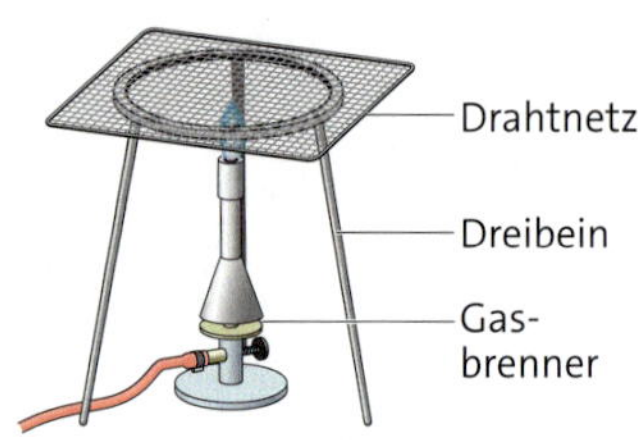

3

1 ● Plant eine einfache Anlage zur Entsalzung von „Meerwasser". → 3 Überlegt, wie ihr möglichst viel reines Wasser erhaltet.

2 Führt den Versuch durch.
a ○ Beschreibt, wie eure „Entsalzungsanlage" funktioniert.
b ◐ Fertigt ein Protokoll an.

Material D

Woraus bestehen Smarties?

Materialliste: 2 Uhrgläser, Löffel, Brenner, heißes und kaltes Wasser, Smartie, Schutzbrille

4

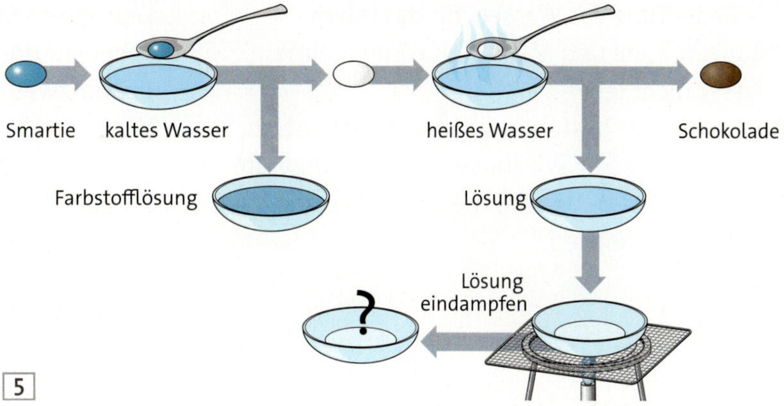

5

1 So gehst du vor: → 5

a Schwenke ein ganzes blaues Smartie in sehr wenig kaltem Wasser (ein Esslöffel), bis der Farbstoff sich aufgelöst hat.

b Nimm das Smartie aus dem kalten Wasser und schwenke es nun kurz in wenig heißem Wasser, bis es seine weiße Farbe verliert.

c Gieße die Lösung ab. Dampfe sie vorsichtig ein. Trage dabei eine Schutzbrille!

2 Sieh auf die Verpackung.

a ○ Nenne einige Inhaltsstoffe.

b ◐ Vermute, welche Stoffe nach dem Eindampfen zurückbleiben.

Material E

Filzstiftdetektive

Stell dir vor, jemand hat deinem Freund mit Filzstift in sein Heft gekritzelt. Mit der Chromatografie findest du heraus, welchen Filzstift der Täter benutzte.

Materialliste: 2 Filzstifte verschiedener Hersteller (schwarz, braun), 3 Rundfilter, 2 flache Gefäße, Wasser, Spiritus

Achtung • Spiritus ist brennbar! Schutzbrille aufsetzen!

1 So gehst du vor: → 6

a Male mit jedem Stift einen dicken Punkt auf je einen Rundfilter und mache dort ein Loch.

b Halbiere den dritten Rundfilter. Rolle aus jeder Hälfte einen „Docht" auf.

c Stecke die Dochte durch die gemalten Punkte in die Filter. Lege die Rundfilter mit den Dochten auf die Gefäße. Die Dochte sollen ins Wasser ragen, die Filter nicht.

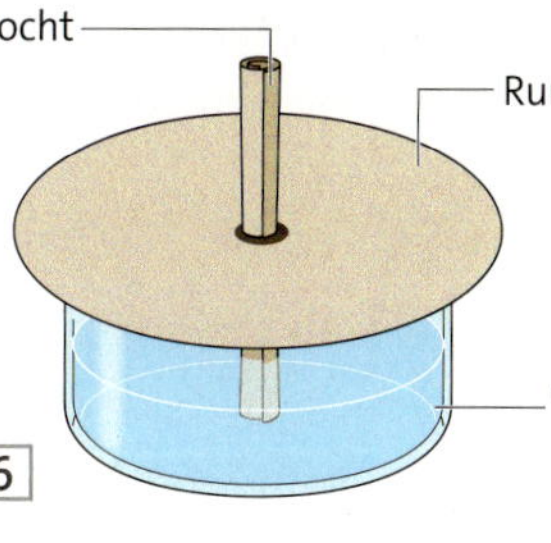

6

2 ○ Beschreibe deine Beobachtungen.

3 ◐ Die Lehrkraft wiederholt den Versuch mit Spiritus statt Wasser. Vergleiche mit deinen Ergebissen.

Zusammenfassung

Die Bedeutung des Wassers für das Leben • Pflanzen, Tiere und Menschen können ohne Wasser nicht leben.
Unsere Körper bestehen zu etwa zwei Dritteln aus Wasser. → 1 Wir müssen täglich ungefähr 3 Liter Wasser zu uns nehmen, um Wasserverluste auszugleichen.

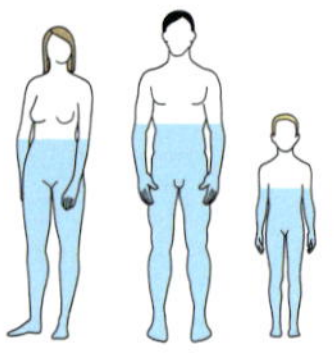
1 Wasseranteil: zwei Drittel

Gewässer • Seen, Flüsse und Meere bilden Lebensräume für viele Lebewesen. Der Anteil des Salzwassers der Meere beträgt 97 % an den Wasservorkommen der Erde.

Wasser als Lösungsmittel • Wasser löst viele feste und gasförmige Stoffe. Es transportiert lebenswichtige Stoffe wie zum Beispiel Mineralsalze in die Körper von Lebewesen.
Fische atmen Sauerstoff, der in Wasser gelöst ist.

Fische • Die Fische sind auf vielfältige Weise an das Leben im Wasser angepasst. → 2
Mit ihren Flossen schwimmen Fische durchs Wasser. Ihre schlüpfrige Haut und die Stromlinienform ihrer Körper helfen ihnen, besonders leicht voranzukommen.
Mit dem Seitenlinienorgan nehmen Fische kleinste Wasserströmungen wahr. So orientieren sie sich in dunklem und trübem Wasser.
Fische atmen mit Kiemen.
Mithilfe der Schwimmblase können Fische im Wasser schweben.

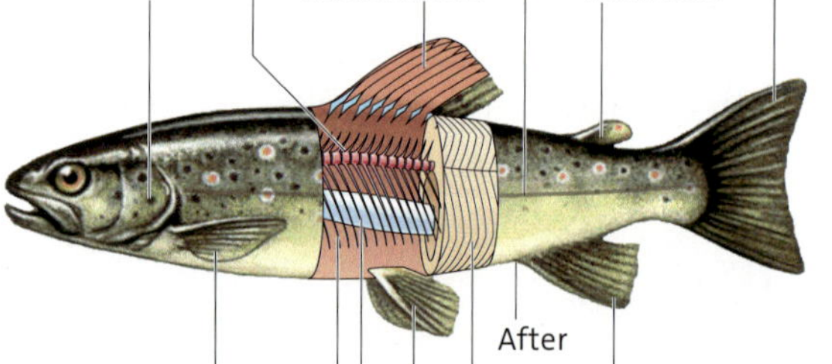

2 Der Körperbau der Bachforelle

Schwimmen – Schweben – Sinken • Jeder Gegenstand hat eine Masse und nimmt Raum ein.
Das Volumen gibt den Raum an. Das Volumen von Flüssigkeiten und unregelmäßigen Gegenständen bestimmt man mit Messzylindern.
Die Masse ermittelt man mit Waagen.
Von der Dichte eines Gegenstands hängt es ab, ob er auf dem Wasser schwimmt, im Wasser schwebt oder sinkt. → 3

Die Dichte des Gegenstands ist ...	Der Gegenstand ...
... kleiner als die Dichte des Wassers.	... steigt auf, bis er schwimmt.
... gleich der Dichte des Wassers.	... schwebt.
... größer als die Dichte des Wassers.	... sinkt bis zum Boden.

3

Temperatur • Die Temperatur gibt an, wie warm oder kalt ein Gegenstand ist. Sie wird in Grad Celsius (°C) angegeben. Man misst die Temperatur mit Thermometern. → 4

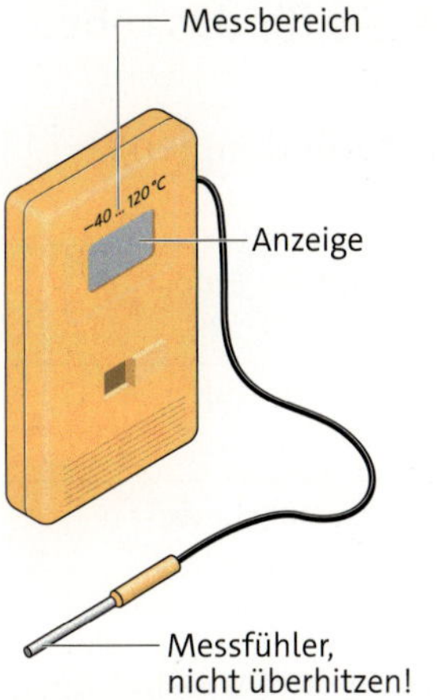

4 Thermometer

Die Celsiusskala • Zwei Fixpunkte bestimmen die Celsiusskala: → 5
- die Schmelztemperatur von Eis (0 °C)
- die Siedetemperatur von Wasser (100 °C)

Der Abstand dazwischen wird in 100 gleiche Teile geteilt. Jeder Teil entspricht 1 °C.

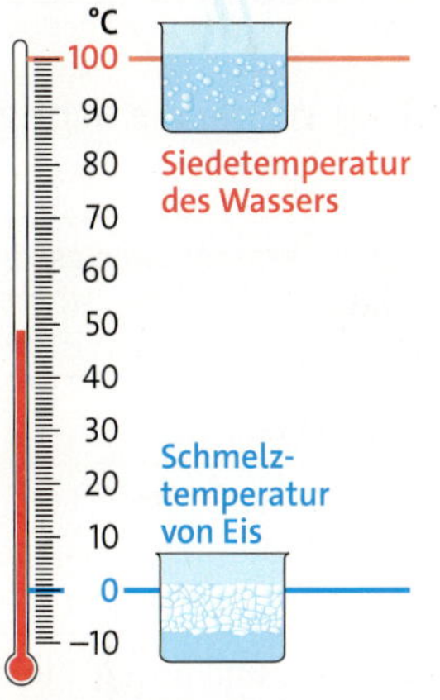

5 Celsiusskala

Die Aggregatzustände • Wasser kann wie viele Stoffe fest, flüssig oder gasförmig sein. Der Aggregatzustand eines Stoffs hängt von der Temperatur ab. → 6

Wasser verhält sich besonders • Wasser hat bei +4 °C die größte Dichte. Wasser dehnt sich beim Gefrieren aus.

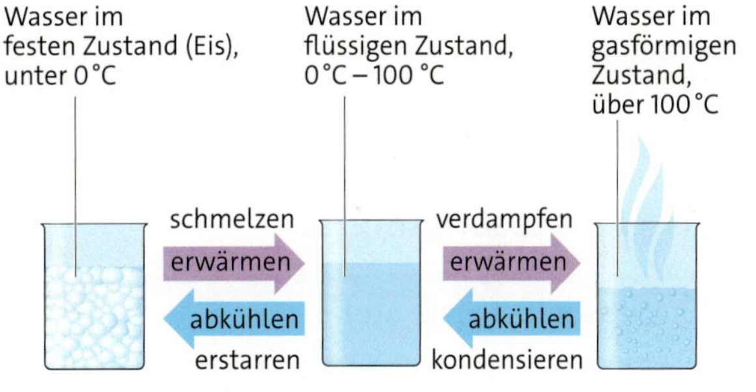

6 Zustandsänderungen von Wasser

Reinstoffe und Stoffgemische • Verschiedene Stoffe können Gemische bilden. Das Gemisch Meerwasser besteht aus den Reinstoffen Salz und Wasser.
Gemische kann man mithilfe von Trennverfahren wieder in die einzelnen Stoffe trennen. Zu den Trennverfahren zählen: Dekantieren, Filtrieren, Herauslösen und Eindampfen. → 7 8

7 Filtrieren

8 Eindampfen

Teste dich! (Lösungen auf Seite 357)

Die Bedeutung des Wassers für das Leben

1 ▢ Wähle die richtige(n) Begründung(en). → 1

Ohne Wasser gäbe es kein Leben auf der Erde, weil:	
alle Lebewesen zum großen Teil aus Wasser bestehen	A
Wasser viele Stoffe löst, die nur so von Lebewesen aufgenommen und in den Lebewesen transportiert werden können	B
wir uns und unsere Kleidung sonst nicht waschen könnten	C
es keine Fische gäbe, von denen Tiere und Menschen leben	D
es nie regnen würde und alle Pflanzen vertrocknen würden	E

1

Wasser als Lösungsmittel

2 ▢ Wasser löst viele Stoffe.
Ordne die folgenden Stoffe in die Gruppen „löslich in Wasser“ und „nicht löslich in Wasser“: Kochsalz, Sand, Zucker, Luft, Glas, Kupfer, Essig, Eisen.

3 ▢ Wenn du in eine Tasse mit kaltem Tee Zuckerwürfel gibst, lösen sie sich nur langsam. Nenne drei Methoden, um das Auflösen zu beschleunigen.

Fische

4 ▢ Fische sind gut an das Leben im Wasser angepasst. Nenne mindestens vier Merkmale dafür.

2

5 ▢ Eine schnelle Fortbewegung im Wasser erfordert eine ganz bestimmte Körperform. Nenne und beschreibe sie.

6 ◐ Fische atmen mit besonderen Organen. Beschreibe mithilfe von Bild 2, wie die Atmung der Fische vor sich geht.

Schwimmen – Schweben – Sinken

7 ◐ Übertrage die Sätze in die Fachsprache:
a Der Hammer hat ein Gewicht von 3 Pfund.
b Die Tüte wiegt 100 g.

8 ◐ Ein Eisenschiff schwimmt, ein gleich schwerer Eisenwürfel aber nicht. Erkläre.

Temperatur

9 ▢ Die Temperaturen 0 °C, 37 °C und 100 °C solltest du dir merken. Nenne die Bedeutung dieser Temperaturen.

10 Temperatursinn
a ▢ Nenne Situationen, in denen unser Temperatursinn wichtig ist.
b ◐ Oft täuscht uns unser Temperatursinn. Beschreibe dazu ein Beispiel.

11 ▢ Flüssigkeitsthermometer müssen richtig abgelesen werden. Gib dazu drei Tipps.

3

12 Leons kleine Schwester Jessica scheint Fieber zu haben. Tatsächlich misst ihre Mutter um 16 Uhr „neununddreißig vier". Jessica muss ins Bett. Sie bekommt Wadenwickel mit lauwarmen, feuchten Tüchern. → 3

Nach einer Stunde misst ihre Mutter erneut: „achtunddreißig acht". Sie muss danach aus dem Haus gehen. Sie bittet deshalb Leon, Jessicas Körpertemperatur um 18 und um 19 Uhr noch einmal zu messen. Er misst „achtunddreißig fünf" und „neununddreißig eins".

a Leons Mutter hatte schon ohne Thermometer gemerkt, dass Jessica Fieber hat. Wie ist das möglich?

b Schreibe die genannten Temperaturen richtig auf – also mit der Einheit.

c Zeichne die genannten Temperaturen in ein Diagramm ein. Tipp: Trage an den Achsen Temperatur und Uhrzeit ab.

d Lies an deinem Diagramm ab, was die Wadenwickel bewirkt haben.

e Leon hat in seinem Experimentierkasten ein Experimentierthermometer. → 4 Begründe, warum es sich nicht zum Fiebermessen eignet.

Aggregatzustände

13 Nenne die Aggregatzustände. Wähle aus den folgenden Begriffen aus: heiß, elastisch, fest, flüssig, unsichtbar, kalt, gasförmig, leicht.

14 Aggregatzustände verschiedener Stoffe

a Lies aus dem Diagramm ab, welche Stoffe bei Zimmertemperatur (20 °C) flüssig sind. → 5

b Lies die Stoffe ab, die bei 150 °C flüssig sind.

Stoffgemische – Trennverfahren

15 Begründe, warum unser Trinkwasser in Wasserwerken aufbereitet werden muss.

16 Nenne die Trennverfahren, die bei der mechanischen Reinigung von Abwasser angewendet werden.

4

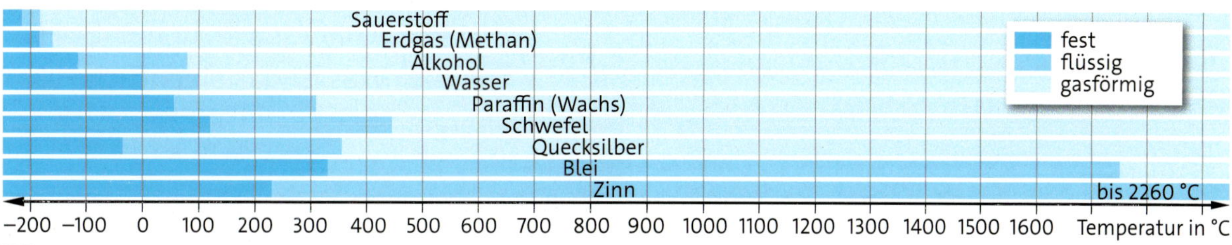

5

Energie clever nutzen!

Wer viel schaffen will, braucht viel Energie. Was ist das eigentlich – Energie?

Gegrillte Marshmallows sind süß und lecker. Es ist aber gar nicht so leicht, das Lagerfeuer zu entzünden …

Das Rotkehlchen plustert sich im Winter zu einem Federbällchen auf. Wie hilft ihm das im Kampf gegen die Kälte?

Energie von der Sonne

1 Nicht nur Pflanzen brauchen das Sonnenlicht zum Leben.

Ohne Sonne würde es kein Leben auf der Erde geben.

Material A

Feuer durch Sonnenlicht

Materialliste: Lupe (groß und dick), Streichhölzer, Knete (nicht brennbar)

1 Halte die Lupe so ins Sonnenlicht, dass ein heller Fleck oben auf den Streichhölzern entsteht. → 2 Warte ein wenig ...
○ Beschreibe, was du beobachtest.

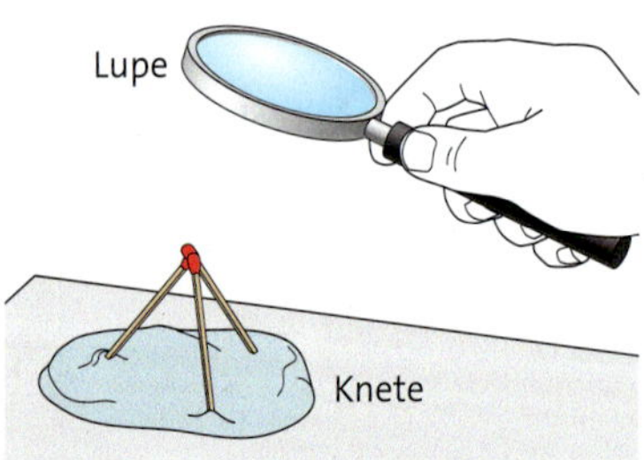

2 Brennglas im Einsatz

Material B

Pflanzenöl verbrennen

Materialliste: Olivenöl, Sonnenblumenöl, Rapsöl, Baumwollfaden, Teelichthülsen, Sand, Blechkiste, Büroklammern, Streichhölzer

1 ○ Probiere die Pflanzenöle als Brennstoff aus. → 3 Beschreibe deine Beobachtungen.

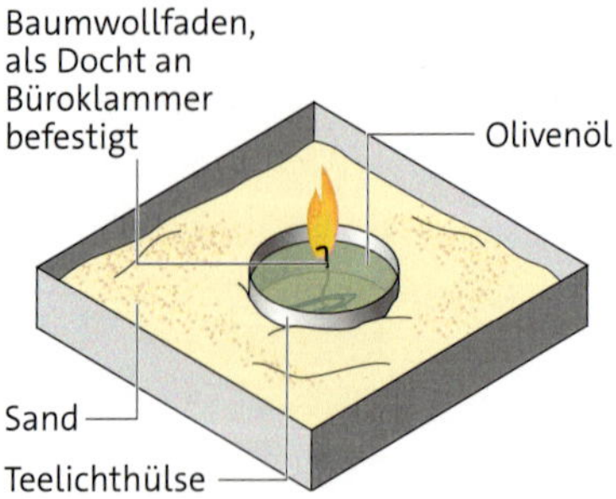

3 Brennendes Pflanzenöl

Material C

Solarantrieb

Materialliste: Solarzelle, Kabel, Solarmotor

1 Treibe mit der Solarzelle einen Solarmotor an. → 4
○ Lass den Motor besonders schnell laufen. Beschreibe, wie du dafür vorgehst.

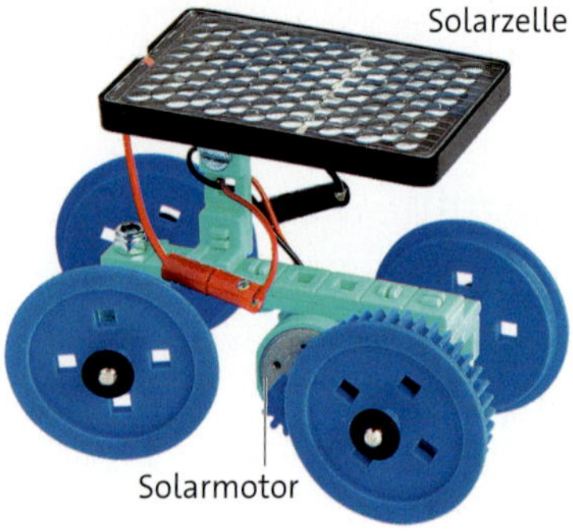

4 Modellauto

die Energie
die Energieformen
der Energiewandler

Sonne – Pflanze – Mensch • Pflanzen fangen mit ihren grünen Blättern das Sonnenlicht auf. Sie brauchen es bei der Fotosynthese, um Traubenzucker zu erzeugen. Aus diesem Nährstoff bilden die Pflanzen noch weitere Nährstoffe: das Öl in Sonnenblumenkernen, die Stärke in Kartoffeln ...
Beim Essen nehmen Menschen und Tiere die Nährstoffe aus den Pflanzen auf und speichern sie. Die Nährstoffe werden im Körper umgewandelt, wenn wir „Treibstoff" zum Atmen, Bewegen, Denken oder Erwärmen brauchen. Letztlich treibt uns also die Sonne an!

Energie • Vom Sonnenlicht über die Nährstoffe zur Bewegung – von der Sonne kommt etwas, „verwandelt" sich mehrmals und geht dabei nicht verloren. Naturwissenschaftler bezeichnen es als Energie.
Die Energie kommt im Sonnenlicht ganz anders vor als in deiner Bewegung. Wir sprechen von verschiedenen Energieformen: → 5 – 7
- Strahlungsenergie
- chemische Energie
- Bewegungsenergie
- thermische Energie (Wärme)
- elektrische Energie

Energie treibt alle Vorgänge an. Sie ist notwendig, damit etwas wächst, erwärmt, bewegt oder beleuchtet wird.
Energie tritt in vielen Formen auf. Energiewandler nehmen Energie in einer Form auf und geben sie in einer anderen Form wieder ab.

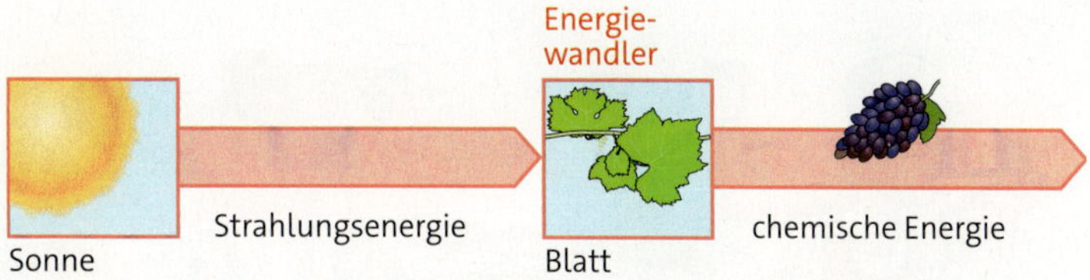

5 Strahlungsenergie von der Sonne wird vom grünen Blatt umgewandelt und in der Traube als chemische Energie gespeichert.

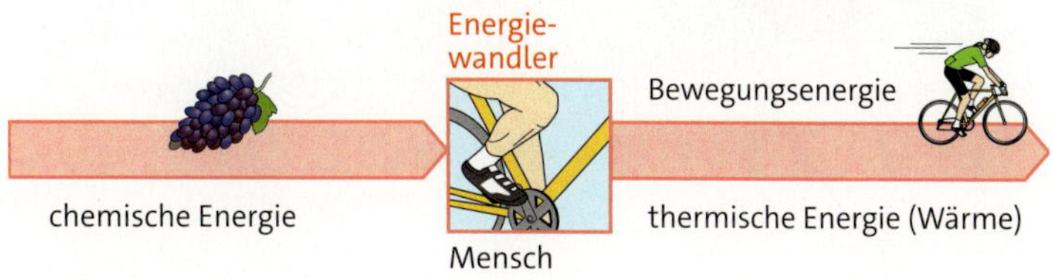

6 Chemische Energie wird von deinem Körper in Bewegungsenergie und thermische Energie (Wärme) umgewandelt.

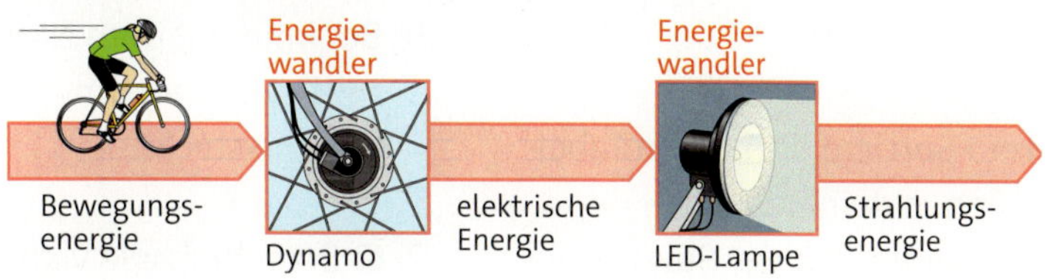

7 Bewegungsenergie wird vom Dynamo in elektrische Energie umgewandelt.

Aufgaben

1 ○ Grüne Blätter wandeln ... in ... um. Nenne die Energieformen. → 5

2 ○ Beschreibe die Energieumwandlung bei der LED-Lampe. → 7

3 ◐ Zeichne die Energieumwandlungen für die Versuche. → 2 – 4

4 ● Wasser kann man auf unterschiedliche Weise erwärmen.
a Beschreibe drei Beispiele.
b Zeichne die Energieumwandlungen.

Energie für dich

[1]

Bananen sind gesund und liefern viel Energie. Sie werden gerne bei Langstreckenläufen angeboten.
Reicht eine Banane aus, um genügend Energie für einen Marathonlauf zu bekommen?

Material A

Alles Banane!

1 ○ Sortiere die beiden Tabellen in deinem Heft:

a Beginne mit der Bewegung, die am meisten Energie braucht. → [2]

b Beginne mit dem Nahrungsmittel, in dem am meisten Energie steckt. → [3]

2 ◐ Berechne, wie viele Bananen ein Jogger für 5 Stunden Laufen essen müsste. → [2]

3 ◐ Paul hat einen kleinen Apfel gegessen. Er sagt: „Ich fahre mit dem Rad 10 Minuten zur Schule – da verbrauche ich die Energie wieder." Rechne nach, ob Paul recht hat. → [2] [3]

Bewegung	Energie für 1 Stunde Bewegung in:
Radfahren (gemütlich)	3,0 Bananen
Skilanglauf	9,5 Bananen
Stehen	0,3 Bananen
Joggen	6,5 Bananen
Fußballspielen	7,5 Bananen
Sitzen	0,2 Bananen
Tennisspielen	4,0 Bananen
Bergsteigen	12,0 Bananen
Schwimmen	4,5 Bananen
Gymnastik	3,0 Bananen
Spazierengehen	1,0 Bananen

[2] Energie für verschiedene Bewegungen

Nahrungsmittel	Genauso viel Energie wie in:
Müsliriegel	1,0 Bananen
Hamburger	2,5 Bananen
kleiner Apfel (100 Gramm)	0,5 Bananen
Chips (100 Gramm)	5,5 Bananen
Softeis (100 Gramm)	1,5 Bananen
Schokolade (100 Gramm)	6,0 Bananen
Joghurt (150 Gramm, natur)	1,0 Bananen
Pommes frites (100 Gramm)	3,0 Bananen
Vollmilch (0,25 Liter)	1,5 Bananen
Currywurst	6,0 Bananen
Cola (0,25 Liter)	1,5 Bananen

[3] Energie in verschiedenen Nahrungsmitteln

Energie aufnehmen und nutzen • Warst du schon einmal richtig „ausgepowert“ nach dem Sport? Dann hat dein Körper viel Energie für seine Bewegung gebraucht. Die Muskeln haben chemische Energie aus der Nahrung in Bewegungsenergie und thermische Energie umgewandelt. → 4 Selbst bei größter körperlicher Anstrengung können die Muskeln höchstens ein Viertel der zugeführten Energie in Bewegungsenergie umwandeln.
Nicht nur die Muskeln brauchen Energie, sondern auch die Leber, die Niere und die anderen Organe. → 5
Der Körper wandelt viel Energie in thermische Energie um, damit er die Körpertemperatur von 37 °C halten kann.

„Energiepolster“ • Wer zu viel isst und sich wenig bewegt, nimmt zu. Der Körper erhält mehr Energie als nötig. Er speichert die überflüssige Energie in Fettpolstern.

Auch Träumen kostet Energie • Das erstaunt dich vielleicht: Rund 18 % der Energie benötigt allein das Gehirn! Dabei macht es wenig Unterschied, ob man vor sich hin träumt oder eine anstrengende Klassenarbeit schreibt.

Unser Körper nimmt chemische Energie mit der Nahrung auf. Je nach Bedarf wandelt er die zugeführte Energie in andere Energieformen um.

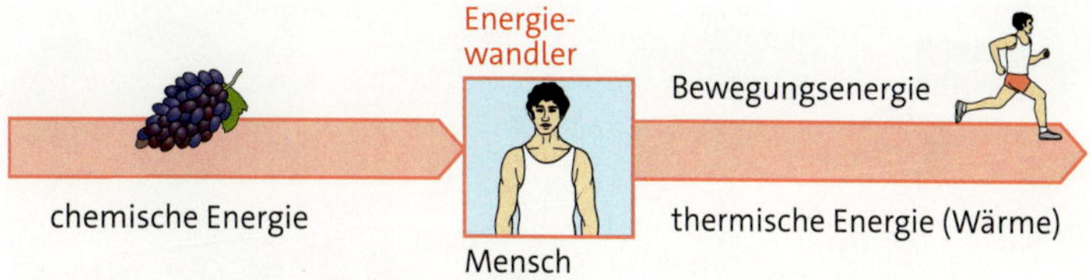

4 Der Mensch als Energiewandler

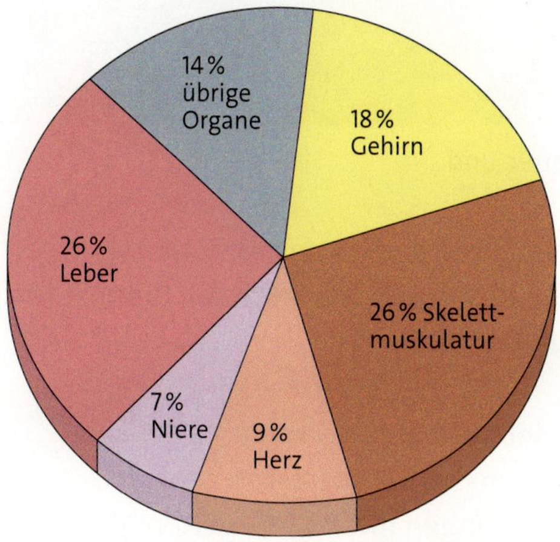

5 So verteilt sich unser Energiebedarf.

Aufgaben

1 ○ Gib an, woher die Banane ihre Energie bekommt.

2 ○ Lies aus dem Diagramm ab, in welchen Bestandteilen deines Körper am meisten Energie umgewandelt wird. → 5

3 ○ Manchmal erhält dein Körper mehr Energie, als er braucht. Beschreibe die Auswirkungen.

4 ◐ Mia wacht morgens auf und hat Heißhunger – obwohl sie sich nachts kaum bewegt hat. Erkläre ihren Hunger.

Brennstoffe aus Pflanzen

1 Biogasanlage im Comic und ...

2 ... in der Landwirtschaft

Pflanzen dienen uns nicht nur als Nahrung, sondern auch um Brennstoffe herzustellen.

3 Holzpellets

Holzpellets • Sie werden aus Sägespänen und Holzresten gepresst. Heizungen mit Pellets gelten als umweltschonende Alternative zum Heizen mit Erdöl und Erdgas. → 3 Holz wächst immer wieder nach.

Biogas • Wenn Pflanzen- oder Tierreste ohne Luftzufuhr verrotten, entsteht Biogas. In Biogasanlagen wird es in großen Mengen hergestellt. → 2

Biotreibstoffe • Aus Raps, Mais und Zuckerrüben lassen sich Treibstoffe (Biodiesel, Bioethanol) für Motoren gewinnen. → 4 Damit spart man kostbares Erdöl. Die Pflanzen können immer wieder neu angebaut werden. Sie brauchen aber viel Dünger und Pflanzenschutzmittel. Wo Treibstoffe „wachsen“, können nicht gleichzeitig Pflanzen für die Ernährung wachsen.

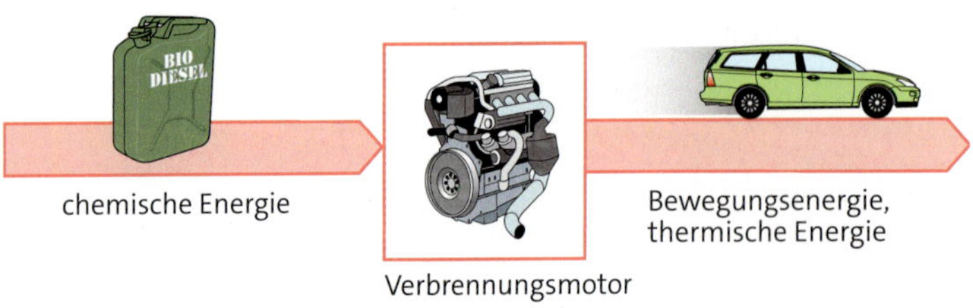

4 Vom Biodiesel zur Bewegungsenergie

Beim Verbrennen von Holz, Biogas und Biotreibstoffen wird chemische Energie in thermische Energie umgewandelt. Damit kann man zum Beispiel heizen, Motoren antreiben oder elektrische Energie erzeugen.

Aufgaben

1 ○ Beschreibe und zeichne die Energieumwandlung beim Verbrennen von Holz in einem Ofen.

2 ○ Nenne Pflanzen, aus denen Biotreibstoffe gewonnen werden.

3 ● Viele Landwirte bauen heute lieber Raps und Mais für Biotreibstoffe an als Getreide für die Ernährung. Nimm Stellung dazu.

der Brennstoff
das Biogas
die Biotreibstoffe

Material A

Biogas (Lehrerversuch)

Materialliste: Gasflasche (2 bis 3 L), Gummistopfen mit Loch, Glasrohr, Glasröhrchen mit Düse, 2 Gummischläuche, U-Rohr, Glasbecken mit Wasser, Glastrichter, Stahlwolle, Schlauchklemme, Stativ mit Universalklemmen, 1,5 bis 2 L Panseninhalt (oder frischer Rinderdung)

Tipps: Gummi-Glas-Verbindungen mit einem Tropfen Glycerin gleitend machen. Biogasreaktor in warmes Wasser stellen; mit einer Aquarienheizung auf 30 °C halten.

1 Aufbau (Lehrkraft) → 5

a Gasspeicher: Die Schlauchklemme auf den Schlauch klemmen. Ein wenig Stahlwolle in die Glasdüse stecken. Trichter und Glasdüse in die Schlauchenden schieben. Gasspeicher am Stativ befestigen. Trichter bei geöffneter Schlauchklemme ins Wasser eintauchen. Schlauchklemme schließen.

b Verbindung vorbereiten: Das Glasrohr in den Gummistopfen schieben. Glasrohr und U-Rohr mit dem langen Schlauch verbinden.

c Biogasreaktor anschließen: Panseninhalt mit etwas Wasser zu einem dünnen Brei verrühren und vorsichtig in die Gasflasche füllen. In der Flasche muss Platz bleiben, weil im Lauf der Zeit Schaum entsteht. Biogasreaktor und Gasspeicher miteinander verbinden.

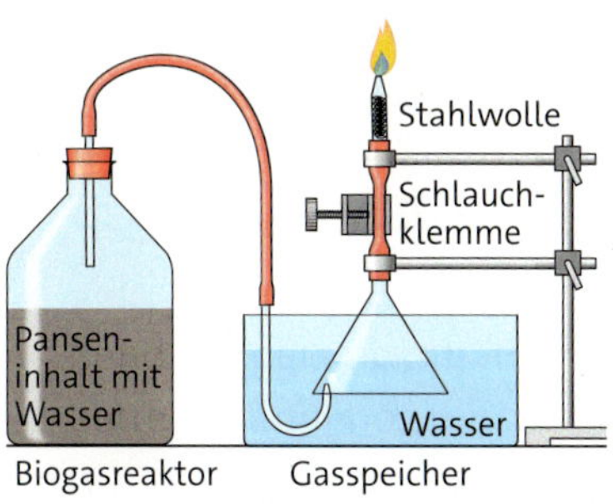

5 Einfache Biogasanlage

2 Einsatz

a ▢ Beobachtet den Trichter einige Tage lang. Beschreibt, was geschieht.

b Wenn Gas im Trichter hochperlt, öffnet die Lehrkraft die Klemme vorsichtig. Die erste Füllung wird abgelassen. Die zweite Füllung wird auf Brennbarkeit geprüft.
▢ Beschreibt eure Beobachtung.

Achtung • Gut lüften! Schutzbrille aufsetzen! Schutzscheibe aufstellen! Lange Haare zusammenbinden!

Material B

Explosive Verbrennung (Lehrerversuch)

Materialliste: Pappröhre mit Deckel, Korkstückchen, Reinigungsbenzin, langes Feuerzeug

1 Die Lehrkraft führt den Versuch vorsichtig durch. → 6

a ▢ Beschreibe, was nach dem Zünden geschieht.

b ◩ Zeichne die Energieumwandlungen auf. Vergleiche sie mit denen beim Verbrennungsmotor. → 4

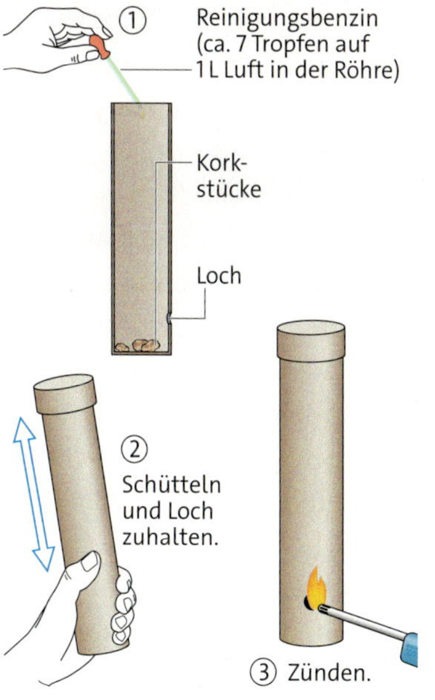

6 Pappröhrenversuch

Achtung • Schutzbrille aufsetzen! Deckel und Zündloch nicht auf Personen richten!

Brennstoffe aus Pflanzen

Material C

Bauer? Energiewirt!

„Heute sieht Deutschland stellenweise aus wie ein riesiges Maislabyrinth.“ Wie ist es dazu gekommen? Mais wird als Nahrung oder als Tierfutter eingesetzt. Aber das ist nicht der einzige Grund ...

1 ▢ Lies den Text „Deutschland ‚vermaist‘“ ganz durch, um einen Überblick zu gewinnen. Störe dich nicht daran, wenn du einiges noch nicht verstehst.

2 ◪ Notiere in Stichworten, was von dem Text in deinem Gedächtnis hängen geblieben ist.

3 ◪ Lies den Text nun Abschnitt für Abschnitt.

a Finde passende Überschriften für die einzelnen Abschnitte.

b Notiere drei bis vier wichtige Begriffe aus jedem Abschnitt.

c Liste neue Begriffe auf, die im Text genannt werden. Schreibe eine Erklärung in deinen Worten daneben.

d Formuliere eine Frage zu jedem einzelnen Textabschnitt, die in dem Abschnitt beantwortet wird.

Deutschland „vermaist“

Als der Mais ab dem 15. Jahrhundert seinen Siegeszug durch Europa antrat, blieb Deutschland davon weitgehend unberührt. Noch bis in die 1960er Jahre hinein war Mais in manchen Bundesländern so gut wie unbekannt. Doch dann setzte der Boom ein. [...] Heute sieht Deutschland stellenweise aus wie ein riesiges Maislabyrinth. [...]

Nach der Jahrtausendwende entdeckten viele Landwirte eine neue Einkommensquelle: Biogasanlagen kamen dank steigender Öl- und Gaspreise hoch in Kurs. [...] Auch hier entpuppte sich der Mais als äußerst lohnende Pflanze, da er den Biogasertrag mehr steigert als jede andere Futterpflanze. 2004 sorgte dann das Erneuerbare Energien-Gesetz (EEG) für einen zweiten Boom: Die Förderung der Biogaserzeugung aus nachwachsenden Rohstoffen war ein starker Anreiz, Mais speziell zu diesem Zweck als Energiepflanze anzubauen. 2010 gab es in Deutschland bereits über 5000 Biogasanlagen, Tendenz steigend. Für viele Landwirte ist die Stromerzeugung nicht mehr nur ein zweites Standbein, sie haben sich zu Energiewirten entwickelt. [...]

Inzwischen ist von der „Vermaisung“ Deutschlands die Rede. Im Rheintal in Baden-Württemberg stehen auf 80 Prozent der Flächen Maispflanzen; in Niedersachsen und Nordrhein-Westfalen hat der Mais innerhalb weniger Jahrzehnte die traditionellen Futterpflanzen fast völlig verdrängt. Klee, Kleegras, einzelne Gräserarten und Wiesen verschwinden. Wo Mais angebaut wird, wächst nichts anderes mehr. Mit der Pflanzenvielfalt verschwinden auch die Tiere. Vögel wie Lerche und Goldammer, Bienen, verschiedene Wiesenbrüter oder auch Feldhamster verlieren ihren Lebensraum. Wer sich dagegen im Maisfeld „sauwohl“ fühlt, sind Wildschweine, die vielerorts ohnehin schon zur Plage geworden sind.

1 Aus: „Mais – ein Korn für alle Fälle“ (planet wissen)
Hinweis: Wo ein [...] steht, ist Text weggelassen worden.

Erweitern und Vertiefen

So entstand die Steinkohle

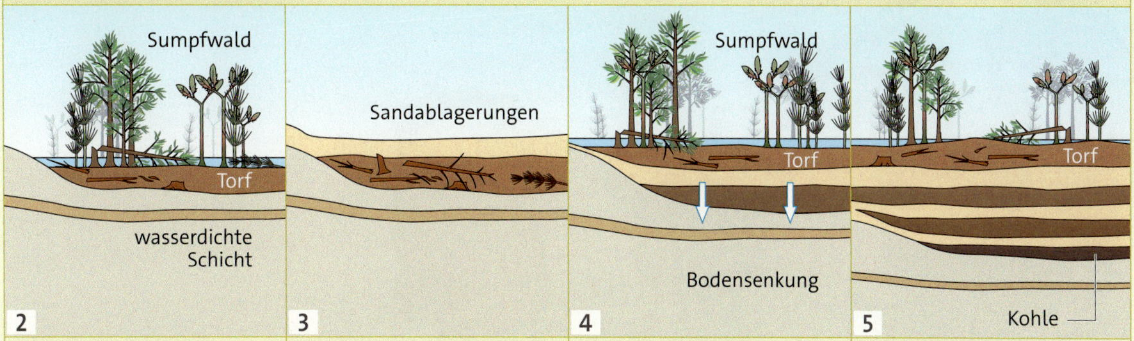

2 Vor rund 350 Millionen Jahren war es viel feuchter und wärmer als heute bei uns. In Sümpfen wuchsen Wälder mit baumhohen Bärlapppflanzen, riesigen Farnen und Schachtelhalmen.

3 Abgestorbene Pflanzen versanken in den Sümpfen. Unter Luftabschluss entstand aus ihnen eine Torfschicht.

4 Je dicker die Sandschicht wurde, desto tiefer sank die Torfschicht. Darüber bildeten sich weitere Torfschichten. Der Druck auf die unteren Torfschichten wurde immer größer.

5 So wurde allmählich das Wasser aus dem Torf bei hohen Temperaturen herausgepresst. Der Torf wurde zu Braunkohle. Durch weiteren Druck wurde daraus im Lauf der Zeit Steinkohle.

So entstanden Erdöl und Erdgas

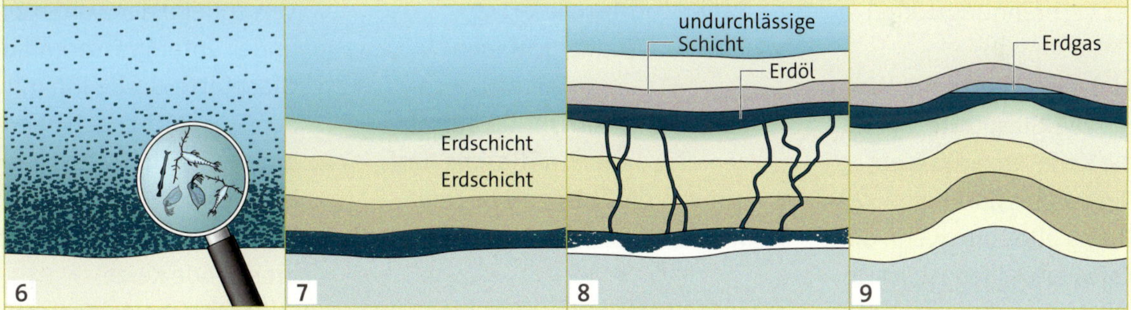

6 Vor Millionen von Jahren bildeten sich am Boden flacher Meere Schichten von Faulschlamm. Sie bestanden aus abgestorbenen Kleinstlebewesen (Plankton).

7 Diese Schichten wurden im Lauf der Zeit von anderen Schichten überlagert. Der Druck auf den Faulschlamm erhöhte sich.

8 Bei steigender Temperatur und wenig Sauerstoff wandelte sich der Faulschlamm in Erdöl und Erdgas um. Beide sind leichter als das Gestein. Daher stiegen sie auf, bis sie auf eine undurchlässige Schicht stießen.

9 Das Erdgas kann im Erdöl gelöst sein. Oft bildet sich jedoch über dem Erdöl ein Hohlraum mit Erdgas aus.

1 ◐ „Kohle, Erdöl und Erdgas sind gespeicherte Sonnenenergie.“ Begründe diese Aussage.

Feuer und Luft

1

Das Feuer brennt heftiger, wenn man kräftig in die glühenden Kohlen pustet. Wie kommt das?

Material A

Feuer und Luft

Materialliste: 2 Kerzen, Glasplatte, Becherglas, Metalldraht (oder Verbrennungslöffel)

1 Klebe eine Kerze mit Wachs auf die Glasplatte. Zünde die Kerze an. Stülpe ein Becherglas darüber. → 2 Drehe alles um, wenn die Kerze erloschen ist. Halte wieder eine brennende Kerze ins Glas. → 3
▢ Beschreibe deine Beobachtungen.

2

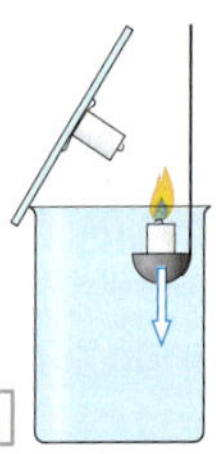

3

Material B

Feuer und Sauerstoff

Materialliste: Glaswanne, Glasplatte, 2 Standzylinder, Sauerstoffflasche, 2 Kerzen, Draht, Schlauch

Achtung • Schutzbrille aufsetzen! Die Sauerstoffflasche darf nur von der Lehrkraft bedient werden.

1 Fülle Wasser in die Glaswanne. → 4 Lege einen Standzylinder hinein, sodass er sich ganz mit Wasser füllt. Halte ihn dann schräg, ohne dass Luft eindringt. Nun füllt der Lehrer den Zylinder vollständig mit Sauerstoff. Verschließe den vollen Zylinder unter Wasser mit der Glasplatte. Stelle ihn mit der Glasplatte nach oben auf den Tisch. Stelle einen Zylinder voll Luft daneben. Halte in jeden Zylinder eine brennende Kerze. → 5
▢ Beschreibe deine Beobachtungen.

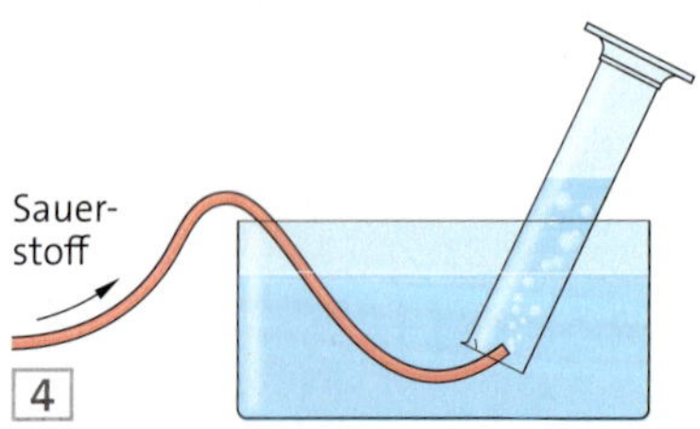

4

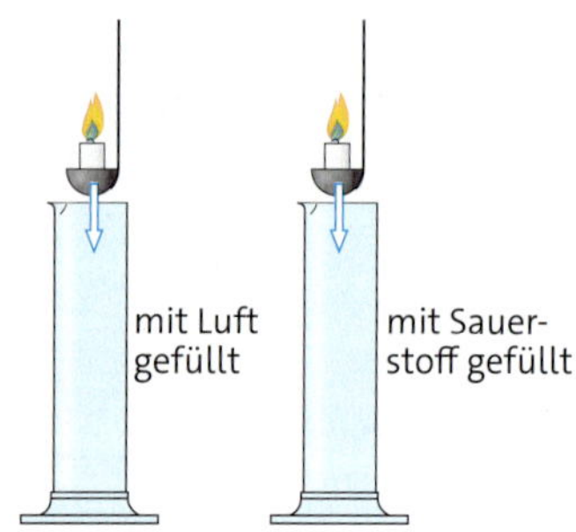

5

der Sauerstoff
der Stickstoff

Die Luft – ein Gasgemisch • Das Feuer in einem geschlossenen Gefäß erlischt bald von ganz alleine. Diese Beobachtung lässt sich so erklären:
Die Luft besteht aus mehreren Gasen. Ein Gas davon ist für die Verbrennung nötig. Das Feuer „verzehrt" das Gas für die Verbrennung. Dann erlischt die Flamme.

Die Luft ist ein Gasgemisch. Sie enthält hauptsächlich Sauerstoff und Stickstoff: → 6
- Sauerstoff ist nötig, damit etwas brennt.
- Stickstoff erstickt Flammen.

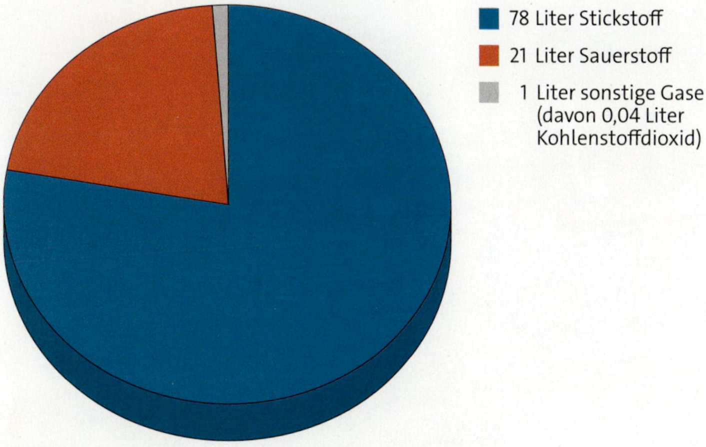

6 Zusammensetzung von 100 Litern Luft

Sauerstoff nachweisen • Eine Kerze brennt in Luft mit ruhiger Flamme. In Sauerstoff brennt sie heftig mit heller Flamme.
Auch mit der Glimmspanprobe weist man Sauerstoff nach. → 7 Ein Holzspan wird entzündet und die Flamme sofort wieder ausgeblasen. Dann hält man den glimmenden Span in das Gefäß. Flammt er wieder auf, dann ist das Gefäß mit Sauerstoff gefüllt.

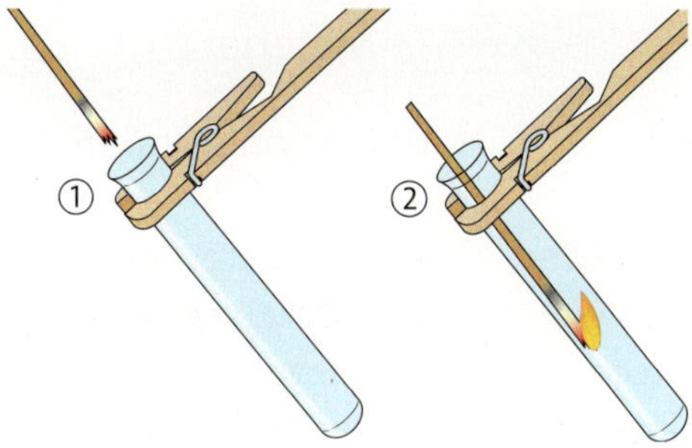

7 Der glimmende Holzspan flammt auf: Das Reagenzglas ist mit Sauerstoff gefüllt.

Brennstoff und Energie • Kohle, Wachs, Benzin und andere Brennstoffe werden oft als Energieträger bezeichnet. Ihre Energie lässt sich aber nur nutzen, wenn Sauerstoff anwesend ist. Ohne Sauerstoff brennen sie nicht.

Aufgaben

1 ○ Mit Pusten brennen die Kohlen heftiger. → 1 Erkläre das.

2 ○ Ein Reagenzglas ist mit Luft gefüllt, ein anderes mit Sauerstoff. Wie findest du es heraus? Beschreibe dein Vorgehen.

3 ◐ „Ein Auto mit Verbrennungsmotor könnte auf dem Mond nicht fahren, selbst wenn sein Tank voll ist." Begründe diese Aussage.

Feuer entzünden

1

Es ist gar nicht so leicht, ein Lagerfeuer zu entfachen.

Achtung • Die Versuche auf den folgenden Seiten dürfen nur unter Anleitung und Aufsicht der Lehrkraft durchgeführt werden!

Material A

Was brennt leichter?

Materialliste: grobe Holzspäne, Sägemehl (nicht mehr als ein Esslöffel voll), dünne Blechplatten, Dreibeine, Gasbrenner

1 Beide Bleche werden gleichzeitig erhitzt. → 2
○ Beschreibt eure Beobachtung.

Achtung • Luftzug vermeiden.

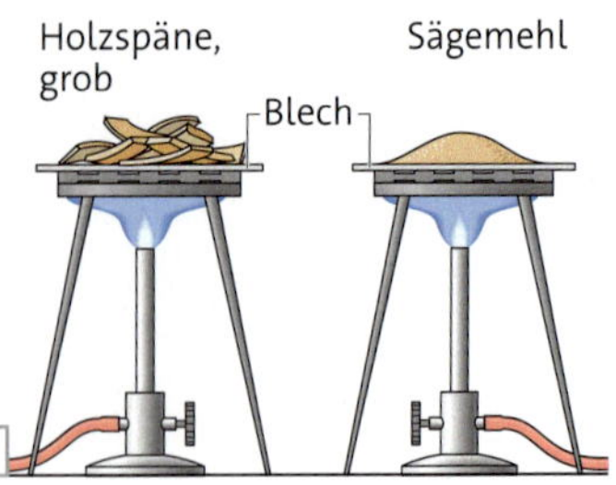

2

Material B

Wachs entzünden

Materialliste: Porzellantiegel mit Deckel, Kerzenwachs, Tiegelzange, Dreibein, Gasbrenner, Drahtnetz

1 Erhitze das Wachs, bis es gut brennt. → 3
Nimm den Brenner weg und lege den Deckel auf den Tiegel. → 4 Nach einigen Sekunden hebst du den Deckel ab.

a ○ Beschreibe deine Beobachtung.

b ◐ Das Öffnen und Schließen des Tiegels kannst du mehrmals wiederholen – immer mit dem gleichen Ergebnis. Erkläre diese Beobachtung.

Achtung • Sicherheitshinweise zum Gasbrenner beachten. Heißen Deckel und Tiegel nicht anfassen. Gut lüften.

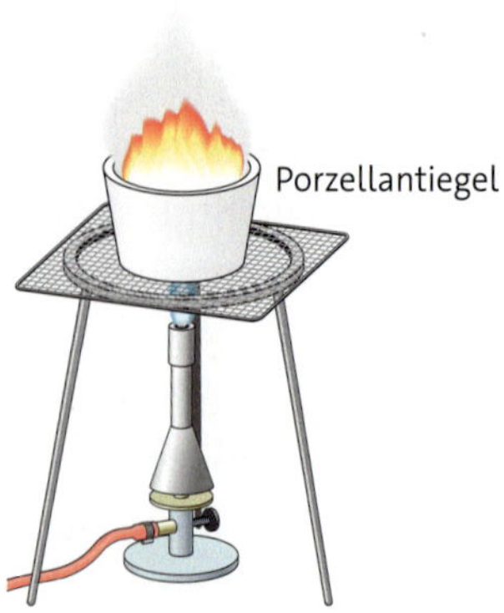

3

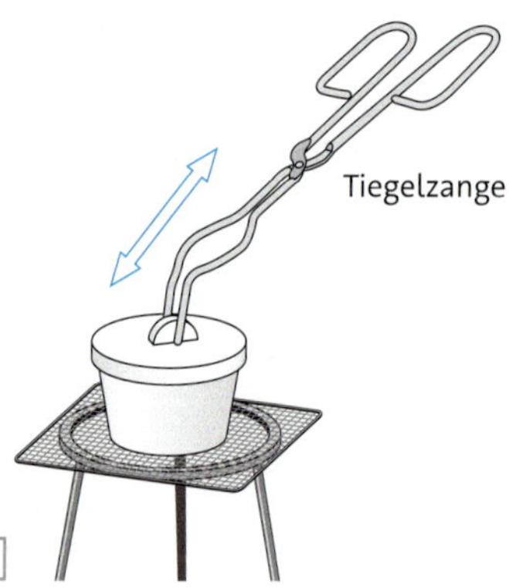

4

die Verbrennungsbedingungen
die Entzündungstemperatur

Verbrennungsbedingungen • Damit ein Feuer entstehen kann, müssen ein brennbarer Stoff und Sauerstoff vorhanden sein. Das reicht aber noch nicht: Der brennbare Stoff entzündet sich erst ab einer bestimmten Temperatur. Bei einem Streichholzkopf reichen bereits 60 °C, bei Holz braucht man 300 °C und bei Kohle 600 °C. → 5
Für das Entzünden spielt es außerdem eine Rolle, wie fein der brennbare Stoff zerteilt ist: Holzspäne lassen sich leichter entzünden als dicke Äste.
Die meisten Stoffe entwickeln Dämpfe, bevor sie sich entzünden. Die Flammen sind brennende Gase. Holzkohlen verbrennen ohne sichtbare Flamme.

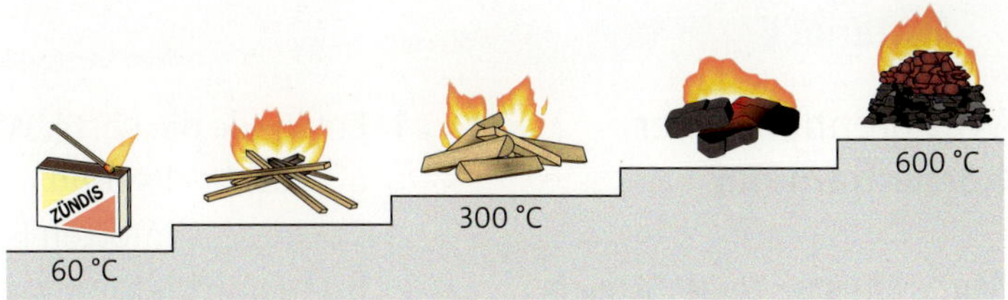

5 Stufenzündung und Entzündungstemperatur

Bedingungen für ein Feuer: → 6
- **Ein brennbarer Stoff muss vorhanden sein.**
- **Sauerstoff muss vorhanden sein.**
- **Die Entzündungstemperatur des brennbaren Stoffs muss überschritten werden.**

Ein brennbarer Stoff lässt sich umso leichter entzünden, je feiner er zerteilt ist.

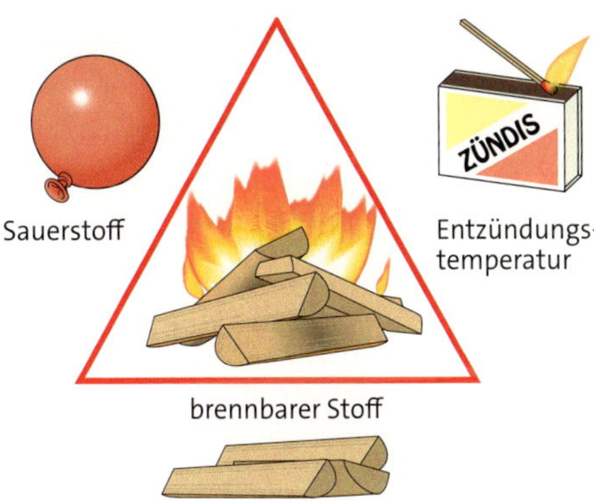

6 Bedingungen für die Verbrennung

Aufgaben

1 ▢ Nenne die Bedingungen für ein Feuer.

2 ▢ Was lässt sich leichter entzünden: Sägemehl oder dicke Holzscheite? Begründe deine Antwort.

3 ◔ Das Fett in der Pfanne beginnt zu brennen, wenn es zu stark erhitzt wird. Begründe dies.

4 ◔ Jana möchte Feuer im Ofen machen. Ihr Plan ist durcheinandergeraten. Schreibe ihn richtig auf: → 5
- Ein Streichholz wird entzündet.
- Beim Brennen des Holzes wird es so heiß, dass die Entzündungstemperatur der Kohle erreicht wird.
- Die Kohle fängt an zu brennen.
- Die Flamme ergreift das Papier.
- Das fein zerteilte Holz fängt Feuer.
- Allmählich brennen auch die dickeren Holzscheite.
- Das brennende Papier wird so heiß, dass die Entzündungstemperatur des Holzes erreicht wird.

5 ◔ Die Flamme erlischt über dem siedenden Wasser. → 7 Erkläre dies.

7

Feuer entzünden

Material C

Was brennt in einer Kerzenflamme?

Materialliste: Kerze, Streichhölzer, Glasrohr (10 cm lang), Glasröhrchen, Reagenzglashalter

1

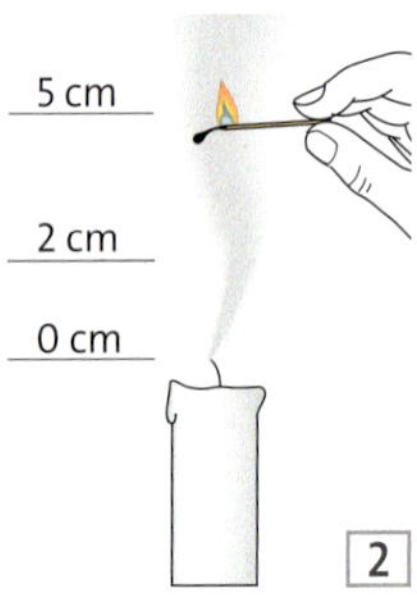

2

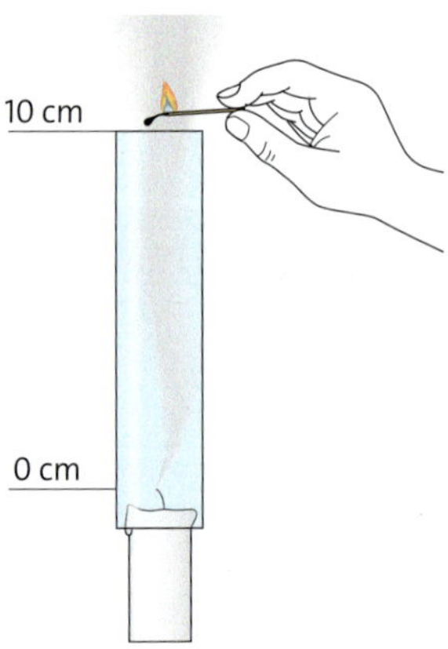

3

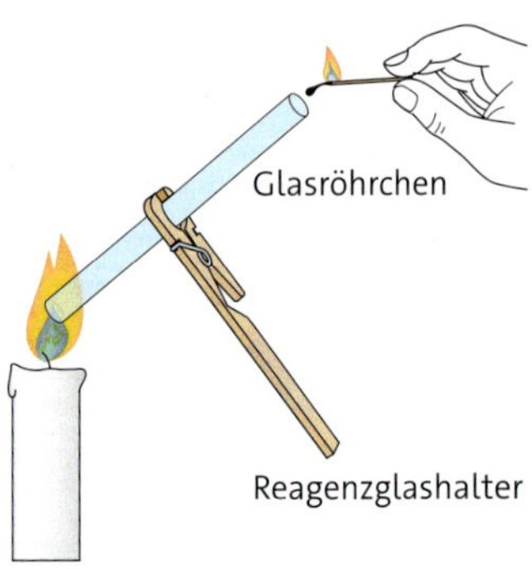

4

1 Entzünde die Kerze. Warte, bis das Wachs rund um den Docht geschmolzen ist. Blase nun die Flamme aus.
▢ Beschreibe deine Beobachtung.

2 Halte ein brennendes Streichholz in den weißen Dampf: einmal 2 cm und einmal 5 cm über dem Docht. → 1 2
▢ Beschreibe deine Beobachtung.

3 Zünde die Kerze wieder an. Stülpe ein Glasrohr darüber. Blase die Kerze aus. Halte die Streichholzflamme dann am oberen Glasrand in den Dampf. → 3
▢ Beschreibe deine Beobachtung.

4 Halte das Ende eines Glasröhrchens in die Mitte der Kerzenflamme. → 4
Bringe ein brennendes Streichholz an die Öffnung.
▢ Beschreibe deine Beobachtung.
Achtung • Glasröhrchen sicher festhalten.

5 ◙ Worum handelt es sich bei dem weißen Dampf? Schreibe deine Vermutung auf und begründe sie.

Material D

So funktioniert ein Streichholz

5

1 ◙ Schreibe Schritt für Schritt auf, wie das Streichholz funktioniert: → 6
- Der Streichholzkopf reibt über die Reibfläche.
- ...

Streichhölzer bestehen oft aus Holz von Pappeln. Die Reibfläche der Schachtel ist durch aufgeleimten Glasstaub rau. Beim Darüberstreichen erwärmt sich der Streichholzkopf. Zum Entzünden des Holzes reicht die Temperatur eigentlich nicht aus. Aber die Reibfläche enthält etwas roten Phosphor. Beim Reiben bleiben davon winzige Mengen am Streichholzkopf hängen. Das entstehende Gemisch ist leicht entzündlich. Seine Entzündungstemperatur wird beim Reiben überschritten.

6 So funktioniert es.

Erweitern und Vertiefen

Fein verteilt und hoch explosiv

Grillbrände • Sie entstehen immer wieder durch unsachgemäßen Umgang mit dem Grill und beim Anzünden der Grillkohle. Der Grill muss einen festen Stand haben. Er darf nicht in der Nähe brennbarer Materialien stehen. Zum Anzünden sollten Grillanzünder aus festen Stoffen (z. B. Grillpaste oder Zündwürfel) verwendet werden. Auf keinen Fall darf man Spiritus und Benzin auf heiße Kohlen sprühen! Das kann zu Stichflammen oder zu einer explosionsartigen Verbrennung brennbarer Dämpfe führen. → 7

Staubexplosionen • Wenn sich feiner Staub mit Luft vermischt, kann es leicht zu einer heftigen Verbrennung kommen. Jedes Staubkörnchen ist dann von Luft umgeben. Je kleiner und feiner verteilt die Körnchen in der Luft sind, desto größer ist die Gefahr. Schon ein kleiner Funke oder ein heißes Metallteil genügen und der fein verteilte Staub verbrennt explosionsartig.
Nicht nur feiner Staub, sondern auch Sägemehl, Mehl oder Ruß können auf diese Weise verbrennen. → 8

7 Ein Grillbrand wird demonstriert.

8 Staubexplosion in einem Getreidesilo

Aufgaben

1 ▢ Beschreibe, wie es zu einer Staubexplosion kommen kann.

2 ▢ „Sprühe nie eine brennbare Flüssigkeit in eine Flamme!" Begründe diese Regel.

3 ◪ Schreibe eine übersichtliche Sicherheitsanweisung: „Richtig grillen – aber sicher!"

Feuer löschen

1

Gerät ein Feuer außer Kontrolle, wird es schnell gefährlich. Neben den hohen Temperaturen und der Zerstörung ist vor allem der Rauch sehr gefährlich. Menschen können daran ersticken. Wie löscht man ein Feuer?

Material A

Was tun, wenn's brennt?

Löschmittel	?
So gehe ich vor:	?
Welche Bedingung für die Verbrennung entfällt?	?
Methode funktioniert:	?

2 Beispieltabelle

Materialliste: Küchenpapier, Deckel einer Blechkiste, Sand, Spritzflasche mit Wasser, festes Tuch

1 Ein Blatt Küchenpapier wird gleich im Deckel der Blechkiste angezündet.

a Überlege dir vorher Löschmethoden. Notiere sie. → 2

b Probiere die Löschmethoden aus. Notiere, ob sie funktionieren. Überlege dir bei Fehlschlägen, warum die Methode nicht funktioniert hat.

Material B

Löschen mit Schaum

Materialliste: Reagenzglas, Becherglas, Stopfen mit Loch, gewinkeltes Glasrohr, Petrischale, Backpulver, Haushaltsessig ⚠, Spülmittel, Kerze, Glycerin

1 Stecke das Glasrohr in den Stopfen. Tipp: Glasrohr vorher mit einem Tropfen Glycerin gleitend machen.

Mische im Becherglas 4 Tropfen Spülmittel mit etwas Essig. Fülle diese Mischung in das Reagenzglas. Gib ein wenig Backpulver hinzu. → 3 Verschließe das Reagenzglas sofort mit dem Stopfen. Lösche die Kerze mit dem Schaum.

Achtung • Schutzbrille aufsetzen! Stopfen festhalten!

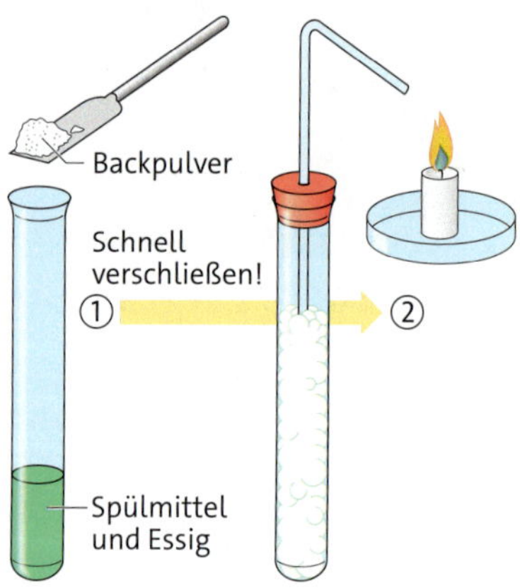

3 Mit Schaum löschen

Brandbekämpfung • Feuer braucht einen brennbaren Stoff, Sauerstoff und eine genügend hohe Temperatur. Dieses Wissen nutzt man, um Brände zu löschen:

- Gegen Waldbrände schlägt man Schneisen in den Wald. → 4 Dadurch wird der brennbare Stoff entfernt. Das Feuer kann nicht mehr an weitere Bäume gelangen.
- Die Luftzufuhr wird mit einer Löschdecke oder Schaum verhindert. → 5
- Die Temperatur wird bei vielen Bränden mit Wasser so weit gesenkt, dass das Feuer erlischt.

Um einen Brand zu bekämpfen, kann man den brennbaren Stoff entfernen, die Luftzufuhr unterbrechen oder die Temperatur senken.

Achtung • Brennendes Fett oder brennende Flüssigkeiten darfst du nicht mit Wasser löschen! → 6 Das gilt auch für Brände an elektrischen Anlagen. Hierbei kann es sonst lebensgefährliche Stromschläge und Kurzschlüsse geben.

6 Ohne Sauerstoff brennt das Fett nicht.

4 Eine Schneise für den Brandschutz

5 Feuer löschen mit Schaum

Aufgaben

1 ○ Zur Sicherheit

a Informiere dich über Fluchtwege und Notausgänge an deiner Schule. Schreibe auf, was du bei Feueralarm tun musst.

b Informiere dich, wie der Feuerlöscher im Nawi-Raum eingesetzt wird.

2 ○ Wasser ist ein Löschmittel.

a Nenne die Wirkung, die Wasser auf die Verbrennung hat.

b In manchen Fällen ist Wasser zum Löschen ungeeignet. Nenne sie.

3 ◐ Bei einem Brand sollte man nach Möglichkeit Fenster und Türen schließen. Begründe diese Maßnahme.

Feuer löschen

Material C

Eine Kerze einmal anders löschen

Materialliste: Kupferdraht (1,5 mm dick, abisoliert), Bleistift, Korken, Kerze

1 Wickle den Draht um den Bleistift. → 1 Stecke den Korken als Hitzeschutz auf das gerade Drahtende. Halte die kühle Spirale an die Kerzenflamme. → 2

a Beschreibe deine Beobachtung.

b Erkläre, was mit der Flamme passiert.

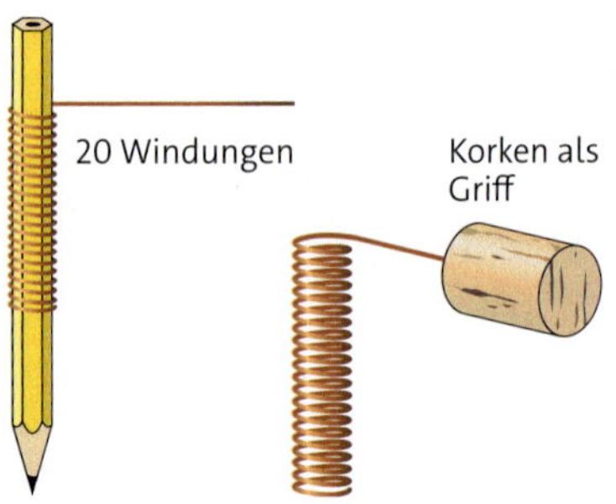

1 Kupferspirale wickeln

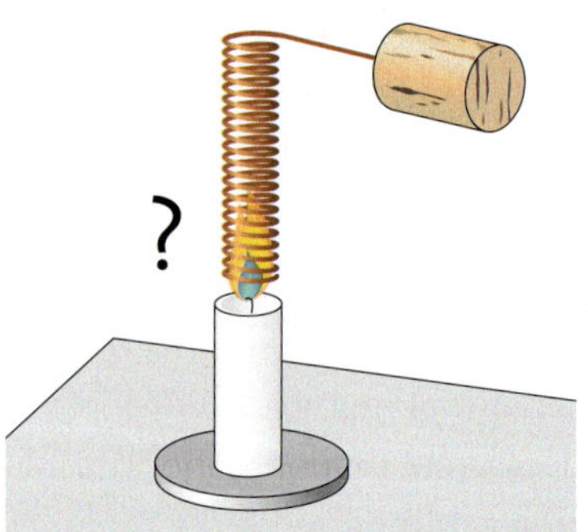

2 Was passiert mit der Flamme?

Material D

Brennendes Fett nie mit Wasser löschen!

1 Gib den Bericht mit eigenen Worten wieder. → 3

Mieter bei Fettbrand verletzt

Mannheim. Am Mozartring ist es am Dienstag zu einer Fettexplosion gekommen, bei der ein junger Mann Verletzungen an den Händen erlitt. Brandmeisterin Annie Bohm: Fett niemals mit Wasser löschen! Nach Angaben der Feuerwehr war in der Küche eine Pfanne mit Speiseöl wegen Überhitzung in Brand geraten. Der Mann versuchte, das entzündete Fett mit Wasser zu löschen. Dabei verdampfte das Wasser sofort und riss heiße Fetttröpfchen mit in die Luft. Es kam zur Explosion und der Mann zog sich Brandverletzungen an den Händen zu.

3 Zeitungsbericht

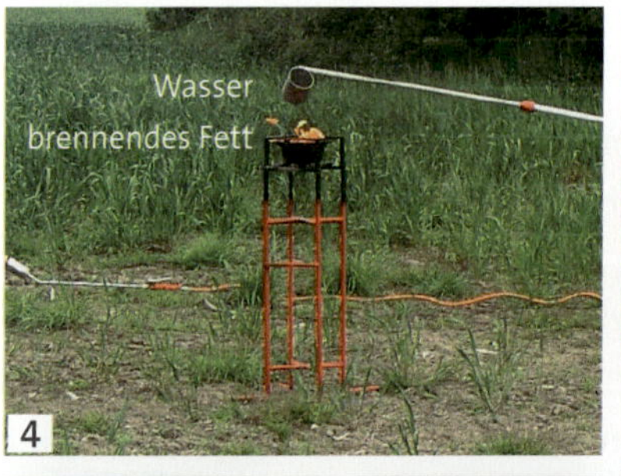

4

5

6

2 Die Feuerwehr zeigt, was geschieht, wenn man Wasser auf brennendes Fett gießt. → 4 – 6

Beschreibe, wie man brennendes Fett richtig löschen kann. Begründe das Vorgehen.

Erweitern und Vertiefen

Große Helden bei der Jugendfeuerwehr

Die 15-jährige Caroline und der 12-jährige Pedro gehören zur Jugendfeuerwehr Bühl. Sie sind zwei von insgesamt 60 Mitgliedern zwischen 10 und 18 Jahren.

Caroline ist seit zwei Jahren bei der Jugendfeuerwehr. Die Arbeit interessiert sie, weil sie dort Menschen helfen kann. Die Freundinnen finden Carolines Einsatz „toll", würden selbst aber nicht mitmachen – viel zu gefährlich, sagen sie. Stimmt gar nicht, erwidert Caroline. „Wir wissen, wie wir mit Feuer umgehen müssen", erklärt sie. Denn wie Feuer gelöscht wird, lernt sie beim wöchentlichen Gruppentreffen.

Dort wird den Jugendlichen auch gezeigt, wie Funkgeräte bedient oder Atemschutzgeräte angelegt werden. Außerdem unternimmt die Feuerwehrtruppe vieles gemeinsam und ist oft draußen in der Natur unterwegs – das gefällt Caroline auch sehr gut.

Eine wichtige Aufgabe der Jugendfeuerwehr ist auch der Umweltschutz. Nach dem letzten Sturm zum Beispiel ist Caroline mit ihrer Truppe losgezogen und hat im Wald umgestürzte Bäume freigeschnitten.

Bei großen Brandeinsätzen war Caroline noch nicht – das wäre wirklich zu gefährlich.

Sobald Caroline 18 Jahre alt ist, will sie zu den Erwachsenen in die Freiwillige Feuerwehr wechseln und dann als Feuerwehrfrau richtig loslegen.

Pedro (12) kennt sich mit Feuer aus. Auch Pedro möchte bei der Feuerwehr bleiben.

Die Löschübungen machen ihm am meisten Spaß. In der Fachsprache heißt das „Löschangriff". „Da ist besonders viel Action dabei", strahlt er. Dass er bei den Übungen schon viel gelernt hat, hat Pedro vor ein paar Monaten bewiesen. Als er mit Freunden auf seinen Bus gewartet hat, fing am Bahnhof ein Papierkorb Feuer. Ohne lange zu überlegen, holte Pedro auf der Toilette Wasser und löschte damit das Feuer – noch bevor die Ortsfeuerwehr zur Stelle war. „Früher hätte ich vor einem solchen Feuer und dem starken Qualm Angst gehabt, aber heute weiß ich, wie richtig gelöscht wird", sagt Pedro.

www.kindernetz.de, Rebecca Müller, 11. Mai 2012

Aufgaben

1 Erkläre, was mit Brandeinsätzen und Löschangriffen gemeint ist.

2 Würdest du auch gerne zur Jugendfeuerwehr gehen? Schreibe Gründe dafür und dagegen in einer Tabelle auf.

7

Energie clever nutzen! (1)

Zusammenfassung

Die Energie • Energie ist notwendig, um etwas wachsen zu lassen, zu erwärmen, anzutreiben, zu beleuchten. Energie tritt in verschiedenen Formen auf. Die Energieformen können ineinander umgewandelt werden. → 1 2

Unser Körper nutzt die chemische Energie der Nahrung. Er braucht sie für die Bewegung, für seine Organe und um die Temperatur von 37 °C zu halten. Wenn man zu viel isst und sich zu wenig bewegt, wird die überschüssige chemische Energie in Fett gespeichert.

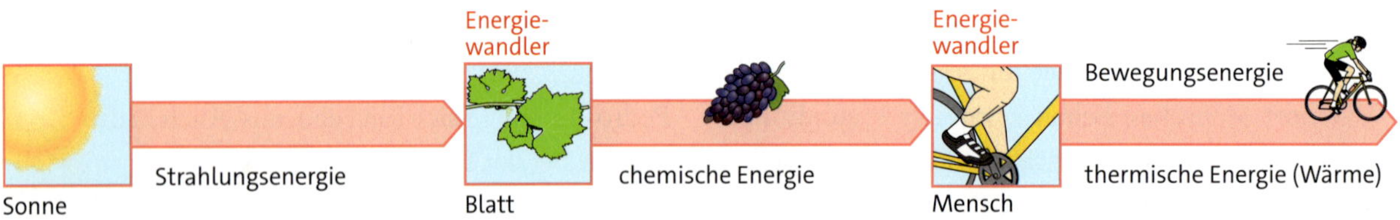

1 Energieformen und Energiewandler

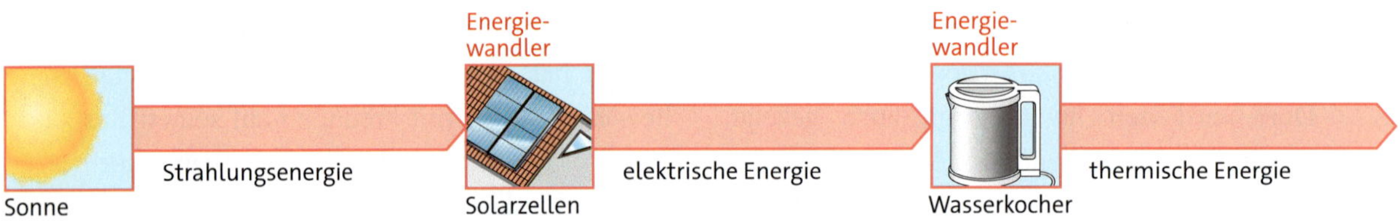

2 Energieumwandlungen mit elektrischer Energie

Biotreibstoffe • Aus Raps, Mais und Zuckerrüben lassen sich Treibstoffe für Verbrennungsmotoren gewinnen. → 3

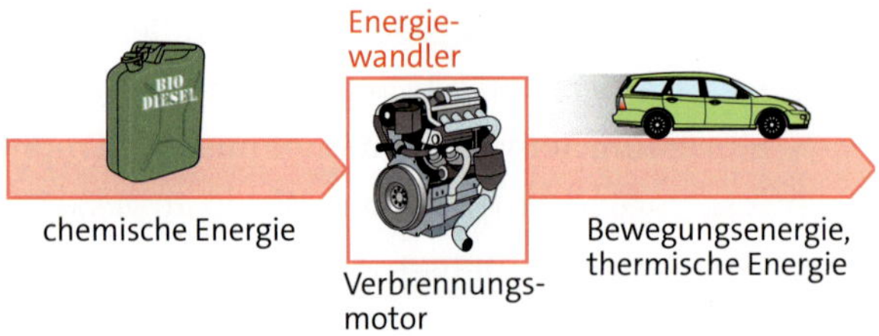

3 Biotreibstoffe können Motoren antreiben.

Biogas • Dieses brennbare Gas entsteht, wenn tierische oder pflanzliche Reste unter Luftabschluss verrotten. Beim Verbrennen von Biogas entsteht thermische Energie. Sie kann in andere Energieformen umgewandelt werden. → 4

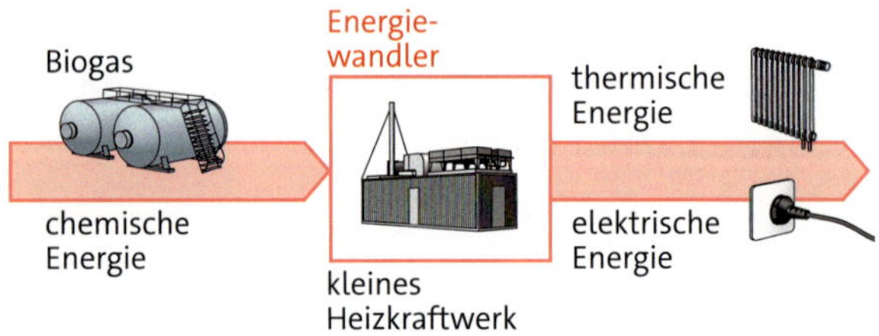

4 Biogas – nicht nur zum Heizen

Die Luft • Die Luft ist ein Gemisch von vielen Gasen. → 5 Sie enthält hauptsächlich Sauerstoff und Stickstoff:

- Sauerstoff ist nötig, damit etwas brennt.
- Stickstoff erstickt Flammen.

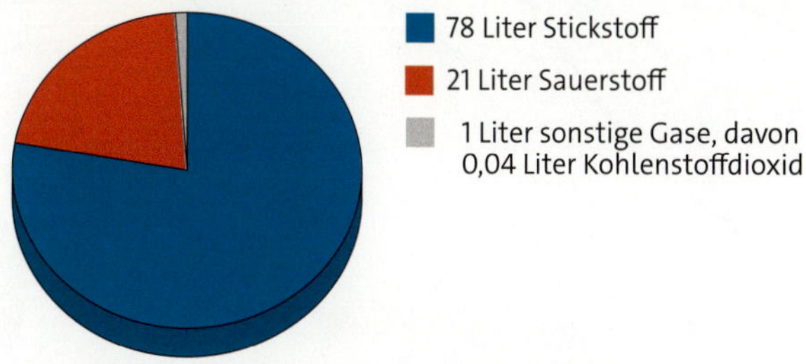

5 Zusammensetzung von 100 Litern Luft

Sauerstoff nachweisen • Mit der Glimmspanprobe weist man Sauerstoff nach. → 6 Wenn der glimmende Holzspan aufflammt, ist das Gefäß mit Sauerstoff gefüllt.

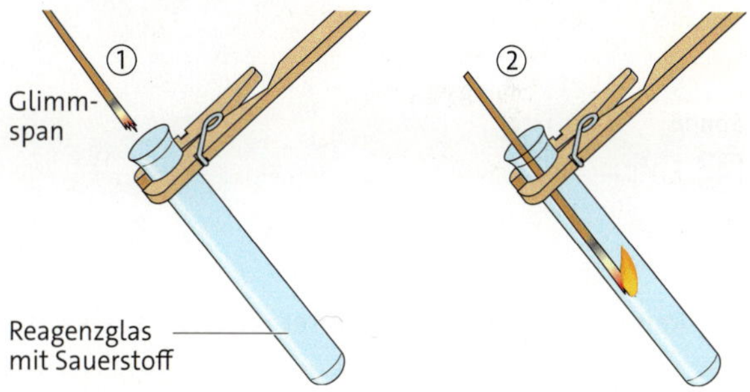

6 Die Glimmspanprobe

Verbrennungsbedingungen • Um ein Feuer zu entzünden, müssen drei Bedingungen erfüllt sein: → 7

- Ein brennbarer Stoff muss vorhanden sein.
- Sauerstoff muss vorhanden sein.
- Die Entzündungstemperatur des brennbaren Stoffs muss überschritten werden.

Ein brennbarer Stoff lässt sich umso leichter entzünden, je feiner er zerteilt ist.

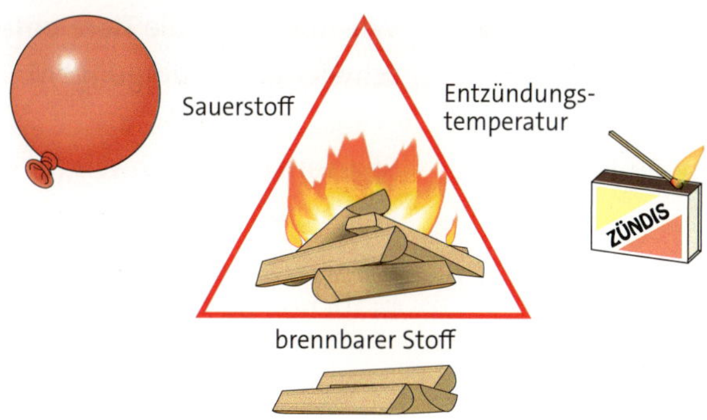

7 Verbrennungsbedingungen

Feuer löschen • Brände werden bekämpft, indem man mindestens eine Bedingung beseitigt:

- Brennbaren Stoff entfernen
- Luftzufuhr unterbrechen
- Temperatur senken

Brennendes Fett, brennende Flüssigkeiten oder elektrische Anlagen dürfen niemals mit Wasser gelöscht werden!

Tiere im Winter – Leben auf Sparflamme

1 Rehe bewegen sich im Winter nicht mehr als nötig.

Der Winter ist für viele Tiere eine schwere Zeit. Die Nahrung wird knapp und die Kälte setzt ihnen zu. Wie überleben die Tiere unter diesen schwierigen Bedingungen?

Sparsam durch den Winter • Rehe bewegen sich im Winter möglichst wenig, um Energie zu sparen. → 1 Sie verbrauchen dadurch weniger von ihren Fettreserven, die sie sich im Herbst angefressen haben. Außerdem wechseln sie im Herbst ihr Fell. Die Haare des Winterfells sind etwas länger und liegen sehr dicht übereinander. Dadurch wird Luft im Fell gehalten und vom Körper angewärmt. Das Luftpolster schützt das Reh vor Auskühlung.
Rehe halten das ganze Jahr über ihre Körpertemperatur konstant. Solche Tiere nennt man gleichwarm.
Auch die Amsel ist ein gleichwarmes Tier. Bei Kälte plustert sie ihr Gefieder auf. → 2 3 Zwischen den Federn wird Luft festgehalten und angewärmt. Das Luftpolster schützt die Amsel vor übermäßigem Wärmeverlust.
Rehe und Amseln sind das ganze Jahr über auf Nahrungssuche. Solche Tiere nennt man winteraktiv.

2 Die Amsel im Winter

3 Die Amsel im Sommer

gleichwarm
winteraktiv
die Winterstarre
wechselwarm

Starr vor Kälte • Wenn es im Herbst immer kälter wird, sinkt die Körpertemperatur des Grasfroschs. → 4 Der Herzschlag und die Atmung werden stark herabgesetzt. Jetzt kann sich der Grasfrosch nur noch langsam bewegen. Er sucht Schutz in einem frostfreien Winterlager. Der Grasfrosch gräbt sich zum Beispiel am Grund eines Gewässers ein. Sinkt die Temperatur noch weiter, dann fällt der Grasfrosch in Winterstarre. Er verbringt fünf bis sechs Monate in diesem Zustand. Wenn es im Winterlager zu kalt wird, erfriert das Tier.
Der Grasfrosch kann seine Körpertemperatur nicht konstant halten. Solche Tiere nennt man wechselwarm.

Die Marienkäfer-Taktik • Auch Marienkäfer fallen bei niedrigen Temperaturen in Winterstarre. → 5 Sie suchen vorher zum Beispiel geschützte Orte unter Laub und Moos auf. Hier überwintern sie in großen Gruppen.
Die Marienkäfer spüren in ihrem Versteck eine kurzzeitige Erwärmung nicht sofort. Sie wachen dadurch nicht zu früh auf. Denn wer zu früh aufwacht, findet noch kein Futter und verhungert.
Wenn die Körpertemperatur des Marienkäfers unter den Gefrierpunkt fällt, besteht die Gefahr, dass sich Eis in seinem Körper bildet. Dann stirbt der Marienkäfer. Er kann aber bis zu minus 15 °C aushalten. Denn der Marienkäfer verringert vorher seine Körperflüssigkeit und bildet eine Art „Frostschutzmittel“.

4 Der Grasfrosch im Herbst

5 Viele Marienkäfer in Winterstarre

Säugetiere und Vögel gehören zu den gleichwarmen Tieren. Viele von ihnen sind winteraktiv.
Alle anderen Tiere sind wechselwarm. Viele wechselwarme Tiere fallen bei tiefen Temperaturen in Winterstarre.

Aufgaben

1 Erkläre, wie Marienkäfer im Winter überleben.

2 Erkläre, wie das Winterfell das Reh vor Kälte schützt.

3 Beschreibe, wie sich die Körperfunktionen wechselwarmer Tiere bei sinkender Außentemperatur verändern.

Tiere im Winter – Leben auf Sparflamme

Material A

Atmung beim Grasfrosch

Der Grasfrosch ist wechselwarm. Wenn sich die Umgebungstemperatur ändert, passt sich seine Körpertemperatur an. In der Tabelle sind die Atemzüge eines Grasfroschs in Abhängigkeit von seiner Körpertemperatur dargestellt. → 1

Körpertemperatur in °C	Atemzüge pro Minute
0	0 bis 1
5	0 bis 1
10	1
15	5
20	11
25	31
30	88

1 Messwerte beim Grasfrosch

1 ● Stelle die Atemzüge des Grasfroschs in Abhängigkeit von der Körpertemperatur in einem Diagramm dar.

2 ◐ Beschreibe den Zusammenhang zwischen Körpertemperatur und Atemzügen mithilfe des Diagramms. Fasse das Ergebnis in einem Satz zusammen.

Material B

Warum plustern sich Tiere bei Kälte auf?

Viele Tiere stellen bei besonders niedrigen Temperaturen ihre Haare oder das Gefieder auf. Welchen Vorteil hat das?

Materialliste: 2 lange Thermometer (–10 bis 50 °C), 2 hohe Standzylinder (Durchmesser 8 cm, 4 cm), 2 Reagenzgläser und passende Gummistopfen mit Loch (für die Thermometer), 2 kalte Kühlpacks, Paketschnur, 2-mal 10 g Schurwolle in Tüten, 500 mL Wasser von 40 °C (Thermoskanne), Stoppuhr

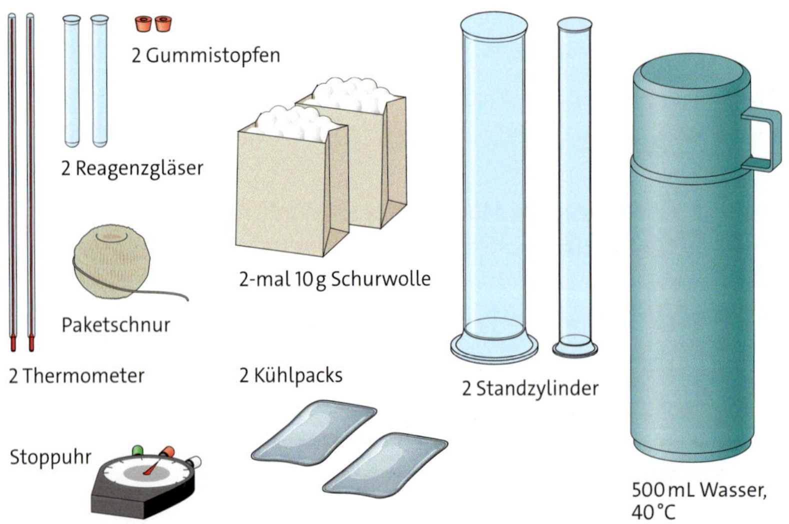

2 Versuchsmaterial

1 ● Schützt ein aufgeplustertes Fell besser vor Kälte als ein nicht aufgeplustertes? Untersucht es mit dem Versuchsmaterial. → 2

a Plant den Versuch und skizziert den Aufbau. Gebt an, wofür die Wolle beim Tier stehen soll und wofür das warme Wasser.

b Führt den Versuch durch. Beschreibt, was ihr tut und beobachtet. Notiert Messwerte.

c Wertet den Versuch aus. Beantwortet die Versuchsfrage.

Erweitern und Vertiefen

Eisbären – angepasst an das Leben in eisiger Kälte

3 Eisbär auf der Jagd

4 Die Fußsohlen sind schwarz und behaart.

Eisbären sind geschickte Jäger • Eisbären leben hoch im Norden, in der Arktis. → 3 Anfang November friert hier das Meer zu. Jetzt gibt es beste Bedingungen für die Jagd nach Robben. Robben fangen Fische und Krebstiere unter dem Eis. Sie müssen aber zum Luftholen auftauchen. Dafür nutzen sie ein Atemloch im Eis. Der Eisbär wittert mit seinem feinen Geruchssinn das Atemloch. Dort wartet er geduldig auf die Robbe – dann packt er blitzschnell zu. Oft schleicht sich der Eisbär auf dem Eis an seine Beute an. Erst wenn er ganz nah ist, greift er an. Er hat aber nicht immer Erfolg. Bei ihrer Jagd wandern Eisbären weite Strecken. Sie schwimmen auch sehr ausdauernd.

Eisbären sind gut angepasst • Der Eisbär muss sich während der Jagdzeit im Winter riesige Fettreserven anfressen. Ausgewachsene Tiere fressen sich so viel Fett an, dass sie vier bis acht Monate und im Notfall auch einmal ein ganzes Jahr lang fasten können.
Mit seinem weißen Fell ist der Eisbär gut getarnt. Er hat ein dichtes Unterfell und lange, ölige Fellhaare. Sie sind innen mit Luft gefüllt. Dadurch halten sie besonders gut warm.
Unter der schwarzen Haut hat ein gut genährter Eisbär eine dicke Fettschicht – bis zu 10 Zentimeter! Sie schützt ihn vor Temperaturen von bis zu minus 50 °C.
Die hohlen Fellhaare und die Fettschicht sorgen für eine geringe Dichte des Eisbären. Dadurch kann er leichter schwimmen. Die Vordertatzen sind wie Paddel geformt und haben Schwimmhäute zwischen den Zehen. Die dichte Behaarung schützt die Tatzen vor Kälte und verhindert ein Ausrutschen auf Eis. → 4

Aufgaben

1 ○ Gib an, wo Eisbären auf der Erde leben.

2 ◐ Ergänze die Tabelle in deinem Heft. → 5

Angepasstheiten des Eisbären	
feiner Geruchssinn	Eisbär kann Beute über weite Entfernungen aufspüren.
?	?

5 Beispieltabelle

So überwintern Säugetiere

1 Der Igel beim Winterschlaf im Laubhaufen

2 Der Braunbär erwacht gerade aus der Winterruhe.

Wie überstehen Wildtiere den kalten und nahrungsarmen Winter?

Der Igel ist ein Winterschläfer • Im Herbst frisst sich der Igel eine dicke Schicht aus braunem Fettgewebe an. Im Winter regelt er verschiedene Körperfunktionen herunter. Das wird von einer „inneren Uhr" gesteuert. Wenn der Körper des Igels auf „Sparflamme" arbeitet, sinkt die Körpertemperatur. Meistens beträgt sie nur noch 2 bis 5 °C. Der Igel kann sich dann nicht mehr bewegen. → 1 Diese Bewegungslosigkeit nennt man Torpor. Sie hält nicht über den ganzen Winter an. Ungefähr einmal pro Woche wird der Körper aufgewärmt. Das kostet sehr viel Energie. Der Igel bezieht sie aus dem braunen Fettgewebe.

Die Winterruhe • Braunbären und andere große Säugetiere legen Fettreserven an und halten Winterruhe. → 2 In den Ruhepausen sinkt die Körpertemperatur, aber nicht unter 30 °C.

Kleine Überlebenskünstler • Der Hamster und einige kleine Säugetiere legen keinen Fettvorrat an. Sie verringern im Winter ihr Körpergewicht bis auf die Hälfte. So müssen sie weniger Gewicht bewegen und erwärmen. Außerdem senken sie ihre Körpertemperatur in den täglichen Ruhepausen bis auf 20 °C und fallen in Bewegungslosigkeit.

Beim Winterschlaf und bei Winterruhe verringern viele Tiere ihre Körperfunktionen. Einige Tiere fallen in Bewegungslosigkeit (Torpor). Diese Maßnahmen sparen Energie.

Aufgaben

1 ○ Gib an, wie weit die Körpertemperatur des Igels im Winterschlaf sinkt.

2 ◐ Zähle die verschiedenen Möglichkeiten der Säugetiere auf, im Winter Energie zu sparen. Nenne jeweils ein Tier als Beispiel.

der Winterschlaf
der Torpor
die Winterruhe

Material A

Energiesparen ist angesagt

Überlebenskünstler

Der natürliche Lebensraum des Dsungarischen Zwerghamsters ist Sibirien. Dort ist es im Winter sehr kalt. Dann verlässt der kleine Hamster nur wenige Stunden pro Tag seinen Bau. Außerdem spart er Energie mit diesen drei Maßnahmen:

- Der Hamster polstert sein Nest sehr gut. Dafür braucht er im Winter viermal so viel Material wie im Sommer.
- Das Tier nimmt im Winter stark ab.
- Im Winter verringert der Hamster in den Ruhezeiten seine Körpertemperatur und Atmungsaktivität stark. Der Zwerghamster ist nachtaktiv.

3 Dsungarischer Zwerghamster

1 ▢ Nenne die drei Maßnahmen des Dsungarischen Zwerghamsters für das Überleben im Winter. → 3

2 ◪ Beschreibe, wie sich das Gewicht des Dsungarischen Zwerghamsters über das Jahr hinweg verändert. → 4 Nenne die Vorteile der Gewichtsabnahme im Winter.

3 ◪ Beschreibe, wie sich Körpertemperatur und Atmung an einem Wintertag ändern. → 5 6

4 ● Wie wirken sich die Veränderungen auf das Verhalten und den Energiebedarf des Tiers aus? → 5 6 Schreibe deine Vermutungen auf.

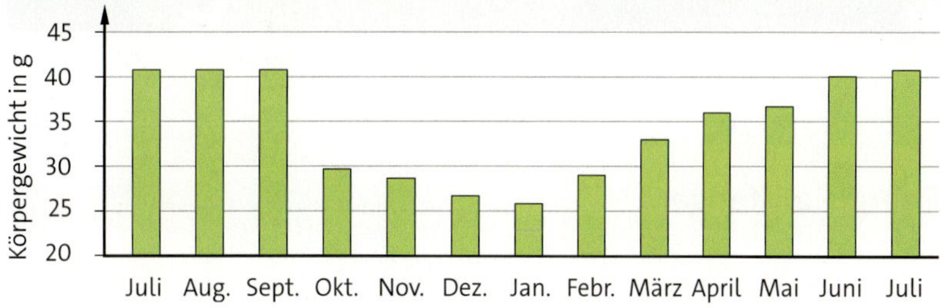

4 Körpergewicht des Hamsters (im natürlichen Lebensraum)

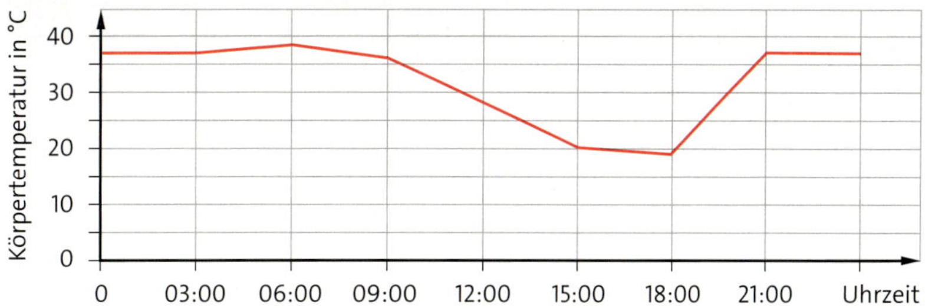

5 Körpertemperatur des Hamsters an einem Wintertag

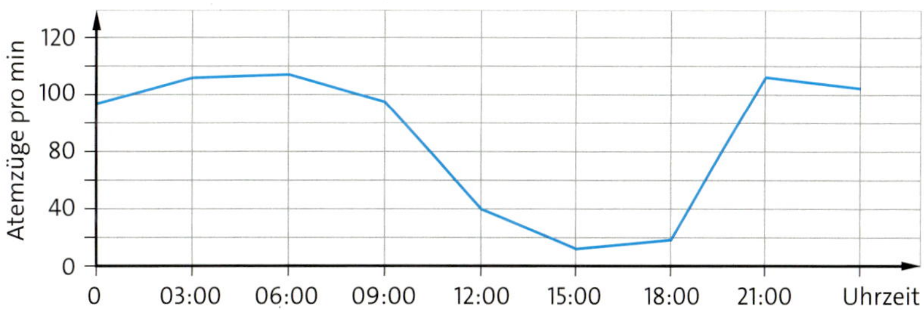

6 Atmung des Zwerghamsters an einem Wintertag

Energie unterwegs: Die Strahlung

1

Die Eidechse ist ein wechselwarmes Tier. Sie nutzt Energie von der Sonne, um ihren Körper zu erwärmen.
Wie kommt die Energie eigentlich von der Sonne zur Erde?

Material A

Energie auffangen

Materialliste: je 1 Rechteck (10 cm × 15 cm) aus schwarzem und weißem Tonkarton

1 Lege die Rechtecke 15 Minuten in die Sonne. → 2
Halte sie danach abwechselnd dicht an deine Wange.

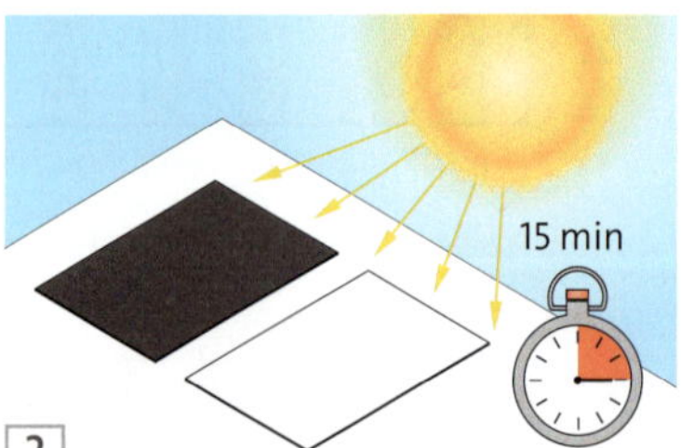

2

▢ Beschreibe und vergleiche, was du spürst.

Material B

Energie umlenken

1 Stelle eine Tischlampe auf den Tisch und schalte sie ein. Lege deine Hand 2 Minuten ins Licht.
Lenke das Licht mit einem Stück Alufolie um, sodass es auf deine Wange fällt.
▢ Beschreibe, was du spürst.

Material C

Heißes Bügeleisen

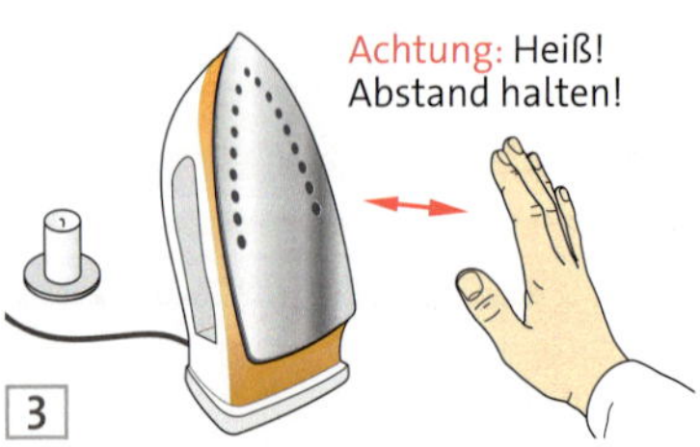

3

Materialliste: Bügeleisen, Kerze, Streichhölzer

1 Stelle das Bügeleisen aufrecht hin. Schalte es ein. → 3
Achtung • Heiße Fläche nicht berühren!

a ▢ Halte die Hand einige Zentimeter seitlich von der heißen Fläche. Beschreibe, was du spürst.
b ▢ Weht heiße Luft vom Bügeleisen zur Hand? Prüfe es mit der brennenden Kerze.

die Strahlung

Strahlung aussenden • Im prallen Sonnenschein wird es im Auto sehr warm. Und der Sand am Strand wird so heiß, dass man kaum noch darauf laufen kann. Das Auto und der Sand werden durch die Strahlung von der Sonne erwärmt. → 4

Strahlung geht aber nicht nur von der Sonne aus:

- Ein heißes Bügeleisen sendet Strahlung aus. Deine Hand wird dadurch deutlich erwärmt, wenn du sie nahe an das Bügeleisen hältst.
- Auch die Hand selbst sendet Strahlung aus. Wenn du sie dicht vor deine Wange hältst, wird die Wange ein wenig erwärmt.

Strahlung kann sich in der Luft, im Wasser oder in Glas ausbreiten. Sie breitet sich aber auch im praktisch leeren Weltall zwischen der Sonne und der Erde aus.

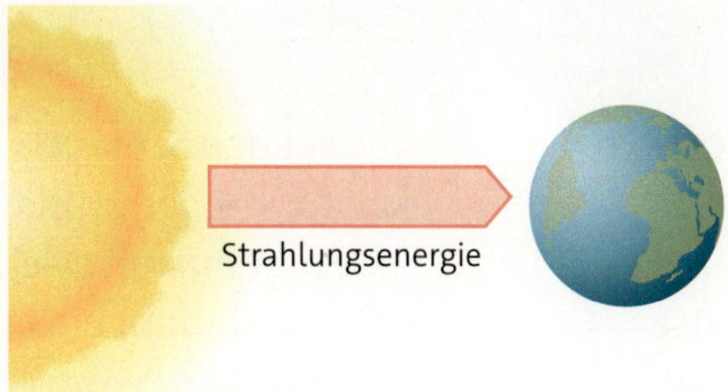

4 Energie von der Sonne

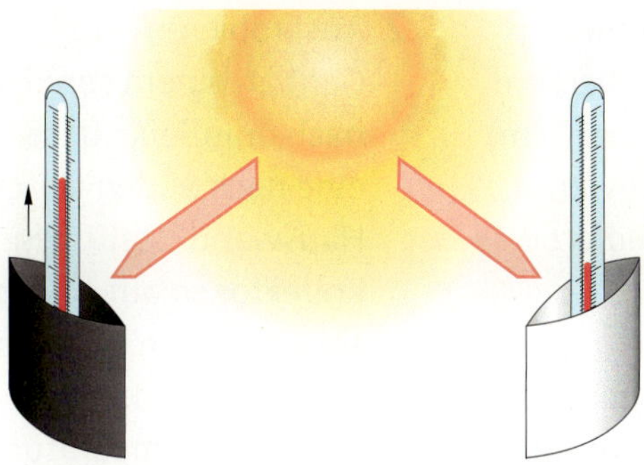

5 Strahlung auffangen

Strahlung auffangen • Ein dunkles Auto wird im Sonnenschein schneller aufgeheizt als ein helles:

- Dunkle Gegenstände nehmen einen großen Teil der Strahlung auf. → 5
- Helle Gegenstände werfen einen großen Teil der Strahlung zurück.

Alle Gegenstände senden Energie durch Strahlung aus. Je heißer ein Gegenstand wird, desto mehr Strahlung sendet er aus.
Wenn die Strahlung auf einen Gegenstand trifft, kann sie ihn erwärmen. Die aufgenommene Strahlungsenergie wird dabei in thermische Energie umgewandelt.

Aufgaben

1 ○ Beschreibe, wie die Eidechse erwärmt wird. → 1 Nenne die beteiligten Energieformen.

2 ◐ Welches Auto wird in der Sonne schneller heiß: ein weißes oder ein schwarzes?
Begründe deine Antwort.

3 ◐ Der Raumanzug des Astronauten ist weiß. → 6
Die Sonnenkollektoren für warmes Wasser sind schwarz. → 7
Begründe den Unterschied.

6

7

Energie unterwegs: Die Strahlung

Material D

Einfacher Sonnenkollektor für warmes Wasser

Materialliste: Spanplatte (50 cm × 50 cm), Dachlatte (2 m), Gartenschlauch (5 m), Säge, Nägel, Leim, Alufolie, Dachnägel, elektronisches Thermometer, Auffangbecken; Plexiglasplatte (50 cm × 50 cm) oder Klarsichtfolie, schwarzer Karton, schwarze Wandfarbe

1 Kollektor bauen → 1
Sägt die Teile der Dachlatte zu und stellt sie hochkant auf der Grundplatte auf. Befestigt die Teile mit Leim und Nägeln. An den Stellen A und E lasst ihr Platz für den Schlauch. Verlegt den Schlauch als Spirale auf der Grundplatte. Befestigt ihn mit Dachnägeln. Klemmt die Enden in die Lücken zwischen den Latten.

2 Ausprobieren → 2
Geht an einem sonnigen Tag nach draußen. Sucht euch eine nach Süden gerichtete Hauswand. Stellt den Kollektor so auf, dass er senkrecht von der Sonne bestrahlt wird.

a Messt die Temperatur des Wassers aus der Leitung.

b Lasst den Schlauch im Kollektor volllaufen. Wartet 30 Minuten. Gießt dann das Wasser aus dem Schlauch in das Auffangbecken. Messt die Wassertemperatur.
Achtung • Das Wasser aus dem Schlauch kann heiß sein! Handschuhe anziehen.

c ▢ Berechnet den Temperaturunterschied.

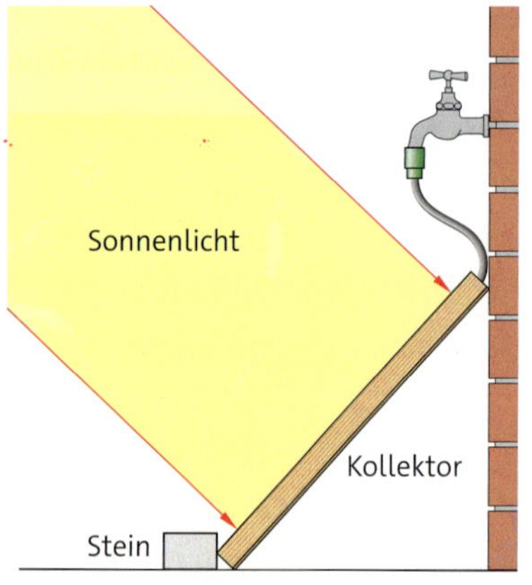

2 Richtig aufstellen

3 Verbessern

a Deckt den Kollektor mit der Plexiglasplatte oder mit der Klarsichtfolie ab. Füllt ihn wieder mit kaltem Wasser.
▢ Funktioniert der Kollektor mit Abdeckung besser als ohne? Bestimmt wieder den Temperaturunterschied nach 30 Minuten.

b Schwarze Gegenstände nehmen viel Strahlung auf.
◩ Überlegt, wie ihr euren Sonnenkollektor weiter verbessern könnt. Probiert euren Plan aus. Bewertet eure Verbesserung.

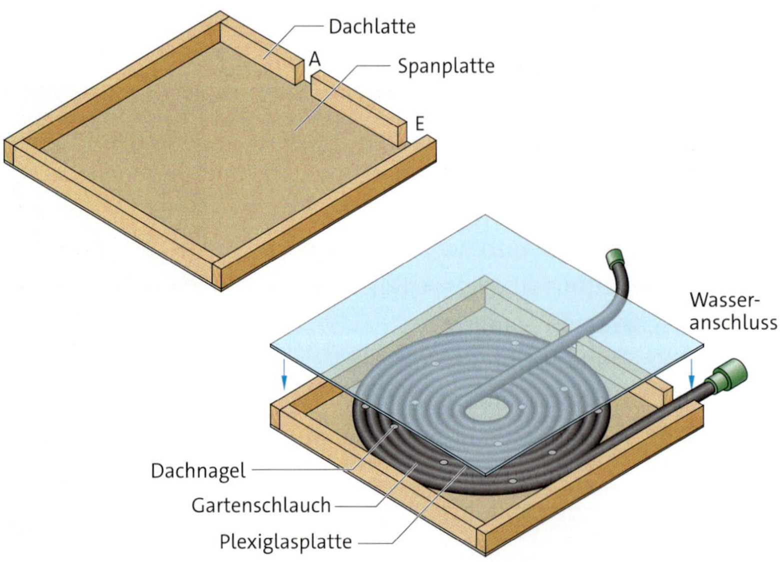

1 Einfacher Sonnenkollektor

der Sonnenkollektor
die Solarzelle

Erweitern und Vertiefen

Warmes Wasser und elektrische Energie vom Hausdach

3 Auf einem Dach: Sonnenkollektoren (oben) und Solarzellen (unten)

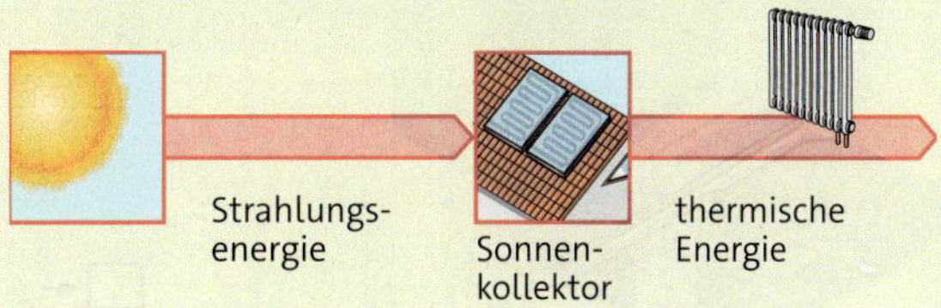

4 Energiewandler Sonnenkollektor

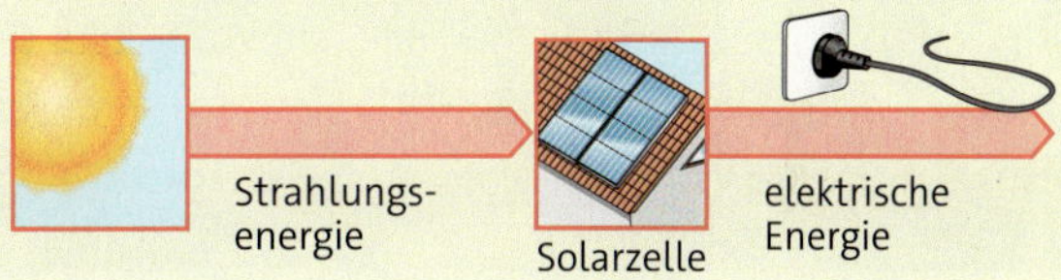

5 Energiewandler Solarzelle

Sonnenkollektoren • Sie wandeln Strahlungsenergie in thermische Energie um. → 4 Strahlung dringt durch eine Glasscheibe und trifft auf eine schwarze Metallplatte. → 6 Dort wird die Strahlung aufgefangen. Die Temperatur der Platte steigt. Die warme Platte erwärmt die Flüssigkeit in der Rohrleitung. Die erwärmte Flüssigkeit wird ins Haus geleitet und gibt dort thermische Energie an das Wasser zum Heizen, Duschen ... ab.

Solarzellen • Sie wandeln Strahlungsenergie in elektrische Energie um. → 5 Damit können wir viele Geräte im Haushalt betreiben.

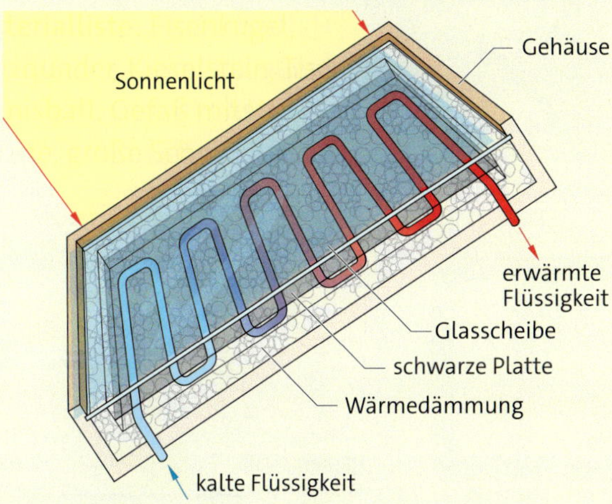

6 Aufbau eines Sonnenkollektors

Strahlungsenergie wird von Sonnenkollektoren in thermische Energie umgewandelt und von Solarzellen in elektrische Energie.

Aufgaben

1 ○ Nenne den Unterschied zwischen den Energiewandlern Solarzelle und Sonnenkollektor.

2 ◐ Bei uns gibt es keine Sonnenkollektoren auf der Nordseite von Dächern. Erkläre.

Energie unterwegs: Die Wärmeströmung

1

Im Winter ist es draußen eisig kalt. Im Haus dagegen ist es überall mollig warm. Wie ist das möglich?

Material A

Warmer Wasserstrom

Materialliste: Rundkolben, Wasser, farbiges Badesalz, Gasbrenner, Glasrohr, Stativmaterial

1 Die Lehrkraft erhitzt den Rundkolben an einer Seite mit kleiner Flamme. → 2
▢ Beobachte, was im Wasser geschieht. Schreibe und zeichne es auf.

2 Das Glasrohr wird mit kleiner Flamme an einer Seite erhitzt. → 3
◧ Beobachte, was passiert. Vergleiche mit Versuch 1.

Achtung • Flamme nicht zu lange auf eine Stelle richten.

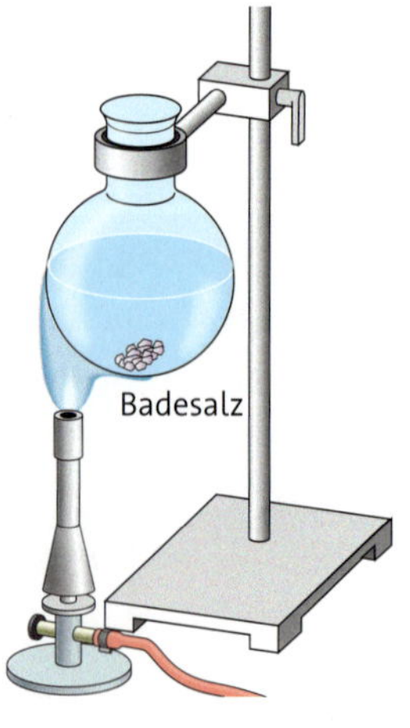

2

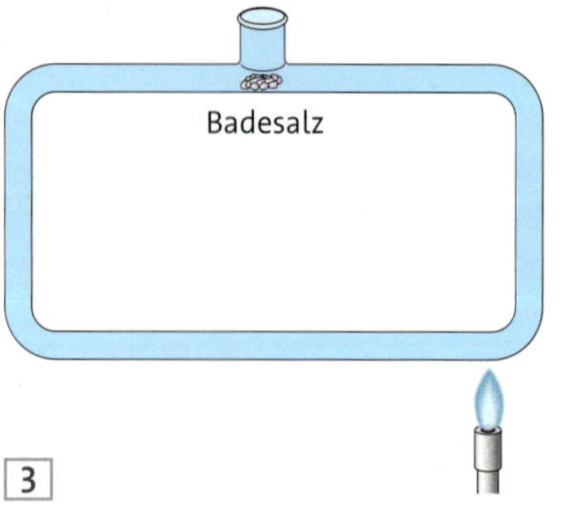

3

Material B

Warmer Luftstrom

Materialliste: Blatt Papier, Stecknadel, Schere

1 Schneide die Papierspirale aus. → 4 Stich die Stecknadel von unten hindurch. Halte die Spirale über eine heiße Kochplatte, einen warmen Heizkörper ...
◧ Beschreibe und erkläre, was du beobachtest.

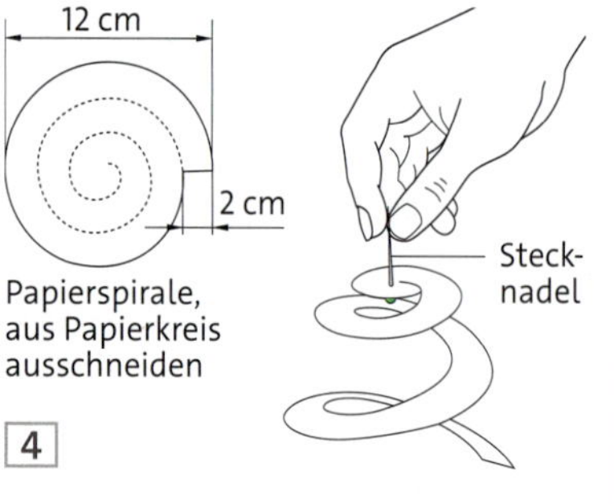

4

Wärme wird mitgeführt • Im Winter sorgt die Heizung dafür, dass dein Zimmer angenehm warm ist. Dazu wird ein Brennstoff im Heizkessel verbrannt. → 5 Die Flamme erwärmt das Wasser. Das Wasser erhält viel thermische Energie. Es wird durch einen Kreislauf aus Rohren gepumpt und nimmt die Energie zu den Heizkörpern mit.

Die warmen Heizkörper erwärmen die Luft in ihrer Nähe. Das Wasser gibt dabei thermische Energie ab und kühlt ab. Dann strömt es vom Heizkörper zurück in den Kessel. Dort nimmt es wieder thermische Energie auf.

Die erwärmte Luft strömt von den Heizkörpern weg durch das Zimmer. → 6 Sie gibt dabei die mitgeführte thermische Energie an die Gegenstände im Raum ab und kühlt ab. Wenn die Luft wieder am Heizkörper vorbeiströmt, wird sie erneut erwärmt.

Thermische Energie kann von strömenden Stoffen, zum Beispiel Wasser oder Luft, mitgeführt werden. Wir sprechen von Wärmeströmung.

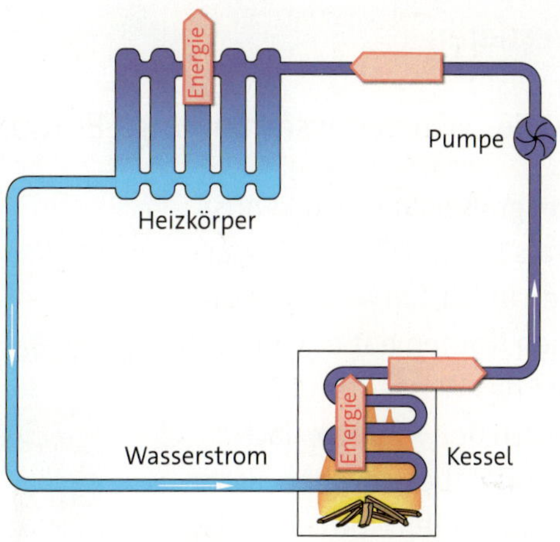

5 Das strömende Wasser führt thermische Energie zum Heizkörper mit.

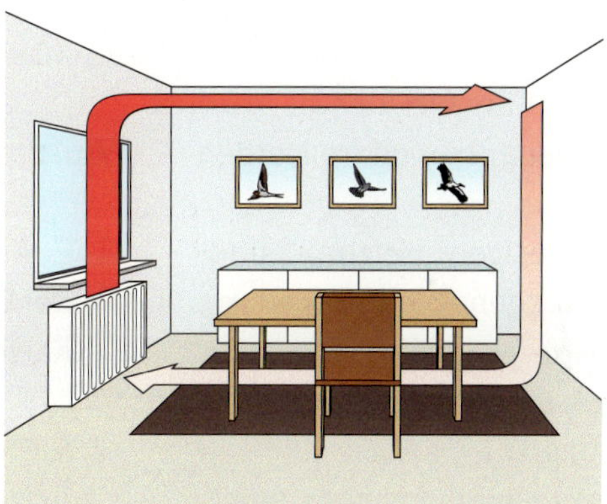

6 Die strömende Luft verteilt thermische Energie im Zimmer.

Aufgaben

1 ○ Beschreibe jeweils zwei Beispiele für Wärmeströmungen mit Wasser und Luft.

2 ◐ Dreimal Wärmeströmung: Nenne jeweils den strömenden Stoff. → 7 – 9

7 – 9 Vulkan, Weihnachtspyramide, „Schokobrunnen“

Energie unterwegs: Die Wärmeströmung

Erweitern und Vertiefen

Der Golfstrom – die „Warmwasserheizung" Europas

Wärmeströmung im großen Stil • Du kannst dir den Golfstrom als breiten Fluss von warmem Wasser mitten im kalten Atlantik vorstellen. → 1 Seinen Namen hat er vom Golf von Mexiko. Dort ist das Wasser rund 25 °C warm. Es strömt durch den Atlantik nach Nordosten und nimmt dabei viel thermische Energie mit. Selbst im kühlen Norden ist der Golfstrom immer noch um 2 bis 3 °C wärmer als das Wasser ringsherum.

Auch die Luft über dem Golfstrom wird durch ihn erwärmt. Sie gelangt als milder Westwind an die Küsten im Nordwesten Europas. Dadurch ist an ihnen das Klima milder als in anderen Gebieten, die genauso weit im Norden liegen.

Einige Folgen dieser riesigen „Heizung" sind:

- Die Westküste Norwegens bleibt selbst in kalten Wintern eisfrei. → 2
- Sogar in Norwegen reifen im Sommer Erdbeeren und Kirschen.
- An der Südwestküste Englands gedeihen Palmen. → 3

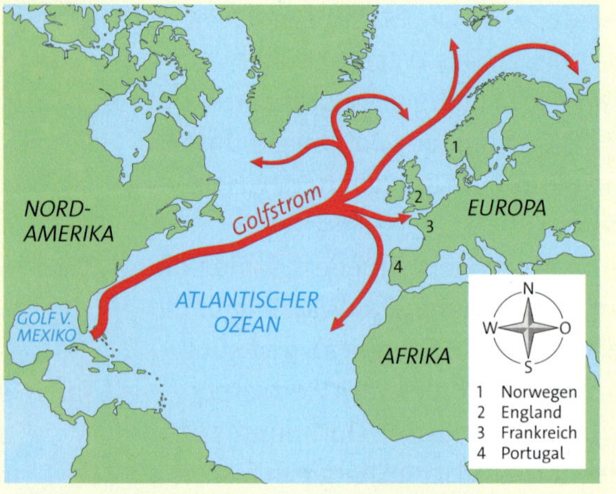

1 Der Golfstrom

Aufgaben

1 ○ Aus welcher Himmelsrichtung kommt der Golfstrom nach Europa? Lies es aus der Karte ab. → 1

2 ◐ Der Golfstrom wird oft als „Warmwasserheizung Europas" bezeichnet. Begründe diese Bezeichnung.

2 Eisfreier Hafen in Norwegen

3 Palmen in Cornwall (Südwestengland)

Erweitern und Vertiefen

Ein „Fahrstuhl“ aus Luft

Nach oben getragen • Wie ein Adler durch die Luft gleiten und die Welt von oben sehen – für Gleitschirmflieger ist dieser uralte Traum Wirklichkeit geworden. → 4 5 Lange kreisen sie am Himmel, ohne viel an Höhe zu verlieren. Manchmal steigen sie sogar wie von alleine weiter hoch. Ohne einen „Fahrstuhl“ aus Luft wäre so ein Flug bald zu Ende.

4 Adler im Aufwind

5 Gleitschirmflieger

So entstehen Aufwinde • Wenn die Sonne scheint, werden Sand, Felsen und Getreidefelder wärmer als Gewässer, Wiesen oder Wälder. Die Luft am Erdboden wird von den warmen Flächen erwärmt. Sie dehnt sich aus, ihre Dichte wird geringer. Die erwärmte Luft wird also leichter als die umgebende Luft und steigt deshalb nach oben. → 6
Aufwinde entstehen auch, wenn Wind gegen einen Berg strömt und nach oben gedrückt wird. → 6

6 Nach oben getragen – von Aufwinden

Hoch hinaus • Segelflieger, Gleitschirmflieger und große Greifvögel kreisen in engen Kurven im Aufwind. Die aufsteigende Warmluft trägt sie bis zu 4000 m hoch. Mit der warmen Luft gelangt sehr viel Energie in große Höhen.

Aufgaben

1 ○ Gib an, wo Aufwinde besonders oft entstehen.

2 ◐ Ein Adler steigt immer weiter auf, ohne seine Flügel zu bewegen. Erkläre diese Beobachtung.

Energie unterwegs: Die Wärmeleitung

[1] Eine „Zaubertasse":
leer – mit frisch eingefülltem heißen Tee – wenige Sekunden später

Der Vogel ist erst zu sehen, wenn die Tasse außen heiß ist. Wie kommt die Wärme vom heißen Tee zur Außenseite der Tasse?

Material A

Was wird schneller heiß?

Materialliste: Becherglas mit heißem Wasser (halb voll), Stäbe aus Eisen, Kupfer, Plexiglas und Holz, Pappe mit Löchern für die Stäbe, Wachskügelchen

1 Stecke die Stäbe durch die Pappe. Stelle sie ins warme Wasser. → [2] Befestige die Wachskügelchen oben an den Stäben.
○ Beobachte die Wachskügelchen. Welcher Stab wird schneller heiß?

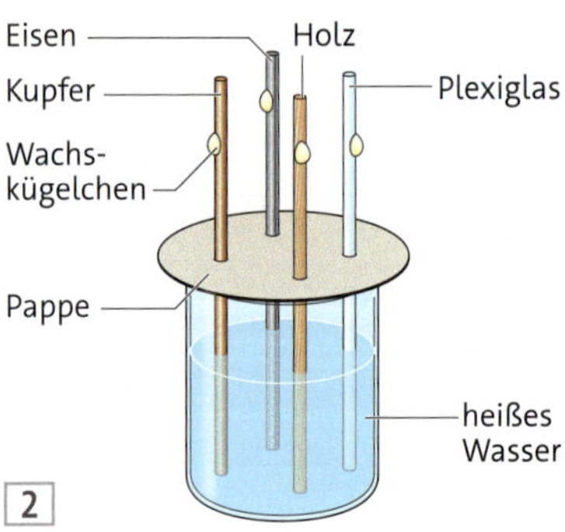

[2]

Material B

Sofort warm?

Materialliste: Gasbrenner, Streichhölzer, Wachskügelchen, Stativmaterial

1 Befestige die Streichhölzer mit den Wachskügelchen auf einer Stativstange. → [3] Lass immer 5 cm Abstand zwischen den Kügelchen. Erhitze das freie Ende der Stativstange.
a ○ Beschreibe deine Beobachtung.
b ◐ Erkläre die Beobachtung.

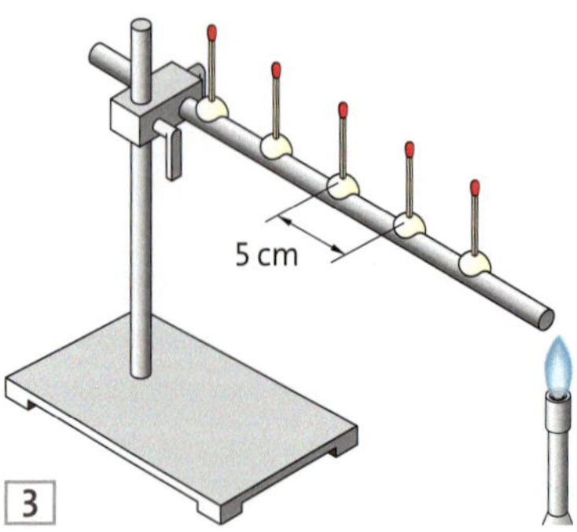

[3]

Material C

Warm anfühlen

Materialliste: Kochtopf, Styroporplatte

1 Halte eine Hand an den Boden des Topfs, die andere an die Styroporplatte. Was fühlt sich wärmer an? Probiere es auch mit anderen Gegenständen aus: Wolldecke, Fenster, Tischplatte ...
a ○ Trage deine Beobachtungen in eine Tabelle ein. → [4]
b ○ Vergleicht eure Beobachtungen miteinander.

Gegenstand fühlt sich warm an	Gegenstand fühlt sich kalt an
?	?
?	?
?	?
?	?
?	?

[4] Was fühlst du?

die Wärmeleitung
der Wärmeleiter

Die Wärmeleitung • Wenn du einen Topf mit Suppe auf eine heiße Herdplatte stellst, wird erst der Topf heiß und dann die Suppe. Die thermische Energie wird von der Herdplatte über den Topfboden in die Suppe geleitet. Wir sprechen von Wärmeleitung.

> Thermische Energie breitet sich in vielen Gegenständen ganz von alleine aus – vom heißen Ende zum kalten hin. Wir sprechen von Wärmeleitung. → 5

Gute und schlechte Wärmeleiter • Der Stahlboden des Kochtopfs leitet die thermische Energie schnell weiter: Er ist ein guter Wärmeleiter. Die Kunststoffgriffe werden beim Kochen nicht heiß: Sie sind schlechte Wärmeleiter. Für die verschiedenen Stoffe gilt:
- Metalle sind gute Wärmeleiter.
- Wasser, Glas, Beton und Stein sind keine guten Wärmeleiter.
- Luft, Holz, Wolle, Jute, Kunststoffe und Gase sind sehr schlechte Wärmeleiter.

Temperatursinn • Barfuß kommt uns ein Betonfußboden viel kälter vor als ein Teppichboden. Auch wenn beide Böden dieselbe Temperatur haben! Beton ist nämlich ein besserer Wärmeleiter als Teppich. Der Betonboden führt die thermische Energie von den Füßen viel schneller ab. Unser Temperatursinn reagiert darauf, wie schnell sich die Temperatur der Haut ändert. Wir fühlen, wie schnell die thermische Energie abfließt (oder zufließt).

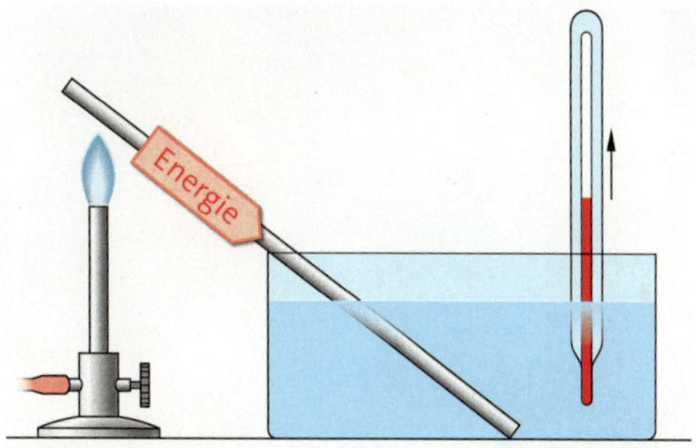

5 Die Wärmeleitung

Aufgaben

1 ▢ Die Außenseite der „Zaubertasse" wird warm. → 1 Nenne den Vorgang, durch den die thermische Energie von innen nach außen kommt.

2 ▢ Ordne diese Gegenstände: Wollpullover, Esslöffel, Wasserglas. Beginne mit dem besten Wärmeleiter.

3 ◐ Entscheide bei den folgenden Beispielen, ob die Wärmeleitung erwünscht ist oder nicht. Begründe jeweils deine Antwort.
a Der Topf besteht aus Metall.
b Der Topfgriff ist aus Kunststoff.
c Pflanzen werden in Jutesäcke eingepackt, wenn es kalt wird.
d Heizkörper bestehen aus Metall.

4 ◐ Klara hat gerade heiß geduscht, Haon eiskalt. Jetzt springen sie zusammen ins Schwimmbecken. Lara findet das Wasser kalt, Haon findet es angenehm warm. Erkläre den „gefühlten" Unterschied.

Energie sparen durch Wärmedämmung

1

In den letzten Jahren sind bei uns viele Häuser rundherum mit dicken Platten aus Hartschaum beklebt worden. Die Platten haben den gleichen Zweck wie ein Winterfell.

Material A

Modellhaus mit Wärmedämmung

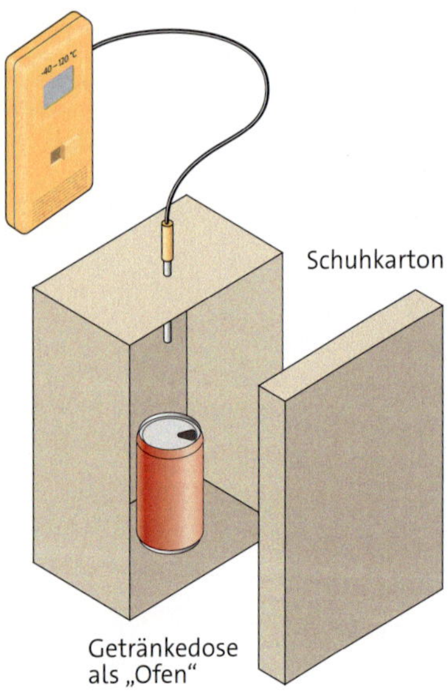

2 Modellhaus

Materialliste: Schuhkarton, Getränkedose, warmes Wasser (50 °C), Schaumstoff, Styropor, Luftpolsterfolie, Thermometer (am besten elektronisch, mit Messfühler)

1 Baut das Modellhaus auf. → 2 Der Schuhkarton stellt das Haus dar. Die Getränkedose mit dem warmen Wasser ist der Ofen. Stellt das Haus ohne Ofen in einen kühlen Raum.
▢ Messt die Temperatur nach 20 Minuten. Notiert den Messwert.

2 Stellt nun den warmen Ofen ins Haus.
▢ Messt die Temperatur wieder nach 20 Minuten.

3 Kleidet jetzt das Haus rundherum mit Schaumstoff, Styropor oder Luftpolsterfolie aus. Stellt wieder einen warmen Ofen ins Haus.
▢ Messt nach 20 Minuten die Temperatur.

4 ◐ Vergleicht die verschiedenen Messwerte. Erklärt die Unterschiede.

die Wärmedämmung
der Dämmstoff

Wärmedämmung am Haus • Unsere Häuser werden aufwendig wärmegedämmt. → [1] Es gibt viele Dämmstoffe: Hartschaum, Styropor, Glaswolle, Wolle, Holzwolle ... Sie sind sehr schlechte Wärmeleiter, weil sie viel Luft enthalten. → [3]
Bei guter Dämmung wird im Winter wenig thermische Energie ins Freie geleitet. Das spart Energie und Geld. Weil man weniger Brennstoffe verbrennen muss, entstehen weniger Abgase. So wird die Umwelt entlastet.

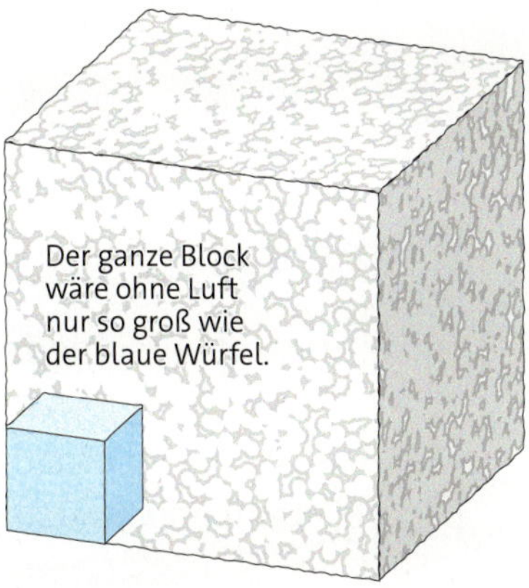

[3] Luft im Styroporblock

Wärmedämmung am Körper • Zum Schutz vor Wärmeverlust plustert sich die Amsel auf. Wir schützen uns durch bauschige Winterjacken. Sie enthalten viel Luft und sind sehr schlechte Wärmeleiter. Dadurch gibt der Körper nur langsam thermische Energie an die Umgebung ab und bleibt schön warm.

Dämmstoffe sind sehr schlechte Wärmeleiter. Sie bewirken, dass man wenig thermische Energie zum Heizen braucht.

Aufgaben

1 ○ Die Wärmedämmung am Haus ist wichtig. Nenne die Gründe.

2 ◐ Im Wollpullover ist dir mollig warm. Kommt die Wärme vom Pullover? Begründe deine Antwort.

3 ◐ Einige Materialien isolieren viel besser als andere. → [4]
a Häuser werden mit Hartschaum isoliert, nicht mit Beton. Begründe.
b Kork dämmt besser als Sandstein. Erkläre den Unterschied.

[4] So dick müssten Wände sein, damit sie gleich gut in der Wärmedämmung sind.

4 ● In welcher Dose schmilzt das Eis schneller? → [5] Begründe deine Antwort. Überprüfe sie im Versuch.

[5] Wie wirkt sich der Dämmstoff aus?

Tipps zum Energiesparen

1 Energie verschwendet – oder gespart?

Auch im Winter muss ab und zu frische Luft ins Zimmer. Wer clever lüftet, verliert dabei nur wenig Energie.
Nicht nur beim Lüften kannst du Energie sparen.

Material A

Wie kalt wird es beim Lüften im Winter?

Materialliste: Thermometer, das auf 0,1 °C genau anzeigt

1 ▢ Wie verändert sich die Lufttemperatur im Zimmer beim Lüften?
a Miss die Lufttemperatur im geschlossenen Zimmer. Notiere deinen Messwert.
b Öffne 5 Minuten lang das Fenster ganz. Miss gleich danach die Temperatur.
c Lüfte das warme Zimmer diesmal 30 Minuten lang mit gekipptem Fenster. Miss danach die Temperatur.
d Vergleiche die Abkühlung.

Material B

Wie lange dauert es, bis 1 Liter Wasser kocht?

Materialliste: Wasserkocher, 2 L kaltes Wasser, Stoppuhr

1 Fülle 1 L Wasser in den kalten Wasserkocher. Schließe den Deckel und schalte den Wasserkocher ein.
▢ Miss die Zeit, bis das Wasser kocht.

2 Wiederhole den Versuch mit dem verbliebenen kalten Wasser – und diesmal mit offenem Deckel.
▢ Vergleiche die Zeiten.

Material C

Lampen sind verschieden

Materialliste: Energiesparlampen, LED-Lampen, Glühlampen

1 ◐ Vergleiche die Lampen.
a Welche Lampe leuchtet am hellsten? Tipp: Beleuchte diesen Text im Dunkeln mit der Lampe. Vergrößere den Abstand zwischen Lampe und Text, bis du ihn gerade noch lesen kannst.
b Welche Lampe wird heißer?
c Wie angenehm ist das Licht?
d Welche Lampe braucht mehr Energie? Tipp: Eine 20-Watt-Lampe braucht doppelt so viel Energie pro Sekunde wie eine 10-Watt-Lampe.

Energie ist kostbar • Wir nutzen viel Energie zum Heizen, Beleuchten, Antreiben von Motoren und um Gegenstände herzustellen. Dazu verbrennen wir große Mengen an Erdöl, Gas, Kohle und Holz. Und wir nutzen die Energie in Wind und Wasser sowie die Strahlungsenergie der Sonne.

> Unser „Energiehunger“ lässt die Vorräte der Erde an Erdgas, Kohle und Erdöl schwinden.
> Bei jeder Verbrennung entstehen Abgase, Abfälle und Abwärme, die unsere Umwelt belasten.
> Deshalb sollte jeder von uns sparsam mit Energie umgehen. → [2]

Aufgaben

1 ▢ Notiere die sieben Energiespartipps in einer Liste. → [2] Ergänze sie durch eigene Tipps.

2 ◐ In der Thermoskanne bleibt der Tee stundenlang heiß. → [3]
Wie wird die Energieabgabe nach außen so gering gehalten? Ergänze die Tabelle in deinem Heft.

Bauteil	Verhindert:
Wand aus Edelstahl	Energieabgabe durch ...
Hohlraum	?
Verschluss	?

[3] Thermoskanne

Licht aus
Schalte das Licht in allen Räumen aus, in denen niemand ist.

Nicht zu viel heizen
Ein Absenken der Raumtemperatur um 1 °C spart im Winter 6 % Energie.

Muskeln benutzen
Du wohnst nahe an der Schule? Dann fahre mit dem Rad oder gehe zu Fuß.

Warm halten statt heizen
Halte Tee in einer Thermoskanne heiß, nicht auf der Warmhalteplatte.

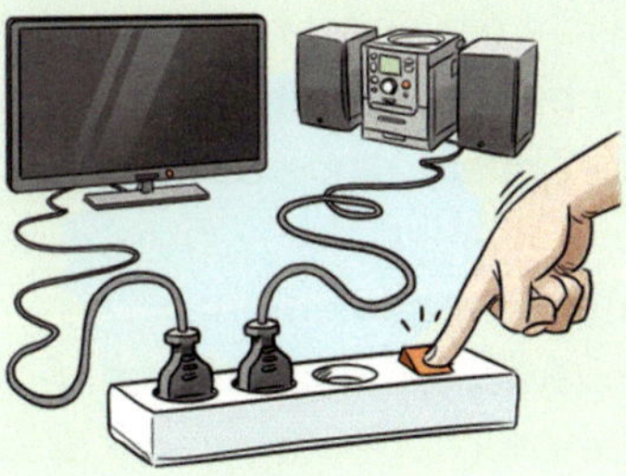

Kein Stand-by-Betrieb
Schalte Fernseher und Computer aus, wenn du sie nicht brauchst.
Sie brauchen auch im Stand-by-Betrieb elektrische Energie.

Stoßlüften statt Dauerlüften
Lüften im Winter? Mache die Fenster 5 Minuten lang weit auf. So geht weniger Energie verloren, als wenn die Fenster lange gekippt sind.

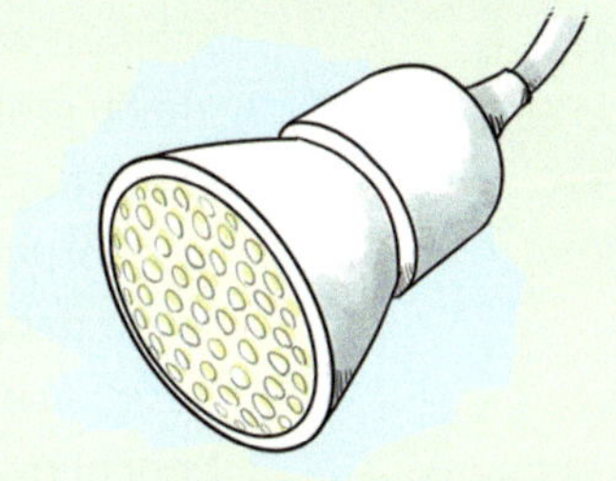

Sparsame Lampen verwenden
LED-Lampen und Energiesparlampen leuchten oft genauso hell wie Glühlampen. Sie brauchen aber viel weniger elektrische Energie.

[2] Energiesparen im Alltag

Vögel – zum Fliegen gebaut

1 Ein Schwan startet zum Flug.

Höckerschwäne sind große Vögel. Oft sieht man sie auf dem Wasser schwimmen. Schwäne können jedoch auch gut fliegen. Beim Start schlagen sie mit den Flügeln und laufen auf dem Wasser, bis sie sich in die Luft erheben. Wie können diese großen Vögel fliegen?

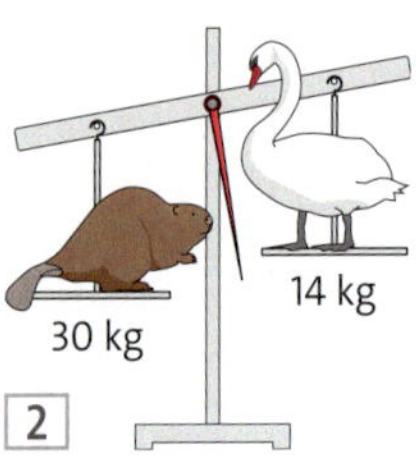

2

Leichtbauweise • Ein ausgewachsener Schwan wiegt rund 14 Kilogramm. Ein gleich großes Säugetier wie der Biber wiegt dagegen 30 Kilogramm. → 2 Der Körper des Schwans muss also leicht gebaut sein. Seine Knochen besitzen eine dünne Wand und viele Knochen sind hohl. Der Hornschnabel hat keine Zähne. Auch die Federn bestehen aus Horn.
Die „Leichtbauweise" der Vögel ist eine wichtige Voraussetzung für das Fliegen.

Ernährung • Vögel fressen häufig. Sie verdauen schnell und haben keine Harnblase. Nahrungsreste werden mit dem Kot schnell ausgeschieden. So wird das Körpergewicht durch die Nahrung nur kurz verändert.

Fortpflanzung • Vögel legen Eier ab. In den Eiern entwickeln sich die Jungtiere. Das Gewicht der Vögel nimmt also durch die heranwachsenden Jungtiere nicht zu – anders als bei Säugetieren.

Skelett und Stromlinienform • Das Knochengerüst der Vögel ist sehr fest. Die Wirbelknochen sind von der Brust bis zum Schwanz starr miteinander verbunden. Das Brustbein ist besonders groß. Es ist mit den Rippenknochen fest verwachsen. → 3 An diesen Knochen setzen die Flugmuskeln an.

die Leichtbauweise
die Stromlinienform
die Federn

Durch die festen Verbindungen der Knochen verbiegt sich die Wirbelsäule beim Flug nicht. So nimmt der Vogel beim Fliegen eine Stromlinienform an – genau wie viele Fische beim Schwimmen. Durch die Stromlinienform braucht der Vogel weniger Energie zum Fliegen.

Federn • Der Körper eines Vogels ist fast vollständig von unterschiedlichen Federn bedeckt: → 4
- Die Schwungfedern bilden Tragflächen beim Fliegen.
- Mit den Steuerfedern kann der Vogel die Richtung des Flugs bestimmen.
- Daunenfedern und Deckfedern bedecken den Vogel. Sie halten ihn warm und schützen vor Wind und Wetter.

Die Kiele und Äste der Federn sind hohl und sehr leicht. Trotzdem sind die Federn stabil genug, um den Vogel in der Luft zu tragen.

Der Vogelkörper ist leicht gebaut. Der starre Knochenbau unterstützt beim Fliegen eine Stromlinienform. Die Federn halten den Vogel warm und schützen ihn. Sie ermöglichen den Vogelflug.

Aufgaben

1 ▢ Beschreibe die Leichtbauweise des Vogelkörpers.

2 ◔ Das starre Knochengerüst der Vögel hat beim Fliegen einen Vorteil. Erkläre ihn.

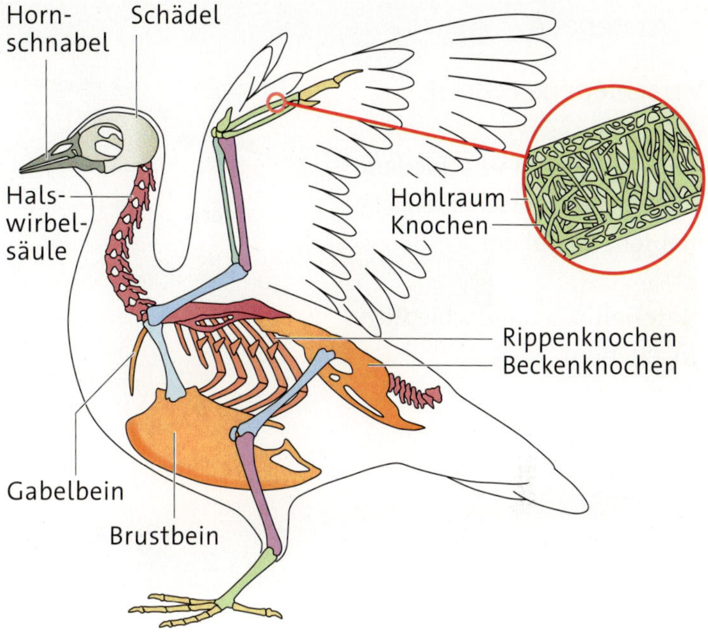

3 Das Skelett eines Vogels

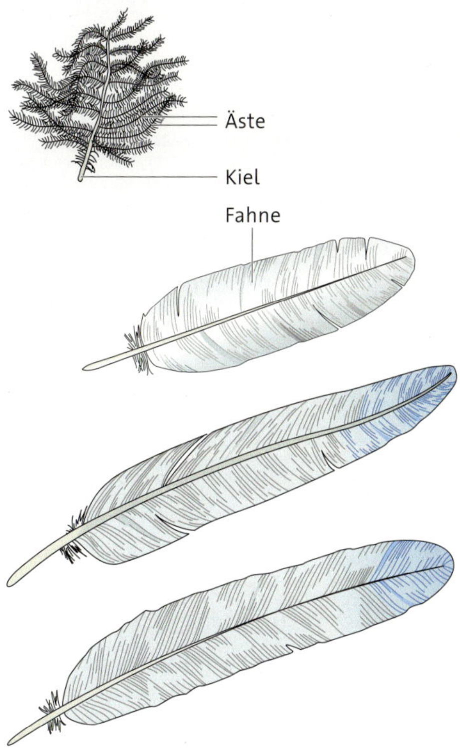

Daunenfedern bedecken den ganzen Vogelkörper. Sie bestehen aus dem Kiel und langen fadenfömigen Ästen. Sie schließen Luft ein und halten so den Vogel warm.

Deckfedern befinden sich außen über den Daunenfedern. Die Äste bilden eine flache und geschlossene Fahne. Die Federn liegen wie Dachziegel übereinander.

Schwungfedern wachsen am Flügel. Sie besitzen ebenfalls eine geschlossene Fahne. Die Fahne ist in einen schmalen und in einen breiten Teil unterteilt.

Steuerfedern befinden sich am Schwanz des Vogels. Ihre geschlossene Fahne ist in zwei gleich große Teile unterteilt.

4 Die Vogelfedern

Vögel – zum Fliegen gebaut

Material A

Verschiedene Federn

Ein Vogel besitzt verschiedene Federn. Sie unterscheiden sich in ihrem Aussehen.

Materialliste: unterschiedliche Vogelfedern

1 ○ Ordne die Federn den Federtypen zu. → 1

2 ◑ Beschreibe die Kennzeichen der Federn.

3 ◑ Deckfedern, Schwungfedern und Steuerfedern besitzen eine geschlossene Fahne. Die Äste der Fahne lassen sich auseinanderreißen und wieder zusammenfügen. Erkläre mithilfe der Bilder, was beim Auseinanderreißen und beim Zusammenfügen geschieht. → 2 3

1 Federtypen

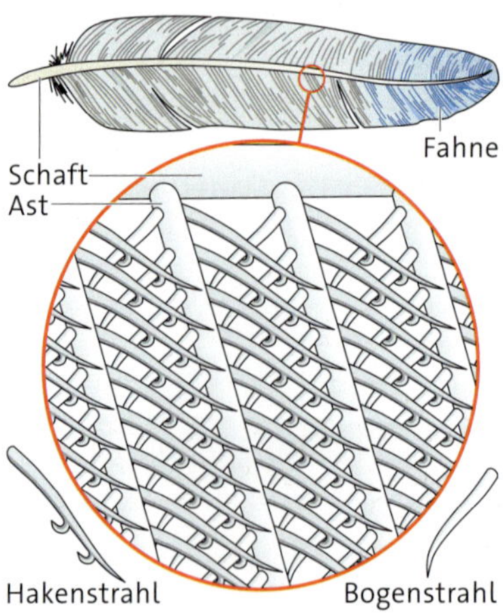

2 Zusammengefügt

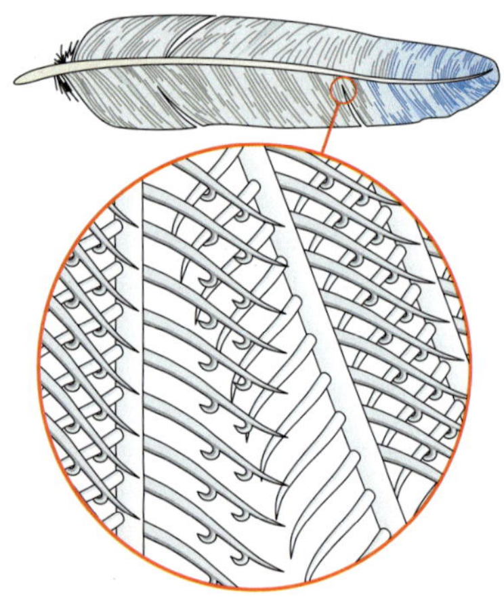

3 Auseinandergerissen

Material B

	Länge	Gewicht
Amsel	26 cm	110 g
Eichhörnchen	27 cm	480 g
Buntspecht	23 cm	95 g
Mauswiesel	22 cm	130 g
Seeadler	105 cm	6 700 g
Biber	100 cm	30 000 g

4 Körperlänge und -gewicht

Auf die Waage, bitte!

Vergleicht man das Körpergewicht bei Vögeln und gleich großen Säugetieren, so zeigen sich erhebliche Unterschiede.

1 ○ Vergleiche das Gewicht der gleich großen Tiere in der Tabelle. → 4 Benenne den Unterschied zwischen Säugetieren und Vögeln.

2 ◑ Erkläre, wie dieser Unterschied zustande kommt.

3 ◑ Erkläre die Bedeutung des Unterschieds für die Vögel.

Material C

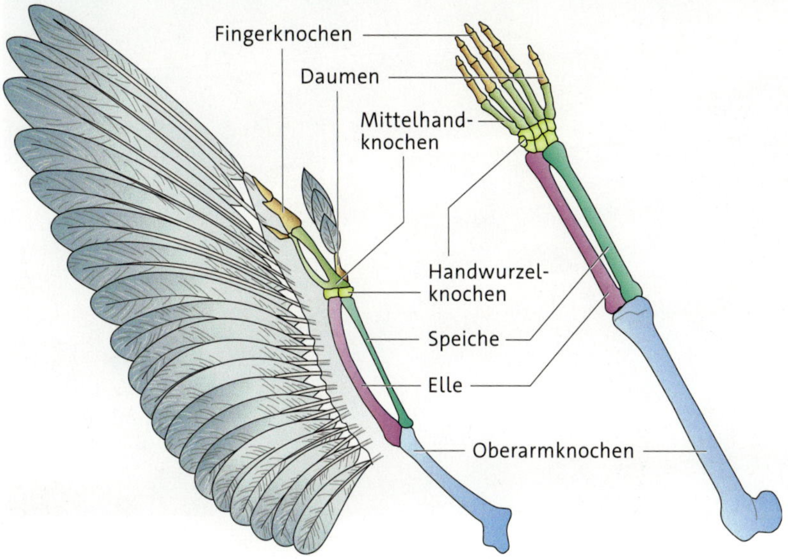

5 Armskelette: Vogel, Mensch

Knochenbau vergleichen

1 ○ Beschreibe den Knochenbau beim Armskelett von Vogel und Mensch. → 5

2 ◐ Vergleiche die Knochen miteinander. → 6

	Vogel	**Mensch**
Oberarmknochen	gebogen, nicht länger als Elle, Speiche	gerade, länger als Elle, Speiche
...	...	...

6 Beispieltabelle

Material D

Halten Federn warm?

Materialliste: Daunenfedern, Deckfedern, 2 Bechergläser (250 mL), 2 große Reagenzgläser, 2 Thermometer, Wasser (40 °C)

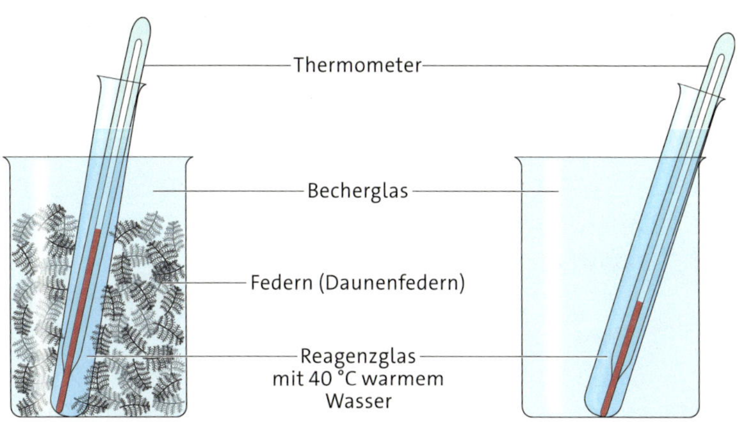

7

1 Fülle ein Becherglas mit Daunenfedern. Drücke die Federn leicht an. → 7 Fülle beide Reagenzgläser bis knapp unter den Rand mit warmem Wasser. Stelle ein Reagenzglas in die Daunenfedern, das andere in das leere Becherglas.

a ○ Miss die Wassertemperaturen 10 Minuten lang jede Minute. Notiere die Messwerte.

b ◐ Stelle die Messwerte in einem Diagramm dar.

c ◐ Halten die Daunenfedern warm? Beantworte die Frage mithilfe des Diagramms.

2 Wiederhole den Versuch mit Deckfedern.
◐ Vergleiche mit den Messwerten bei Daunenfedern. Erkläre den Unterschied.

Wie Vögel fliegen

1 Der Mäusebussard

In Gebieten mit vielen Wiesen und Äckern kannst du den Mäusebussard beobachten. Er kreist lange in der Luft. Schließlich lässt er sich auf seinen Ansitz sinken. Von dort lauert er seiner Beute auf.
Wie kann der Mäusebussard so lange in der Luft bleiben, ohne mit seinen Flügeln zu schlagen?

Gleitflug • Beim Anflug auf den Ansitz lässt der Mäusebussard seine Flügel weit ausgebreitet. Er gleitet ganz langsam nach unten. Diese Flugform heißt Gleitflug.
Warum kann der Vogel kilometerweit gleiten? Ein Grund dafür liegt in den Flügeln: Sie sind gewölbt. → 2 3 Wenn Luft an den Flügeln vorbei-

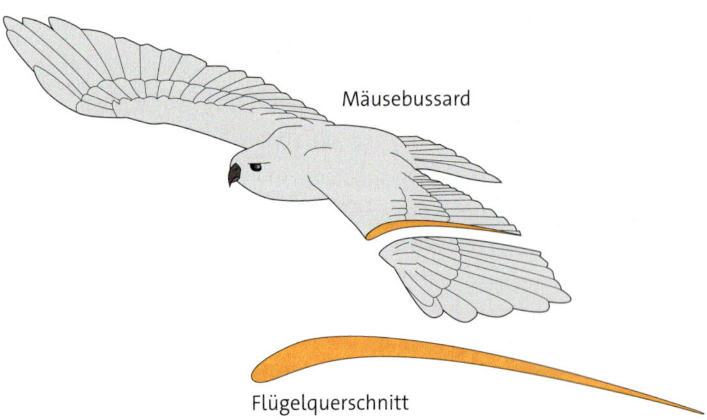

2 Der Flügel ist gewölbt.

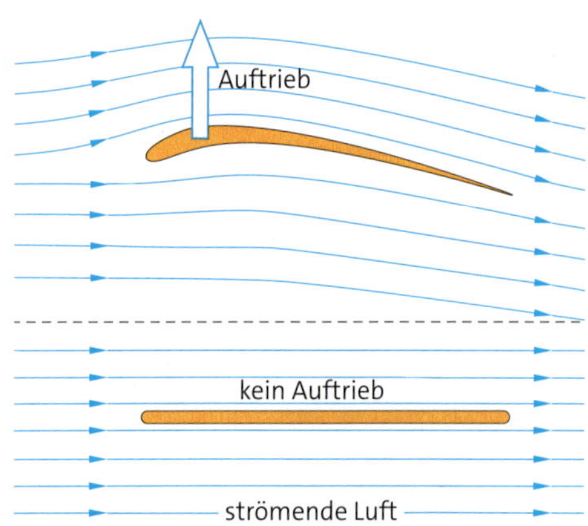

3 Auftrieb am gewölbten Flügel

der Gleitflug
der Auftrieb
der Segelflug
der Ruderflug

streicht, werden sie ein wenig angehoben – und damit auch der Vogel. Dieser Auftrieb sorgt dafür, dass der Vogel nur langsam zu Boden sinkt.

Segelflug • Der Mäusebussard kann in große Höhen aufsteigen, ohne dass er mit den Flügeln schlägt. Dabei nutzt er Aufwinde aus. Diese Flugform heißt Segelflug.

Ruderflug • Wenn der Mäusebussard von seinem Ansitz startet, schlägt er kräftig mit den Flügeln. Dieser Ruderflug wird von den Schwungfedern unterstützt:

- Beim Abwärtsschlag werden die Schwungfedern mit ihrer breiten Fahne von der Luft gegen die Nachbarfedern gedrückt. → 4 So bilden alle Federn eine luftundurchlässige Fläche. Der Vogel stößt sich von der Luft ab und gelangt nach oben.
- Beim Aufwärtsschlag drückt die Luft auf die Oberseite der Flügel, sodass die Federn kippen. → 5 Dadurch kann die Luft zwischen den Federn hindurchfließen und der Vogel verliert kaum an Höhe.
- Anschließend beginnt die Bewegungsabfolge von vorn.

Der Ruderflug erfordert viel mehr Energie als Gleit- und Segelflug.

Beim Gleitflug nutzen Vögel den Auftrieb an den gewölbten Flügeln. Beim Segelflug nutzen sie Aufwinde. Beim Ruderflug schlagen die Vögel mit den Flügeln, um in der Luft zu bleiben.

4 Ruderflug: Abwärtsschlag von oben nach unten

5 Ruderflug: Aufwärtsschlag von unten nach oben

Aufgaben

1 ○ Nenne die drei Flugformen, die der Mäusebussard beherrscht.

2 ○ Gib an, welche der drei Flugformen am meisten Energie braucht.

3 ◐ Beschreibe eine der drei Flugformen genau.

4 ● An einem Sommertag bleibt ein Raubvogel lange in der Luft, ohne mit den Flügeln zu schlagen. Erkläre diese Beobachtung.

Wie Vögel fliegen

Methode

Modelle helfen verstehen

Bussarde können lange Zeit ohne Flügelschlag durch die Luft gleiten. Liegt das auch an ihrer Flügelform? Fliegende Vögel lassen sich nur schlecht untersuchen, um diese Frage zu beantworten. An einem Modell des Flügels lassen sich dagegen Untersuchungen durchführen. → 1

Auch andere Fragen kannst du mit Modellen untersuchen. Zwischen Modell und Wirklichkeit gibt es aber stets Unterschiede:

- Modelle sind oft kleiner oder größer als die eigentlichen Gegenstände.
- Modelle sind in der Regel aus anderen Materialien hergestellt als die eigentlichen Gegenstände. So besteht unser Flügelmodell aus Papier – der Vogelflügel besteht aus Federn, Muskeln, Haut und Knochen.
- Modelle untersuchen oft nur eine einzelne Eigenschaft des eigentlichen Gegenstands. Unser Flügelmodell konzentriert sich auf die gewölbte Form des Flügels. Diese Beschränkung macht das Modell anschaulich.

1 Ein gewölbtes Blatt Papier als Flügelmodell

Gehe bei Untersuchungen mithilfe von Modellen in vier Schritten vor:

1. Frage stellen Formuliere eine klare Frage für die Untersuchung.

2. Modell herstellen Plane und baue das Modell.

3. Modell nutzen Führe die Untersuchung durch. Beschreibe deine Beobachtungen. Beantworte die Untersuchungsfrage.

4. Modell und Wirklichkeit vergleichen Beschreibe, wie sich das Modell von der Wirklichkeit unterscheidet. Welche Eigenschaften hast du untersucht, welche nicht?

Aufgabe

1 ◐ Was geschieht, wenn Wind über den Flügel eines Bussards strömt? Untersuche diese Frage mit dem Flügelmodell. → 1

a Stelle das Modell her.
Tipps: Spanne das Blatt Papier so in das Buch ein, dass das Blatt etwa zur Hälfte heraushängt. Beschwere das freie Ende des Blatts mit einer Büroklammer.

b Nutze das Modell.

c Vergleiche Modell und Wirklichkeit.

Material A

Aufwind im Modell

Materialliste: Glasrohr (etwa 5 cm Durchmesser), Kerze, Daunenfeder, Stativmaterial

1 ◐ Untersuche den Aufwind im Modell (siehe Methode). Führe den Versuch wie in Bild 2 durch. Beschreibe deine Vorgehensweise. **Achtung** • Brandgefahr.

2 ▢ Beschreibe die Vorteile des Aufwinds für den Mäusebussard.

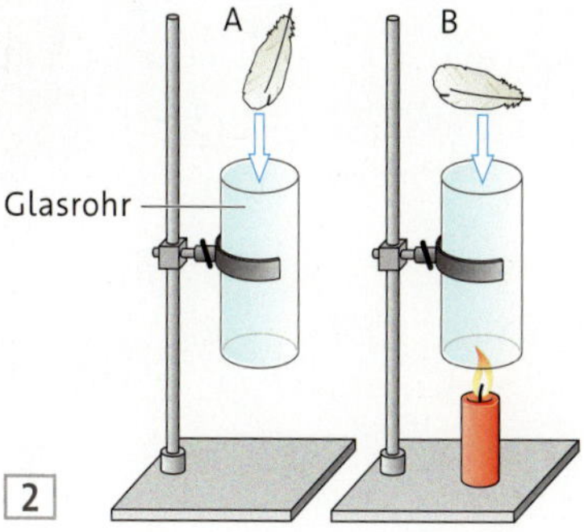

2

Material B

Federleicht

Materialliste: Steuerfeder, Schreibpapier („80 g/m²"), Schere, Feinwaage

1 Zeichne den Umriss der Steuerfeder auf das Blatt Papier. Schneide ihn aus.
a ▢ Wiege erst das ausgeschnittene Papier und dann die Feder auf der Feinwaage. Notiere deine Messwerte.
b ▢ Sammelt die Messwerte der ganzen Klasse und vergleicht sie an der Tafel.

2 ◐ Beschreibe den Vorteil, der sich für Vögel aus dem geringen Gewicht ihrer Federn ergibt.

Material C

Reißfest

Materialliste: Steuerfeder, Blatt Papier (DIN A4), Schere

1 Schneide aus dem Papier einen 4 cm breiten Streifen. Knicke den Papierstreifen und die Steuerfeder in der Mitte einmal hin und her. Versuche beide danach mit leichtem Zug auseinanderzureißen.
a ▢ Notiere die Anzahl der Knicke bis zum Reißen.
b ▢ Sammelt die Messwerte der ganzen Klasse und vergleicht sie.

2 ◐ Beschreibe den Vorteil, der sich für Vögel aus der Haltbarkeit der Federn ergibt.

Material D

Luftdurchlässig?

Materialliste: Kerze, Vogelfeder mit Fahne, Trinkhalm

1 Puste die Kerzenflamme mit dem Trinkhalm aus. Versuche es auch mit einer Vogelfeder vor der Flamme. → 3
◐ Beschreibe und erkläre deine Beobachtungen.

2 ◐ Beschreibe die Vorteile, die sich für Vögel aus den beobachteten Eigenschaften der Feder ergeben.

3

Zugvögel – Weltenbummler der Lüfte

1 Der Weißstorch

Der Weißstorch fliegt im Herbst von Europa bis in den Süden Afrikas. Im Frühjahr fliegt er wieder zurück. Wieso nimmt der Weißstorch die Anstrengungen der langen Reise auf sich?

Zugvögel und Standvögel • Der Weißstorch ernährt sich von Fröschen, Mäusen, Insekten und Würmern. Diese Nahrung steht im Winter in Europa nicht zur Verfügung. Deshalb nimmt der Weißstorch die lange Reise in den Süden auf sich. Dabei verbraucht er viel Energie. Im Winterquartier versammeln sich sehr viele Störche. Die Nahrung reicht für sie aus, aber nicht für die Aufzucht von Jungtieren. Zugvögel gehen in jedem Frühjahr und Herbst auf die Reise. → 2 3 Sperlinge, Meisen und viele andere Vögel bleiben dagegen das ganze Jahr in ihrem Brutgebiet. Sie sind Standvögel.

2 Der Kuckuck – ein Zugvogel

3 Die Rauchschwalbe – ein Zugvogel

der Zugvogel
der Standvogel

Eine anstrengende Reise • Auf der ganzen Welt gehen rund 50 Milliarden Zugvögel auf die Reise. Zum Vergleich: Auf der Erde leben rund 7,2 Milliarden Menschen.
Manche Zugvögel werden von Forschern beringt oder bekommen kleine Sender. Dadurch hat man verschiedene Flugrouten entdeckt. → 4
Vielleicht hast du schon einmal gesehen, wie Enten in einer Reihe hintereinander fliegen. Sie nutzen den Windschatten der vorausfliegenden Vögel. Das spart Energie.
Der Weißstorch und andere große Zugvögel lassen sich von Aufwinden in große Höhen tragen. Dann gleiten sie ohne einen einzigen Flügelschlag über weite Strecken ohne Anstrengung.
Der Kuckuck und viele andere kleine Zugvögel können die Aufwinde nicht nutzen. → 2 Sie fliegen im Schutz der Dunkelheit.

Erstaunliche Leistungen • Der Weißstorch schafft in nur 40 Tagen den Flug in sein Winterquartier. Bis dort sind es rund 12 000 Kilometer. Küstenseeschwalben legen sogar 40 000 Kilometer in einem Jahr zurück!
Streifengänse überqueren das Himalaja-Gebirge in über 9000 Metern Höhe und bei −50 °C. So hoch fliegen sonst nur Verkehrsflugzeuge.
Mauersegler fliegen nonstop mit einem Tempo von bis zu 160 Kilometern pro Stunde. Sie schlafen dabei sogar im Flug. Rauchschwalben fliegen mit einer Geschwindigkeit von fast 70 Kilometern pro Stunde. → 3

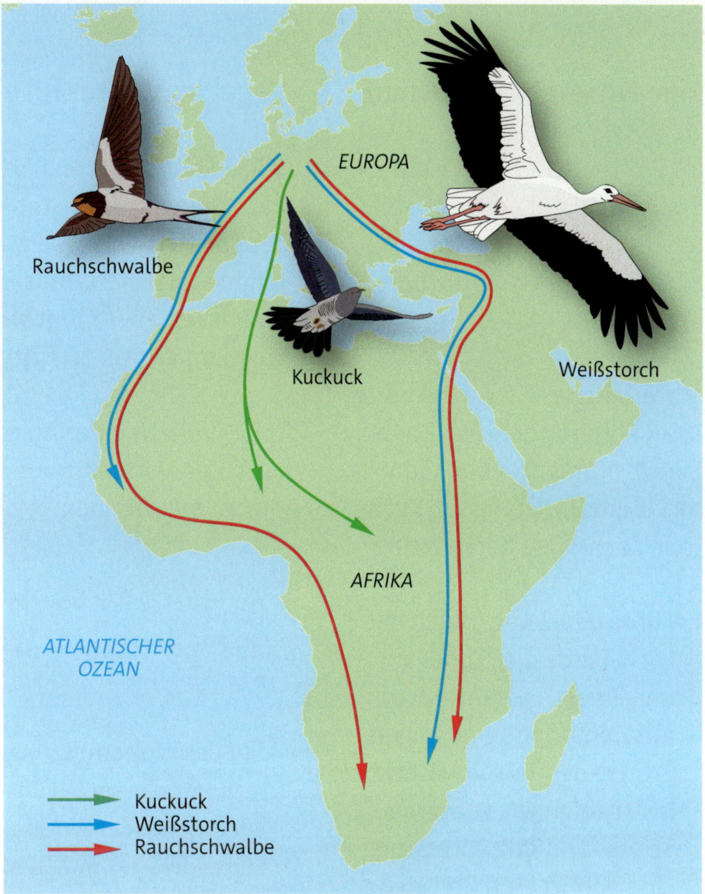

4 Flugrouten einiger Zugvögel

Zugvögel verlassen ihr Brutgebiet vor dem Winter und ziehen in den Süden. Standvögel bleiben das ganze Jahr über in ihrem Brutgebiet.

Aufgaben

1 ○ Beschreibe, wie die Zugvögel ihre anstrengende Reise überstehen.

2 ◐ Vergleiche die Flugrouten von Weißstorch, Kuckuck und Rauchschwalbe. → 4

Zugvögel – Weltenbummler der Lüfte

Material A

Eine Futterglocke basteln

Im Winter lassen sich viele Standvögel gut an Futterstellen im Garten beobachten. Eine Futterglocke kannst du leicht selbst basteln. → 1

Materialliste: 150 g Rindertalg, 150 g Körnermischung, Kordel, Zweig, Blumentopf aus Ton mit 10 cm Durchmesser, Kochtopf, Kochlöffel, Kochplatte

1 Führe den Zweig durch das Loch. Binde die Kordel an den Zweig. Lass ihn 10 cm aus dem Topf herausragen. Erhitze den Talg vorsichtig, bis er schmilzt. Vermische Körner und Talg sorgfältig. Lass den weißen Brei etwas abkühlen. Fülle ihn dann in den Blumentopf. Warte, bis alles fest ist – fertig!

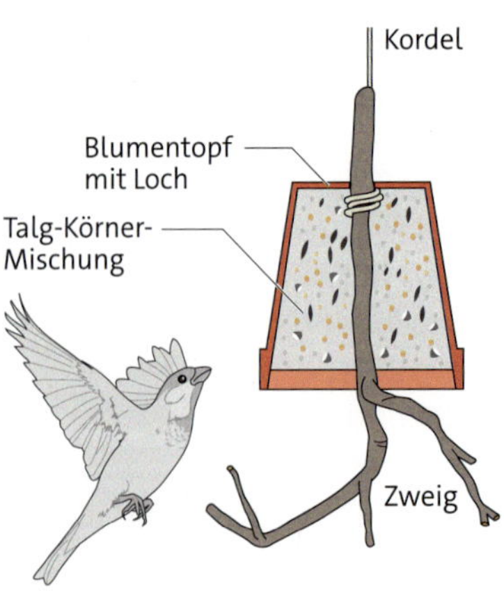

1 Die Futterglocke

Material B

Vögel im Winter füttern?

Vögel kannst du am Futterhäuschen aus nächster Nähe beobachten. Das ist ein schönes Naturerlebnis.
Aber ist es überhaupt sinnvoll, Vögel im Winter zu füttern?

1 ▢ Finde zu jeder Aussage Schlagworte, die den Inhalt kurz beschreiben. → 2

2 ▢ Ordne die Schlagworte zur Winterfütterung nach Zustimmung und Ablehnung in einer Tabelle an.

3 ◐ Diskutiere mit einem Partner, ob man Vögel im Winter füttern sollte.

4 ◐ Schreibe deine eigene Meinung zur Winterfütterung auf.

An Futterstellen besteht die Gefahr, dass sich die Vögel mit Krankheiten anstecken.

Mit der Winterfütterung hilft man nur den oft bei uns vorkommenden Vögeln. Die anderen kommen nicht zu den Futterstellen.

Vögel sind recht unempfindlich gegen Ansteckung mit Krankheitserregern.

Man hat beobachtet, dass die Vögel, die eine Futterstelle besuchen, auch noch an anderen Stellen nach Nahrung suchen.

Durch die Fütterung werden die Vögel abhängig von den Menschen.

Der Mensch hat den Lebensraum vieler Vögel zerstört. Durch das Füttern im Winter kann er das zumindest teilweise wieder ausgleichen.

Gartenbesitzer können durch das Anpflanzen heimischer Pflanzen viel für den Vogelschutz tun.

Im Frühjahr werden die Jungvögel mit dem falschen Futter gefüttert und sterben.

Gefährdete Vogelarten, die nur in kleiner Anzahl bei uns leben, werden durch Fütterung unterstützt.

Vögel suchen das richtige Futter für die Aufzucht der Jungtiere.

2 Aussagen zur Winterfütterung von Vögeln

Methode

Suchen und Finden im Internet

Heute informieren wir uns ganz selbstverständlich im Internet. Wenn man etwas wissen will, fragt man das World Wide Web. Doch wie findet man das Richtige in der fast unendlichen Informationsfülle?
So kannst du erfolgreich suchen:

1. Frage stellen Notiere eine klare Frage oder ein Thema für deine Suche.
Beispiel: Wohin ziehen die Weißstörche im Winter?

2. Suchmaschine auswählen Suchmaschinen helfen dir beim Finden von Informationen. Benutze am besten eine Suchmaschine für Kinder und Jugendliche. Sie liefert meist eine überschaubare Anzahl von „Treffern“ mit leicht verständlichen Informationen. → 3

3. Suchworte eingeben Gib einen oder zwei Begriffe zu deiner Frage in eine Suchmaschine für Kinder und Jugendliche ein.
Beispiel: Weißstorch, Zugvogel

4. Treffer bewerten Überprüfe, ob du die gefundenen Informationen verstehst und ob sie die Frage beantworten.
Speichere geeignete Internetseiten bei deinen Favoriten oder Lesezeichen, damit du sie immer wieder schnell aufrufen kannst.

5. Frage beantworten Formuliere eine Antwort auf die Frage.
Beispiel: Weißstörche ziehen im Winter bis nach Südafrika.

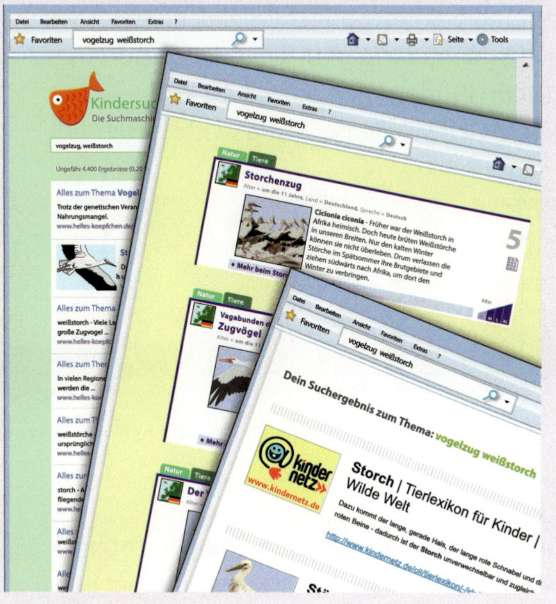

3 Trefferlisten verschiedener Suchmaschinen für Kinder und Jugendliche

6. Präsentieren Benutze die gefundenen Informationen und erstelle ein Lernplakat oder einen Spickzettel für einen Vortrag. Vergiss nicht, deine Quellen anzugeben.
Beispiel: Lernplakat „Weißstörche – einmal nach Südafrika und zurück“

Aufgabe

1 Der Kuckuck ist ein Zugvogel.
a ◐ Finde Informationen zur Überwinterung des Kuckucks im Internet. Beschreibe deine Vorgehensweise.
b ● Erstelle mit deinen Informationen ein Lernplakat.

Energie clever nutzen! (2)

Zusammenfassung

Tiere im Winter • Vögel und Säugetiere gehören zu den gleichwarmen Tieren. Ihre Körpertemperatur bleibt immer ungefähr gleich. → 1 Nur bei den Winterschläfern sinkt die Körpertemperatur im Winterschlaf auf 2 bis 5 °C ab. → 2 Viele gleichwarme Tiere sind winteraktiv.

Alle anderen Tiere sind wechselwarm. Ihre Temperatur ändert sich mit der Umgebungstemperatur. → 3 Viele wechselwarme Tiere fallen bei tiefen Temperaturen in Winterstarre.
Im Winter verringern viele Tiere ihre Körperfunktionen. Einige werden bewegungslos (Torpor).

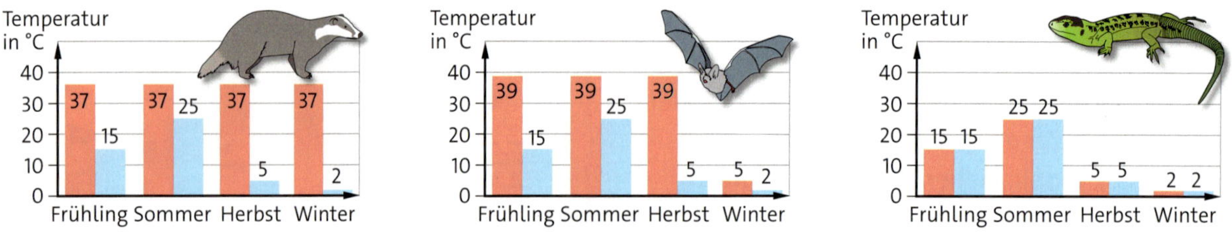

1 – 3 Dachs, Fledermaus, Zauneidechse: Körpertemperatur (rot) und Außentemperatur (blau)

Körperbau von Vögeln • Vögel sind leichter als gleich große Säugetiere. Der Vogelkörper ist besonders leicht gebaut. → 4 Der starre Knochenbau unterstützt beim Fliegen eine energiesparende Stromlinienform.

Federn und Vogelflug • Die Federn halten den Vogel warm und schützen ihn. Sie ermöglichen den Vogelflug:

- Beim Gleitflug nutzen Vögel den Auftrieb an ihren gewölbten Flügeln.
- Beim Segelflug nutzen sie Aufwinde.
- Beim Ruderflug schlagen die Vögel mit den Flügeln, um in der Luft zu bleiben. → 5

Zugvögel und Standvögel • Zugvögel verlassen ihr Brutgebiet vor dem Winter und ziehen in den Süden. Beispiele: Weißstorch, Kuckuck
Standvögel bleiben das ganze Jahr über in ihrem Brutgebiet. Beispiele: Sperling, Kohlmeise

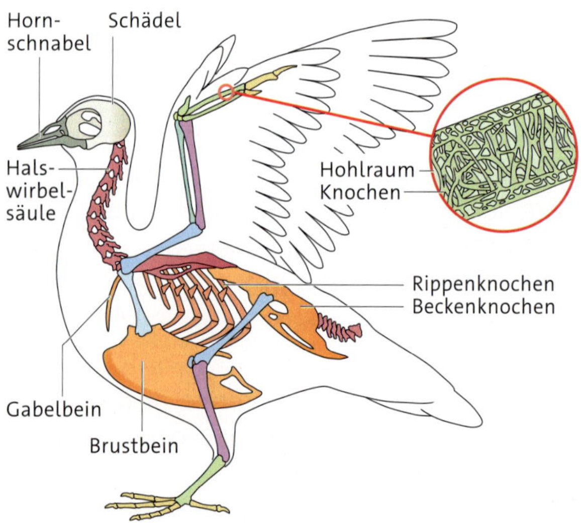

4 Skelett eines Vogels

5 Ruderflug: Abwärtsschlag und Aufwärtsschlag

Strahlung • Jeder Gegenstand sendet Energie durch Strahlung aus – je heißer er wird, desto mehr. Wenn Strahlung auf einen Gegenstand trifft, kann sie ihn erwärmen: Strahlungsenergie wird in thermische Energie umgewandelt. → 6

Wärmeströmung • Thermische Energie kann von strömenden Stoffen mitgeführt werden. → 7

Wärmeleitung • Thermische Energie kann sich in einem Gegenstand ganz von alleine ausbreiten. Sie breitet sich immer vom heißen zum kalten Ende des Gegenstands aus. → 8
Metalle sind gute Wärmeleiter. Wasser, Glas, Beton und Stein sind keine guten Wärmeleiter. Luft, Holz, Kunststoffe und Gase sind sehr schlechte Wärmeleiter.

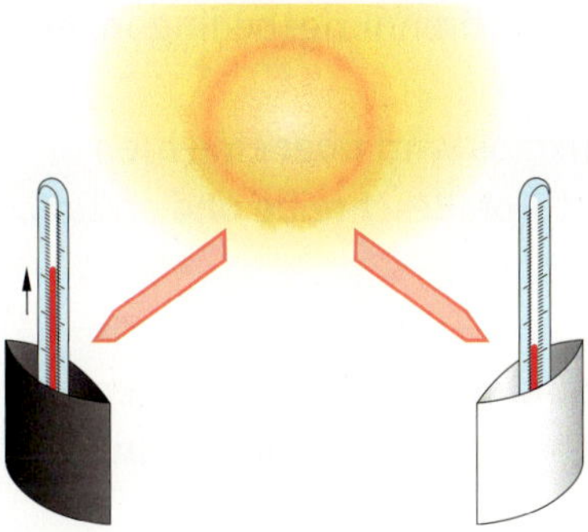

6 Strahlung

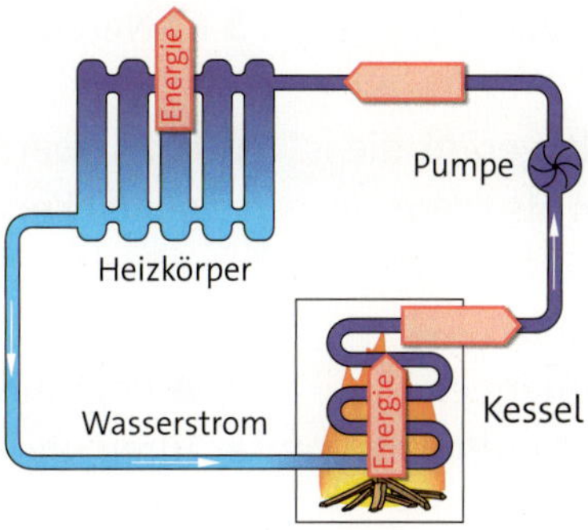

7 Wärmeströmung

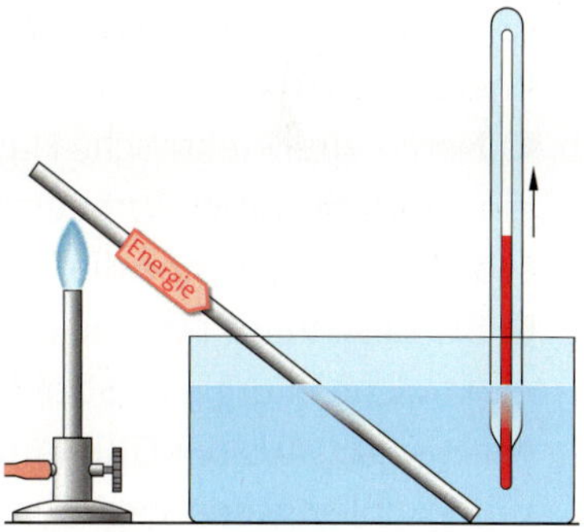

8 Wärmeleitung

Energie sparen • Unser Energiebedarf lässt die Vorräte der Erde an Erdgas, Kohle und Erdöl schwinden. Jede Verbrennung belastet die Umwelt. Deshalb sollten wir Energie sparen. Dafür gibt es im Alltag viele Möglichkeiten: → 9

- Lampen mit geringem Energiebedarf einsetzen
- Unbenutzte elektrische Geräte ausschalten
- Im Winter nur Stoßlüftung
- Raumtemperatur im Winter nicht zu hoch einstellen
- Thermoskanne statt Warmhalteplatte
- Keine unnötigen Fahrten mit dem Auto
- Häuser mit Wärmedämmung versehen

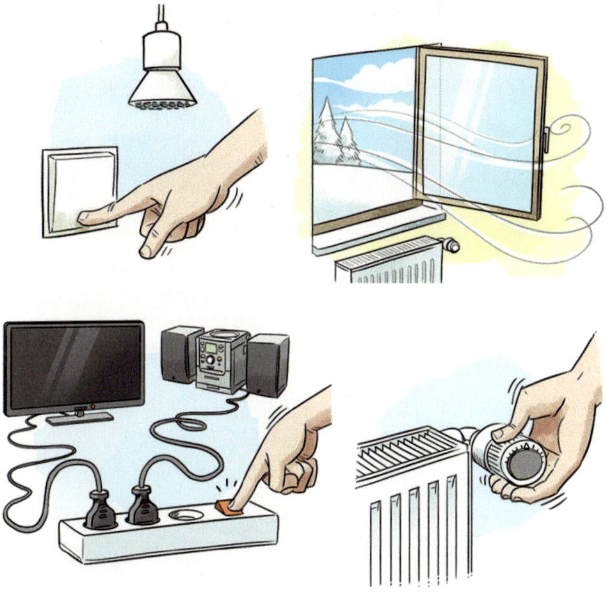

9 Energiesparen im Alltag

Teste dich! (Lösungen auf Seite 358)

Energie in vielen Formen

1 ○ Gib jeweils an, in welcher Form die Energie vorliegt: Brot, heißer Tee, Sonnenlicht, fahrendes Auto.

2 Nach dem Frühstück schreibt Niels diese „Energiekette“ in ein Arbeitsblatt:
elektrische Energie → thermische Energie.
a ○ Nenne drei Haushaltsgeräte, zu denen die Energiekette passt.
b ◐ Nenne drei elektrische Haushaltsgeräte, die eine andere Energieform erzeugen als thermische Energie. Zeichne die Energieketten.
c ● Britta schreibt für eine Glühlampe:
elektrische Energie → Strahlungsenergie.
Niels sagt: „Aus der Glühlampe kommt nicht nur Strahlungsenergie.“ Bewerte seine Aussage und vervollständige die Energiekette.

3 ◐ „Meine Muskeln arbeiten mit Sonnenenergie.“ Erkläre diesen Satz.

1 – 4 Biber, Erdkröte, Amsel, Igel

4 „Die Sonne ist unsere wichtigste Energiequelle.“
a ◐ Erkläre diese Aussage.
b ◐ Die Energie von der Sonne lässt sich in Bewegungsenergie umwandeln. Zeichne eine Energieumwandlung mit einer Solarzelle.

Feuer

5 ○ Nenne die drei Verbrennungsbedingungen.

6 ◐ Ein leeres Trinkglas wird über eine brennende Kerze gestülpt. Beschreibe und erkläre, was danach geschieht.

7 ● Begründe die Brandschutzmaßnahmen:
a Türen und Fenster von brennenden Räumen schließen!
b Das Rauchen und der Gebrauch von offenem Feuer sind in Garagen, in Autowerkstätten und an Tankstellen streng verboten.
c Benutze niemals Spiritus als Grillanzünder!
d Im Nawi-Raum soll außer einem Feuerlöscher auch ein Kasten mit Sand und eine Löschdecke bereitstehen.

Tiere im Winter

8 ○ Ordne die Begriffe winteraktiv, Winterschlaf, Winterruhe und Winterstarre den abgebildeten Tieren zu. → 1 – 4

9 Grasfrösche
a ○ Beschreibe, wie die Tiere überwintern.
b ○ Was passiert mit ihnen, wenn die Temperatur weit unter den Gefrierpunkt sinkt?
c ◐ In nördlichen Polargebieten leben zwar Eisbären, aber keine Frösche. Erkläre.

10 ◐ Bei strenger Kälte plustern sich Amseln auf. Erkläre diese Beobachtung.

11 ◐ „Der Vogelzug des Weißstorchs hängt mit dem Nahrungsangebot zusammen." Erkläre diesen Zusammenhang.

Vögel – angepasst an das Leben in der Luft

12 ○ Nenne die Angepasstheiten, die den Vögeln das Fliegen ermöglichen.

13 Vogelflug
- a ○ Nenne die drei Flugformen des Bussards.
- b ◐ Vergleiche zwei dieser Flugformen.
- c ◐ Welche Flugform verbraucht am wenigsten Energie, welche am meisten? Begründe deine Antwort.

Wärmeleitung, Wärmeströmung und Strahlung

14 ◐ Eine zusammengedrückte Winterjacke wird bauschig, wenn man sie wieder loslässt. Erkläre, welchen Vorteil das hat.

15 ◐ Viele Bettdecken sind mit Daunenfedern gefüllt. Erkläre den Nutzen.

16 Wärmeleitung und Wärmedämmung
- a ○ Wasser, Luft, Glaswolle, Eisen, Ziegelstein: Ordne die Stoffe – fange mit dem besten Wärmeleiter an.
- b ○ Gib die Dämmstoffe für den Hausbau an: Styropor, Naturstein, Glaswolle, Beton.
- c ◐ Eine dünne Styroporwand ist zur Wärmedämmung besser geeignet als eine dicke Mauer aus Beton. Erkläre den Unterschied.

17 ○ Wärmeleitung, Wärmeströmung oder Strahlung? Ergänze die richtigen Begriffe:
- a Auf der Herdplatte wird Wärme durch ... auf den Topf übertragen.
- b Die Sonne erwärmt die Erde durch ...
- c Die thermische Energie aus dem Heizkessel gelangt durch ... zum Heizkörper. → 5

18 ◐ Wie funktioniert die Heizungsanlage? → 5
Schreibe die Sätze in richtiger Reihenfolge auf (der erste Satz steht schon richtig):
- Im Brenner verbrennt Öl.
- Die Pumpe pumpt heißes Wasser zum Heizkörper.
- Das Wasser kühlt im Heizkörper ab und strömt zurück zum Kessel.
- Der Heizkörper gibt Wärme ans Zimmer ab.
- Das Wasser wird im Kessel erhitzt.

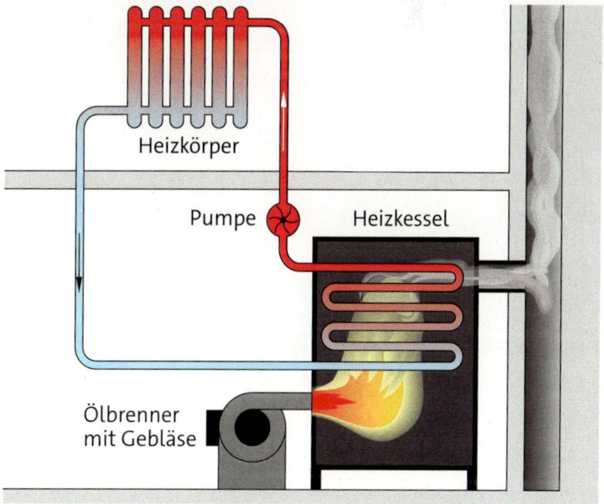

5 Heizungsanlage

Erwachsen werden

In der Pubertät fahren deine Gefühle Achterbahn und dein Körper verändert sich. Aus Jungen werden Männer und aus Mädchen werden Frauen. Was verändert sich genau?

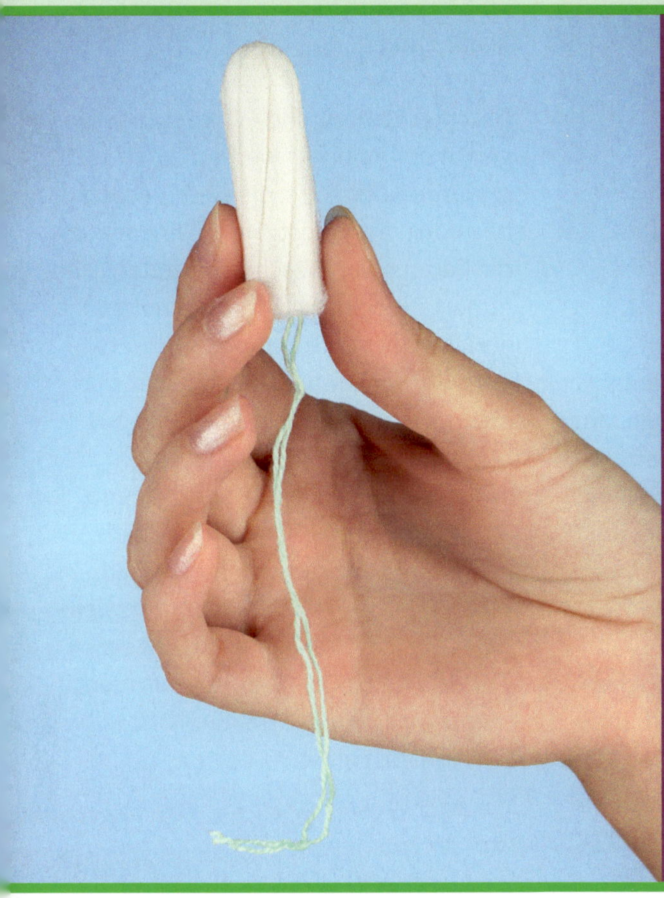

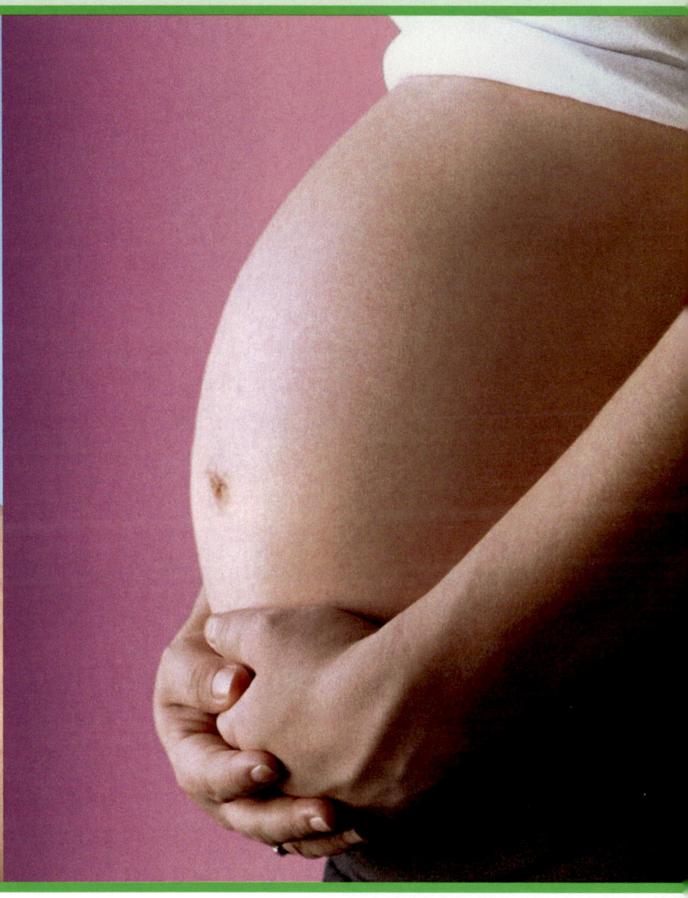

Veränderungen im Körper bringen auch neue Anforderungen mit sich. Die richtige Hygiene und Pflege sind deshalb besonders wichtig.

Wie kommt eine Schwangerschaft zustande? Und wie entwickelt sich in nur neun Monaten ein neuer Mensch?

Veränderungen in der Pubertät

1 Lisa und Max

Max wird 13 Jahre alt. Zu seinem Geburtstag möchte er wie in jedem Jahr eine Party feiern. Im vergangenen Jahr hatte er seine Klassenkameraden eingeladen und die Party war sehr schön. In den letzten Wochen hat er viel mit Lisa unternommen. Max findet sie nett. Sollte er sie zu seiner Party einladen?

Körperbau • Die Körper von Mädchen und Jungen sind in der Kindheit abgesehen vom Bau der Geschlechtsorgane kaum voneinander zu unterscheiden. Zwischen dem 9. und dem 14. Lebensjahr ändert sich das. Mädchen und Jungen reifen in dieser Zeit zu Erwachsenen. Sie sind nach dieser Zeit geschlechtsreif und können Kinder bekommen und zeugen. Dieser Zeitraum wird Pubertät genannt.

Verhalten • Auch das Verhalten ändert sich. Mädchen verbringen nun viel Zeit mit anderen Mädchen in einer Gruppe. Auch die Jungen fühlen sich in einer Jungengruppe am wohlsten. Man möchte gemeinsam herumalbern, mit anderen die gleichen Dinge tun und auch die gleiche Kleidung tragen. Im Verlauf der Pubertät wächst aber auch das Interesse am anderen Geschlecht und das Bedürfnis nach freundschaftlicher Zuneigung.

Geschlechtshormone • Die Veränderungen in der Pubertät werden durch bestimmte Wirkstoffe, die Geschlechtshormone, ausgelöst. Sie bewirken auch die Reifung von Geschlechtszellen. Die Pubertät beginnt bei Mädchen meist etwas früher als bei Jungen, dieser Entwicklungsunterschied gleicht sich aber nach einigen Jahren wieder aus.

Im Zeitraum zwischen dem 9. und dem 14. Lebensjahr werden Mädchen und Jungen geschlechtsreif. Während dieser Zeit verändern sich der Körper und das Verhalten des Menschen. Diese Zeit heißt Pubertät und wird durch Geschlechtshormone ausgelöst.

Aufgaben

1 ○ Beschreibe die Veränderungen in der Pubertät.

2 ◐ Nenne Veränderungen, die nicht sichtbar sind.

3 ◐ Gib Max einen Rat: Sollte er Lisa zu seiner Geburtstagsfeier einladen?

die Pubertät
die Geschlechtshormone

Material A

Körperliche Veränderungen während der Pubertät

Die Körper von Mädchen und Jungen verändern sich während der Pubertät.

1 Erstelle eine zweispaltige Tabelle. Liste für Mädchen und für Jungen die sichtbaren Veränderungen während der Pubertät auf.

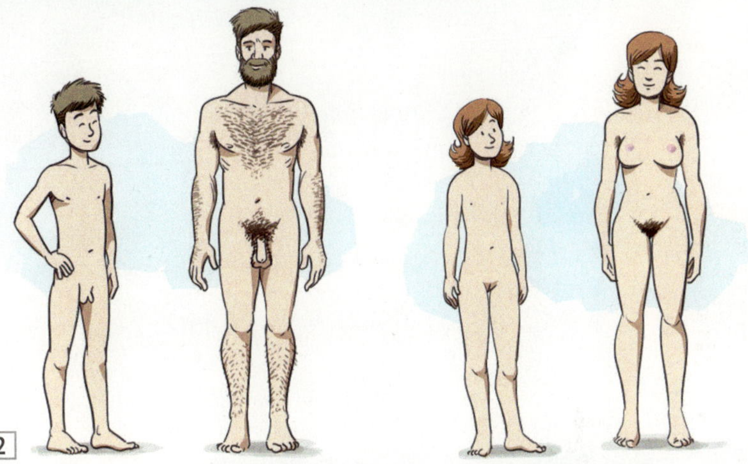

2

Material B

Wie man streitet

Zwischen Eltern und Kindern gibt es in der Pubertät häufig Meinungsverschiedenheiten. Manchmal entsteht so ein Streit.

3

1 Bildet Gruppen und berichtet, worüber häufig ein Streit zwischen Kindern und Eltern entsteht. Übt einen Streit als Rollenspiel ein. Führt die Rollenspiele in der Klasse vor.

2 Um einen Streit bei Meinungsverschiedenheiten zu vermeiden, sollte man folgende Regeln einhalten: Vorwürfe vermeiden, eigene Wünsche deutlich formulieren, die Wünsche des Gegenübers ernst nehmen, Kompromisslösungen suchen.
Verändert euer Rollenspiel entsprechend den Regeln. Führt das veränderte Rollenspiel in der Klasse vor.

Material C

Gespräch

1 Schreibt getrennt voneinander (Jungen und Mädchen) jeder für sich jeweils drei Aussagen zu folgenden Sätzen auf eine Schreibfolie:
„Was wir schon immer von euch wissen wollten ....“
„Was wir euch schon immer einmal sagen wollten ....“

2 Tauscht die Folien aus und kommentiert sie schriftlich – in nach Mädchen und Jungen getrennten Gruppen.

3 Besprecht die Ergebnisse gemeinsam in der Klasse.

Vom Jungen zum Mann

1 Wächst da schon der erste Bart?

Während der Pubertät setzt beim Jungen der Bartwuchs ein. Zunächst zeigt sich dabei ein dünner Haarflaum auf der Oberlippe. Welche körperlichen Veränderungen bringt die Pubertät beim Jungen mit sich?

Der männliche Körper entsteht • Zwischen dem 9. und dem 14. Lebensjahr wächst der Körper von Jungen in die Länge. Die Schultern verbreitern sich. Die Muskeln entwickeln sich kräftiger als bei Mädchen. Die Körperbehaarung nimmt zu. Oberhalb des Penis wachsen die Schamhaare. Später bilden sich Achselhaare und Barthaare. Auch die Brust und der Bauch sowie Arme und Beine können unterschiedlich stark behaart sein. Beim Stimmbruch verändert sich die Stimme von der hohen Kinderstimme zu der tiefen Männerstimme. Durch diese Veränderungen entstehen die sekundären Geschlechtsmerkmale.

Die Geschlechtsorgane • Diese Organe werden als primäre Geschlechtsmerkmale bezeichnet. Auch sie entwickeln sich während der Pubertät weiter. → 2 Penis und Hoden werden größer. In den Hoden reifen nun fortlaufend die männlichen Geschlechtszellen, die Spermienzellen. Viele Millionen von ihnen werden in den Nebenhoden gespeichert. Sind die Nebenhoden gefüllt, können die Spermienzellen zusammen mit etwas Flüssigkeit nach außen abgegeben werden. Die Flüssigkeit wird von der Vorsteherdrüse, der Prostata, und der Bläschendrüse gebildet. Spermienzellen und Flüssigkeit zusammen heißen Sperma. Die Flüssigkeit sorgt

die Geschlechtsorgane
die primären/sekundären Geschlechtsmerkmale

dafür, dass die Spermienzellen einige Tage lebensfähig bleiben. Muskeln drücken das Sperma durch den Spermienleiter und die Harn-Sperma-Röhre nach außen. Das Ausstoßen des Spermas wird als Samenerguss oder Spermaerguss bezeichnet. Mit dem ersten Spermaerguss sind Jungen geschlechtsreif.

Die Erektion • Mit der Pubertät wird der Penis häufiger steif. Dabei staut sich Blut in den Blutgefäßen der Schwellkörper. Der Penis wird dicker und länger. Er richtet sich auf. Dieser Vorgang wird Erektion genannt. Bei einer Erektion zieht sich die Vorhaut zurück, die sonst die berührungsempfindliche Eichel des Penis schützt. Die Berührung des Penis kann mit angenehmen Gefühlen verbunden sein, sodass es zu einem Spermaerguss kommt. Dieser ist oft mit einem Gefühlshöhepunkt, dem Orgasmus, verbunden.

Die primären Geschlechtsmerkmale des Mannes sind die Geschlechtsorgane. Zu den sekundären Geschlechtsmerkmalen gehören der Körperbau, der Bartwuchs und die tiefe Stimme. In der Pubertät werden Jungen geschlechtsreif.

Aufgaben

1 ○ Beschreibe die Veränderungen der primären und sekundären Geschlechtsmerkmale in der Pubertät.

2 ◐ Lege eine zweispaltige Tabelle an. Trage die gekennzeichneten Geschlechtsorgane sowie ihre Aufgaben ein. → 2

3 ● Beschreibe den Weg der Spermienzellen vom Hoden bis zum Austritt aus dem Penis.

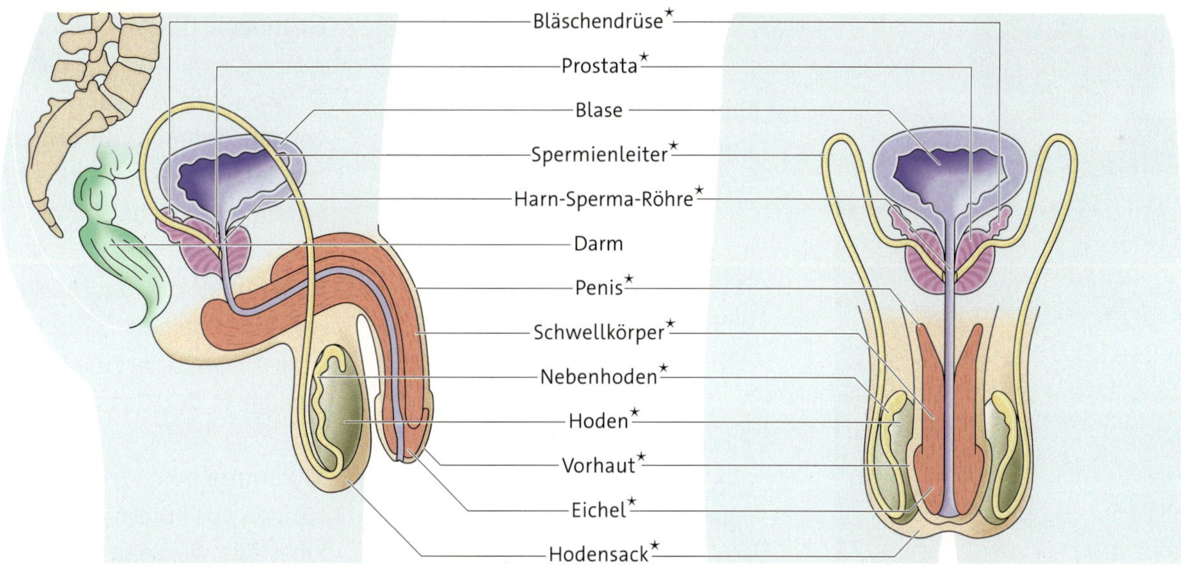

2 Die männlichen Geschlechtsorgane (mit Sternchen gekennzeichnet)

Vom Jungen zum Mann

Material A

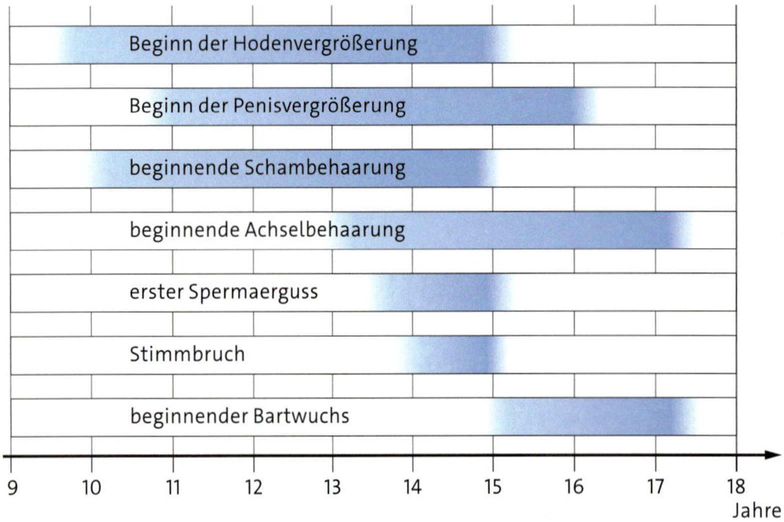

1 Körperliche Veränderungen bei Jungen

Pubertät bei Jungen

Während der Pubertät bilden sich bei Jungen die typischen körperlichen Merkmale eines Mannes aus.

1 Beschreibe anhand von Bild 1 die körperlichen Veränderungen bei Jungen während der Pubertät.

2 Erkläre die Bedeutung der Pubertät für das spätere Erwachsenenleben.

Material B

2 Jan

Ein Mitschüler äußert sich abfällig über Jans Aussehen.

Eine Freundin seiner jüngeren Schwester findet ihn süß.

Schüler aus einer Parallelklasse sagen dauernd „Hey, Kleiner" zu ihm.

Er findet eine Mitschülerin nett, aber sie sagt: „Jungs sind doof."

3 Typische Äußerungen

Verhalten in der Pubertät

1 Bildet eigenständig Gruppen.

2 Wie sollte Jan auf die verschiedenen Äußerungen reagieren? → 3 Einigt euch auf einen Ratschlag.

3 Sammelt die Ratschläge jeweils auf einem „Gruppenplakat". Diskutiert die Ratschläge in der Klasse.

4 Sammelt weitere Äußerungen aus eurem Alltag. Überlegt, wie man darauf reagieren sollte.

Material C

Intimhygiene

1 ○ Gib die Regeln zur Intimhygiene mit eigenen Worten wieder. → 4

2 ◐ Begründe die Regeln.

Intimhygiene bei Jungen

In der Pubertät wird vom Körper mehr Schweiß und Talg produziert. Es ist daher wichtig, sich täglich das Gesicht, die Achselhöhlen und die Geschlechtsorgane zu waschen. Jungen müssen besonders darauf achten, die Stelle zwischen Vorhaut und Eichel zu reinigen, damit sich keine Bakterien ansammeln und schmerzhafte Entzündungen hervorrufen können.

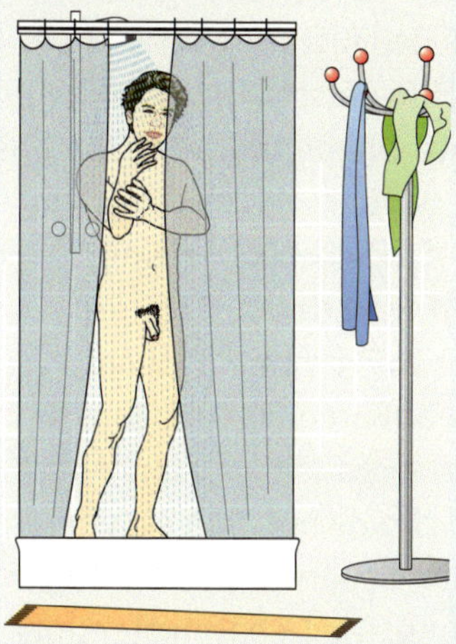

4

Material D

Stimmbruch

Wenn Jungen in die Pubertät kommen, durchläuft ihr Körper viele Veränderungen. Eine dieser Veränderungen ist der Stimmbruch. In dieser Zeit krächzen viele Jungen und ihre Stimmen überschlagen sich beim Reden. Das kann sehr peinlich sein. Doch ist dies ganz normal und geht wieder vorbei. Am Ende dieser Entwicklung haben Jungen eine tiefe Männerstimme. Was genau passiert beim Stimmbruch?

Materialliste: 2 verschieden lange Gummibänder

1 Spanne nacheinander die Gummibänder zwischen zwei Finger und zupfe sie wie eine Gitarrensaite. → 5

a ○ Beschreibe deine Beobachtung.

b ◐ Fasse die Informationen zum Stimmbruch in zwei Sätzen zusammen. → 6 7

c ◐ Erkläre, wie deine Beobachtungen beim Versuch und die Veränderungen beim Stimmbruch zusammenhängen.

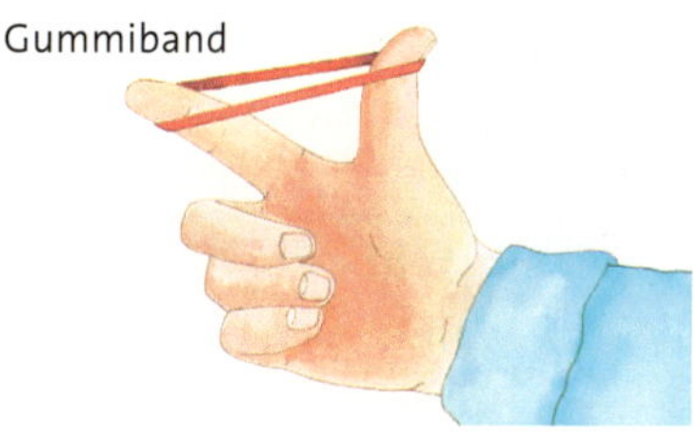

5 Versuch zum Stimmbruch

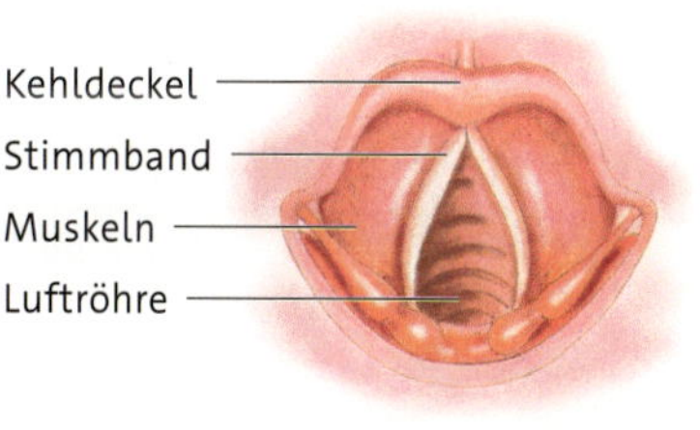

6 Stimmbänder im Kehlkopf

Jeder Mensch hat Stimmbänder. Diese liegen im Kehlkopf und sind für die Stimme eines Menschen verantwortlich. Erst sie ermöglichen das Sprechen. Dabei versetzt die in der Luftröhre strömende Luft die Stimmbänder in Schwingungen. Es entstehen Laute. Muskeln ermöglichen es, die Stimmbänder anzuspannen, wodurch man die Laute verändern kann: Man spricht. In der Pubertät werden die Stimmbänder länger und dicker. Bei Jungen verdoppeln sie in dieser Zeit ihre Länge von vorher einem auf etwa zwei Zentimeter. Die Muskeln im Kehlkopf müssen erst wieder lernen, mit dieser Veränderung umzugehen. Deshalb überschlägt sich die Stimme in dieser Zeit häufig.

7 Funktion der Stimmbänder

Vom Mädchen zur Frau

1 Gespräch „unter Frauen“

Aus Mädchen werden Frauen. Welche körperlichen Veränderungen bringt die Pubertät bei Mädchen mit sich?

Der weibliche Körper entsteht • Etwa ab dem 9. Lebensjahr beginnt sich der Körper des Mädchens zu verändern. Er wächst deutlich in die Länge. An den Hüften und an den Oberschenkeln entstehen rundliche Formen. Das Becken und die Hüften werden breiter. Die Brust beginnt zu wachsen. Im Bereich der Geschlechtsorgane wächst die Schambehaarung. Auch unter den Achseln wachsen Haare. Diese Merkmale werden als sekundäre Geschlechtsmerkmale bezeichnet.

Die Geschlechtsorgane • Diese Organe werden als primäre Geschlechtsmerkmale bezeichnet. Während der Pubertät entwickeln sich die Geschlechtsorgane weiter. → 2 Die großen und die kleinen Schamlippen sowie der Kitzler werden größer. Sie gehören zu den äußeren Anteilen der Geschlechtsorgane und schützen die inneren Geschlechtsorgane. Außerdem nehmen sie Reize auf. Bei Berührung des empfindlichen Kitzlers können lustvolle Gefühle entstehen. So kann auch ein Gefühlshöhepunkt, ein Orgasmus, ausgelöst werden. Die Schamlippen umgeben den Scheideneingang und die Öffnung der Harnröhre. Die Scheide ist ein Verbindungsgang zwischen den äußeren und den inneren Geschlechtsorganen der Frau. Am Ende der Scheide befindet sich der Eingang zur Gebärmutter, der Gebärmuttermund. Die Gebärmutter liegt wie die Eierstöcke und die Eileiter in

die Geschlechtsorgane
die primären/sekundären Geschlechtsmerkmale
die Menstruation

der Bauchhöhle. Sie gehören zu den inneren Geschlechtsorganen. In den beiden walnussgroßen Eierstöcken befinden sich etwa 200 000 winzige Eizellen. Jeden Monat reift nun eine von ihnen im Eierstock heran. Wenn sie reif ist, wird sie aus dem Eierstock in den Eileiter abgegeben. Dieser Vorgang heißt Eisprung.

Die Menstruation • Durch den Eileiter wird die Eizelle in die Gebärmutter transportiert. Falls keine Befruchtung erfolgt, wird die abgestorbene Eizelle zusammen mit ein wenig Blut etwa 14 Tage nach dem Eisprung durch die Scheide nach außen abgegeben. Diese Blutung wird als Regelblutung oder Menstruation bezeichnet. Diese Vorgänge wiederholen sich alle vier Wochen. Mit der ersten Menstruation sind Mädchen geschlechtsreif.

Die primären Geschlechtsmerkmale der Frau sind die Geschlechtsorgane, zu den sekundären Geschlechtsmerkmalen gehören die breiten Hüften und die Brüste. In der Pubertät werden Mädchen geschlechtsreif.

Aufgaben

1 ○ Beschreibe die Veränderungen der primären und sekundären Geschlechtsmerkmale.

2 ◐ Lege eine zweispaltige Tabelle an. Trage die gekennzeichneten Geschlechtsorgane sowie ihre Aufgaben ein. → 2

3 ● Beschreibe den Weg, den eine Eizelle vom Eisprung bis zur Menstruation zurücklegt.

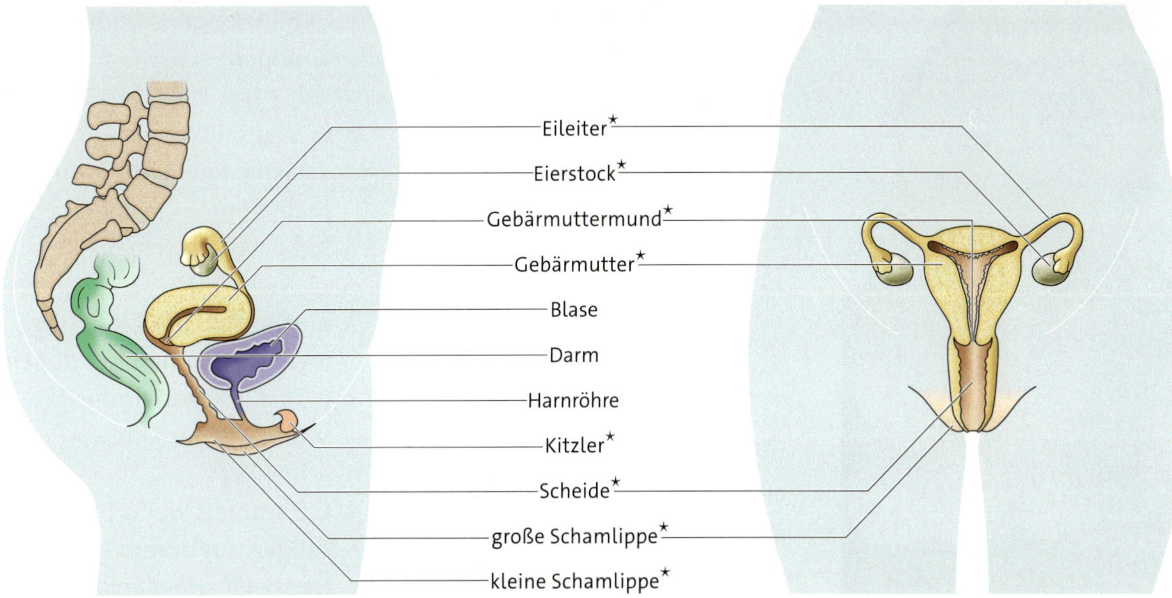

2 Die weiblichen Geschlechtsorgane (mit Sternchen gekennzeichnet)

Vom Mädchen zur Frau

Material A

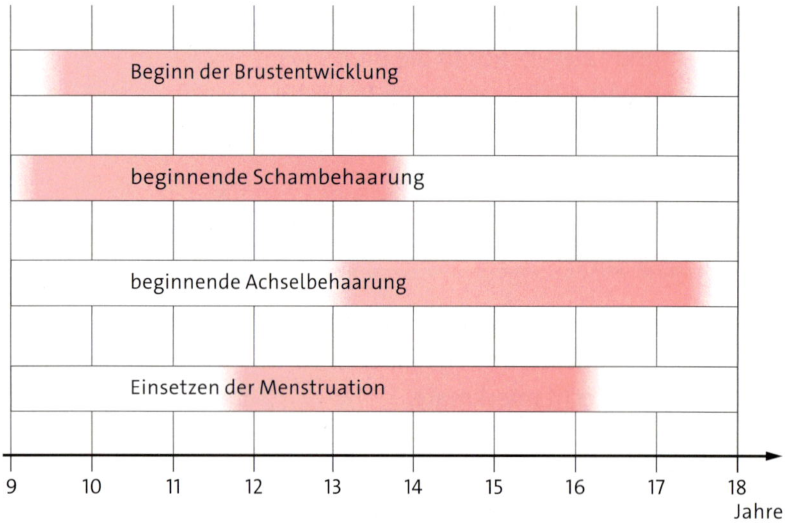

1 Veränderungen bei Mädchen

Pubertät bei Mädchen

Während der Pubertät bilden sich bei Mädchen die typischen körperlichen Merkmale einer Frau aus.

1 ○ Beschreibe anhand von Bild 1 die körperlichen Veränderungen bei Mädchen in der Pubertät.

2 ◐ Erkläre die Bedeutung der Pubertät für das spätere Erwachsenenleben.

Material B

2 Nina

Eine Mitschülerin äußert sich abfällig über Ninas Aussehen.

Der Freund ihres Bruders findet sie süß.

Schülerinnen aus einer Parallelklasse sagen dauernd „Hey, Kleine“ zu ihr.

Sie findet einen Mitschüler nett, aber er sagt: „Mädchen sind doof.“

3 Typische Äußerungen

Verhalten in der Pubertät

1 ○ Bildet eigenständig Gruppen.

2 ◐ Wie sollte Nina auf die verschiedenen Äußerungen reagieren? → 3 Einigt euch auf einen Ratschlag.

3 ◐ Sammelt die Ratschläge jeweils auf einem „Gruppenplakat“. Diskutiert die Ratschläge in der Klasse.

4 ◐ Sammelt weitere Äußerungen aus eurem Alltag. Überlegt, wie man darauf reagieren sollte.

Material C

Intimhygiene

1 ○ Gib die Regeln zur Intimhygiene mit eigenen Worten wieder. → 4

2 ◐ Begründe die Regeln.

Intimhygiene bei Mädchen

In der Pubertät beginnt die Scheide ein milchiges Sekret abzusondern. Die Haut produziert nun mehr Schweiß. Daher ist es wichtig, sich täglich Gesicht, Achselhöhlen und Geschlechtsorgane zu waschen. Besonders während der Menstruation ist dies wichtig, da auch das Menstruationsblut unangenehm riechen kann. Dieses Blut kann mit Binden oder Tampons aufgenommen werden.

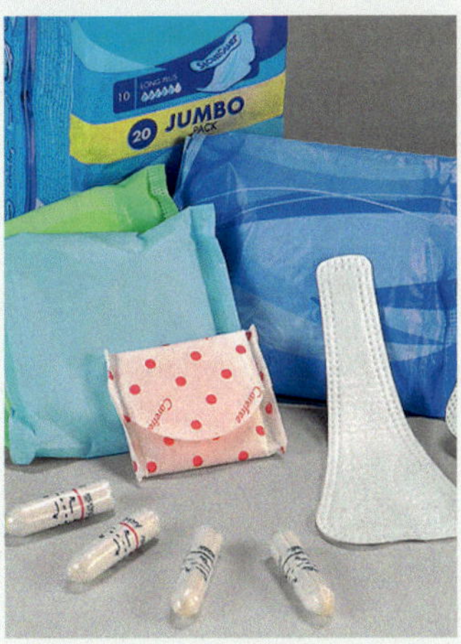

4

Material D

Tampons und Binden

Materialliste: Tampons, Binden, ein Papiertaschentuch, Becherglas (100 mL), Schere, Messzylinder (100 mL), Klammer, Wasser

1 Schneide je einen Tampon und eine Binde auf.
○ Beschreibe deine Beobachtung.

2 Fülle den Messzylinder mit 100 mL Wasser und gieße es dann in das Becherglas. Halte nun eine neue Binde mithilfe der Klammer in das Wasser. Gieße dann das verbleibende Wasser zurück in den Messzylinder. → 5
◐ Berechne, wie viel Wasser die Binde aufgesaugt hat.

3 Wiederhole den Versuch mit einem neuen Tampon und einem Papiertaschentuch.
◐ Stelle die aufgenommene Wassermenge der Binde, des Tampons und des Papiertaschentuchs in einem Säulendiagramm dar.

4 ● Erkläre die Unterschiede mithilfe der Beobachtungen aus Aufgabe D1.

Wenn Mädchen in die Pubertät kommen, setzt bei ihnen die Menstruation oder Regelblutung ein. In dieser Zeit tritt Menstruationsblut aus der Scheide aus. Mithilfe von Binden und Tampons kann dieses aufgefangen werden. Je nach Stärke der Blutung sollten die Binden oder Tampons dabei mehrmals am Tag gewechselt werden. Es kann sonst zu unangenehmen Gerüchen und der Vermehrung von Krankheitserregern kommen.

5 Versuch zur Saugfähigkeit

Die Bildung von Geschlechtszellen

1 Spermienzellen und Eizelle des Menschen

Während der Pubertät entwickeln sich bei Jungen und Mädchen funktionsfähige Geschlechtszellen: die Spermienzellen und die Eizellen. Wie geschieht das?

Spermienzellen • Die Geschlechtszellen des Mannes werden ab der Pubertät lebenslang in den Hoden gebildet. Sie heißen Spermienzellen und bestehen aus einem Kopfteil, dem Mittelstück und dem Schwanz. → 1
Der Kopfteil enthält den Zellkern, der Schwanz dient der Fortbewegung und das Mittelstück liefert die Energie, die für die Fortbewegung benötigt wird. Reife Spermienzellen werden im Nebenhoden gespeichert.

Eizellen • Bereits bei der Geburt befinden sich etwa 200 000 unreife Eizellen, die Geschlechtszellen der Frau, in jedem Eierstock. Mit dem Beginn der Pubertät entwickelt sich etwa alle 28 Tage eine von ihnen weiter.

Der weibliche Zyklus • Eine Eizelle entwickelt sich in einem Eibläschen im Eierstock. Nach etwa 14 Tagen wandert das Eibläschen an den Rand des Eierstocks. Es platzt auf und entlässt die reife Eizelle in den Eileiter. Dieser Vorgang heißt Eisprung. Im Eileiter wird die Eizelle zur Gebärmutter transportiert. Während dieser Zeit kann sie durch eine Spermienzelle befruchtet werden. In der Gebärmutter baut sich während der Zeit der Eireifung eine Schleimhaut auf. Sie nimmt die befruchtete Eizelle auf. Falls keine Befruchtung erfolgt ist, wird die Schleimhaut zusammen mit dem abgestorbenen Ei und etwas Blut etwa 14 Tage nach dem Eisprung durch die Scheide nach außen abgegeben. Diese Blutung wird als Menstruation oder Regelblutung bezeichnet. Mit dem ersten Tag der Menstruation beginnt ein neuer Kreislauf, ein Zyklus. Der Menstruationszyklus dauert also etwa 28 Tage.

Spermienzellen entstehen im Hoden des Mannes. Sie bestehen aus Kopfteil, Mittelstück und Schwanz. Eizellen entwickeln sich in einem Zyklus von 28 Tagen im Eierstock der Frau.

Aufgaben

1 Nenne die Bestandteile einer Spermienzelle.

2 Beschreibe, was man unter dem Eisprung versteht.

die Geschlechtszellen
die Spermienzellen
die Eizelle
der Menstruationszyklus

Material A

Der weibliche Zyklus

Wenn Mädchen in die Pubertät kommen, setzt bei ihnen die Menstruation ein. Das Bild zeigt die einzelnen Schritte des weiblichen Zyklus. → 2

1 ◔ Beschreibe die Abschnitte A–F des Menstruationszyklus.

2 ● Erläutere, warum man von einem Zyklus spricht.

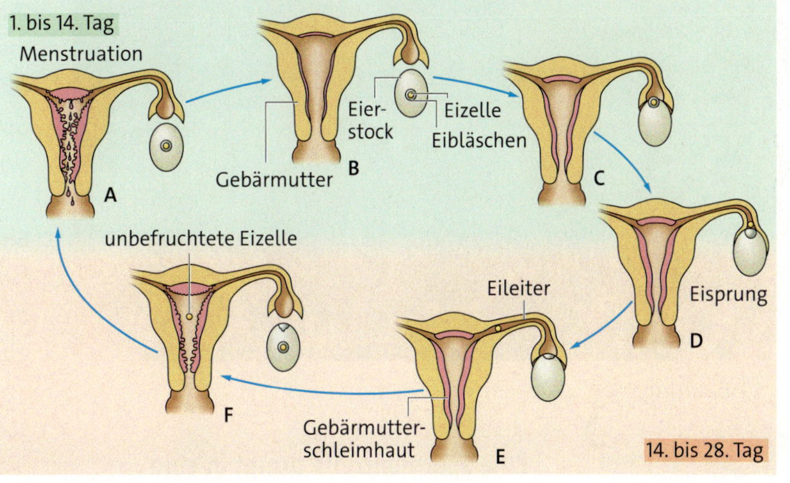

2 Der Menstruationszyklus

Material B

Menstruationskalender

In einem Menstruationskalender werden die Tage der Menstruation eingetragen.

1 ◔ Berechne die durchschnittliche Dauer des Menstruationszyklus in den Monaten Januar bis März.

2 ○ Gib für die Monate Januar bis März jeweils an, wann der Eisprung gewesen sein könnte.

3 ● Berechne, wann der nächste Eisprung und die nächste Menstruation zu erwarten sind.

Januar

Mo	Di	Mi	Do	Fr	Sa	So
		1	2	3	4	5
6	7	8	9	10	11	12
13	14	15	16	17	18	19
~~20~~	~~21~~	~~22~~	~~23~~	~~24~~	~~25~~	26
27	28	29	30	31		

Februar

Mo	Di	Mi	Do	Fr	Sa	So
					1	2
3	4	5	6	7	8	9
10	11	12	13	14	15	16
17	~~18~~	~~19~~	~~20~~	~~21~~	22	23
24	25	26	27	28		

März

Mo	Di	Mi	Do	Fr	Sa	So
					1	2
3	4	5	6	7	8	9
10	11	12	13	14	15	16
17	~~18~~	~~19~~	~~20~~	~~21~~	~~22~~	23
24	25	26	27	28	29	30
31						

April

Mo	Di	Mi	Do	Fr	Sa	So
	1	2	3	4	5	6
7	8	9	10	11	12	13
14	15	16	17	18	19	20
21	22	23	24	25	26	27
28	29	30				

3 Der Menstruationskalender (Januar bis März)

Ein Mensch entsteht

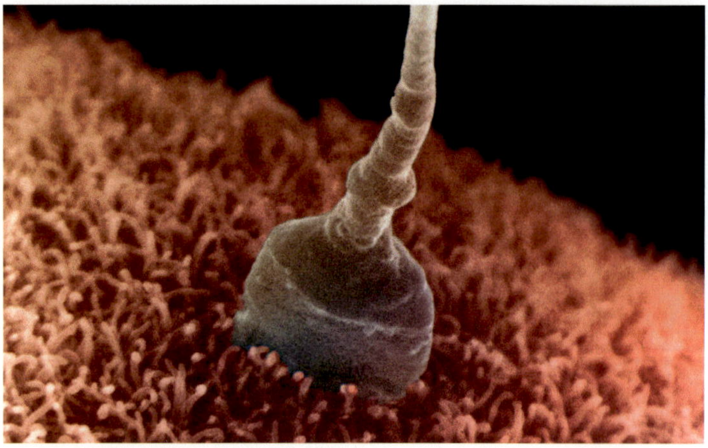

1 Eindringende Spermienzelle

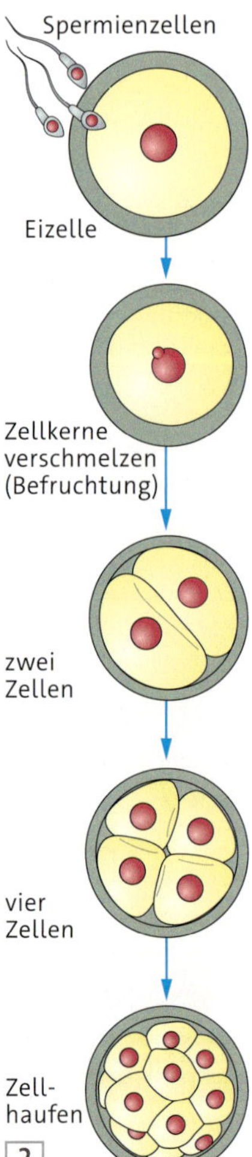

2

Eine Spermienzelle dringt in eine Eizelle ein. Dies ist der Beginn eines neuen Lebens.

Miteinander schlafen • Wenn ein Mann und eine Frau sich lieben, sind sie oft zärtlich zueinander. Sie küssen und streicheln sich und haben auch den Wunsch, miteinander zu schlafen. Dabei führt der Mann seinen steifen Penis in die Scheide der Frau ein und bewegt ihn hin und her. Das bezeichnet man als Geschlechtsverkehr. Es entstehen angenehme Gefühle und es kann zum Orgasmus kommen. Mit dem Spermaerguss des Mannes gelangen 200 bis 300 Millionen Spermienzellen in die Scheide der Frau.

Befruchtung • Nach dem Spermaerguss schwimmen die Spermienzellen durch die Scheide in die Gebärmutter und von dort in die Eileiter. Im Eileiter kann sich nach dem Eisprung eine befruchtungsfähige Eizelle befinden. Nur einer Spermienzelle gelingt es, in die Eizelle einzudringen. Es bildet sich sofort eine feste Hülle um die Eizelle, die das Eindringen weiterer Spermienzellen verhindert. In der Eizelle verschmelzen die Zellkerne der Eizelle und der Spermienzelle miteinander. Diesen Vorgang nennt man Befruchtung.

Einnistung • Im Eileiter wird die befruchtete Eizelle zur Gebärmutter befördert. Auf dem Weg dorthin beginnt sie sich zu teilen. Es entstehen erst zwei, vier, dann acht Zellen und schließlich ein kugeliger Zellhaufen. → 2 In der Gebärmutter angekommen, verwächst der Zellhaufen mit der Gebärmutterschleimhaut. Sie ernährt und schützt ihn. Dieser Vorgang wird Einnistung genannt. Ab diesem Zeitpunkt bleibt die Menstruation aus. Mit der Befruchtung beginnt die Schwangerschaft. Sie dauert neun Monate.

Dringt eine Spermienzelle in eine Eizelle ein, verschmelzen die Kerne der beiden Zellen. Dies nennt man Befruchtung. Die Eizelle teilt sich, nistet sich in der Gebärmutterschleimhaut ein und entwickelt sich in neun Monaten zu einem Baby.

Aufgaben

1 Beschreibe die Befruchtung der Eizelle.

2 Erkläre, warum das Ausbleiben der Menstruationsblutung ein Zeichen für eine Schwangerschaft sein kann.

die Befruchtung
die Einnistung
die Schwangerschaft

Material A

Sag „NEIN!“

1 Bildet Vierergruppen und lest die nebenstehenden Aussagen. → 3 Entscheidet in der Gruppe, in welchen Situationen ihr euch wohlfühlen würdet und in welchen ihr „NEIN!“ sagen solltet.

Dein Freund will dich auf den Mund küssen.

Ein fremder Mann fasst dich an, obwohl du das nicht willst.

Deine Omi gibt dir einen Kuss auf die Wange.

Dein Volleyballtrainer gibt dir vor dem Spiel einen Klaps auf den Hintern.

3 „Ja“ oder „NEIN!“?

Hilfe bei sexueller Belästigung und Gewalt:

Nummer gegen Kummer e. V.
116111 oder 0800-1110333

Kinder-Notruf-Telefon
0800-1516001

Menschen, zu denen du Vertrauen hast

4 Hier findest du Hilfe.

Material B

Zwillinge

Zwillinge sind eine Besonderheit. Sie sind Geschwister, die sich zusammen im Bauch ihrer Mutter entwickelt haben. Sicher hast du schon einmal gehört, dass es eineiige und zweieiige Zwillinge gibt. Worin unterscheiden sich diese Zwillinge?

1 Vermute, welches der Fotos A und B eineiige und welches zweieiige Zwillinge zeigt. → 5

2 Beschreibe die Vorgänge, die in den Schemazeichnungen C und D dargestellt sind.

3 Ordne den Bildern A und B jeweils eine der Schemazeichnungen C und D zu. Begründe.

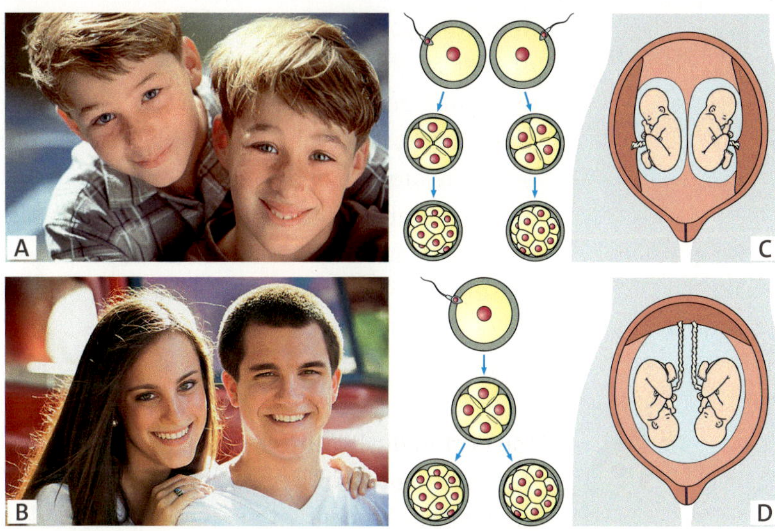

5 Die Entwicklung von eineiigen und zweieiigen Zwillingen

Schwangerschaft und Geburt

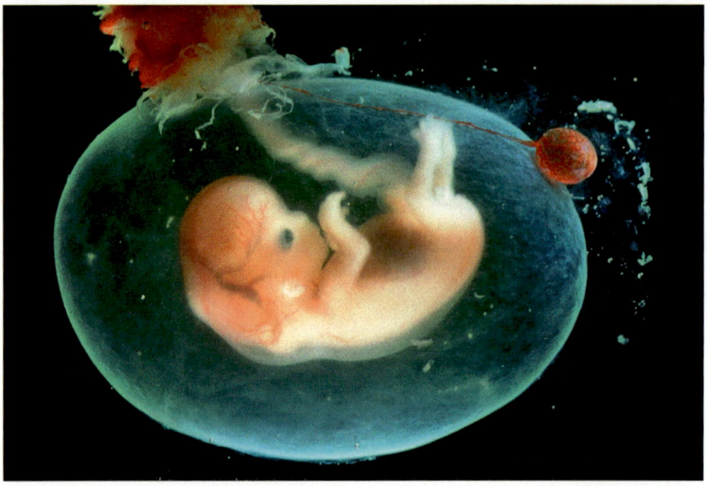

1 Menschlicher Fetus in der Fruchtblase

In der Schwangerschaft entwickelt sich das Kind in einer mit Flüssigkeit gefüllten Blase. Wie verläuft diese Entwicklung?

Die Entwicklung • Nach der Einnistung des Zellhaufens in der Gebärmutterschleimhaut entwickelt sich ein Embryo in der Gebärmutter. Zunächst kann man nicht erkennen, dass aus dem Embryo ein Mensch werden wird. Aber er wächst heran und innerhalb der ersten acht Wochen bilden sich alle Organe. Der Embryo wird größer und schwerer. Ab dem vierten Monat wird der Embryo Fetus genannt. Bis zur Geburt schwimmt er in der Fruchtblase, die mit Fruchtwasser gefüllt ist. Sie schützt den Fetus vor Erschütterungen.

Die Versorgung • Mutter und Kind sind durch die Nabelschnur miteinander verbunden. Sie beginnt am Bauch des Kinds und endet in einem verdickten Bereich der Gebärmutter, dem Mutterkuchen. Über die Nabelschnur erhält das Kind von seiner Mutter alles, was es für seine Entwicklung benötigt.

Die Geburt • Nach etwa neun Monaten im Mutterleib wird das Kind geboren. Die Geburt setzt mit dem krampfartigen Zusammenziehen der Gebärmuttermuskulatur ein, den Wehen. Sie drücken das Kind mit dem Kopf gegen den Gebärmuttermund. Der Gebärmuttermund und die Scheide weiten sich. Die Fruchtblase platzt und das Fruchtwasser fließt heraus. Dieser Abschnitt der Geburt heißt Eröffnungsphase.
In der folgenden Austreibungsphase wird das Kind von den Wehen durch die Scheide nach außen gedrückt. Es ist noch durch die Nabelschnur mit der Mutter verbunden. Die Nabelschnur wird einige Zentimeter vom Körper des Kindes abgebunden und durchschnitten. Der Fetus ist nun ein Säugling.
In der Nachgeburtsphase werden der Mutterkuchen, die Fruchtblase und der Rest der Nabelschnur ausgestoßen. Diese Organe werden als Nachgeburt bezeichnet.

Die Entwicklung des Kinds findet in der Fruchtblase statt. Über die Nabelschnur wird das Kind bis zur Geburt von der Mutter versorgt.

Aufgabe

1 Beschreibe die Entwicklung des Kinds von der Eizelle bis zur Geburt.

der Embryo
der Fetus
die Fruchtblase
die Geburt

Material A

Geburt

Bei dieser Darstellung einer Geburt sind die Bilder durcheinandergeraten. → 2

1 ▢ Nenne die drei Phasen der Geburt.

2 ▢ Ordne die Bilder A–C in der richtigen Reihenfolge.

3 ◐ Beschreibe die Phasen der Geburt unter Verwendung der Begriffe Fruchtblase, Wehen und Nachgeburt.

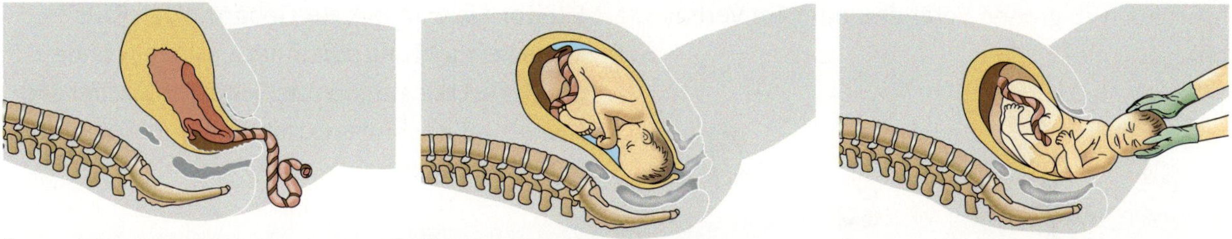

A B C

2 Phasen der Geburt – wie ist die Reihenfolge richtig?

Material B

Schutz des Fetus

Über die Nabelschnur erhält das Kind von seiner Mutter alles, was es für seine Entwicklung benötigt. Doch können auf diesem Weg auch Schadstoffe transportiert werden.

1 ▢ Gib die Aussagen der Hebammen und der Kinderärztin kurz wieder. → 3

2 ◐ Nenne die Ursache, die möglicherweise für das geringe Gewicht des neugeborenen Babys verantwortlich ist. → 3

3 ◐ Beschreibe, auf welchem Weg die Schadstoffe des Zigarettenrauchs zum Fetus gelangt sind.

4 ◐ Erkläre vor diesem Hintergrund die Darstellung in Bild 4.

Frau Meier ist schwanger. Die Geburt steht kurz bevor. Als die Wehen einsetzen, fährt sie mit ihrem Mann ins Krankenhaus. Die Geburt verläuft reibungslos und anschließend wird das Baby – es ist ein Mädchen – gewaschen und gewogen. „Sie ist viel zu leicht", sagt eine der Hebammen. „Die Mutter hat vielleicht stark geraucht, dann ist das oft so", antwortet eine andere. „Wenn die Mutter stark geraucht hat, dann können demnächst auch noch Entwicklungsstörungen auftreten", sagt die Kinderärztin, die die Untersuchungsergebnisse überprüft.

3 Rauchen ist gefährlich – nicht nur für die Mutter

4 Kein Alkohol!

Zusammenfassung

Veränderungen in der Pubertät • Zwischen dem 9. und dem 14. Lebensjahr werden Mädchen und Jungen geschlechtsreif. Es entwickeln sich die sekundären Geschlechtsmerkmale: breite Hüften und Brüste bei der Frau, breite Schultern und der Bartwuchs beim Mann. Die Pubertät führt auch zu großen Veränderungen im Verhalten.

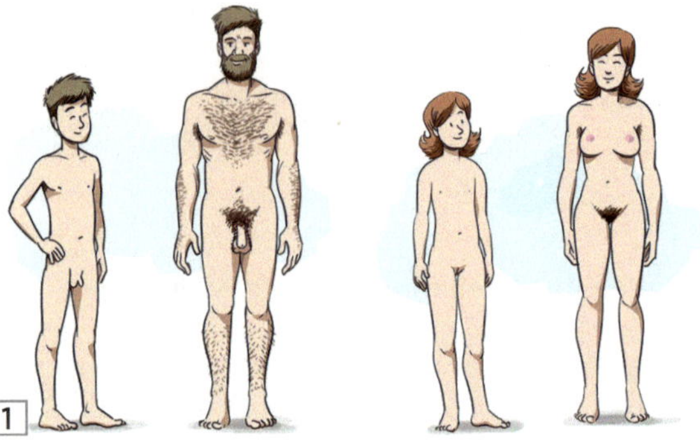
1

Die Geschlechtsorgane • In der Pubertät wachsen die primären Geschlechtsmerkmale: die Schamlippen und der Kitzler bei Mädchen, der Penis und die Hoden bei Jungen.

Intimhygiene • Die Geschlechtsorgane müssen täglich gewaschen werden. Ansonsten kann es zu Entzündungen und unangenehmen Gerüchen kommen.

Die Bildung von Geschlechtszellen • Männliche Geschlechtszellen, die Spermienzellen, entstehen ab der Pubertät im Hoden. Weibliche Geschlechtszellen, die Eizellen, entwickeln sich ab der Pubertät in den Eierstöcken der Frau. Etwa alle 28 Tage gelangt eine neue Eizelle in den Eileiter.

Der Menstruationszyklus • Ein Menstruationszyklus dauert etwa 28 Tage. Während der ersten 14 Tage reift im Eierstock eine Eizelle heran. Gleichzeitig wird in der Gebärmutter eine Schleimhaut aufgebaut. Nach 14 Tagen gelangt die Eizelle beim Eisprung vom Eierstock zum Eileiter. Sie wandert zur Gebärmutter. Falls keine Befruchtung stattfindet, wird am Ende des Zyklus die aufgebaute Schleimhaut bei der Menstruationsblutung mit dem unbefruchteten Ei ausgeschieden.

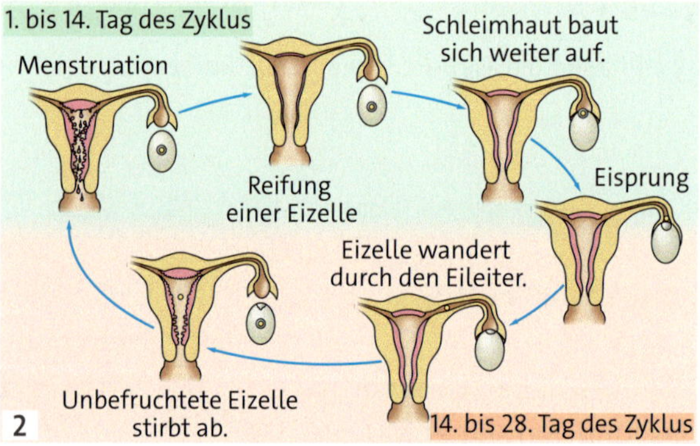

2

Die Befruchtung • Die Befruchtung einer reifen Eizelle findet im Eileiter nach dem Eisprung statt. Eine Spermienzelle dringt in die Eizelle ein. Die Zellkerne der Eizelle und der Spermienzelle verschmelzen miteinander.

Schwangerschaft und Geburt • Die befruchtete Eizelle nistet sich in der Gebärmutterschleimhaut ein und entwickelt sich zum Embryo. Dieser wächst heran und wird ab dem vierten Monat als Fetus bezeichnet. Über die Nabelschnur wird er versorgt. Nach neun Monaten wird das Kind geboren.

Teste dich! (Lösungen auf Seite 359)

Veränderungen in der Pubertät

1 In der Pubertät kommt es bei Jugendlichen zu unterschiedlichen Veränderungen.
a ○ Nenne körperliche Veränderungen.
b ○ Nenne Veränderungen des Verhaltens.

2 ◐ Beschreibe die Rolle der Geschlechtshormone für die Pubertät.

Die Geschlechtsorgane

3 ○ Erkläre, wie man Mädchen und Jungen im Kleinkindalter unterscheiden kann.

4 ◐ Nenne für Mädchen und Jungen jeweils vier sekundäre Geschlechtsmerkmale, die sich während der Pubertät entwickeln.

5 ◐ Erkläre den Unterschied zwischen Spermienzelle und Sperma.

6 ○ Erkläre, was bei der Erektion passiert.

7 ◐ Erkläre den Vorgang des Eisprungs.

8 ◐ Notiere in deinem Heft die richtigen und korrigiere die falschen Aussagen:
a Mädchen bekommen einen Stimmbruch.
b Spermienzellen werden im Hoden gebildet.
c Während der Pubertät bekommen Mädchen breite Schultern.
d Eizellen entstehen im Eierstock.
e Die Menstruationsblutung entsteht im Eileiter.
f Die Gebärmutter enthält eine Schleimhaut.

9 ◐ Erläutere, weshalb ab der Pubertät für Mädchen und Jungen die Intimhygiene besonders wichtig ist.

Die Bildung von Geschlechtszellen

3

10 ◐ Nenne Gemeinsamkeiten und Unterschiede von männlichen und weiblichen Geschlechtszellen. → 3

11 ● Beschreibe den Menstruationszyklus.

Die Befruchtung

12 ○ Gib an, was man unter dem Vorgang der Befruchtung versteht.

13 ● Beschreibe den Weg, den Spermienzellen nach einem Spermaerguss bis zur befruchtungsfähigen Eizelle zurücklegen.

Schwangerschaft und Geburt

14 ◐ Erkläre den Unterschied zwischen Embryo und Fetus.

15 ○ Beschreibe, wie der Fetus in der Gebärmutter versorgt wird.

16 ◐ Nenne die drei Phasen der Geburt. Beschreibe die Vorgänge in den Phasen.

Ein Produkt entsteht

So ein Schreibtischset hilft dir, Ordnung zu halten. Das Schönste ist: Du kannst es selbst bauen!

Geduld und Sorgfalt sind beim Schleifen gefragt. Aber das Ergebnis kann sich sehen lassen.

Plane und baue ein Modellauto, vielleicht sogar mit Licht und Fernsteuerung! Hast du eine Idee?

Schreibtischset – Werkstoff und Planung

	Fichte	Kiefer	Balsa
Aussehen des aufgesägten Stamms	• Stamm lang und gerade • Holz gelblich weiß • Jahresringe sichtbar • Harzkanäle sichtbar	• Stamm lang und gerade • Holz an der Rinde gelblich weiß, im Kern rotbraun • Jahresringe gut sichtbar • Harzkanäle sichtbar	• Stamm kurz • Holz weiß-grau, im Kern rosa
Alter beim Fällen	70–80 Jahre	120–130 Jahre	12–15 Jahre
Eigenschaften des Holzes	• leicht, splittert stark • weich • harzhaltig • biegefest	• leicht, splittert wenig • mittelhart • harzhaltig • gut zu bearbeiten	• sehr leicht • weich • wenig belastbar • sehr gut zu bearbeiten
Verwendung des Holzes	• Bauholz: Balken, Bretter • Industrieholz: Papierherstellung, Spanplatten	• Bauelemente: Fenster, Türen • Möbel	• Floßbau • Modellbau • Papierherstellung
Beispiel			

1 Eigenschaften und Verwendung von Holz

2 Verformtes Holzbrett

3 Kantholz aus Schichtholz

Holz ist nicht gleich Holz • Je nach Verwendung benötigt man Holz mit ganz bestimmten Eigenschaften. Die Tabelle zeigt dir, für welche Zwecke die Hölzer am besten geeignet sind. → 1

Holz „arbeitet" • Bretter aus Vollholz schrumpfen, wenn sie getrocknet werden. Sie quellen auf, wenn sie gewässert werden. Man sagt dazu: Holz „arbeitet". → 2 Verformtes Holz verursacht z. B. klemmende Türen oder Fenster.

In Baumärkten oder in Schreinereien kannst du deshalb Bretter entdecken, die nicht aus Vollholz bestehen. Die Holzindustrie hat nämlich Werkstoffe entwickelt, die kaum „arbeiten". Sie sind aus dünnen Holzlagen, -spänen oder -fasern aufgebaut. Manchmal bedeckt eine dünne Schicht aus Holz oder Kunststoff ihre Oberfläche.

Schicht- und Leimholz • Holzbretter leimt man zu Schichtholz aufeinander. Brettschichtholz wird z. B. für Dachbalken verwendet. → 3

Wenn man Holzstäbe in gleicher Faserrichtung nebeneinanderleimt, entstehen Leimholzplatten. Äußerlich sehen sie aus wie Bretter aus einem Stamm. Sie verformen sich aber bei Feuchtigkeit nicht so stark. Leimholzplatten kann man in beliebiger Größe herstellen.

das Vollholz
die Holzwerkstoffe

Lagenwerkstoffe • Man verleimt mehrere dünne Holzlagen (Furnier), um Furniersperrholz herzustellen. Dabei legt man die Schichten nach ihren Faserrichtungen kreuzweise gegeneinander. Die Anzahl der Holzlagen ist immer ungerade. Jede Schicht wird so gegen Verformungen gesperrt – daher der Name Sperrholz. → 4
Für Stabsperrholz oder Tischlerplatten verleimt man dünne Holzstäbe miteinander. Furnier bildet die Oberfläche der Tischlerplatte. → 5
Platten aus Lagenwerkstoffen sind sehr stabil. Sie werden z. B. zum Bau von teuren Möbeln verwendet.

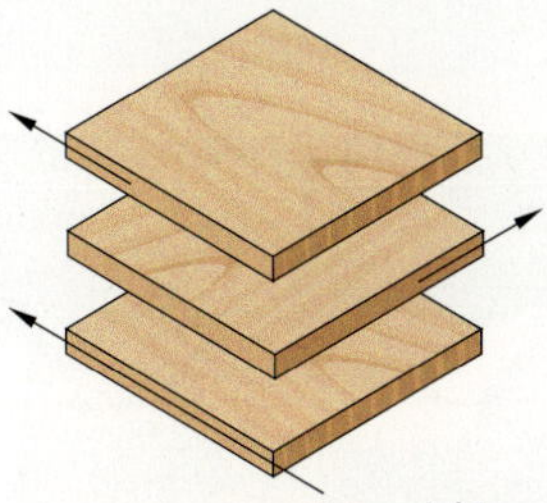

4 Sperrholz

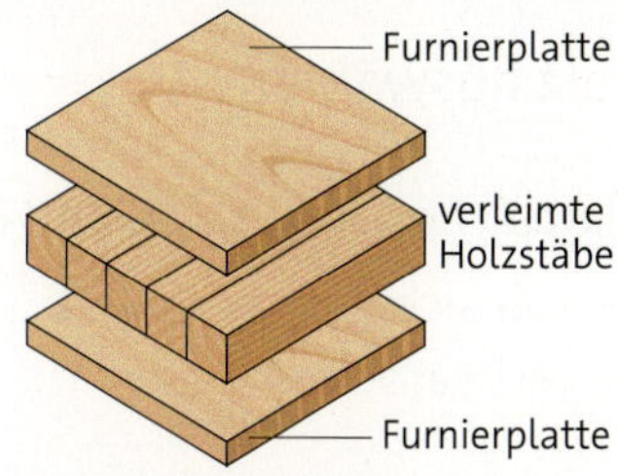

5 Tischlerplatte

6 Küchenarbeitsplatte aus einer Spanplatte

7 Laminat mit Faserplatte

Spanplatten • Bei der Holzverarbeitung entsteht viel Abfall. Dieses Restholz zerkleinert man zu Spänen unterschiedlicher Größe. Um Spanplatten herzustellen, werden die Späne mit Klebstoff versetzt, erwärmt und gepresst. Die Oberflächen der Platten schützt und verschönert ein Überzug aus Holzfurnier oder Kunststoff. → 6
Spanplatten verwendet man z. B. für Küchenarbeitsplatten und Regale.

Faserplatten • Holzreste werden gekocht und zu feinen Fasern verarbeitet. Die Fasern vermischt man mit Textilfasern aus Altkleidern und mit Klebstoff. Danach presst man sie. Je nach Festigkeit unterscheidet man zwischen weichen, mitteldichten und harten Faserplatten. Die harten Faserplatten besitzen eine besonders glatte Oberfläche. Damit können Möbel und Laminat hergestellt werden. → 7

Nachhaltigkeit • Verschiedene Siegel zeigen an, wenn Holz und Papier aus nachhaltig bewirtschafteten Wäldern und kontrollierten Betrieben stammen. → 8 9 In solchen Wäldern wird nicht mehr Holz geschlagen als nachwächst, die Artenvielfalt bleibt erhalten.

FSC®
8

PEFC™
9

Aufgaben

1 ○ Balsaholz wird für Modellflugzeuge verwendet. Nenne die Eigenschaften, die dafür wichtig sind.

2 ● Präsentation „Holzwerkstoffe“: Suche dir zu jedem genannten Holzwerkstoff ein kleines Abfallstück. Montiere alle Stücke auf einer Platte zu einer Schautafel. Füge kurze Steckbriefe der Werkstoffe hinzu.

Schreibtischset – Werkstoff und Planung

Material A

Holz auswählen

Das Holz für dein Schreibtischset soll sich gut sägen und weiterbearbeiten lassen.

1 Schlage in eine Leiste aus Kiefernholz und eine Leiste aus Buchenholz je einen Nagel ganz ein.
Zähle, wie viele Schläge du brauchst. → [1]

[1] Nägel einschlagen

Säge dann von denselben Leisten mit der Feinsäge je einen Streifen von 1 cm Breite ab.
Miss die Zeit, die du dafür benötigst.

a Vergleiche, wie gut du die Hölzer bearbeiten kannst.

b Begründe dein Ergebnis.

Material B

Bauteile für das Schreibtischset planen

Die Explosionszeichnung verschafft dir eine Übersicht über die Teile des Schreibtischsets und deren Anordnung. Hierzu wird zunächst das Schrägbild des Bodens gezeichnet. Dann ergänzt man Schrägbilder der anderen Teile. Auf der Zeichnung haben sie etwas Abstand von der Stelle, an der sie später angebaut werden. → [2]

1 Übertrage die Explosionszeichnung und die Stückliste in deinen Ordner. → [2] [3]
Ergänze die Stückliste.

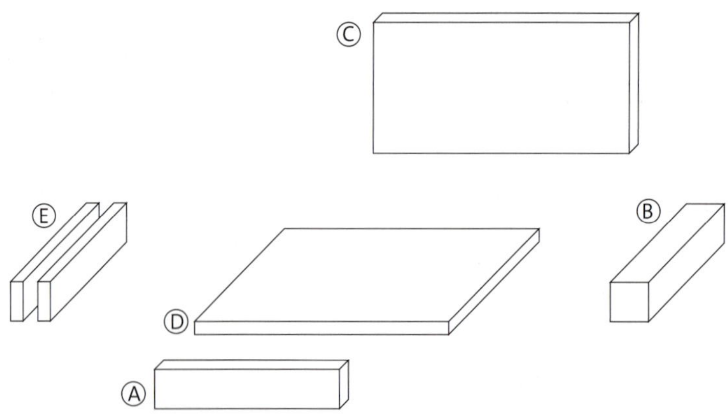

[2] Explosionszeichnung des Schreibtischsets

Teil	Anzahl	Benennung	Werkstoff	Maße in mm
?	1	?	Kiefer	200 × 100 × 10
?	2	Seitenteil klein	Kiefer	30 × 10 × 85
?	1	Seitenteil groß	Kiefer	30 × 30 × 85
D	1	Boden	Kiefer	200 × 100 × 10
?	1	Frontteil	Kiefer	145 × 30 × 10

[3] Stückliste

Methode

Produkte – von der Planung zur Beurteilung

Anforderungen an das Produkt • Im Technikunterricht wirst du nach deinem fertigen Produkt beurteilt. Dazu musst du schon vor der Arbeit wissen, welche Anforderungen das Produkt einmal erfüllen soll. Diese Anforderungen könnt ihr in der Gruppe selbst erarbeiten. So könnt ihr vorgehen:

1. **Sammeln** Jede Schülerin und jeder Schüler schreibt eine Anforderung für das Produkt auf eine große Karte, z. B.: „Sauber verarbeitet".

2. **Erklären** Nach einer bestimmten Zeit werden alle Karten an die Tafel gehängt. Die Schülerinnen und Schüler erklären jeweils ihre Anforderung vor der Gruppe, z. B.: „Das Schreibtischset ist sauber verarbeitet, damit man sich nicht daran verletzt." Die Gruppe diskutiert, welche Anforderungen wichtig sind.

3. **Anforderungsliste** Aus den wichtigsten Anforderungen wird eine Liste erstellt. Sie ist dann für alle verbindlich.

4. **Beurteilungsbogen** Erfüllt das Produkt die Anforderungen? Das lässt sich mithilfe von vorher festgelegten Kriterien beurteilen. Zur Anforderung „Sauber verarbeitet" können z. B. die Kriterien „Keine überstehenden Kanten" und „Die Oberfläche ist überall glatt geschliffen" überprüft werden. Je nachdem, wie gut das Produkt die Kriterien erfüllt, vergebt ihr und die Lehrkraft Punkte auf dem Beurteilungsbogen. → 4

Beurteilungsbogen für das Schreibtischset Für jedes Kriterium werden Punkte vergeben: von 0 (nicht zutreffend) bis 3 (vollständig zutreffend).			
Max Musterschüler	*Klasse 6a*	*13.04.2016*	
Beurteilungskriterium	**Schülerbeurteilung**	**Lehrerbeurteilung**	**Bemerkungen**
Einige Stifte, ein Geodreieck sowie ein Stundenplan können untergebracht werden.	*3*	*2*	–
Keine offenen Fugen	*1*	*2*	–
Keine überstehenden Kanten	*3*	*1*	–
Die Oberfläche ist überall glatt geschliffen.	*2*	*3*	–
Die Oberfläche ist gleichmäßig eingeölt.	*3*	*2*	–
Die Bohrungen sind mittig und haben den gleichen Abstand.	*3*	*3*	–
Häufig benutzte Teile liegen auf der Seite der Arbeitshand.	*2*	*3*	–
Der Arbeitsablaufplan beschreibt ausführlich alle Arbeitsschritte.	*2*	*2*	–
Summe der Punkte	*19 von 24*	*18 von 24*	

4 Beispiel für einen ausgefüllten Beurteilungsbogen

Schreibtischset – Werkstoff und Planung

Erweitern und Vertiefen

In der Schreinerei

Regal gesucht! • Alissas Schreibtisch ist voll. Ihre Bücher stapeln sich schon. Endlich finden auch ihre Eltern: Ein Bücherregal muss her! Aber Alissa hat ein Problem: Ihr Dachzimmer hat schräge Wände. → 1 Im Möbelhaus findet sie kein passendes Regal. Ihr Vater ruft deshalb den Schreiner an.

1 Hier passt kein Regal aus dem Möbelhaus!

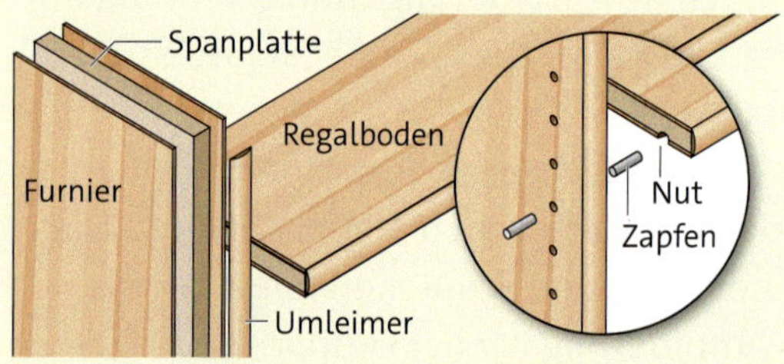

2 Alissas Regal

Entwurf und Zeichnung • Am nächsten Tag misst der Schreiner Alissas Zimmer aus. Er skizziert ein Schrägbild des Regals auf ein Blatt Papier. Alissa sucht sich die Holzart aus, die am besten in ihr Zimmer passt. Der Entwurf des Regals gefällt Alissa. Ihre Eltern finden den Kostenvoranschlag angemessen. Zurück in der Schreinerei: Der Meister überträgt seine Handskizze in ein Computerprogramm (CAD-Programm). Damit erzeugt er genaue Zeichnungen für alle Regalteile. Darin sind Länge, Breite und Dicke der Regalteile notiert. Und man findet auch Informationen über die Holzart, die Oberfläche und die Art der Verbindung der einzelnen Teile.

Fertigung • Alissa darf beim Bau des Regals in der Schreinerei zusehen. Zuerst sucht der Meister im Lagerraum Spanplatten aus. → 2 Gemeinsam mit Anna, der Auszubildenden, bringt er die Platten in die große Werkstatthalle. Mit der Kreissäge sägen sie die Platten auf die geplante Breite und Länge. Anschließend leimt Anna ein Furnier aus Buchenholz auf die Flächen. In einer Maschine wird es angepresst, bis der Leim trocken ist. In den senkrechten Teilen des Regals fehlen noch Löcher für die Metallzapfen, die die Regalböden halten sollen. Sie werden zwei Tage später mit einer computergesteuerten Maschine (CNC-Maschine) gebohrt. Anna hat sie zuvor programmiert. In die Regalböden fräst eine Maschine noch Nuten für die Zapfen. Anna klebt die abgerundeten Umleimer auf die Vorderkanten der Regalteile. Sie verdecken die rauen Stirnflächen der Spanplatten. → 2 Danach werden die Oberflächen lackiert. Alissa freut sich schon: Wenn alles trocken ist, wird endlich ihr neues Regal geliefert.

Aufgabe

1 ○ Schreibe in Stichpunkten alle Arbeitsschritte zur Herstellung des Regals auf.

Erweitern und Vertiefen

Fachwerkhäuser

Zeugen der Geschichte • Jannis macht einen Ausflug mit seiner Familie. Beim Spaziergang durch die Altstadt von Esslingen am Neckar sieht er viele schöne Häuser mit dicken Holzbalken. → 3 An einem Haus entdeckt er die Jahreszahl 1262. Wie konnte das Holzhaus fast 800 Jahre überdauern?

Einfache Bauweise • Bis ins 13. Jahrhundert haben die Menschen häufig Holzpfosten in den Boden eingegraben und darauf ein Dach errichtet. Diese flachen Häuser überdauerten aber nur wenige Jahrzehnte. Die Feuchtigkeit aus dem Boden ließ die Pfosten verfaulen.

Fachwerkbauten • Esslingen erlebte im 13. Jahrhundert einen wirtschaftlichen Aufschwung. Die Einwohnerzahl stieg. Innerhalb der engen Stadtmauern mussten höhere und stabilere Häuser als früher gebaut werden:

- Auf dem Boden wurde ein Steinsockel errichtet. Dadurch konnte keine Feuchtigkeit mehr aus der Erde ins Gebälk steigen. → 4
- Über die Steine legte man waagerecht Balken, die Schwellen. Auf ihnen stellte man senkrecht die Ständer auf.
- Schräge Balken („Bänder") stützten die Pfosten des Fachwerks gegen Wind.
- Viele Fachwerkhäuser wurden unten schmal gebaut und nach oben breiter. So blieb unten auf der Gasse genügend Platz zum Durchfahren und oben hatte man mehr Wohnfläche. → 4
- Die Zimmerleute verbanden die Balken mit Holzzapfen oder Holznägeln.

3 Fachwerkhaus

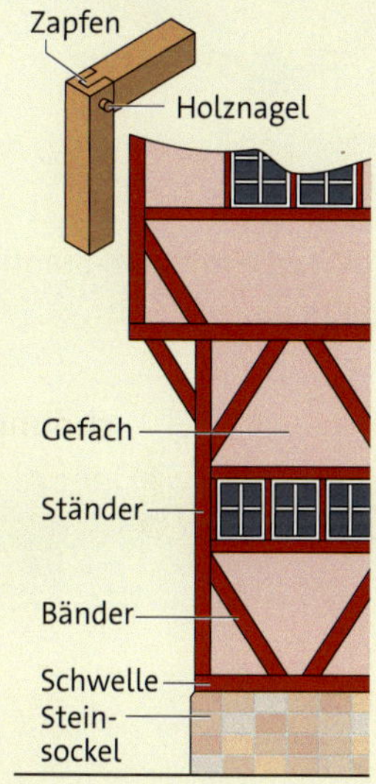

4 Aufbau

So werden noch heute Dachstühle auf Häusern errichtet.

Füllung • Die Flächen zwischen den Balken, das Gefach, wurden auf verschiedene Weise gefüllt. Im 13. Jahrhundert fügte man ein Geflecht von Weidenruten ein und verschmierte es winddicht mit Lehm.
Später wurden auch Feld- oder Backsteine eingemauert und mit Kalk verputzt.

Aufgabe

1 ◐ Suche dir ein Bild vom Giebel eines Fachwerkhauses.
Zeichne mit Lineal und Geodreieck den genauen Verlauf der Balken auf ein Blatt Papier.

Schreibtischset – Anzeichnen und Sägen

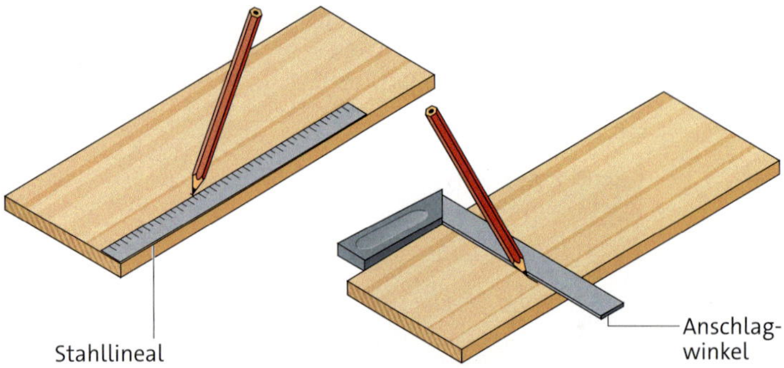

1 Messen mit dem Stahllineal; Anzeichnen mit dem Anschlagwinkel

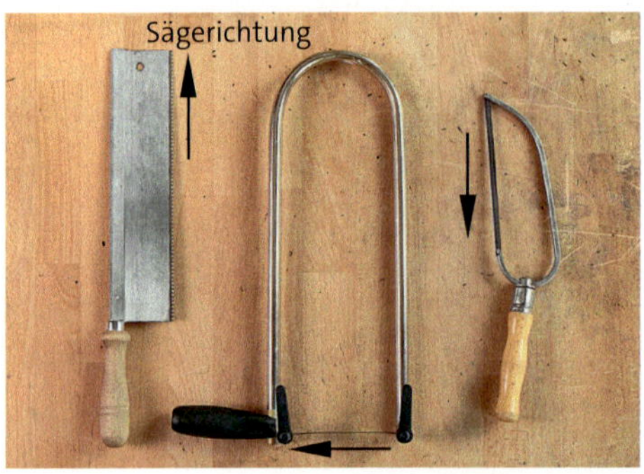

2 Von links: Feinsäge, Laubsäge, Puksäge

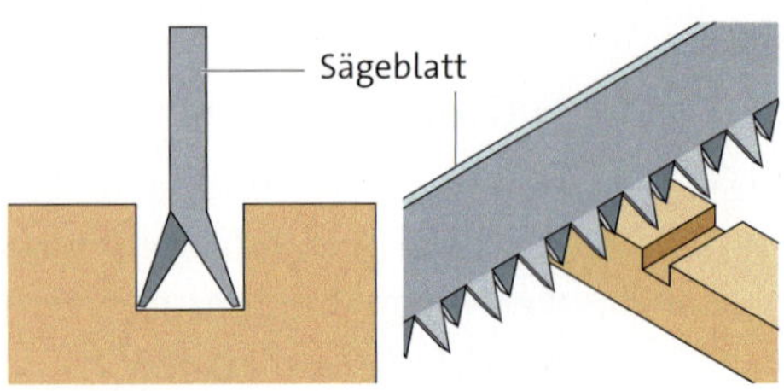

3 Schränkung der Sägezähne

Tipps zum Messen und Anzeichnen

- Miss mit dem Stahllineal. Lege es bündig an das Holzstück an. → 1
- Auf Holz zeichnest du am besten mit einem Bleistift an. Den Strich kannst du leicht wieder abradieren.
- Zeichne Linien im rechten Winkel mit einem Anschlagwinkel. → 1
- Rundungen zeichnest du mit dem Zirkel direkt auf das Holz.
- Der Mittelpunkt eines Bohrlochs wird vorgestochen. Markiere ihn durch ein Linienkreuz.

Sägen • Mit diesen Sägen kannst du Leisten und Bretter kürzen: → 2

- Die Feinsäge arbeitet „auf Stoß“. Sie sägt, wenn du den Griff von dir wegbewegst.
- Die Laubsäge und die Puksäge arbeiten „auf Zug“. Sie sägen, wenn du den Griff zu dir ziehst. Mit der Laubsäge sägst du Rundungen.

Die Zähne der Sägen sind „geschränkt“: Die Zahnspitzen zeigen abwechselnd nach rechts, nach links, nach rechts ... → 3 Der Schnitt im Holz ist deshalb breiter, als das Sägeblatt dick ist. Dadurch klemmt es nicht fest.

Aufgaben

1 ○ Markiere auf einem Brettchen den Mittelpunkt für ein Bohrloch mit dem Vorstecher. Der Punkt soll jeweils 15 Millimeter von der unteren und von der linken Brettkante entfernt sein.

2 ◔ Betrachte die Sägeblätter der Laubsäge und der Feinsäge genau.

a Zeichne ihre seitliche Ansicht vergrößert in dein Heft.

b Beschreibe, wie sich die Sägeblätter unterscheiden.

Material A

Länge der Bauteile „anzeichnen“

Um Bauteile zu kürzen, musst du die richtige Länge anzeichnen. Übe zunächst alle Schritte an einem Abfallbrett.

1 Lege das Stahllineal mit der Null an den Anfang des Bauteils. Halte das Lineal an der Längskante. Markiere die Länge mit einem Punkt. Zeichne mit einem rechtwinkligen Anschlagwinkel oder einem Geodreieck eine gerade Linie auf das Holz.

Material B

Arbeitsplan erstellen

Schritt für Schritt zum Schreibtischset → 4

1 Lege eine Tabelle an. Trage deinen eigenen Plan nach und nach in die Tabelle ein.

Nr.	Arbeitsschritt	Werkzeug/Material
1	Teile A–E auf Länge sägen	Feinsäge mit Gehrungslade
2	Alle Kanten und Stirnseiten verschleifen	Schleifpapier, Körnung 120
3	In Teil C bohren und senken	Bohrer, Durchmesser 10 oder 12 mm; Senker
4	Teile A, B und E auf Boden D leimen	Holzleim
5	Rückwand C für das Schrauben vorbereiten: Löcher bohren und senken	Bohrer, Durchmesser 3 mm; Senker
6	Rückwand an den Boden schrauben	Spax-Schraube 3 mm × 30 mm, Kreuzschlitzdreher
7	Außenflächen verschleifen	Schleifpapier, Körnung 120; evtl. Schleifmaschine
8	Oberfläche ölen	Leinöl, Pinsel, Lappen

4 Arbeitsplan (Beispiel für das Schreibtischset)

Material C

Absägen der Bauteile

1 Nimm dir zunächst ein Abfallstück aus Kiefernholz. Säge es mit der Feinsäge und der Puksäge.
▢ Vergleiche beide Sägen. Mit welcher Säge kommst du besser zurecht?

2 Spanne das Holzstück 1 cm neben deinem Bleistiftstrich ein (siehe Material A).

Säge dein Bauteil etwas außerhalb der Markierung ab. So kannst du es später mit der Feile und dem Schleifpapier noch glätten, ohne dass das Bauteil zu kurz wird.
Kerbe das Holz zunächst ein. Bewege dazu die Säge gegen die Sägerichtung. Führe das Sägeblatt danach in der Kerbe. → 5

5 Absägen mit der Feinsäge

Schreibtischset – Bohren

Methode

Bohren mit der Tischbohrmaschine

Achtung • Beachte die folgenden Regeln:
- Schutzbrille tragen! → 1
- Lange Haare hochstecken oder mit einem Haargummi zusammenhalten!
- Eng anliegende Kleidung tragen!
- Schmuck und lose Kleidungsstücke ablegen!
- Sicherheitsabstand einhalten. Kein Mitschüler betritt die markierte Zone.

1. Bohrer einspannen Wähle einen Holzbohrer aus. Spanne ihn fest in das Bohrfutter ein. → 2

2. Drehzahl einstellen Moderne Maschinen zeigen die richtige Drehzahl in einem Display an. An älteren Maschinen liest du den Wert aus einer Drehzahltabelle ab. → 3

3. Werkstück einspannen Spanne das Werkstück im Maschinenschraubstock fest ein. Richte es unter dem Bohrer aus. → 4

4. Maschine einschalten Prüfe, ob der Bohrer rundläuft. Er darf nicht „eiern“. → 5

5. Bohren Ziehe den Vorschubhebel langsam. Das Holz darf beim Bohren nicht schwarz werden. Hebe bei tiefen Bohrungen mehrmals den Bohrer wieder aus dem Loch. So werden die Späne ausgeworfen. → 1

6. Maschine ausschalten Hebe den Bohrer an. Warte, bis er sich nicht mehr dreht. Entferne dann die Späne mit dem Pinsel oder einer Absaugvorrichtung.

1 Tischbohrmaschine

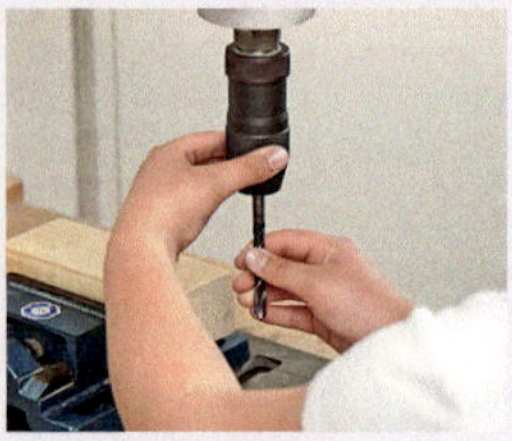

2 Bohrer einspannen

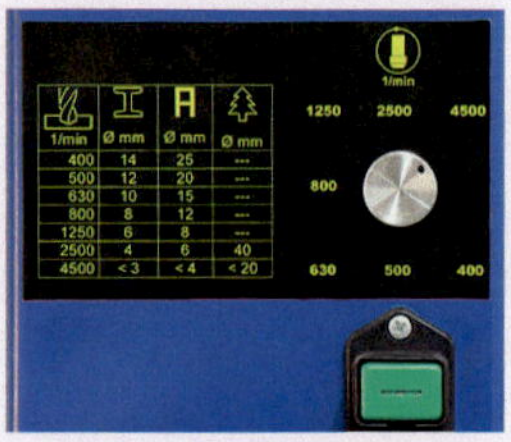

3 Drehzahltabelle

4 Ausrichten

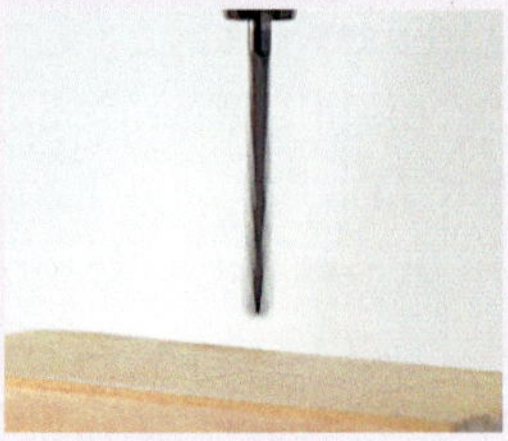

5 „Eiernder“ Bohrer

Material A

Bohrlöcher anzeichnen

Zwischen zwei Bohrungen soll mindestens 6 mm Holz stehen bleiben. Wenn die beiden Bohrlöcher jeweils einen Durchmesser von 12 mm haben, musst du die Mittelpunkte also in einem Abstand von 18 mm anzeichnen. → 6

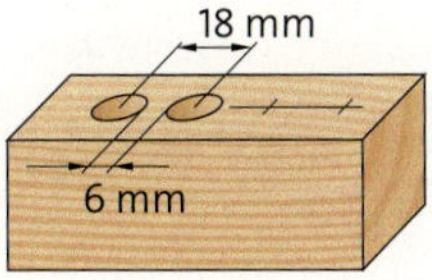

6

1 Übe zunächst an einer Abfallleiste aus Kiefernholz. Bestimme die Lage der Mittellinie. Zeichne sie mit dem Bleistift an. Markiere die Mittelpunkte für die Bohrungen mit einem kurzen Querstrich.

2 ◐ Du sollst Löcher mit einem Durchmesser von 10 mm bohren. Berechne den Mindestabstand zwischen zwei Mittelpunkten.

Material B

Stiftehalter bohren

Das Bauteil B unseres Schreibtischsets soll Löcher für Stifte bekommen.

1 Überlege dir, welche Stifte du in dein Schreibtischset stellen willst. Ermittle den Durchmesser, den die Bohrlöcher haben müssen. Stecke dazu deine Stifte in die Löcher einer Bohrerkassette. → 7

2 Markiere auf dem Bauteil B die Mittelpunkte für die Bohrungen. Stich dort jeweils 2–3 mm tiefe Löcher mit dem Vorstecher. → 8

3 Spanne das Bauteil B in den Schraubstock der Bohrmaschine ein. Tipp: Lege ein schmaleres Abfallbrett unter die Leiste. Dadurch bekommt das Loch beim Durchbohren einen glatten unteren Rand. Richte die Spitze des Holzbohrers (Durchmesser z. B. 12 mm) über dem vorgestochenen Loch aus. Stelle die Drehzahl an der Maschine ein und bohre. Beschreibe deine Vorgehensweise.

4 ◐ Ermittle die Drehzahl für einen Holzbohrer mit einem Durchmesser von 10 mm.

7 Ermitteln des Bohrerdurchmessers

8 Vorstechen

Schreibtischset – Feilen und Schleifen

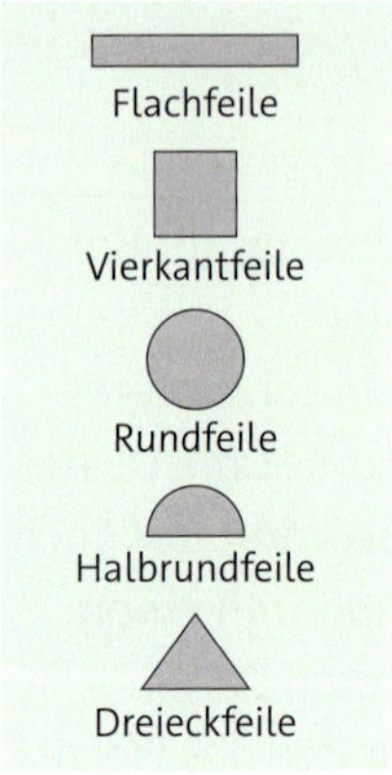

1 Querschnitte von Feilen

Feilen und raspeln • Beim Feilen und Raspeln muss das Werkstück fest eingespannt sein. Es soll so wenig wie möglich über die Spannbacken ragen, damit es nicht federt.
Alle Feilen arbeiten „auf Stoß“, also vom Körper weg.
Raspeln haben größere „Zähne“ als Feilen. Je dichter die Rillen auf einer Feile nebeneinanderliegen, desto weniger Holz trägt sie bei einem Durchgang ab. Die Oberfläche des Werkstücks wird dann schön glatt. → 1 2
Säubere die Raspeln und Feilen nach dem Gebrauch mit einer Bürste. Lege die Werkzeuge vorsichtig auf eine weiche Unterlage, weil die harten Zähne sonst leicht brechen.

Schleifen • Ganz glatt werden die Oberflächen mit Schleifpapier.
Am besten legt man es um einen Schleifklotz. So wird der Druck beim Schleifen gleichmäßig verteilt. → 3
Auf dem Schleifpapier kleben viele kleine Körner. Je größer die gedruckte Zahl auf der Rückseite des Papiers ist, desto feiner schleift es. Auf einem Schleifpapier mit der Körnung 120 kleben viel mehr Körner pro Quadratzentimeter als auf einem Papier mit der Körnung 60. → 3 Die 120er-Körner sind viel kleiner als die 60er.

Achtung • Schleifstaub kann Allergien auslösen! Eichen- und Buchenstäube können sogar Krebs erregen. Nicht abfegen oder abklopfen! Sauge die Werkstücke und den Arbeitsplatz gründlich mit einem Staubsauger ab.

2 Feile (links) und Raspeln

3 120er-, 60er- und 40er-Schleifpapier

Aufgaben

1 ○ Liste auf, welche Feilen im Technikraum vorhanden sind. Zeichne jeweils die Feilenquerschnitte dazu und beschrifte sie.

2 ◔ Erläutere die Vorteile der Rundfeile und der dreieckigen Feile. Beschreibe, wofür du die Feilen einsetzen würdest.

3 ○ Welche Körnung haben die Schleifpapiere im Technikraum? Notiere sie.

das Feilen
die Feile
das Schleifen
das Schleifpapier

Material A

Feilen und raspeln

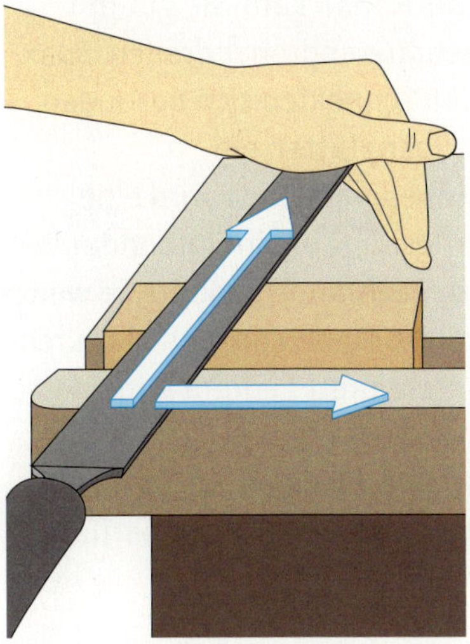

4 So feilst du richtig.

Mit Raspeln und Feilen kannst du Holzoberflächen bearbeiten. → 2

1 Spanne ein Kiefernbrett (Abfallstück) fest im Schraubstock ein.
Bewege die Feile oder Raspel über die Sägekante. Drücke bei der Vorwärtsbewegung mit dem Werkzeug leicht auf das Brett. Verschiebe das Werkzeug dabei seitlich. → 4
Tipp: Schräge die Sägekante immer wieder an, damit keine Späne ausreißen.
Rasple zunächst das Werkstück, bis es eben ist. Überlege dir, in welchen Schritten du vorgehst. Setze anschließend eine Feile am Werkstück ein.
◗ Bewerte deine Ergebnisse. Wofür setzt man besser die Raspel ein, wofür die Feile?

2 Bearbeite nun die Bauteile deines Schreibtischsets.

Material B

5 Glatte Kanten durch Schleifen

Mit Schleifpapier glätten

Nach dem Feilen stehen an den Kanten deiner Bauteile noch viele Fasern ab, an denen man sich leicht verletzen kann.
Beseitige die Fasern mit Schleifpapier. → 5

1 Probiere das Schleifen wieder an einem Abfallstück aus.
Umwickle einen Schleifklotz mit dem Schleifpapier. Nimm erst einmal Schleifpapier mit der Körnung 60. Verwende dann Schleifpapier mit der Körnung 120.
a ○ Vergleiche die Wirkungen der beiden Schleifpapiere.
b ◗ Welches Schleifpapier setzt du für die Teile des Schreibtischsets ein? Begründe deine Antwort.

2 Schleife nun die Bauteile deines Schreibtischsets schön glatt.

Schreibtischset – Fügen und Veredeln

1 Holzleim verstreichen

Leimen • Mit Holzleim verbindest du Werkstücke fest und dauerhaft miteinander. Der Leim ist nach 24 Stunden trocken.
Trage den Leim gleichmäßig und dünn auf einer Klebefläche auf. Zum Verstreichen eignet sich ein dünnes Abfallbrett. → 1 Bei besonders rauen Holzflächen werden beide Klebeflächen mit Leim eingestrichen. Anschließend presst du die beiden Klebeflächen z. B. mit einer Leimzwinge zusammen.

2 Spax-Schraube

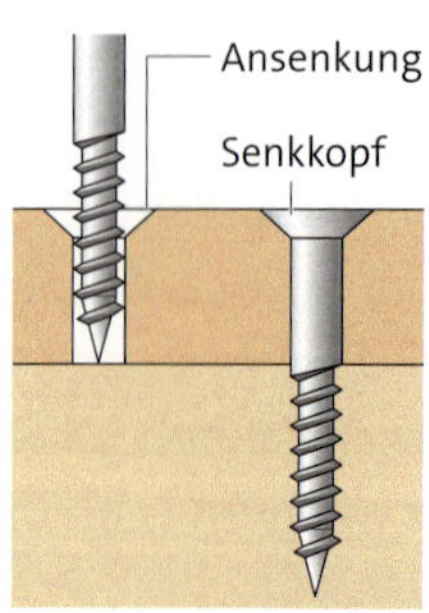

3 Verschraubung

Schrauben • Schraubverbindungen können immer wieder gelöst werden. Heute nimmt man vor allem Spax-Schrauben. → 2 Sie haben einen Kreuzschlitz. Man kann sie gut mit einem Schraubendreher drehen. Spax-Schrauben schneiden sich besonders leicht in Spanplatten ein.
In das aufliegende Brett wird eine Durchgangsbohrung im Außendurchmesser der Schraube gebohrt. Je weiter die Schraube durch das Loch hindurch in das untere Brett gedreht wird, desto besser hält die Verbindung.
Der Senkkopf der Schraube darf zum Schluss nicht über die Holzoberfläche herausragen. → 3

Oberflächen veredeln • Holzoberflächen schützt man je nach Beanspruchung mit Lack, Öl oder Wachs. Beachte jeweils die Sicherheitshinweise auf der Packung. Feuchtigkeit schadet dem Holz am meisten. Wenn du dein Schreibtischset immer im trockenen Zimmer lässt, reicht eine Behandlung mit Öl oder Wachs aus.

Aufgaben

1 ○ Beschreibe zwei Beispiele, in denen eine Schraubverbindung günstiger ist als eine Leimverbindung.

2 ◔ Vergleiche das Verleimen zweier Werkstücke mit dem Verschrauben. Stelle die Arbeitsschritte in einer Tabelle gegenüber.

Material A

Holzteile leimen

1 Übe an zwei Abfallstücken. Verstreiche ein wenig Holzleim dünn und gleichmäßig auf den beiden Teilen. Benutze dazu ein altes Brettchen. → 1
Beachte auch die Anwendungshinweise auf der Leimverpackung.

2 Füge die beiden Teile exakt zusammen. Spanne sie dann für 10 Minuten in eine Leimzwinge oder einen guten Holzschraubstock. → 4 5
Nach 24 Stunden kannst du die Verbindung belasten.

4 Leimzwinge

5 Holzschraubstock

Material B

Bretter verschrauben

1 Übe mit Abfallbrettern. Zeichne die Schraublinie mit Anschlagwinkel und Bleistift an. → 6

6 Schraublinie anzeichnen

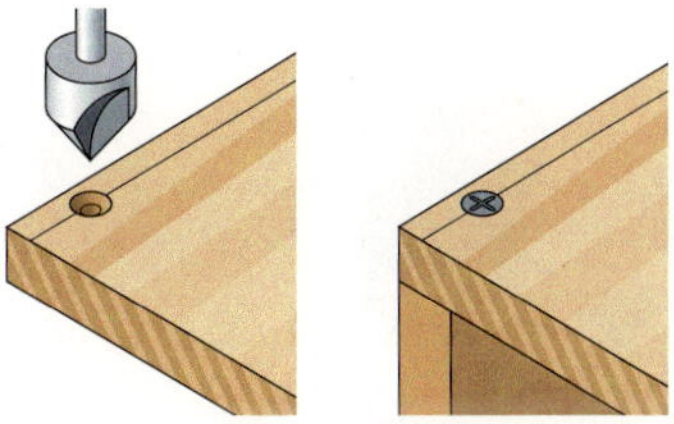

7 Bohrlöcher ansenken

Die Schraube muss in die Mitte des zweiten Bretts treffen. Zeichne 10 mm von außen ein Kreuz. Stich mit dem Vorstecher ein Loch. Nimm eine Spax-Schraube, die 20 mm in das zweite Brett eindringen kann. Miss ihren Außendurchmesser. Bohre ein passendes Loch an der markierten Stelle. Senke das Loch an. Die Schraube soll nicht über das Loch hinausragen. → 7
Schraube die Bretter mit dem Kreuzschlitzdreher zusammen.

2 Schraube die Rückwand deines Schreibtischsets an.

Material C

Oberflächen schützen

Gewachste oder geölte Holzoberflächen sehen edel aus und werden nicht so schnell schmutzig.

1 Übe mit Leinöl und Möbelwachs an geschliffenen Kiefernholzresten.
Achtung • Beachte die Sicherheitshinweise auf der Packung!
Trage das Öl mit einem Pinsel auf ein Holzstück auf. Reibe das Wachs mit einem Tuch auf das andere Stück. Poliere anschließend.

2 Veredle dein Schreibtischset. Entferne Leimreste vorher – Öl und Wachs haften nicht auf Leim.

Dein Set ist fertig!
Es kann nun beurteilt werden.

Ein Fahrzeug erfinden

Es gibt viele Möglichkeiten, ein Fahrzeug anzutreiben – erfinde selbst eine!

Fahrzeuge • Fahrzeuge sind für uns unentbehrlich geworden: Jeden Tag fahren wir damit zur Arbeit oder in die Schule. Viele Tonnen Güter gelangen in die Fabriken und in die Läden.

Energie für den Antrieb • Du musst deinem Fahrzeug Energie zuführen, um es anzutreiben.
„Echte" Autos werden meist von Verbrennungsmotoren angetrieben. In den Treibstoffen Benzin und Diesel steckt die Energie für ihren Antrieb.

2 Auto mit Mausefallenantrieb

1 Auto mit Gummimotor

3 Elektroauto

Wenn du ein Gummiband auf eine Achse wickelst, wird es gedehnt. → 1
Wir sprechen von Spannenergie.
Bei der Mausefalle drückst du eine Metallfeder zusammen. → 2 Im gedehnten Gummiband und in der zusammengedrückten Metallfeder ist Energie gespeichert.
Oder du verwendest die Energie eines Schwungrads, das du zuvor in Bewegung versetzt hast.
Nur die Energie für den Elektromotor musst du nicht mit deinen Muskeln erzeugen. Sie kommt aus der Batterie. → 3

Lager • Soll dein Fahrzeug schnell sein, dürfen die Achsen möglichst wenig in den Lagern abgebremst werden. → 4 Deshalb verwendet man Lager aus hartem Metall. Besonders gering ist die Reibung, wenn sich Achsen und Lager wenig berühren. Mit etwas Öl oder Fett zwischen Achse und Lager läuft es „wie geschmiert". Die Achse gleitet auf der Ölschicht so wie du auf der Wasserrutsche im Schwimmbad.

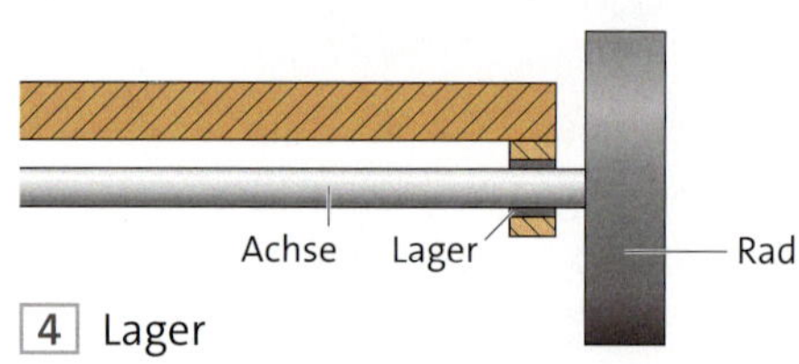

4 Lager

Aufgabe

1 Zeichne die Energieketten für die verschiedenen Modellautos. → 1 – 3

Material A

Formel Holz

Plane und baue ein Auto aus Holz für einen Wettbewerb.
- Wettbewerb 1: Welches Auto fährt am schnellsten einen Meter weit?
- Wettbewerb 2: Welches Auto fährt in einer Minute am weitesten?

Nur für Wettbewerb 2 dürfen Elektromotoren verwendet werden. Entscheide dich für einen der Wettbewerbe.

1 ◐ Überlege, welche Anforderungen dein Auto für den Wettbewerb erfüllen muss. Erstelle einen Beurteilungsbogen.

2 ○ Fertige eine Explosionszeichnung der Fahrzeugteile an. → 5

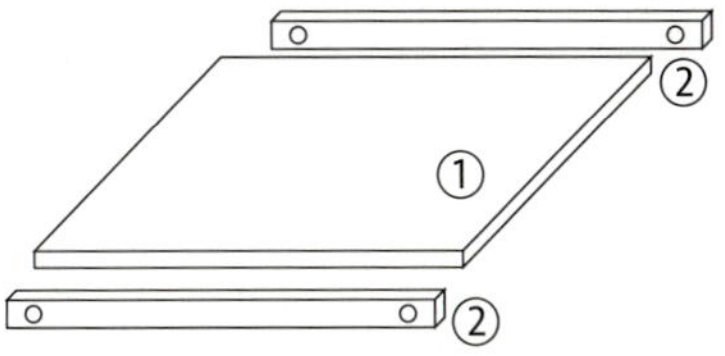

5 Grundplatte mit Holmen

3 ○ Erstelle eine Stückliste der Teile, die du verwenden willst. → 6
Die Teile werden von der Lehrkraft bereitgestellt.

4 ◐ Du erhältst eine Vorlage für den Arbeitsplan. → 7
Fülle den Plan mit den Arbeitsschritten für das Auto aus. Trage die notwendigen Werkzeuge ein.

5 ◐ Dein Auto ist fertig? Dann beschreibe in einem kurzen Text:
- wie es angetrieben wird
- wo es Verwendung finden könnte

Benutze Fachausdrücke.

Teil	Anzahl	Benennung	Werkstoff	Maße in mm
1	1	Grundplatte	Pappelsperrholz	160 × 99 × 6
2	2	Holme mit Bohrungen für die Achsen	Pappelsperrholz	160 × 10 × 5
3	?	...	...	...

6 Stückliste für das Fahrgestell

Name:	**Arbeitsplan zur Herstellung des Fahrzeugs**	**Datum:** **Schule:**
Nr.	**Arbeitsschritt**	**Werkzeug/Material**
1	Grundplatte 1 aufzeichnen	Stahllineal, Bleistift, Pappelsperrholz
2	Grundplatte aussägen	Feinsäge, Sperrholz
3	...	...

7 Arbeitsplan zur Herstellung des Fahrzeugs

Material B

1 ◐ Baue eine Fahrzeugplattform mit verschiedenen Achslagern:
- Holzachse – Holzloch
- Metallachse – Metallloch
- Metallachse – Holzloch

Lass das Fahrzeug von einer Rampe rollen.
Miss, mit welchen Lagern es am weitesten kommt.

Anhang

Operatoren

Keine Missverständnisse mehr bei Aufgaben

Die meisten Aufgaben in diesem Buch beginnen mit einem Verb:
- **Nenne** die fünf ...
- **Beschreibe** die Fortbewegung von ...
- **Erkläre**, warum unser Trinkwasser ...
- **Erläutere** die Begriffe ...
- ...

Diese Verben geben an, was du tun sollst.

Nenne

Notiere Namen oder Begriffe.

Aufgabe: Nenne die fünf Wirbeltierklassen.

Lösung: Fische, Amphibien, Reptilien, Vögel und Säugetiere

Beschreibe

Formuliere so genau (mit Fachwörtern), dass man sich alles vorstellen kann.

Aufgabe: Beschreibe die Fortbewegung von Schlangen.

Lösung: Schlangen bewegen sich auf ihren Bauchschuppen. Diese sind fest in der Haut verankert. Durch Muskelbewegungen werden die Bauchschuppen aufgerichtet, verhaken sich im Boden und schieben beim anschließenden Wiederanlegen an die Haut den Schlangenkörper ein Stückchen vorwärts.

Erkläre – Begründe

Notiere eine oder mehrere Ursachen.

Aufgabe: Erkläre, warum unser Trinkwasser in Wasserwerken aufbereitet werden muss.

Lösung: Das Grundwasser und vor allem auch das Wasser in unseren Flüssen und Seen ist oft stark verunreinigt. Es kann außerdem Krankheitserreger enthalten. Daher muss dieses Wasser in Wasserwerken gründlich gereinigt und anschließend noch kontrolliert werden.

Ordne

Teile in Gruppen ein. Lege z. B. Listen an.

Aufgabe: Ordne Stoffe aus dem Alltag nach „löslich in Wasser“ und „nicht löslich in Wasser“.

Lösung:
Löslich in Wasser: Zucker, Kochsalz, Essig, Luft
Nicht löslich in Wasser: Sand, Eisen, Öl, Glas

Erläutere

Erkläre ausführlich und liefere Beispiele.

Aufgabe: Erläutere die Begriffe „Schmusekatze“ und „Stubentiger“ im Hinblick auf die natürliche Lebensweise und die Verhaltensweisen der Katzen.

Lösung: Katzen kuscheln und schmusen mit dem Menschen. Sie haben sich aber neben ihrer Friedfertigkeit dem Menschen gegenüber auch ihre Wildheit bewahrt. Beispielsweise jagen sie wie eine Wildkatze. Sie schleichen sich in geduckter Haltung an ihre Beute heran. Die scharfen, spitzen Krallen an den Pfoten können beim Beutefang ausgestreckt werden. Die Beute wird mit den Krallen festgehalten und mit einem Biss in den Nacken getötet.

Vergleiche

Stelle Gemeinsamkeiten und Unterschiede dar.

Aufgabe: Vergleiche Insekten und Wirbeltiere im Hinblick auf Körperbau und Skelett.

Lösung:

	Insekten	Wirbeltiere
Körperbau	Gliederung in – Kopf – Brust mit 6 Beinen – Hinterleib	Gliederung in – Kopf – Rumpf mit Beinen, Flügeln oder Flossen
Skelett	Außenskelett ohne Knochen und Wirbelsäule	Innenskelett mit Wirbelsäule

Skizziere

Lege ein ganz einfaches Bild an, das auf den ersten Blick verständlich ist.

Aufgabe: Skizziere einen Baum.

Lösung:

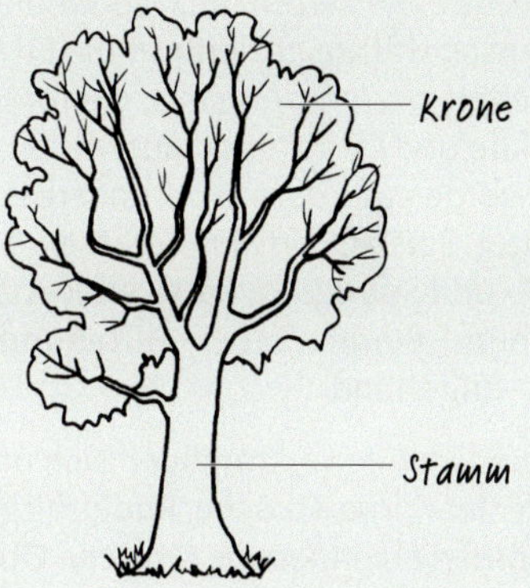

Zeichne

Gib dir Mühe, ein genaues und vollständiges Bild anzufertigen.

Aufgabe: Zeichne ein Blütendiagramm der Tulpenblüte. Beschrifte die einzelnen Blütenteile.

Lösung:

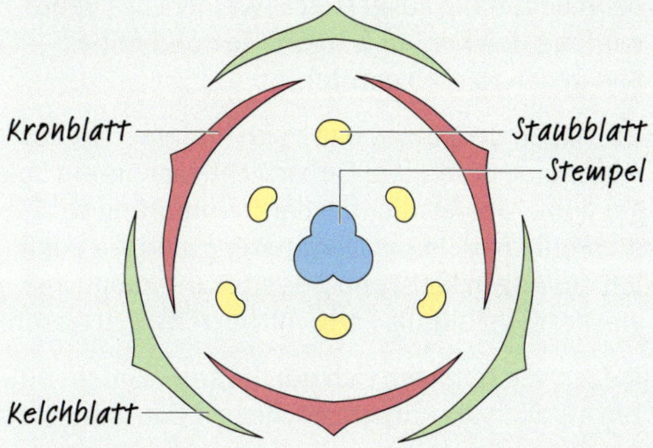

Haustiere – Seite 52/53

1 Nutztiere liefern dem Menschen Eier, Milch, Leder, Wolle oder die Arbeitskraft. Heimtiere werden aus Freude am Zusammenleben mit Tieren gehalten.

2 Individuelle Lösung
Beispiele: ein Hund – ein guter Freund und Spielpartner; eine Katze – zum Schmusen und Kuscheln, ein Zwergkaninchen – als Streicheltier, Fische – zum Beobachten und Ruhespenden, Exoten – etwas Besonderes zum Beobachten

3 Der Mensch erkannte im engen Zusammenleben mit gezähmten Wölfen, dass Wolfswelpen unterschiedliche Fähigkeiten und Merkmale besaßen. Der Mensch wählte gezielt nur die Elterntiere für eine weitere Vermehrung aus, die für ihn nützliche Merkmale und Fähigkeiten aufwiesen. Auf diese Weise wurden aus dem Wolf unsere Hunderassen gezüchtet. Beispiel für Hunderassen: Schäferhund – Wach- und Spürhund, Rottweiler – Wach- und Polizeihund, Border Collie – Hütehund, Münsterländer – Jagdhund

4 Wölfe und Hunde verständigen sich untereinander mithilfe der Körpersprache. Rudelmitglieder und Artgenossen erkennen die typische Ohren- oder Schwanzstellung, die entweder „Begrüßung“ oder „Angriff“ symbolisiert.
Wölfe und Hunde sind Hetzjäger. Der Wolf hetzt im Rudel seine Beutetiere. Hunde jagen ebenso hinter Tieren, Menschen und Objekten her, die sich bewegen.

5 Katzen kuscheln und schmusen mit dem Menschen. Sie haben sich neben ihrer Friedfertigkeit dem Menschen gegenüber aber ihre Wildheit bewahrt. Sie jagen als Einzelgänger und schleichen sich in geduckter Haltung an ihre Beute heran. Die scharfen, spitzen Krallen an den Pfoten können beim Beutefang ausgestreckt werden. Die Beute wird mit den Krallen festgehalten und mit einem Biss in den Nacken getötet.

6 Die Augen der Katzen haben im hinteren Teil des Auges eine besondere Farbschicht, die wie ein Spiegel wirkt. Das Restlicht in der Dämmerung wird hier reflektiert. In der Dämmerung sind die Pupillen der Augen kreisrund geweitet, um möglichst viel Restlicht auf die Farbschicht treffen zu lassen.

7 Katzen verständigen sich durch Laute. Zudem nutzen sie auch die Körpersprache und den Gesichtsausdruck.

8 Gleiche oder ähnliche Körperhaltungen und Gesichtsausdrücke haben bei Hund und Katze unterschiedliche Bedeutungen: das Aufstellen von Schwanz und Ohren als Zeichen des Angriffs (Hund) und als Zeichen der Freude/Begrüßung (Katze) ... Das kann zu Verständigungsproblemen führen.

9 Bei der inneren Besamung gibt der Kater die Spermienzellen in den Körper der Katze ab. Die Befruchtung erfolgt dann ebenfalls im Inneren des Körpers.

10 Individuelle Lösung
Beispiele:
Kaninchen leben in ihren Ställen außerhalb des Hauses als Schlachttiere oder leben im Haus im Käfig als Streichel- und Schmusetiere.
Pferde wurden früher in der Landwirtschaft als Arbeitstiere (Wagen und Pflug ziehen, Lasten tragen) gehalten. Heute stehen sie auf Höfen und in Reitställen als Sportkameraden (Reitpferde).
Hunde wurden früher auf den Höfen meistens als Wachhunde eingesetzt. Heute halten wir die Hunde vorwiegend als Familienmitglieder zum Spielen, Toben, Kuscheln und als Tröster.
(Weitere Beispiele: Katze, Rind, Schwein)

11 Die Jungtiere werden nach der Tragzeit lebend geboren und in den ersten Monaten gesäugt. Säugetiere besitzen Haare oder ein Fell.

12 Schweine bringen die Ferkel lebend zur Welt. Das Muttertier, die Sau, säugt die Ferkel in den ersten Monaten. Hausschweine erscheinen nur nackt, sie besitzen aber Haarborsten in der Haut.

13 Zu den Nesthockern zählen die Jungtiere, die direkt nach der Geburt (oder dem Schlüpfen) noch nicht vollständig entwickelt sind. Bei Säugetieren kommen die Nesthocker nackt und blind zur Welt (z. B. Hunde- und Katzenwelpen). Nestflüchter kommen sehr weit entwickelt auf die Welt und finden sich sofort in ihrer Umwelt zurecht (z. B. Hasen).

14 Milchrinder sind gezüchtet, um einen möglichst hohen Milchertrag von der Kuh zu erzielen. Fleischrinder werden als Schlachtvieh gezüchtet. Sie liefern nur wenig Milch, aber viel Fleisch.

15 Rinder sind Säugetiere. Kühe bringen Kälber zur Welt, die dann in den ersten Monaten gesäugt werden. Kühe müssen jährlich kalben, damit der Mensch die Milch der Kühe melken kann.

16 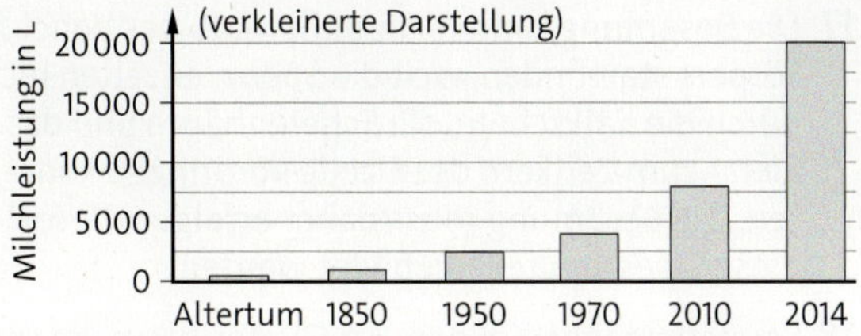

17 Der natürliche Lebensraum von Schweinen sind Dickichte, beschattete Grasflächen und Wälder, durch die sie nach Wurzeln, Insekten, Schnecken und Würmern grabend und wühlend ziehen.
Die Schweine bewegen sich in ihrem natürlichen Lebensraum und suchen ihre Fress- und Ruheplätze im Weideland.

18 Bei der Kleingruppenhaltung leben bis zu fünf Hühner in einem kleinen Käfig. Sie können sich kaum bewegen. Bei der Bodenhaltung können sich die Hühner frei im Stall bewegen, können scharren und picken.

19 Artgerechte Tierhaltung orientiert sich an den natürlichen Lebensbedingungen der Tiere und ihrem angeborenen Verhalten. Nutztiere müssen ihren Bedürfnissen entsprechend gehalten werden.

20 Bild 4 zeigt ein Pflanzenfressergebiss. Im Ober- und Unterkiefer sind Schneidezähne, die beim Abreißen der Gräser helfen. Eckzähne sind nur verkümmert vorhanden. Die breiten, kräftigen Backenzähne zermahlen die Gräser und Kräuter.
Bild 5 zeigt ein Fleischfressergebiss. Im Ober- und Unterkiefer befinden sich lange, spitze Eckzähne. Mit ihnen wird die Beute ergriffen, festgehalten und getötet. Die Reißzähne sind besonders groß und scharfkantig. Sie zerteilen die Beute und knacken Knochen auf. Die kleinen Schneidezähne eignen sich besonders zum Abnagen von Knochen.
Bild 6 zeigt ein Allesfressergebiss. In diesem Gebiss sind Schneide- und Eckzähne sowie vordere und hintere Backenzähne vorhanden. Tiere mit diesem Gebisstyp ernähren sich sowohl von pflanzlicher als auch tierischer Nahrung.

21 Die Unterschiede liegen in der Anzahl und Beschaffenheit von Backenzähnen und Eckzähnen.

22 Individuelle Lösung
Pflanzenfressergebiss: Pferd, Rind
Fleischfressergebiss: Wolf, Katze
Allesfressergebiss: Wildschwein, Mensch

Wirbeltiere – Seite 92/93

1 Die Klassen der Wirbeltiere sind: Fische, Amphibien, Reptilien, Vögel und Säugetiere.

2 Alle Wirbeltiere besitzen ein knöchernes Innenskelett mit Wirbelsäule.

3 Fische: Die Haut ist schleimig und mit Knochenschuppen bedeckt.
Amphibien: Die Haut ist feucht und besitzt Drüsen.
Reptilien: Die Haut ist trocken und schuppig.
Vögel: In der Haut wachsen Federn, die den gesamten Vogelkörper bedecken.
Säugetiere: In der Haut wachsen Haare, die den Säugetierkörper als Fell bedecken.

4 Bild 1 zeigt Federn, die in der Haut wachsen. Es handelt sich also um die Wirbeltierklasse Vögel.

5 a Richtig
b Falsch. Das Maul der Fische dient auch der Aufnahme von Atemwasser.
c Falsch. Die Schwimmblase der meisten Fische ist mit Gas gefüllt.
d Richtig
e Falsch. Bei der Fortpflanzung der Fische entsteht durch die Entwicklung im Ei eine Fischlarve.
f Falsch. Die meisten Fische zeigen eine äußere Besamung.

6 Die beiden großen Gruppen der Amphibien sind die Froschlurche und die Schwanzlurche. Froschlurche wie Kröten und Frösche besitzen keinen Schwanz. Schwanzlurche wie Molche und Salamander besitzen einen Schwanz.

7 Über ihre feuchte Haut nehmen Amphibien Sauerstoff aus der Luft auf. Wenn die Haut austrocknet, ist diese Sauerstoffaufnahme nicht mehr möglich. Daher sind Amphibien auf eine feuchte Umgebung angewiesen.

8 Die Entwicklung der Amphibien verläuft im Wasser. Aus dem befruchteten Ei entwickelt sich eine Larve, die eine Zeit lang im Wasser lebt. Diese Kaulquappe wächst heran, bildet erst Vorderbeine, dann die Hinterbeine. Der Schwanz bildet sich zurück. Aus der Kaulquappe hat sich eine Jungkröte entwickelt. Diese Umwandlung heißt Metamorphose.

9 Viele Amphibien suchen zur Fortpflanzung im Frühjahr die Gewässer auf, in denen sie als Kaulquappen gelebt haben. Dafür legen sie lange Wege zurück. Auf diesen Wegen treten Gefahren auf, zum Beispiel durch Autoverkehr.

10 Die Gliedmaßen vieler Reptilien stehen seitlich vom Körper ab. Bei der Fortbewegung schieben sie ihren Körper kriechend über den Boden.

11 Reptilien sind wechselwarm. Ihre Körpertemperatur entspricht der Temperatur der Umgebung. Bei Kälte können sie sich nicht bewegen.

12 Schlangen bewegen sich auf ihren Bauchschuppen. Diese sind fest in der Haut verankert. Durch Muskelbewegungen werden die Bauchschuppen aufgerichtet, verhaken sich im Boden und schieben beim anschließenden Wiederanlegen an die Haut den Schlangenkörper ein wenig vorwärts.

13 Vögel haben einen Schnabel aus leichtem Horn. Ihre Knochen sind hohl. Die Federn sind innen hohl.

14

Feder	Lage	Aufgabe
Daunen	direkt am Körper	bilden Luftpolster, verringern Wärmeabgabe
Deckfeder	über den Daunen	schützen Daunen, bilden geschlossene Schicht, fördern Stromlinienform
Steuerfeder	am Schwanz	Steuerung beim Flug
Schwungfedern	an den Flügeln	bilden geschlossene Schicht

15

Eibestandteil	Aufgabe
Kalkschale	mechanischer Schutz
Schalenhäute	Schutz vor Austrocknung
Luftkammer	Versorgung des Eiinneren mit Sauerstoff
Eiklar	Nährstoffe
Hagelschnüre	halten den Dotter in Position
Dotterhaut	Abgrenzung der Eizelle
Keimscheibe	Entwicklung des Embryos
Dotter	Nährstoffe

16

Wirbeltierklasse	Besamung, Befruchtung	Ort der Eiablage	Entwicklung der Jungtiere
Fische	außerhalb des Körpers	im Wasser	im Ei / Fischlarve
Amphibien	außerhalb des Körpers	im Wasser	im Ei / Kaulquappe
Reptilien	im Körper	an Land	im Ei
Vögel	im Körper	an Land	im Ei
Säugetiere	im Körper	–	im Mutterleib

17 Die Besamung kann nicht außerhalb des Vogelkörpers stattfinden, weil die Spermienzellen nicht durch die Kalkschale, die Schalenhäute und das Eiklar zum Zellkern der Eizelle vordringen könnten. Die Besamung muss daher erfolgen, bevor diese Eibestandteile gebildet werden.

18 Säugetiere leben in der Luft (Fledermaus), an Land (Hund), unter der Erde (Maulwurf) und im Wasser (Blauwal). Sie sind an ihren jeweiligen Lebensraum angepasst.

19 Fledermäuse besitzen eine Flughaut, die zwischen den stark verlängerten Fingern, den Beinen und dem Schwanz aufgespannt ist.

20 Diese Redensart ist biologisch gesehen falsch. Maulwürfe sind nicht blind, sie sehen lediglich nicht so gut. Ihre kleinen Augen sind eine Angepasstheit an ihren Lebensraum.

21 a Falsch. Fledermäuse sind Säugetiere und können fliegen.
b Richtig
c Falsch. Wale atmen mit Lungen.
d Richtig
e Richtig
f Falsch. Igel sind in der Dämmerung oder in der Nacht aktiv.

22 Igel und Eichhörnchen sind in die von Menschen geschaffenen Lebensräume wie Parks gefolgt und leben dort. Daher werden sie als Kulturfolger bezeichnet.

Wirbellose – Seite 117

1 1 Kopf, 2 Brust, 3 Hinterleib, 4 Flügel, 5 Netzauge, 6 Fühler, 7 gegliederte Beine

2 a Die Entwicklung des Tagpfauenauges vollzieht sich in vier Schritten: vom Ei über die Larve zur Puppe und schließlich zum erwachsenen Tier. Die Larven werden bei Schmetterlingen auch Raupen genannt. Auch andere Insekten wie Bienen und alle Käfer entwickeln sich in einer vollkommenen Verwandlung. Bei der unvollkommenen Verwandlung fehlt das Puppenstadium.
b Der Marienkäfer vollzieht eine vollkommene Verwandlung über ein Larven- und Puppenstadium.

3 5 Beißzangen: Larve (Engerling); 6 Saugrüssel: Schmetterling; 7 Stechrüssel: Mücke

4

	Insekt	Wirbeltier
Körperbau	Gliederung in Kopf, Brust mit sechs Beinen (und oft mit Flügeln) und Hinterleib	Gliederung in Kopf und Rumpf mit Beinen, Flügeln oder Flossen
Skelett	Außenskelett ohne Knochen und Wirbelsäule	Innenskelett mit Wirbelsäule

5 Insekten können sich trotz ihres starren Außenskeletts bewegen, weil die Einzelteile ihres Panzers durch Gelenkhäute beweglich verbunden sind.

6 Weinbergschnecken sind Zwitter: Jedes Tier besitzt sowohl weibliche als auch männliche Geschlechtsorgane. Nachdem sich zwei Schnecken gepaart haben, werden die Eier in einer Erdhöhle abgelegt.

7 a Weder die Biene noch die Schnecke besitzen ein Innenskelett mit Wirbelsäule.
b Die Weinbergschnecke ist kein Insekt. Sie ist ein Weichtier. Sie besitzt weder sechs Beine noch Netzaugen, Flügel, Mundwerkzeuge, eine Gliederung des Körpers in Kopf, Brust und Hinterleib, ein Außenskelett aus Chitin. Auch die Entwicklung vollzieht sich nicht über Larve und Puppe.

Blütenpflanzen – Seite 162/163

1 Kontrolle der Schemazeichnung: Seite 121, Bild 3.
Die Wurzeln geben Halt im Boden und dienen der Aufnahme von Wasser und Mineralstoffen.
Die Sprossachse trägt die Blätter und Blüten und leitet Wasser, Mineral- und Nährstoffe.
Die Blätter stellen aus Sonnenlicht und Kohlenstoffdioxid Nährstoffe und Sauerstoff her.
Die Blüte dient der Fortpflanzung.

2 1 Kronblatt, 2 Staubblatt, 3 Narbe, 4 Griffel, 5 Fruchtknoten, 6 Stempel, 7 Kelchblatt

3

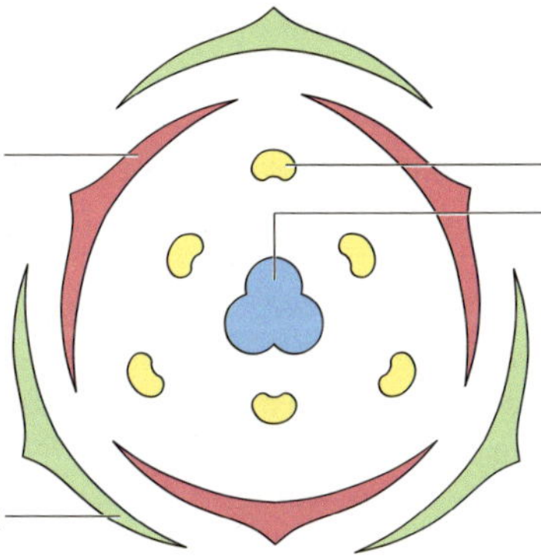

4 Für die Zuordnung zu einer Pflanzenfamilie ist der Aufbau der Blüte von Bedeutung.

5 Rosenblütengewächse haben 5 Kronblätter, 5 Kelchblätter und zahlreiche Staubblätter. Beispiele: Heckenrose, Apfelbaum

6 a Falsch. Nach der Bestäubung bildet das Pollenkorn einen Pollenschlauch aus.
b Richtig
c Richtig
d Falsch. Eine Frucht kann mehr als einen Samen enthalten.

7 Dargestellt ist die Bestäubung einer Blüte durch eine Biene. Die Biene fliegt auf der Suche nach Nahrung von Blüte zu Blüte. Dabei bleibt Pollen an ihrem Körper hängen. Beim Besuch der nächsten Blüte überträgt sie die Pollen auf die Narbe dieser Blüte. Die Blüte wird bestäubt.

8 a Es gibt Verbreitung durch Wind, Wasser, Tiere, Mensch und die Selbstverbreitung.
b Löwenzahn: Windverbreitung
c Eichhörnchen legen mit gesammelten Samen und Früchten Vorräte für den Winter an. Werden nicht alle Samen oder Früchte wiedergefunden, können diese auskeimen. Ungewollt betätigt sich das Eichhörnchen als Gärtner, indem es für die „Anpflanzung" neuer Pflanzen sorgt.

9 Die Voraussetzungen für die Keimung einer Pflanze sind Wasser, Wärme und Luft.

10 1 Laubblätter, 2 Keimstängel, 3 Keimwurzel, 4 Keimblätter, 5 Samenschale

11 a Bei der ungeschlechtlichen Fortpflanzung entstehen aus Teilen der Mutterpflanze identische Tochterpflanzen. Die Pflanze vermehrt sich ohne Früchte und Samen.
b Formen ungeschlechtlicher Fortpflanzung: Ableger, Stecklinge, Ausläufer, Knollen, Zwiebeln

12 Es handelt sich um einen Nadelbaum. Die Blätter sind nadelförmig und es sind Zapfen zu erkennen.

13 Die Wachsschicht der Nadeln verringert die Gefahr des Austrocknens. Aus diesem Grund müssen die Nadeln im Herbst nicht abgeworfen werden.

14 Wichtige Nutzpflanzen: Weizen, Gerste, Roggen, Hafer, Kartoffel, Kohl und Raps. Aus Weizen, Gerste, Roggen und Hafer wird Mehl für Backwaren hergestellt. Kartoffeln sind ein Grundnahrungsmittel, Kohl ist ein wichtiges Gemüse. Aus Raps wird Speiseöl und Biodiesel hergestellt.

15 Alle Getreidearten wie Weizen und Roggen, aber auch Mais und Reis gehören zu den Gräsern. Sie sind die wichtigste Nahrungsgrundlage für den Menschen. Daher trifft die Aussage zu.

Lebensräume – Seite 187

1 Temperatur, Licht und Feuchtigkeit gehören zu den ökologischen Faktoren.

2 Jedes Lebewesen hat bestimmte Ansprüche an seine Umwelt. Nur wenn sie erfüllt sind, können Tiere und Pflanzen in einem Lebensraum leben.

3 Die Temperatur misst man mit einem Thermometer. Das Licht wird mit einem Luxmeter gemessen. Es gibt auch ein Messgerät für Bodenfeuchtigkeit.

4 A Haselnuss → Maus, B Maus → Eule,
C Regenwurm → Vogel, D Vogel → Fuchs,
E Gräser → Kaninchen, F Kaninchen → Luchs

5 Eine Nahrungskette gibt die Nahrungsbeziehungen zwischen Lebewesen wieder. Diese Nahrungsbeziehungen lassen sich als Kette mit Pfeilen zwischen den Lebewesen darstellen. Der Pfeil bedeutet „wird gefressen von“.
Die Verbindung verschiedener Nahrungsketten ergibt ein Nahrungsnetz. Es stellt die Nahrungsbeziehungen zwischen vielen verschiedenen Lebewesen dar.

6 Im Sommer nimmt der Baum Wasser über die Wurzeln aus dem Boden auf. Über den Stamm und die Äste erfolgt der Transport bis zu den Blättern. Über die Blätter wird Wasserdampf nach außen abgegeben. Im Winter ist das Wasser im Boden gefroren und kann nicht aufgenommen werden.

7 Die Pflanze gibt ständig Wasser über die Blätter ab. Damit die Pflanze nicht vertrocknet, werden die Blätter abgeworfen. Da im Winter das Bodenwasser gefriert, können die Pflanzen kein Wasser mehr aufnehmen.

8 Im Frühjahr sind die Bäume noch frei von Laub. Die Tage (bzw. die Sonnenscheindauer am Tag) werden länger. Im Herbst fällt das Laub von den Bäumen und lässt mehr Licht auf den Waldboden.

9 Ursachen für das Aussterben vieler Tierarten sind zum Beispiel der Flächenverbrauch durch Straßen- und Siedlungsbau, die Intensivierung der Landwirtschaft oder die Störung der Tiere durch Freizeitaktivitäten von Menschen.

10 Wenn man eine Wiese unter Schutz stellt, auf der eine seltene Orchideenart wächst, nützt das nicht nur dieser seltenen Pflanzenart. Alle anderen Pflanzen und Tiere, die auf dieser Wiese leben, werden dadurch auch geschützt.

11 Beispiele für individuelle Lösungen: Die Vermehrung des Fischadlers wird durch Kunstnester unterstützt. Die Verbreitung des Laubfroschs wird durch Anlegen von Kleingewässern unterstützt.

Materialien trennen – Umwelt schützen Seite 209

1 Biomüll: Gartenabfälle, Küchenabfälle
Altpapier: Zeitungen, Zeitschriften
Altglas: Weinflaschen, Marmeladengläser
Elektroschrott: elektrische Zahnbürste, Radio
Sperrmüll: altes Sofa, Kunststoffgartenstuhl
Problemmüll: Energiesparlampe, Batterie
Verpackungsmüll (gelber Sack): Joghurtbecher, Konservendosen

2 Beratung durch Recyclingfachkräfte, korrekte Entsorgung auch von Problemabfällen, genaue Trennung in viele Müllsorten

3 Die Begriffe werden in folgender Reihenfolge eingesetzt: Deponien – wiederverwertet – Glas – Papier – gering – Müllverbrennungsanlagen.

4

Gerät	Trennung durch:	Trennung von:
Windsichter	Luftstrom	leichten und schweren Bestandteilen
Magnetabscheider	magnetische Eigenschaften	Eisen und anderen Metallen
Sink-Schwimm-Anlage	unterschiedliches „Schwimmverhalten“	unterschiedlichen Kunststoffen
Sortieren von Hand	Handarbeit	Aussortieren von Textilien und großen Gegenständen
Sieb	unterschiedliche Größe	großen und kleinen Bestandteilen

5 Die Stoffreste werden aussortiert. Die Plastikfolien und das Papier bläst man mit einem Föhn weg. Wenn man dann die Plastikfolien und das Papier in Wasser gibt, kann man den Papierbrei durch ein grobes Sieb drücken, während die Plastikfolie zurückgehalten wird.

Die Büroklammern kann man mit einem Magneten herausholen. Das restliche Gemisch gibt man in Wasser: Das Glas sinkt nach unten, die Korken schwimmen oben und werden abgeschöpft.

6 Zersetzer zerkleinern, fressen und verdauen Laub, Holz und andere Reste von Pflanzen oder Tieren. Insgesamt zersetzen sie das tote Material vor allem zu Mineralstoffen, Kohlenstoffdioxid und Wasser. Diese Stoffe sind wieder Grundlage für das Wachstum neuer Pflanzen. Die Zersetzer ermöglichen also einen ständigen Materialkreislauf in der Natur.

7 Falls der Komposthaufen in den warmen Monaten zu oft austrocknet: gelegentlich befeuchten, durch Seitenwände gegen Austrocknung schützen oder einen Baum neben den Komposthaufen pflanzen. Falls es an Bodenlebewesen mangelt: Gartenerde in den Kompost mischen oder Bodenlebewesen durch leicht verdauliches altes Laub anlocken. Dass es insgesamt zu kalt ist, ist unwahrscheinlich. Denn die heimischen Bodenlebewesen sind ja an unser Klima angepasst.

Wasser zum Leben – Seite 252/253

1 A – umfassende Begründung
B, C, D, E – Die Aussagen treffen zu, sind aber keine umfassenden Begründungen.

2 löslich in Wasser: Kochsalz, Zucker, Luft, Essig
unlöslich in Wasser: Sand, Glas, Kupfer, Eisen

3 Durch Rühren, Zerkleinern und Erwärmen kann man den Lösevorgang beschleunigen.

4 Merkmale für die Angepasstheit der Fische an das Leben im Wasser sind: stromlinienförmiger Körperbau, dachziegelartig aufeinanderliegende Fischschuppen, Schleimhaut, Flossen, Seitenlinienorgan, Schwimmblase, Kiemen.

5 Fischkörper sind stromlinienförmig. Sie laufen am Kopf und am Schwanz spitz zu.

6 Fische atmen durch Kiemen, die sich unter den Kiemendeckeln befinden. Sie lassen das Wasser durch ihr Maul einströmen. Die zarten Kiemenblättchen können den im Wasser gelösten Sauerstoff aufnehmen. Anschließend fließt das Wasser durch die Kiemendeckel wieder nach außen.

7 a Der Hammer hat eine Masse von 1,5 kg.
b Die Tüte hat eine Masse von 100 g.

8 Ein Eisenschiff ist ein Hohlkörper. Es schwimmt, weil die Dichte des Hohlkörpers geringer ist als die Dichte des Wassers. Die Dichte des Eisenwürfels ist größer als die Dichte des Wassers – er sinkt.

9 0 °C: Gefrierpunkt des Wassers, Fixpunkt der Celsiusskala; 37 °C: Körpertemperatur; 100 °C: Siedepunkt des Wassers, Fixpunkt der Celsiusskala

10 a Unser Temperatursinn schützt uns vor Gefahren, weil er Temperaturänderungen sehr schnell wahrnimmt.
b Wer im Schwimmbad vorher kalt geduscht hat, fühlt sich im Becken pudelwohl. Wer warm geduscht hat, friert.

11 Auf Augenhöhe ablesen. Warten, bis die Anzeige stillsteht. Thermometerkugel ganz eintauchen und während der Messung nicht herausziehen.

12 a Unser Temperatursinn ist zwischen 35 und 40 °C so empfindlich, dass wir Abweichungen von der normalen Körpertemperatur spüren können.
b Temperaturen: 39,4 °C; 38,8 °C; 38,5 °C; 39,1 °C
c Das Diagramm sollte auf Millimeterpapier angelegt werden; Einteilung: 1 mm entspricht 0,1 °C. Die Temperaturachse sollte nicht bei 0 °C, sondern z. B. bei 37 °C beginnen.

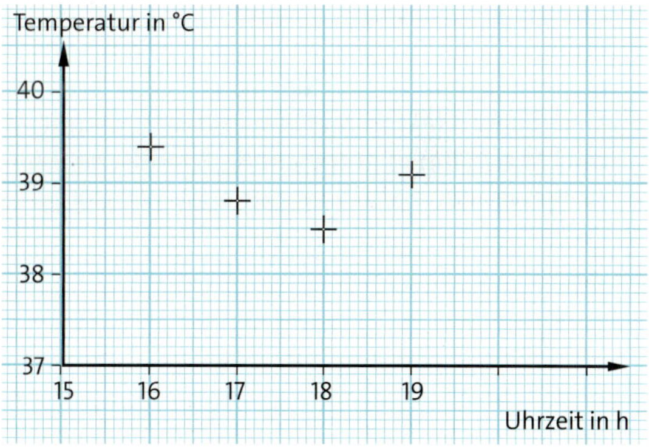

d Durch die Wadenwickel ist die Körpertemperatur um 0,6 °C zurückgegangen.
e Die Einteilung (Skala) des Experimentierthermometers ist nicht „fein“ genug. Die Temperaturen können nur auf 1 °C genau abgelesen werden, nicht auf 0,1 °C.

13 Aggregatzustände: fest, flüssig, gasförmig

14 a Alkohol, Wasser, Quecksilber
b Paraffin, Schwefel, Quecksilber

15 Das Wasser aus Flüssen und Seen enthält Verunreinigungen und Krankheitserreger. Erst wenn diese entfernt sind, kann dieses Wasser getrunken werden.

16 Filtrieren: erstes Becken; Dekantieren: Sandfang und Vorklärbecken

Energie clever nutzen! – Seite 310/311

1 Brot: chemische Energie; heißer Tee: thermische Energie; Sonnenlicht: Strahlungsenergie; fahrendes Auto: Bewegungsenergie

2 a Beispiele: Toaster, Wasserkocher, Herdplatte
b Beispiele: Energiewandler LED-Lampe: elektrische Energie → Strahlungsenergie; Energiewandler Mixer: elektrische Energie → Bewegungsenergie; Energiewandler Fernsehgerät: elektrische Energie → Strahlungsenergie, Schallenergie
c Niels hat recht. Die Glühlampe scheint nicht nur hell, sondern wird auch sehr heiß. Elektrische Energie wird also in Strahlungsenergie und thermische Energie umgewandelt. Energiewandler Glühlampe: elektrische Energie → Strahlungsenergie, thermische Energie

3 Die Muskeln wandeln chemische Energie um, die aus unserer Nahrung stammt. Die chemische Energie in Nahrungspflanzen ist umgewandelte Strahlungsenergie von der Sonne. Tiere ernähren sich direkt oder indirekt von Pflanzen. Damit ist auch die in ihnen gespeicherte chemische Energie umgewandelte Strahlungsenergie von der Sonne.

4 a Die Sonne erwärmt und beleuchtet die Erde. Ihre Energie lässt Pflanzen wachsen und leben. Dadurch wird die Erde mit Sauerstoff versorgt und wir erhalten Nahrung. Holz, Erdöl, Erdgas und Kohle speichern Strahlungsenergie von der Sonne als chemische Energie. Beim Verbrennen entsteht thermische Energie, die wir zum Heizen und Antreiben von Motoren nutzen. Die Strahlungsenergie von der Sonne kann mit Sonnenkollektoren in thermische Energie zum Heizen umgewandelt werden oder mit Solarzellen in elektrische Energie zum Betreiben von elektrischen Geräten.
b Beispiel: Strahlungsenergie strömt in den Energiewandler Solarzelle hinein, elektrische Energie strömt heraus und fließt in den Energiewandler Elektromotor hinein, Bewegungsenergie strömt heraus und treibt ein Modellauto an.

5 Verbrennungsbedingungen: Es müssen ein brennbarer Stoff und Sauerstoff vorhanden sein. Die Entzündungstemperatur muss erreicht sein.

6 Beobachtung: Die Flamme erlischt nach kurzer Zeit.
Erklärung: Bei der Verbrennung wird der Sauerstoff in der eingeschlossenen Luft verbraucht. Wenn kein Sauerstoff mehr vorhanden ist, fehlt eine Voraussetzung für die Verbrennung.

7 a Die Zufuhr von Frischluft wird verhindert.
b In Garagen, Autowerkstätten und Tankstellen sind brennbare Stoffe (zum Teil in der Luft fein verteilt) und Sauerstoff vorhanden. Damit kein Feuer ausbrechen kann, darf die Zündtemperatur nicht erreicht werden. Das wäre aber bei einem offenen Feuer an diesen Orten der Fall.
c Wenn man Spiritus auf heiße Grillkohlen gießt, kommt es zu einer explosionsartigen Verbrennung.
d Im Nawi-Raum kann es zu Bränden von Flüssigkeiten oder elektrischen Anlagen kommen. Solche Brände dürfen nicht mit Wasser gelöscht werden. Sie können mit Sand oder einer Löschdecke erstickt werden. Dabei wird die Frischluftzufuhr für das Feuer unterbunden.

8 Biber: Winterruhe; Erdkröte: Winterstarre; Amsel: winteraktiv; Igel: Winterschlaf

9 a Grasfrösche suchen vor dem Winter frostgeschützte Stellen auf (z. B. den Bodenschlamm von Gewässern) und überwintern dort. Ihre Körpertemperatur sinkt ab, sie fallen bei tiefen Temperaturen in Winterstarre.
b Wenn die Temperatur weit unter den Gefrierpunkt fällt, kann sich Eis im Körper des Grasfroschs bilden. Dann überlebt der Frosch den Winter nicht.
c Eisbären sind gleichwarm, Grasfrösche wechselwarm. Die Frösche würden die meiste Zeit des Jahrs bewegungslos (und damit eine leichte Beute) sein. Bei sehr tiefen Außentemperaturen würde sich in ihrem Körper Eis bilden, sodass sie nicht überleben.

10 Wenn sich die Amseln aufplustert, hält sie mehr Luft in ihrem Gefieder fest. Diese Luft ist ein sehr schlechter Wärmeleiter und sorgt für eine gute Wärmedämmung. Der Vogel benötigt dadurch weniger Energie, um seine Körpertemperatur aufrechtzuerhalten.

11 Der Weißstorch ernährt sich von Fröschen, Mäusen, Insekten und Würmern. Diese Nahrung steht im Winter in Europa nicht zur Verfügung. Deshalb nimmt der Weißstorch die lange Reise nach Afrika auf sich. Im Winterquartier versammeln sich sehr viele Störche. Die Nahrung reicht für sie aus, aber nicht für die Aufzucht von Jungtieren. Deshalb ziehen die Störche im Frühjahr wieder nach Norden, wenn es dort ein großes Nahrungsangebot gibt.

12 Angepasstheiten der Vögel für das Fliegen: Leichtbauweise der Knochen, leichte Federn, Heranwachsen der Jungtiere in Eiern außerhalb des Körpers, schnelle Verdauung, starrer Knochenbau unterstützt Stromlinienform, gewölbte Flügel, veränderliche Federstellung bei Aufwärts- und Abwärtsschlag der Flügel

13 a Flugformen des Bussards: Gleitflug, Segelflug, Ruderflug
b Beim Gleitflug und beim Segelflug bewegt der Bussard seine Flügel nur wenig. Die Schwungfedern sind in geschlossener Stellung. Beim Gleitflug sinkt der Bussard allmählich aus größerer Höhe herab, beim Segelflug wird er durch Aufwinde in größere Höhen getragen. Bei beiden Flugformen verbraucht der Vogel nur wenig Energie.
Beim Ruderflug bewegt der Bussard die Flügel kräftig auf und ab, um an Höhe zu gewinnen und vorwärtszukommen. Dabei verbraucht er viel mehr Energie als bei Gleit- und Segelflug. Die Steuerfedern befinden sich beim Abwärtsschlag in geschlossener Stellung, beim Aufwärtsschlag in offener Stellung.
c Gleit- und Segelflug verbrauchen viel weniger Energie als der Ruderflug. Nur beim Ruderflug müssen sich die Flugmuskeln des Bussards ständig bewegen. Dafür ist viel Energie erforderlich.

14 In der bauschigen Jacke ist viel Luft eingeschlossen. Die Luft ist ein sehr schlechter Wärmeleiter, sodass die Wärmedämmung der Jacke sehr gut ist. Dadurch braucht man weniger Energie, um die Körpertemperatur aufrechtzuerhalten. In der Jacke fühlt man sich wohlig warm.

15 Die Daunenfedern sorgen dafür, dass die Bettdecke sehr bauschig wird. In der bauschigen Bettdecke ist viel Luft eingeschlossen. Die Luft ist ein sehr schlechter Wärmeleiter, sodass die Wärmedämmung der Bettdecke sehr gut ist. Dadurch braucht man weniger Energie, um die Körpertemperatur aufrechtzuerhalten. Unter der Bettdecke fühlt man sich wohlig warm.

16 a Reihenfolge: Eisen (bester Wärmeleiter), Ziegelstein, Wasser, Glaswolle, Luft (schlechtester Wärmeleiter)
b Dämmstoffe für den Hausbau: Styroporplatte, Glaswolle
c Schon in der dünnen Styroporplatte ist viel Luft eingeschlossen, sodass sie ein sehr schlechter Wärmeleiter ist. Beton ist ein viel besserer Wärmeleiter als Luft.

17 a Auf der Herdplatte wird Wärme durch Wärmeleitung auf den Topf übertragen.
b Die Sonne erwärmt die Erde durch Strahlung.
c Die thermische Energie aus dem Heizkessel gelangt durch Wärmeströmung zum Heizkörper.

18 Im Brenner verbrennt Öl.
Das Wasser wird im Kessel erhitzt.
Die Pumpe pumpt heißes Wasser zum Heizkörper.
Der Heizkörper gibt Wärme ans Zimmer ab.
Das Wasser kühlt im Heizkörper ab und strömt zurück zum Kessel.

Erwachsen werden – Seite 331

1 a In der Pubertät werden Mädchen und Jungen geschlechtsreif. Außerdem entwickeln sich die sekundären Geschlechtsmerkmale: Brüste und breite Hüften bei Mädchen, breite Schultern und Bartwuchs bei Jungen.
b Mädchen und Jungen verbringen mehr Zeit mit Gleichaltrigen. Es steigt auch das Interesse am anderen Geschlecht. Es treten vermehrt Probleme mit Eltern und Lehrern auf.

2 Geschlechtshormone bewirken die Auslösung der Pubertät und die Reifung von Geschlechtszellen.

3 Mädchen und Jungen sind im Kleinkindalter nur an den Geschlechtsorganen zu unterscheiden.

4 Mädchen: breitere Hüften, Rundungen, Brustwachstum, Schambehaarung, Achselbehaarung
Jungen: Bartwuchs, vermehrtes Muskelwachstum, Stimmbruch, breitere Schultern, vermehrte Körperbehaarung, Scham- und Achselbehaarung

5 Spermienzellen sind männlichen Geschlechtszellen. Sperma enthält Spermienzellen sowie Flüssigkeiten, die von der Prostata und der Bläschendrüse beim Spermaerguss abgegeben werden.

6 Bei einer Erektion wird Blut in den Schwellkörpern des Penis gestaut, sodass sich der Penis aufrichtet.

7 Beim Eisprung verlässt eine befruchtungsfähige Eizelle den Eierstock und gelangt in den Eileiter.

8 a Falsch. Nur Jungen haben einen Stimmbruch.
b Richtig
c Falsch. Während der Pubertät bekommen Jungen breite Schultern.
d Richtig
e Falsch. Die Menstruationsblutung geht von der Gebärmutter aus.
f Richtig

9 Während der Pubertät werden von der Haut vermehrt Schweiß und Talg produziert. Diese können von Bakterien zersetzt werden, sodass unangenehme Gerüche entstehen. Bei Mädchen kann auch das Menstruationsblut unangenehm riechen. Bei Jungen muss die Stelle zwischen Vorhaut und Eichel gereinigt werden, damit keine Entzündungen entstehen.

10 Gemeinsamkeiten: Eizellen und Spermienzellen besitzen beide einen Zellkern.
Unterschiede: Spermienzellen sind klein und beweglich, Eizellen sind groß und unbeweglich. Spermienzellen bestehen aus einem Kopfteil, einem Mittelstück und einem Schwanz. Eizellen sind einheitlich rund.

11 Während der ersten 14 Tage des Menstruationszyklus reift im Eierstock eine Eizelle heran. In der Gebärmutter wird eine Schleimhaut aufgebaut. Nach 14 Tagen wird die reife Eizelle aus dem Eierstock in den Eileiter entlassen. Sie wandert nun zur Gebärmutter. Während dieser Zeit kann eine Befruchtung stattfinden. Die befruchtete Eizelle kann sich in der Schleimhaut einnisten. Falls keine Befruchtung stattfindet, wird die Schleimhaut mit dem abgestorbenen Ei und etwas Blut nach außen abgegeben. Der Beginn dieser Menstruationsblutung ist der Beginn eines neuen Zyklus. Ein Zyklus dauert etwa 28 Tage.

12 Als Befruchtung wird die Verschmelzung der Zellkerne von Eizelle und Spermienzelle bezeichnet.

13 Nach einem Spermaerguss befinden sich die Spermienzellen im hinteren Scheidenbereich. Die Spermienzellen müssen nun den Gebärmuttermund überwinden und durch die Schleimhaut der Gebärmutter bis zur Einmündung des Eileiters schwimmen. Anschließend führt der Weg den Eileiter aufwärts bis zur befruchtungsfähigen Eizelle.

14 Bis zum Alter von drei Monaten spricht man vom Embryo, ab dem vierten Monat vom Fetus.

15 Der Fetus ist über die Nabelschnur mit dem Mutterkuchen der Mutter verbunden. Durch die Nabelschnur erhält er alles, was er für seine Entwicklung braucht.

16 Die Geburt wird in die Eröffnungsphase, die Austreibungsphase und die Nachgeburtsphase unterteilt.
Eröffnungsphase: Der Fetus wird durch Wehen mit dem Kopf voran gegen den Gebärmuttermund gedrückt. Der Gebärmuttermund und die Scheide weiten sich. Die Fruchtblase platzt und das Fruchtwasser fließt ab.
Austreibungsphase: Wehen drücken das Kind mit dem Kopf voran durch die Scheide nach außen. Die Nabelschnur wird durchgeschnitten.
Nachgeburtsphase: Die Fruchtblase, die Nabelschnur und der Mutterkuchen werden nach außen abgegeben.

Brennbarer Stoff	Löschmittel
Möbel, Gardinen, Teppiche, Holz (keine elektrischen Leitungen in der Nähe)	Wasser, Feuerlöscher (ABC), Löschdecke, Sand, Erde, Löschschaum
Benzin, Öle, Fette, Lacke, Spiritus, Alkohol, Kunststoffe	Löschdecke, Feuerlöscher (ABC), Löschschaum, Sand, Kohlenstoffdioxid
Erdgas, Methan, Propan, Wasserstoff	Feuerlöscher (ABC), Sand
Aluminium, Magnesium, Natrium	Feuerlöscher (D)
Speiseöle und -fette in Küchengeräten	Feuerlöscher (F)
Elektrische Leitungen und Anlagen	Kohlenstoffdioxid, Löschdecken, Feuerlöscher (ABC)

1 Verschiedene Stoffe – verschiedene Löschmittel

Tabellen

1-cm³-Würfel	Gewicht in g
Wasser, 4 °C	1,00
Wasser, 100 °C	0,96
Salzwasser	1,03
Benzin	0,68–0,72
Spiritus	0,83
Quecksilber	13,53
Holz	0,1–1,3
Eis, 0 °C	0,92
Kunststoff (PVC)	ca. 1,4
Glas	ca. 2,4
Eisen	7,9
Messing	8,6
Kupfer	8,9
Blei	11,3
Gold	19,3

2 Gewicht von 1-cm³-Würfeln

Nahrungsmittel (100 g)	Wasseranteil in g
Gurken	96
Tomaten	95
Erdbeeren	90
Kuhmilch	87
Äpfel	84
Kartoffeln	79
Hühnereier	74
Schweinefleisch	70
Corned Beef	69
Vollkornbrot	44
Gouda	40
Butter	15
Knäckebrot	7
Schokolade	2
Erdnüsse	2

3 Wasser in Nahrungsmitteln

Gegenstand oder Ort	Temperatur in °C
Mond, unbeleuchtet	–170
Erde, tiefste gemessene Lufttemperatur	–89
Tiefkühltruhe	–18
schmelzendes Eis	0
Mensch (gesund)	37
schmelzendes Wachs (Paraffin)	50
Erde, höchste gemessene Lufttemperatur	58
siedendes Wasser	100
Mond, beleuchtet	150
glühende Holzkohle	1100
schmelzendes Eisen	1535
Glühlampe	2500
Sonnenoberfläche	5500

4 Verschiedene Temperaturen

Piktogramm	Signalwort	Gekennzeichnete Stoffe und Gemische
	Gefahr/ Achtung	• können sich selbst zersetzen • können explodieren
	Gefahr/ Achtung	• sind entzündbar • können sich selbst erhitzen • entwickeln bei Berührung mit Wasser entzündbare Gase
	Gefahr/ Achtung	• haben eine brandfördernde Wirkung
	Achtung	• stehen unter Druck (gilt für Gase)
	Gefahr/ Achtung	• verursachen schwere Verätzungen der Haut • verursachen schwere Augenschäden • greifen Metalle an
	Gefahr	• sind giftig, bereits in geringen Mengen lebensgefährlich
	Achtung	• sind gesundheitsschädlich • verursachen Haut- und/oder Augenreizungen, allergische Hautreaktionen, Reizungen der Atemwege, Schläfrigkeit und Benommenheit
	Gefahr/ Achtung	• können bei Verschlucken und Eindringen in die Atemwege tödlich sein • können Organe schädigen • können Krebs erzeugen • können die Fruchtbarkeit beeinträchtigen • können das Kind im Mutterleib schädigen • können das Erbgut schädigen • können beim Einatmen Allergien, asthmaartige Symptome oder Atembeschwerden verursachen
	Achtung	• sind giftig für Wasserorganismen

5 Kennzeichnung von Gefahrstoffen

Hinweis: Fett gedruckte Begriffe sind Lernwörter.

T

U

V

W

Z

Titelbild ob.: Photoshot/NHPA | Titelbild un.: Shutterstock/Fotofermer | A1 Pix/Hal Beral: 218/1, 5/m., 210, Your Photo Today: 234/1, Your Photo Today/ PM: 95/li. | action pres/BÜH, FLORIAN: 269/7, Exclusivepix: 50/1, REX FEATURES LTD: 181/3 l., 277/5, Thomas Eisenkrätzer: 66/1, Werner STRUSS/ JKaction press: 48/6 | Arghan, Z., Berlin: 197/4 | Austenfeld, Ulrike, Münster: 182/1 | Bildagentur Huber/Giel: 44/1, R. Schmid: 339/3, Sailer Images: 136/1 | Clip Dealer/c.w.: 11/re., Erik Lam: 21/3, Torsten Dietrich: 310/2 | Colourbox: 13/4, 48/3, 65/9 o., 65/9 u., 73/4, 109/5, 156/2, 3, 5, Aleksey Mnogosmyslov: 11/li., Julija Sapic: 156/1, Lars Kastilan: 202/3 | Corbis/Brigitte Merle/Photononstop: 288/3, Chien C. Lee/Minden Pictures: 143/5, David Watts/Visuals Unlimited: 57/4, Dr Yorgos Nikas/Science Photo Library: 324/1 l., 331/3 r., Dr. Gonzalo Moscoso/Science Photo Library: 328/1, Eric Meola: 243/4, Jef Meul/ NiS/Minden Pictures: 95/re., LEHTIKUVA/Reuters: 280/2, Little Blue Wolf Productions: 42/1, Mark Raycroft/Minden Pictures: 22/8, Nik Wheeler: 143/9, Norbert Schaefer: 327/5 A, Paul Souders: 240/2, Radius Images/F. Lukasseck: 213/4, Silvia Reiche/Minden Pictures: 103/1 o.li., 103/3 o.re., 103/3 u.li., 103/3 u.re., 116/1 l., m., r., Tony Arruza: 22/4, Wild Wonders of Europe/Varesvuo/naturepl.com: 108/1, Zoran Monevski/National Geographic My Shot/ National Geographic Society: 140/3 | culture-images: 233/6 | Deutsche Verkehrswacht/pd-f: 29/8 | Döring, V., Hohen Neuendorf: 28/1-2, 148/1, 220/2 | epd-bild/Justus de Cuveland: 186/2 | Flonline/Adelheid Nothegger/Imagebroker RM: 276/2, 310/3, Callista Images/Cultura Images RM: 36/1, Christian GUY/Imagebroker RM: 88/3, Christian Hütter/Imagebroker RM: 51/6, Colin Marshall/ AGE: hin Vorsatz S7/Mi. li., Desmond/FLPA/Imagebroker RM: 185/8, Dieter Heinemann/Westend61: 83/2, F. Rauschenbach: hin Vorsatz S7/Mi. re., FLPA: 119/r., 185/11, 276/3, Fotofeeling/Westend61: 34/1, Georg Stelzner/Imagebroker RM: 159/7, Jared Hobbs/All Canada Photos: 89/8, Konrad Wothe/Imagebroker RM: 36/3, Lydie Gigerichova/Imagebroker RF: 88/6, M+M.Hjelm: 68/3, Marko König Imagebroker RM: 175/8, Martin Rügner/ Westend61: 256/1, Michael Krabs/Imagebroker RM: 48/4, Milena Boniek/ PhotoAlto: 320/1, Morales AGE: 37/4, ott: 180/1 r., RBO Nature/Imagebroker RM: 114/6, Regina Usher/AGE: 35/4, Reinhard Hölzl/Imagebroker RM: 184/6, RF Company: 304/3, Robert Preston/AGE: 20/2, Siepmann/Imagebroker RF: 102/2 re., Stephan Rech/Imagebroker RM: 89/9, Tim Graham/Robert Harding: 158/4, Tips Images: 52/2, Tom Chance/Westend61: 183/6, Tom Joslyn AGE: 277/4, BIOSphoto/images.de: 85/1, Biosphoto/Robin Monchâtre: 166/2 | Fotofinder/Design Pics/images.de: 313/re. | Fotolia/Africa Studio: 313/ li., anoli: 322/2, BEAUTYofLIFE: 199/3 l., blaustern: 114/3, choucashoot: 329/4, Christoph Hähnel: 143/C, cut: 199/3 r., Dennis Gladkiy: 218/3, Eléonore Horiot: 316/1, Eric Isselée: 50/3, eyetronic: 209/4, Falk: 218/2, Gerhard Seybert: 273/7, HappyAlex: 51/5, hbomuc: 157/7, Horst Schmidt: 285/3, Igor Tarasov: 197/5, joël BEHR: 96/1, Karina LS: 22/6, Klaus Eppele: 271/4, Kuzeyege 218/1, Kzenon: 16/1, madoopixels: 26/1, nanyyy: 14/7 li., otshots: 15/8, PABLO HIDALGO: 287/7, PAO joke: 13/5, 211/r., Pelz: 140/1, Reinhard Schäfer: 49/9, rimmdream: 318/2, rodrusoleg: 129/5, Schwoab: 159/10, sima: 271/5, stokkete: 49/12, toa555: 38/1, TwilightArtPictures: 123/3, unpict: 169/2 o.r., Wabner-Andrea: 28/3 | Freiwillige Feuerwehr Groß Boden/Mundt, A.: 272/4-6 | Gaa, Markus, Fotodesign, Heidelberg: 7/m., 72/1, 222/3, 223/5, 225/4, 226/1-2, 228/1, 229/5, 234/4, 236/2, 239/7, 239/8, 290/1 l., 290/1 m., 290/1 r., 332, 333/li., 333/re., 334/1 l., 334/1 m., 334/1 r., 334/2-3, 335/6-7, 336/1, 340/2, 341/5, 342/1-5, 343/7-8, 344/2-3, 345/5, 346/1-2, 347/4-5 | Glow Images/Aflo Score: 14/2, 14/3, 156/4, 6, 314/1, 186/3 | Hansen, Hörscheid: 172/1 | Hartmann, Walter Dr.: 184/4 | Hommelfilm, Herford: 256/4 | Image Source/ Simon Stone: 73/3 | imago/Photoshot/Evolve: hin. Vorsatz S6/Mi. li. | imago/ blickwinkel: 4/u., 32/1, 46/1, 49/11, 55/li., 77/8, 107/2, 115/12, 127/11, 164, 180/2, 214/1, 310/4, Harald Lange: 276/1, Hort Rudel: 49/7, imagebroker: 184/2, imago/Müller-Stauffenberg: 198/1 l., Niehoff: 169/2 o.l., Reiner Bernhardt: 89/11, Reinhard Kurzendörfer: 49/8 | Interfoto/ARDEA/Stefan Meyers: 43/3, imagebroker/Olaf Krüger: 47/7, imagebroker/Reinhard Hölzl: 87/3, imagebroker/ Siegfried Grassegger: 151/3, imagebroker/Siepmann: 177/5 | Interfoto/Ingo Barth: 37/5, Sammlung Rauch: 192/2, Visions: 158/5 | Juniors Bildarchiv: 33/7, 78/1, Arndt, S.E.: 33/3, J.-L. Klein & M.-L. Hubert: 186/1, WILDLIFE: 184/3, WILDLIFE/ D.Harms: 150/2, WILDLIFE/F.Stich: 100/3 | Kleesattel, Schwäb. Gmünd: 126/2 | Kretzschmar, E., Dortmund: 174/2 | laif/Christopher Kimmel/ Aurora: 67/4, Dirk Eisermann: 45/3, ELIGIO PAONI: 143/A, Kurt Henseler: 240/1 | Launer, Annette, Remseck: 131/8 u.r. | LOOK-foto/Photoshot: hin Vorsatz S6/ob. re., Rainer Martini: 296/1 | Mahler, Fotograf, Berlin: 249/4, 253/4, 303/3, 348/1-3 | mauritius images/ACE: 212/1, age: 234/2, 300/1, 304/1-2, Alamy: 22/7, 31/4, 69/6, 71/1, 102/1, 102/2 li., 112/1-2, 105/7, 113/o., 129/4, 131/8 o.r., 132/2, 134/4, 139/7, 143/4, 150/1, 155/10 C, 161/4, 175/6, 184/5, 268/5, 282/1, 283/6, 286/1, Alamy/James Williamson: 68/4, Alamy/Naom: 28/4, Alfred Albinger: 13/3 re., Andreas Vitting: 243/3, Bluegreen Pictures: 279/3, Claudia Schäfer: 70/1, CuboImages: 141/6, David & Micha Sheldon: 158/6, Frank Lukasseck: 15/12, FreshFood: 138/1, Fritz Rauschenbach: 99/4, 100/4, 101/6, 106/1, 107/D, 185/9, GAP: 155/10 D, Gerard Lacz: 88/1, Hans Reinhard: 98/2, 152/2, Harald Lange: 134/1, Herbert Kehrer: 185/7, mauritius images/ imagebroker: 20/1, 23/9-10, imagebroker/Alfred&Annaliese Trunk: 88/5, imagebroker/Arco Images/Hinze, Kerstin: 105/8, imagebroker/Arco Images/ Wegner, Petra: 48/2, imagebroker/BAO: 247/5, imagebroker/Bernd Zoller: 301/4, imagebroker/Desmond Dugan/FLPA: 255/re., imagebroker/FELLOW: 283/7, imagebroker/Horst Sollinger: 114/2, imagebroker/Jörn Friederich: 279/4, imagebroker/Markus Lange: 120/1, imagebroker/Norbert Eisele-Hein: 243/5, imagebroker/Rolf Nussbaumer: 115/7, imagebroker/Sabine Schürhagel: 281/3, John Cancalosi/Alamy: 224/1, Kerstin Layer: 62/1, Ludwig Mallaun: 289/4, mauritius images/Minden Pictures: 280/1, hin. Vorsatz S7/un. re., mauritius images/Phototake: 324/1 r., 331/3 l., Pixtal: 310/1, Radius Images: 144/1, Rubberball: 211/l., Science Source: 326/1, Seymour: 27/4, 29/7, Steve Vidler: 124/1, United Archives: 88/4, 177/3, Westend61: 327/5 B, Wolfgang Weinhäupl: 155/10 F | Mensch, Katharina: 49/10 | Minkus, Volker, Isernhagen: 82/1 o., 82/1 u., 100/1, 104/1, 125/2, 6, 126/4, 138/3-4, 157/9, 179/5 l., r., 323/4 | Okapia/Ake Lindau: 134/3, Allan Hartley/Latitude Stock: 241/3, BIOS/ Klein&Hubert: 22/2, Chris Martin Bahr/SAVE: 127/8, Christine Steimer: 22/3, 5, Claude Guihard/BIOS: 115/8, Domin Dalessi/KINA: 88/2, Dr. Eckart Pott: 140/2, Emu: 47/6, Frank Derer: 4/o., 94/, Frank Nikolaus/KW: 151/5, Fritz J. Hiersche: 159/8, Greulich: 44/2, Hans Lutz: 133/4, Hans Reinhard: 171/4, Harald Lange: 80/1, imagebroker/Herbert Kehrer: 68/1, J-L Klein & M-L Hubert: 22/1, 111/3, Jens C. Schmitz: 105/6, John Cancalosi: 76/1, Manfred Danegger: 77/4, Manfred Ruckszio: 155/10 E, 183/3, NAS/James H. Robinson: 107/C, NAS/Lynwood M. Chace: 120/2, Nigel Cattlin/FLPA/Holt St.: 131/9, Holt Studios: 127/7, 159/11, Rainer Förster/Natur im Bild: 127/9, Richard Gerritsen/KINA: 114/1, Stefan Huwiler/imagebroker: 185/12, Thomas Kaiser: 180/1 l., Werner Scheuber/SAVE: 132/1 | Panthermedia/ACPIX/Hinz, Lothar: 107/B, Werner Derichs: 155/10 A, | Pfletschinger, Hans: 98/1, 114/4 | Photoshot/Clover: 137/3, imagebroker: 289/5, NHPA: 177/4, Photoshot/ NHPA/David Tipling: 141/4, Photos Horticultural: 122/2, TIPS/Alberto Nardi: 288/2 | picture-alliance/Arco Images GmbH: 48/5, 68/2, 89/7, 10, 133/5, 135/9, 152/1 r., 163/7, blickwinkel/A. Hartl: 58/1, blickwinkel: 28/5, 74/2, 75/4, 85/2, 87/4, blickwinkel/F. Hecker: 174/1, blickwinkel/fotototo: 55/re., 101/7, blickwinkel/H. Schmidbauer: 182/2, blickwinkel/pinkannjoh: 13/3 li.,S. Derder: 139/5, dpa: 154/1, 287/8, empics: 12/2, Evolve/Phot: hin Vorsatz S6/un. mi., Foodcollection: 287/9, Denkou Images GmbH: 7/o., 312/, dpa: 119/li., 143/8, 269/8, 292/1,dpa/kina/Brochard, Christophe: 77/7, Hippocampus-Bildarchiv: 154/4, Hippocampus-Bildarchiv/Frank Teigler: 115/9, Mary Evans Picture Library: 48/1, Maximilian Schönherr: 167/3, OKAPIA KG Germany: 128/1, 175/9, 110/1, 172/2, Olende Schall/HELGA LADE: 234/3, picture alliance/WILDLIFE: 26/2, 31/5, 43/5, 45/4, 66/2, 73/5, 74/1, 84/1, 89/12, 115/10, 139/6, 154/2, 155/10 B, 158/2, 169/2 u.l., 175/7,181/3 r., hin. Vorsatz S7/ob. li., Wolfgang Pölzer/WaterFrame: 238/1, ZB: 244/1, 154/3 | Reinold, Ulrike: 170/1 | Röhl, Stephan: 196/1-2, 197/3, 200/1, 201/5 | Schapowalow/ Claudio Cassaro/SIME: 222/1 | Shutterstock/AlessandroZocc: 142/1, Alexandru Teodor Chirila: 158/3, Bablo: 105/4, boban_nz: 36/2, bondgrunge: 207/3, Brian A Jackson: 163/4, Calin Tatu: 183/5, Craig Taylor: 97/4, Dariush M: 270/1, Denniro: 28/6, Dmitry Kalinovsky: 5/o., 188/, Emilio100: 14/5, Erni: 76/2, hakuna_jina: 114/5, Hugh Lansdown: 112/3, Ian Schofield: 14/1, kanusommer: 159/9, kritskaya: 166/1, LianeM: 189/re., Lightspring: 198/1 r., MaraZe: 6/o., 254/, Marina Jay: 17/4, Martina I. Meyer: 14/4, Mathias Rosenthal: 14/4 o., Mirek Kijewski: 35/3, Monika Wisniewska: 21/4, nulinukas: 158/1, oticki: 159/12, Pakhnyushcha: 14/7 re., Petr Nad: 190/1, PHB.cz (Richard Semik): 51/4, Phil McDonald: 15/9, Serg64: 199/3 m., Vitaly Ilyasov: 163/5, Whiteaster: 152/1 l., worradirek: 192/1, zhekoss: 143/B | Topic Media: 125/4, Daniel Schoenen: 4/m., 118/1, Erich Schmidt: 33/6, Gianpiero Ferrari/FLPA: 3/u., 54/1, Herbert Kehrer: 141/5, imagebroker: 34/2, 43/6, 93/5, 138/2, 143/6, 176/2 r., 176/2 l., 184/1, imagebroker/Ingo Schulz: 131/8 u.l., imagebroker/Jürgen Humbert: 165/re., imagebroker/Justus de Cuveland: 131/8 o.l., libu: 185/10, libu: 117/5, Manfred Ruckszio: 165/li., Marco König: 60/2, pm: 107/A, 117/6, 7, 141/7, Ruckszio: 134/2, Wilfried Wirth: 127/10 | vario image/Able Images: 255/li., Bildagentur Waldhaeusl: 47/5, imagebroker: 17/3, 67/3, 115/11, 241/7, 294/1, 301/5, Juice Images: 16/2, McPHOTO: 30/1, 100/2, 109/6, 181/4, Mint Images RF: 3/o., 10/, Image Source: 176/1, theissen: 123/4, Ulrich Baumgarten: 260/2-3 | VISUM/Dennis Williamson: 128/2, Gustavo Alabiso: 128/3, Marc Steinmetz: 245/3 | Your Photo Today/Karl_Thomas: 8 | S. 258 Deutschland „vermaist“, von: Martina Fritsch, © WDR/SWR/BR-alpha 2014 (Stand: 31. März 2011) | S. 269 Große Helden bei der Jugendfeuerwehr, von: Rebecca Müller, www.kindernetz.de (Stand 11. Mai 2012)

Hättest du das gedacht?

Der Helmbasilisk

lebt in den Regenwäldern Mittelamerikas. Auf ruhigen Gewässern kann er bis zu 20 Meter aufrecht mit hohem Tempo über die Wasseroberfläche laufen. Möglich wird das durch den Bau seiner Zehen. Seitliche Schuppen klappen beim Lauf über das Wasser auf und vergrößern die Fußfläche.

Der Schützenfisch

ist in küstennahen, flachen Bereichen tropischer Meere beheimatet. Er ernährt sich vor allem von Insekten, die von Pflanzen ins Wasser fallen. Dabei hilft er auch nach – mit einer besonderen Jagdtechnik: Er schwimmt dicht unter die Wasseroberfläche, zielt genau und „schießt" dann einen Wasserstrahl auf seine Beute ab. Auch bei mehr als einem Meter Entfernung ist er treffsicher.

Flöhe

leben auf Säugetieren und ernähren sich vom Blut ihrer „Wirte". Sie können mehr als 100-mal so hoch springen, wie sie lang sind. Ein Mensch müsste 150–200 Meter hoch springen, um diesen Rekord zu brechen.
Der Trick der Flöhe: Sie nutzen eine gespannte „Sprungfeder" in ihren Beinen als Starthilfe.